普通高等教育"十二五"规划教材

环境工程概预算与招投标

方月梅　张晓玲　主　编

刘　婷　刘　娟　副主编

化学工业出版社

·北　京·

《环境工程概预算与招投标》从环境工程项目的特点出发，系统地介绍了环境工程的概预算和工程招投标文件的编制方法。主要内容包括：环境工程定额、环境工程量清单计价、环境工程概预算、环境工程招标投标、国际工程招标投标、环境工程项目结算和竣工决算等。书中列举了较多的实例，有助于读者了解、学习、掌握环境工程概预算的编制和工程招投标的程序、策略与技巧。

本书可作为高等学校环境工程、城市市政工程和给水排水工程等专业师生的教材，也可供相关领域工程技术人员和管理人员参考使用。

图书在版编目（CIP）数据

环境工程概预算与招投标/方月梅，张晓玲主编．
—北京：化学工业出版社，2013.11（2023.9重印）
普通高等教育"十二五"规划教材
ISBN 978-7-122-18683-6

Ⅰ.①环… Ⅱ.①方… ②张… Ⅲ.①环境工程-建筑概算定额-高等学校-教材②环境工程-建筑预算定额-高等学校-教材③环境工程-招标-高等学校-教材④环境工程-投标-高等学校-教材 Ⅳ.①X5

中国版本图书馆 CIP 数据核字（2013）第 243739 号

责任编辑：满悦芝 洪 强　　　　　　　文字编辑：荣世芳
责任校对：蒋 宇　　　　　　　　　　装帧设计：尹琳琳

出版发行：化学工业出版社（北京市东城区青年湖南街 13 号　邮政编码 100011）
印　　装：北京七彩京通数码快印有限公司
787mm×1092mm　1/16　印张 17¾　字数 463 千字　2023 年 9 月北京第 1 版第 7 次印刷

购书咨询：010-64518888　　售后服务：010-64518899
网　　址：http://www.cip.com.cn
凡购买本书，如有缺损质量问题，本社销售中心负责调换。

定　　价：40.00 元　　　　　　　　　　　　　　　　版权所有　违者必究

前　言

随着社会经济的发展，环境污染也越来越严重，各国都在花大力气治理环境、改善环境。因此有很多环境治理项目和工程，需要大量的环境类工程技术人员。现在环保公司需要的人才是一个"全才"——能将一个工程负责到底，从工程的招投标开始、施工和设备安装监管、调试到最后的交付使用。高校环境工程专业应适应这一需求培养会进行概预算、招投标、施工安装监管、调试的实用型人才。

本书结合我国工程招投标制度和《世界银行采购指南》，针对环境工程项目特点，系统介绍了环境工程造价、环境工程定额、环境工程量清单计价、环境工程概预算、国际和国内项目的招投标工作与工程结算决算等。所介绍的知识都是从事环保工作必须掌握的，非常实用。本书兼顾理论分析与实践操作，既可作为环境工程专业的教材，也可作为工程技术人员的参考书。

本书由湖北理工学院组织编写。第1章、第2章由张晓玲编写；第3章、第4章由刘婷编写；第5章、第6章由刘娟、何明礼编写；第7、8章由方月梅编写；全书由方月梅统稿。

本书的编写得到湖北理工学院和各相关学院的大力支持，并得到学校教材出版基金资助，肖文胜教授、鄢达成教授给予了高度关注和指导，相关任课教师也提出了诚恳的意见和建议，在此一并表示衷心感谢。由于时间仓促，加之编者水平所限，书中不妥之处，诚请读者批评指正。

编者
2014 年 1 月

目　录

第1章

概　述

1.1　环境工程项目及建设程序

1.1.1　环境工程项目

环境工程项目是指通过规划、勘察、设计、施工、竣工验收等各项技术工作，进行新建、改建或扩建工程治理环境污染、保护生态环境，达到项目所在地环境质量的预期目标的建设项目。环境工程是一个庞大而复杂的学科体系，主要研究防治环境污染和生态保护的技术和措施，研究受污染环境的修复及保护和合理利用自然资源的技术和措施，研究区域环境规划和科学管理的理论，探讨废物资源化技术及清洁生产技术等。具体来说，环境工程基本内容包括：水污染控制工程，大气污染控制工程，噪声与振动污染控制工程，固体废物处理与处置工程，其他污染控制工程，清洁生产、污染预防与全过程控制工程等。

（1）水污染控制工程　研究预防和治理水体污染、保护和改善水环境质量、合理利用水资源。研究的主要领域有城市污水处理与利用、工业废水处理与利用、区域和水系的水污染综合整治及修复等。

（2）大气污染控制工程　研究大气污染物的起因并提供预防、控制和改善大气环境质量的工程技术措施。主要研究领域有大气质量管理、烟尘等颗粒物控制技术、气体污染物控制技术、城市及区域大气污染综合整治、室内空气污染控制技术等。

（3）噪声与振动污染控制工程　研究噪声、振动等对人的影响，噪声、振动的防护与控制。

（4）固体废物处理与处置工程　研究城市垃圾、工业废渣、放射性及其他危险废物的处理、处置与资源化。主要研究领域包括固体废物管理、固体废物无害化处置、固体废物的综合利用和资源化、放射性和其他危险废物的处理与处置。

（5）其他污染控制工程　其他污染包括辐射污染、土壤污染、恶臭等，这些内容都需要从工程方面予以解决。

（6）清洁生产、污染预防与全过程控制工程　研究在工业等生产中，使用清洁的能源和原料，采用先进的工艺、技术与设备，改善管理、全过程控制和综合利用等措施，从源头消减污染，提高资源的利用率，实现节能、降耗、减污、增效，有效消减污染物的排放总量。

环境工程属于土木工程的一个分支，工程设施除了土建上的建筑物、构筑物（如厂房、泵房、办公楼、各种工艺用水池等）外，还有很大一部分是环境工程的设备，所涉及的内容包括污染控制的建筑物、构筑物以及相关处理设备的采购和安装等。因此，环境工程项目的建设属于国家的基本建设项目。根据环境工程的工程特点，其概（预）算包括一般土建工程概（预）算及安装工程概（预）算两部分内容。

1.1.2　建设项目的分解

任何一项建设项目，就其投资构成或物质形态而言，是由众多部分组成的复杂而又有机结合的总体，相互存在许多外部和内在的联系。要对一项建设工程的投资耗资计量与控制，必须对建设项目或建设工程进行科学合理的分解，使之划分为若干简单、便于计算的部分单元。另外，建设项目根据产品生产的工艺流程和建筑物、构筑物的使用功能，按照实际规范要求也必须对建设项目进行必要的科学的分解，使设计符合工艺流程和使用功能的客观要求。

根据工程设计要求以及编审建设预算、制订计划、统计、会计核算的需要，建设项目一般分解为单项工程、单位工程、分部工程及分项工程。

① 单项工程。又称工程项目，一般是指有独立设计文件，建成后能独立发挥效益或生产设计规定产品的车间（联合企业的分厂）、生产线或独立工程等，如生产车间、配水厂、净水厂、输水工程等。一个建设项目，可以是一个单项工程，也可以包括若干个单项工程，所以单项工程也是考核投产计划完成情况和计算新增生产能力的基础。

② 单位工程。是指具有单独设计文件，独立的施工条件，但建成后不能够独立发挥生产能力和效益的工程，它是单项工程的组成部分。一个单位工程可分为建筑工程和设备安装工程。如建筑工程中的一般土建工程、室内外给排水工程、电气照明工程、采暖通风空调工程、园林绿化工程等均属于单位工程。

③ 分部工程。它是单位工程的组成部分，是按建筑物、构筑物的结构、部位、工种内容、材料结构或施工程序等来划分的。如给排水工程中的土建工程，其分部工程与一般土建工程类同，可分为土方工程、打桩工程、砖石工程、混凝土工程、木结构工程、装饰工程等。

④ 分项工程。它是对分部工程的再分解，指在分部工程中能用较简单的施工过程生产出来，并能适当计量和估价的基本构造。一般是按不同的施工方法、不同的材料、不同的规划划分的，如砖石工程就可以分解成砖基础、砖内墙、砖外墙等分项工程。分部、分项工程是编制施工预算，制定检查施工作业计划，核算工、料费的依据，也是计算施工产值和投资完成额的基础。编制概（预）算时，各分项工程费用由施工过程直接消耗的人工费、材料费、进行台班使用费所组成。人工、材料和机械台班的单位耗用量是由全国基础定额具体规定的。由分项工程计算确定的人工费、材料费、进行台班使用费三者之和称为预算基价，即为工程直接费（或称定额直接费）。

1.1.3　项目建设程序

按照基本建设程序，环境工程项目建设分为项目立项、设计、施工和验收四个阶段。环境工程项目建设程序见图 1-1。

（1）环境工程立项阶段　根据基本建设的程序，环境工程项目立项阶段的工作划分为项目任务书和可行性研究两个阶段。主要工作内容为编制项目建议书、可行性研究报告和环境影响评价报告。

（2）勘察设计阶段　复杂工程勘察分为初勘和详勘两个阶段，为设计提供实际依据。设计过程一般划分为两个阶段，即初步设计阶段和施工图设计阶段。对于重大、复杂项目，可在初步设计后，增加技术设计或扩大初步设计阶段。初步设计通过后，在此基础上进行施工

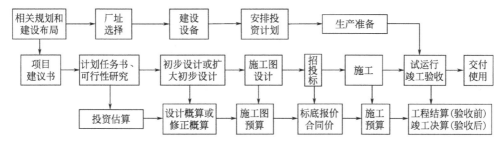

图 1-1　环境工程项目建设程序示意图

图设计，并编制施工图预算，施工图预算的工程造价应控制在设计概算以内。施工图一经审查批准，不得擅自进行修改。

（3）施工阶段　施工阶段按工作程序可分为申请批准工程建设项目、施工准备、组织施工和试运行四个阶段。其中施工准备阶段主要包括：组建项目法人、"三通一平"乃至"七通一平"、征地、拆迁、组织材料、设备订货、办理建设工程质量监督手续、委托工程监理、准备必要的施工图纸、组织施工招投标、择优选定施工单位、办理施工许可证等。具备开工条件后，进入施工安装阶段。施工安装活动应按照工程设计要求、施工合同条款及施工组织设计，在保证工程质量、工期、成本及安全、环境等目标的前提下进行。

（4）竣工验收阶段　工程办理交工手续后，应组织工程试运行，在试运行期间进行竣工验收。竣工验收是全面考核建设成果、检验设计和施工质量的重要步骤，也是建设项目转入生产和使用的标志。验收合格后，建设单位编制竣工决算，项目正式投入使用。

1.2　工程造价

1.2.1　工程造价及其特点

1.2.1.1　工程造价的含义

工程造价（Project Cost）即工程的建造价格，有两种含义。

从投资者的角度定义：建设项目固定资产投资。指建设一项工程预期或实际开支的全部固定资产投资费用，也就是一项工程通过建设形成相应的固定资产、无形资产所需的一次性费用总和，是建设项目的建设成本，因而也叫建设成本造价或工程全费用造价。

从市场交易的角度定义：承发包双方认可的工程价格。即为建成一项工程，预计或实际在土地市场、设备市场、技术劳务市场以及承包市场等交易活动中所形成的建筑安装工程的价格和建设工程总价格。它是在建筑市场通过招投标，由需求主体、投资者和供给主体建筑商共同认可的价格。

工程造价两种含义的实质是相同的，是站在不同的角度对同一事物的理解。

1.2.1.2　工程造价的特点

① 工程造价的大额性。要发挥工程项目的投资效用，其工程造价都非常昂贵，动辄数百万、数千万，特大的工程项目造价可达百亿人民币。工程造价的大额性关系到各个方面的重大经济利益，也会对宏观经济产生重大影响。这就决定了工程造价的特殊地位，也说明了造价管理的重要意义。

② 工程造价的个别性和差异性。任何一项工程都有特定的用途、功能和规模。因此，对每一项工程的结构、造型、空间分割、设备配置和内外装饰都有具体的要求，所以工程内容和实物形态都具有个别性、差异性。产品的差异性决定了工程造价的个别性差异。同时，

每期工程所处的地理位置也不相同，使这一特点得到了强化。

③ 工程造价的动态性。任何一项工程从决策到竣工交付使用，都有一个较长的建设期间，在建设期内，往往由于不可控制因素造成许多影响工程造价的动态因素。如设计变更、材料、设备价格、工资标准以及取费费率的调整，贷款利率、汇率的变化，都必然会影响到工程造价的变动。所以，工程造价在整个建设期处于不确定状态，直至竣工决算后才能最终确定工程的实际造价。

④ 工程造价的层次性。工程造价的层次性取决于工程的层次性。一个建设项目往往包含多项能够独立发挥生产能力和工程效益的单项工程，一个单项工程又由多个单位工程组成。与此相适应，工程造价有三个层次，即建设项目总造价、单项工程造价和单位工程造价。如果专业分工更细，分部分项工程也可以作为承发包的对象，如大型土方工程、桩基础工程、装饰工程等。这样工程造价的层次因增加分部工程和分项工程而成为五个层次，即使从工程造价的计算程序和工程管理角度来分析，工程造价的层次也是非常明确的。

⑤ 工程造价的兼容性。首先表现在本身具有的两种含义，其次表现在工程造价构成的广泛性和复杂性，工程造价除建筑安装工程费用、设备及工器具购置费用外，征用土地费用、项目可行性研究费用、规划设计费用、与一定时期政府政策（产业和税收政策）相关的费用占有相当的份额。盈利的构成较为复杂，资金成本较大。

1.2.2 工程造价的作用

（1）工程造价是项目决策的依据　投资者是否有足够的财务能力支付这笔费用，是否认为值得支付这项费用，是项目决策中要考虑的主要问题。财务能力是一个独立的投资因素，是必须首先考虑的。如果建设工程价格超过投资者的支付能力，就会迫使他放弃拟建的项目；如果项目投资的效果达不到预期目标，他也会自动放弃拟建的工程。因此在项目决策阶段，建设工程造价就成为项目财务分析和经济评价的重要依据。

（2）建设工程造价是制定投资计划和控制投资的依据　投资计划是按照建设工期、工程进度和建设工程价格等逐年分月加以制定的。正确的投资计划有助于合理和有效地使用资金。工程造价在控制投资方面的作用非常明显。工程造价是通过多次性预估，最终通过竣工决算确定下来的。每一次预估的过程就是对造价的控制过程；而每一次估算又都是对下一次估算的严格的控制，具体来说，后一次估算不能超过前一次估算的一定幅度。这种控制是在投资者财务能力的限度内为取得既定的投资效益所必需的。建设工程造价对投资的控制也表现在利用各类定额、标准和参数，对建设工程造价的计算依据进行控制。在市场经济利益风险机制的作用下，造价对投资的控制作用成为投资的内部约束机制。

（3）建设工程造价是筹集建设资金的依据　投资体制的改革和市场经济的建立，要求项目的投资者必须有很强的筹资能力，以保证工程建设有充足的资金供应。工程造价基本决定了建设资金的需要量，从而为筹集资金提供了比较准确的依据。当建设资金来源于金融机构的贷款时，金融机构在对项目的偿贷能力进行评估的基础上，也需要依据工程造价来确定给予投资者的贷款数额。

（4）建设工程造价是利益合理分配和调节产业结构的手段　工程造价的高低，涉及国民经济各部门和企业间的利益分配。在市场经济中，工程造价受市场供求状况影响，并在围绕价值的波动中实现对建设规模、产业结构和利益分配的调节。加上政府正确的宏观调控和价格政策导向，工程造价在这方面的作用会逐渐发挥出来。

（5）工程造价是评价投资效果的重要指标　建设工程造价是一个包含着多层次工程造价

的体系。就一个工程项目来说，他既是建设项目的工程造价，同时也包含单项工程造价和单位工程造价或一个平方米建筑面积的造价等。所有这些，使工程造价自身形成了一个指标体系。所以，工程造价能够形成新的价格信息，为今后类似项目投资提供参照系，是评价投资效果的重要指标。

1.2.3 工程造价的基本职能

（1）评价职能　工程造价是评价总投资和分项投资合理性和投资效益的主要依据之一。在评价土地价格、建筑安装产品和设备价格的合理性时，就必须利用工程造价资料，在评价建设项目偿贷能力、获利能力和宏观效益时，也可依据工程造价。工程造价也是评价建筑安装企业管理水平和经营成果的重要依据。

（2）调控职能　国家对建设规模、结构进行宏观调控是在任何条件下都不可或缺的，对政府投资项目进行直接调控和管理也是必需的。这些都要以工程造价为经济杠杆，对工程建设中的物资消耗水平、建设规模、投资方向等进行调控和管理。

（3）预测职能　无论投资者或是建筑商都要对拟建工程进行预先测算。投资者预先测算工程造价不仅可以作为项目决策依据，同时也是筹集资金、控制造价的依据。承包商对工程造价的预算，既为投标决策提供依据，也为投标报价和成本管理提供依据。

（4）控制职能　工程造价的控制职能表现在两方面：一方面是它对投资的控制，即在投资的各个阶段，根据对造价的多次性预算和评估，对造价进行全过程多层次的控制；另一方面，是对以承包商为代表的商品和劳务供应企业的成本控制。

1.2.4 工程造价的分类

1.2.4.1 按用途分类

工程造价按用途分类包括标底价格、投标价格、中标价格、直接发包价格、合同价格和竣工结算价格。

（1）标底价格　《招标投标法》没有规定招标必须设有标底，但也没有禁止设置标底，相反，对"设有标底的"，还提出了"必须保密"和评标"应当参考标底"的要求。所以标底价格是法律许可的，也是我国工程界习惯使用的。

标底价格是招标人的期望价格，不是交易价格。招标人以此作为衡量投标人投标价格的一个尺度，也是招标人的一种控制投资的手段。

招标人设置标底价可有两个目的：一是在坚持最低价中标时，标底价可作为招标人自己掌握的招标底数，起参考作用，而不作为评标的依据；二是为避免因标价太低而损害质量，使靠近标底的报价评为最高分，高于或低于标底的报价均递减评分，则标底价可作为评标的依据，使招标人的期望价成为价格控制的手段之一。根据哪种目的设置标底，要在招标文件中做出说明。编制标底价可由招标人自行操作，也可由招标人委托招标代理机构操作，由招标人作出决策。招标标底应当依据国务院和省、自治区、直辖市人民政府建设行政主管部门制定的工程造价计价办法以及其他有关规定和市场价格信息进行编制。

（2）投标价格　投标人为了得到工程施工承包的资格，按照招标人在招标文件中的要求进行估价，然后根据投标策略确定投标价格，以争取中标并通过工程实施取得经济效益。因此投标报价是卖方的要价，如果中标，这个价格就是合同谈判和签订合同确定工程价格的基础。

如果设有标底，投标报价时要研究招标文件中评标时如何使用标底：

① 以靠近标底者得分最高，这时报价就无需追求最低标价。

② 标底价只作为招标人的期望，但仍要求低价中标，这时，投标人就要努力采取措施，即使标价最具竞争力（最低价），又使报价不低于成本，即能获得理想的利润。

由于"既能中标，又能获利"是投标报价的原则，故投标人的报价必须有雄厚的技术和管理实力作后盾，编制出有竞争力又能盈利的投标报价。投标报价应当在满足招标文件要求的基础上，依据企业定额和市场价格信息，按照国务院和省、自治区、直辖市人民政府建设行政主管部门发布的工程造价计价办法进行编制。

（3）中标价格 《招标投标法》第四十条规定："评标委员会应当按照招标文件确定的评标标准和方法，对投标文件进行评审和比较；设有标底的，应当参考标底"。所以评标的依据一是招标文件，二是标底（如果设有标底时）。

《招标投标法》第四十一条规定，中标人的投标应符合下列两个条件之一：一是"能最大限度地满足招标文件中规定的各项综合评价标准"；二是"能够满足招标文件的实质性要求，并且经评审的投标价格最低，但是投标价低于成本的除外"。这第二项条件主要是说的投标报价。

（4）直接发包价格 直接发包价格是由发包人与指定的承包人直接接触，通过谈判达成协议签订施工合同，而不需要像招标承包定价方式那样，通过竞争定价。直接发包方式计价只适用于不宜进行招标的工程，如军事工程、保密技术工程、专利技术工程及发包人认为不宜招标而又不违反《招标投标法》第三条（招标范围）的规定的其他工程。

直接发包方式计价首先提出协商价格意见的可能是发包人或其委托的中介机构，也可能是承包人提出价格意见交发包人或其委托的中介组织进行审核。无论由哪一方提出协商价格意见，都要通过谈判协商，签订承包合同，确定为合同价。直接发包价格是以审定的施工图预算为基础，由发包人与承包人商定增减价的方式定价。

（5）合同价格 《建筑工程施工发包与承包计价管理办法》第十二条规定合同价可采用以下方式。

a. 固定价。合同总价或者单价在合同约定的风险范围内不可调整。

b. 可调价。合同总价或者单价在合同实施期内，根据合同约定的办法调整。

c. 成本加酬金。《建筑工程施工发包与承包计价管理办法》第十三条规定："发承包双方在确定合同价时，应当考虑市场环境和生产要素价格变化对合同价的影响"。

现分述如下。

① 固定合同价格。所谓固定合同价格，是指在实施期间不因价格变化而调整的价格。固定合同价格的特点是以图纸和工程说明书为依据、明确承包内容、计算出的价格再加上一定的风险因素确定价格在合同的协议书中明确总价，一次包死。

在合同的专用条款中，要明确总价中所含风险因素的范围和计算方法。如果发生专用条款所限定的风险因素以外的合同价款需要调整，也应该在专用条款中写明其调整方法。

② 可调合同价格。可调合同价格是指工程价格在实施期间可随构成价格因素的变化而调整的价格。可调合同价的调整方法应在施工合同的专用条款中列出。

关于可调合同价格的调整方法，常用的有以下几种。

a. 按主材计算价差。发包人在招标文件中列出需要调整价差的主要材料表及其基期价格（一般采用当时当地工程造价管理机构公布的信息价或结算价），工程竣工结算时按竣工当时当地工程造价管理机构公布的材料信息价或结算价，与招标文件中列出的基期价比较计算材料差价。

b. 主料按抽料法计算价差，其他材料按系数计算价差。主要材料按施工图预算计算的用量和竣工当月当地工程造价管理机构公布的材料结算价或信息价与基价对比计算差价。其他材料按当地工程造价管理机构公布的竣工调价系数计算方法计算差价。

c. 按工程造价管理机构公布的竣工调价系数及调价计算方法计算差价。

此外，还有调值公式法和实际价格结算法。

调值公式法：一般包括固定部分、材料部分和人工部分三项。当工程规模和复杂性增大时，公式也会变得复杂，调值公式见式（1-1）：

$$P = P_0 \left(a_0 + a_1 \frac{A}{A_0} + a_2 \frac{B}{B_0} + a_3 \frac{C}{C_0} + \cdots \right) \tag{1-1}$$

式中 P——调值后的工程价格；

             P_0——合同价款中的工程预算进度款；

             a_0——固定要素的费用在合同总价中所占比重，这部分费用在合同支付中不能调整；

   a_1、a_2、a_3、$\cdots$——代表有关各项变动要素的费用（如人工费、钢材费用、水泥费用、运输费用等）在合同总价中所占比重，$a_0 + a_1 + a_2 + a_3 + \cdots = 1$。

A_0、B_0、C_0、$\cdots$——签订合同时与 a_1、a_2、$a_3 \cdots$ 对应的各种费用的基期价格指数或价格；

  A、B、C、$\cdots$——在工程结算月份与 a_1、a_2、$a_3 \cdots$ 对应的各种费用的现行价格指数或价格。

各部分费用在合同总价中所占比重在许多标书中要求承包人在投标时即提出，并在价格分析中予以论证。也有的由发包人在招标文件中规定一个允许范围，由投标人在此范围内选定。

实际价格结算法：有些地区规定对钢材、木材、水泥三大材的价格按实际价格结算的方法，工程承包人可凭发票按实报销。此法操作方便，但也导致承包人忽视降低成本。为避免副作用，地方建设主管部门要定期公布最高结算限价，同时合同文件中应规定发包人有权要求承包人选择更廉价的供应来源。

以上几种方法究竟采用哪一种，应按工程价格管理机构的规定，经双方协商后在合同的专用条款中约定。

③ 成本加酬金合同价格。工程成本加酬金合同价格是指工程实际成本与酬金之和。工程成本按现行计价依据以合同约定的办法计算，酬金按工程成本乘以通过竞争确定的费率计算，从而确定合同价格。在签订合同时，工程实际成本往往不能确定，只能确定酬金的取值比例或者计算原则。成本加酬金合同价格一般分以下四种形式。

a. 成本加固定比例费用合同价。是发包人对承包人支付的人工费、材料和施工机械使用费、措施费、施工管理费等按实际直接成本全部据实补偿，同时按照实际直接成本的固定百分比付给承包人一笔酬金，作为承包方的利润。计算公式见式（1-2）。

$$C = C_a (1 + P) \tag{1-2}$$

式中 C——总造价；

      C_a——实际发生的工程成本；

      P——固定的百分数。

这种方式的利润总额随成本加大而增加，不利于缩短工期和降低成本，对建设单位不利。一般在工程初期很难描述工作范围和性质，或工期紧迫，无法按常规编制招标文件招标时采用。

b. 成本加固定酬金合同价。根据双方讨论同意的工程规模、估计工期、技术要求、工作性质及复杂性、所涉及的风险等来考虑确定一笔固定数目的报酬金额作为管理费及利润，对人工、材料、机械台班等直接成本则实报实销。计算公式见式（1-3）。

$$C = C_a + F \qquad\qquad (1\text{-}3)$$

式中 C——总造价；

      C_a——实际发生的工程成本；

      F——酬金，一般按估算成本的一定比例确定，数额是固定不变的。

这种方式虽然不能鼓励承包商降低成本，但为了尽快得到酬金，承包商会尽力缩短工期。有时也可在固定费用之外根据工程质量、工期和节约成本等因素，给承包商另加奖金，以鼓励承包商积极工作。

c. 成本加奖金合同价。奖金是根据报价书中的成本估算指标制定的，在合同中对这个估算指标规定一个底点和顶点，分别为工程成本估算的 60%～75% 和 110%～135%。承包商在估算指标的顶点以下完成工程则可得到奖金；超过顶点则要对超出部分支付罚款；如果成本在底点之下，则可加大酬金值或酬金百分比。采用这种方式通常规定，当实际成本超过顶点对承包商罚款时，最大罚款限额不超过原先商定的最高酬金值。这三种情况计算公式见式(1-4)～式(1-6)。

$$C = C_a + F \qquad\qquad (C_a = C_0) \qquad\qquad (1\text{-}4)$$
$$C = C_a + F - \Delta F \qquad\qquad (C_a > C_0) \qquad\qquad (1\text{-}5)$$
$$C = C_a + F + \Delta F \qquad\qquad (C_a < C_0) \qquad\qquad (1\text{-}6)$$

式中 C——总造价；

      C_a——实际发生的工程成本；

      C_0——预期工程成本；

      F——酬金；

      ΔF——酬金增减部分，可以是一个百分数，也可以是固定的绝对数。

在招标时，当图纸、规范等准备不充分，不能据以确定合同价格，而仅能制定一个估算指标时可采用这种形式。

d. 最大成本加费用合同价。在工程成本总价合同基础上加固定酬金费用的方式，即当设计深度达到可以报总价的深度，投标人报一个工程成本总价和一个固定的酬金（包括各项管理费、风险费和利润）。如果实际成本超过合同中规定的工程成本总价，由承包商承担所有的额外费用，若实施过程中节约了成本，节约的部分归业主，或者由业主与承包商分享，在合同中要确定节约分成比例。在非代理型（风险型）CM 模式的合同中就采用这种方式。

在工程实践中，采用哪一种合同计价方式，是选用总价合同、单价合同还是成本加酬金合同，采用固定价还是可调价方式，应根据工程特点，业主对筹建工程的设想，对工程费用、工期和质量的要求等，综合考虑后确定。

(6) 追加合同价格   合同一经确定，工程施工发包承包价格也同样确立。但由于建筑工程的特殊性，合同确定的价格不是一成不变的，随着工程施工的展开，追加合同价格的情况时有发生，这些情况基本上可以概括为工程变更、价格调整、索赔和其他调整四个方面。

① 工程变更。工程变更包括设计变更、施工条件变更、进度计划变更、新增减工程内容等。《建设工程施工合同（示范文本）》要求，承包人在工程变更确定后 14 天内，提出工程变更价款报告，经工程师确认后调整工程价款。

② 价款调整。合同价格反映的是某一时点的静态价格。但由于价格的大幅度上涨，引起工程用建筑材料、工程设备以及人工工资、机械台班费用（或租赁价）大幅涨价时，动态与静态的价差理应得到追加补偿。即使是含有风险系数的合同价格，当上涨指数超过合同约

定的对施工期间价格预测指数时，也应得到应有的追加。在价格不稳定、起伏幅度很大的市场环境中，价格调整所带来的追加费用尤其频繁。

③ 索赔。索赔是指由于一方违反合同约定，另一方就此提出索取追加价款的行为。既包括承包人向发包人的索赔，也包括发包人向承包人的索赔。承包人向发包人的索赔，有以下几种情况：

a. 发包人违约。

b. 发包人代表（监理工程师）的不当行为。

c. 不可抗力事件。

d. 其他单位影响，如其他单位的业务活动对施工现场造成了不利影响，发包人的付款被银行延误等。

e. 合同文件的缺陷。

④ 其他价格调整。其他价格调整主要指工程施工承发包价格以外的，由发包人委托承包人办理某些工作引起的价格调整，内容包括：

a. 代办施工所需各种证件、批件、临时用地、占用道路或铁路的申报批准手续发生的费用变化。

b. 办理土地征用、青苗树木赔偿、房屋拆迁、清除地面、架空和地下障碍等工作发生的费用变化。

c. 将施工所需水、电、电信、排污管线从施工场地外部接至协议条款约定地点发生的费用变化。

d. 开通施工场地与公共道路的通道以及协议条款约定的施工场地内的主要交通干道发生的工程费用变化。

e. 协调处理施工现场周围地下管线和邻近建筑物、构筑物的保护等发生的费用变化。

f. 按政府的要求，增加设置现场文明施工的措施所发生的费用变化等。

1.2.4.2 按计价方法分类

工程造价按计价方法分类可分为投资估算造价、设计概算造价、施工图预算造价、施工预算造价、工程结（决）算造价等。

① 投资估算造价。是指在编制环境工程项目建议书和可行性研究阶段，对这个项目总投资的粗略估算，是拟建项目决策的重要依据之一。其主要内容包括拟建项目投资总额、资金筹措和投资使用计划、投资预测、投资效益分析等。

一项完整的环境工程项目的估算包括：建筑工程投资估算、安装工程投资估算、设备购置投资估算和工程建设其他费用估算四类。建设工程投资估算划分为静态投资和动态投资两个部分。投资中不涉及时间变化因素的部分是静态投资；而涉及价格、汇率、利率、税率等变动因素的部分是动态投资。为了确定投资，不留缺口，不仅要准确地计算出静态投资，而且还应该充分考虑动态投资部分以及流动资金的估算，这样，投资估算才能全面地反映工程造价的构成和对拟建项目的经济论证、评价、决策等所起的重要作用。

投资估算主要作用如下。

a. 投资估算是环境工程项目建设前期从投资决策直至初步设计以前的重要工作环节，是项目建议书、可行性研究报告的重要组成部分，是保证投资决策正确的关键环节。

b. 通过全面的技术经济论证后，经济上的合理性成为各级主管部门决定是否立项的重要依据。

c. 投资估算是实施全过程工程造价管理的开端，是控制设计任务书下达的投资限额的重要依据，对初步设计概算编制起控制作用。其准确与否直接影响到项目的决策、工程规模、投资环境效果，并影响到工程建设能否顺利进行。

所以，在编制投资估算时要尊重科学、实事求是、维护投资估算的严肃性，形成估算、概算、预算、承包合同价、结算价、施工决算价的"一体化"管理，才能有效地控制工程造价。

② 设计概算造价。设计概算造价是在初步设计阶段，由设计单位根据初步设计图纸、概算定额、指标，工程量计算规则，材料、设备的预算单价，建设主管部门颁发的有关费用定额或取费标准等资料预先计算工程从筹建至竣工验收交付使用全过程建设费用的经济文件。简言之，即计算工程项目总费用。在扩大初步设计阶段（也称技术设计），由于设计内容与初步设计的差异，设计单位应对投资进行具体核算，对初步设计概算进行修正，此阶段概算称为修正概算，其作用与设计概算相同。

设计概算包括建设项目总概算、单项工程综合概算、单位工程概算以及其他工程费用。

设计概算主要作用如下。

a. 是确定和控制基本建设总投资的依据。

b. 确定工程投资的最高限额。

c. 是编制年度投资计划的依据。

d. 是编制招标标底和投标报价、确定工程项目总承包合同价的依据。

e. 是核定贷款额度的依据。

f. 是考核分析设计方案经济合理性的依据。

③ 施工图预算造价。施工图预算是指一般意义上的预算，是指拟建工程在开工之前，根据已批准并经会审后的施工图纸、施工组织设计、现行工程预算定额、费用定额、地区材料、设备、人工、施工机械班台等预算单价，各项取费标准，预先计算工程建设费用的经济文件。

施工图预算包括单位工程预算、单项工程预算和建设项目总预算。单位工程预算是根据施工图设计文件、现行预算定额、费用定额以及人工、材料、设备、机械台班等预算价格资料，以一定方法，编制单位工程的施工图预算；然后汇总所有各单位工程施工图预算，成为单项工程施工图预算；再汇总各所有单项工程施工图预算，便是一个建设项目建筑安装工程的总预算。一般汇总到单项工程施工图预算即可。

施工图预算主要作用如下。

a. 是考核工程成本、确定工程造价的主要依据。

b. 是编制标底、投标文件、签订承发包合同的依据。

c. 是建设单位与施工单位拨付工程款项和竣工决算的依据。

d. 是施工企业编制施工计划、进行成本核算的依据。

④ 施工预算造价。施工预算造价是施工单位内部为控制施工成本而编制的一种预算造价。它是在施工图预算的控制下，由施工企业根据施工图纸、施工定额并结合施工组织设计，通过工料分析，计算和确定拟建工程所需的工、料、机械台班消耗及其相应费用的技术经济文件。施工预算实质上是施工企业的成本计划文件。

施工预算主要作用如下。

a. 是企业内部下达施工任务单、限额领料、实行经济核算的依据。

b. 是企业加强施工计划管理、编制作业计划的依据。

c. 是实行计件工资、按劳分配的依据。

⑤ 工程结算造价。工程结算造价是承包商在工程实施过程中，根据承包合同的有关内容和已经完成的合格工程数量计算的工程价款，以便与业主办理工程进度款的支付（即中间

结算）。工程价款结算可以采用多种方式，如按月的定期结算，或按工程形象进度分不同阶段进行结算，或是工程竣工后一次性结算。工程的中间结算价实际上是工程在实施阶段已经完成部分的实际造价，是承包项目实际造价的组成部分。

⑥ 工程竣工结算造价。不论是否进行过中间结算，承包商在完成合同规定的全部内容后，应按要求与业主进行工程的竣工结算。竣工结算价是在完成合同规定的单项工程、单位工程等全部内容，按照合同要求验收合格后，并按合同中约定的结算方式、计价单价、费用标准等核实实际工程数量，汇总计算承包项目的最终工程价款。因此，竣工结算价是确定承包工程最终实际造价的经济文件，以它为依据办理竣工结算后，就标志着发包方和承包方的合同关系和经济责任关系的结束。

⑦ 竣工决算造价。在建设项目或单项工程竣工验收，准备交付使用时，由业主或项目法人全面汇集在工程建设过程中实际花费的全部费用的经济文件。竣工决算反映的造价是正确核定固定资产价值、办理交付使用、考核和分析投资效果的依据。

投资估算造价、设计概算造价、施工图预算造价、施工预算造价等文件均是在工程开工以前计算的。工程结算和竣工决算是在项目动工兴建过程中和竣工验收后分阶段编制，以确定工程项目的实际建设费用。

估算确定项目计划投资额，概算确定项目建设投资限额，合同价是承发包工程的交易价格，结算反映承包工程的实际造价，最后以决算形成固定资产价值。在工程造价全过程的管理中，用投资估算价控制设计方案和设计概算造价，用概算造价控制技术设计和修正概算，用概算造价或修正概算造价控制施工图设计和预算造价，用施工图预算或承包合同价控制结算价，最后使竣工决算造价不超过投资限额。工程建设中各种表现形式的造价构成了一个有机整体，前者控制着后者，后者补充着前者，共同达到控制工程造价的目的。

不同阶段概预（决）算造价的对比见表 1-1。

表 1-1　不同阶段概预（决）算造价的对比

类别	编制过程	编制单位	编制依据	用途
投资估算造价	可行性研究	工程咨询机构	投资估算指标	投资决算
设计概算造价	初步设计或 扩大初步设计	设计单位	概算定额	控制投资及造价
施工图预算造价	工程承发包	建设单位委托的 工程咨询机构和 施工单位	预算定额	编制标底、投标报价、 确定工程合同价
施工预算造价	施工阶段	施工单位	施工定额	企业内部成本、 施工进度控制
竣工结算造价	竣工验收前	施工单位与建设单位	预算定额、设计及 施工变更资料	确定工程项目建造价格
竣工决算造价	竣工验收后	建设单位	预算定额、工程建设 其他费用定额、竣工 结算资料	确定工程项目 实际投资

1.2.5　工程造价的计价特征

工程造价的特点决定了工程造价的计价特征。工程造价的计价特征是计价的单件性、计价的多次性和计价的组合性。

（1）计价的单件性　每一项建设工程都有指定的专门用途，所以也就有不同的结构、造型和装饰，不同的体积和面积，建设时要采用不同的工艺设备和建筑材料。即使是用途相同的建设工程、技术水平，建筑等级和建筑标准也有差别。建设工程还必须在结构、造型等方面适应工程所在地气候、地质、地震、水文等自然条件，适应当地的风俗习惯，这就使建设工程的实物形态千差万别，具有突出的个性。因此，建设工程一般不能由国家或企业规定统一的造价，只有就各个项目通过特殊的程序计算工程造价。

（2）计价的多次性　由于工程建设项目具有体型庞大、结构复杂、内容繁多、个体性强等特点，因此，建设工程的生产过程是一个周期长、环节多、消耗量大、占用资金多的生产耗费过程。为了适应工程建设过程中各有关方面的经济关系的建立，适应项目管理的要求，适应工程造价的控制和经济核算的要求，需要对建设项目按照设计划阶段的划分和建设阶段的不同进行多次性的计价。从投资估算、设计概算、施工图预算到招标承包合同价、投资包干价，再到各项工程的结算价和最后的结算基础上编制的竣工决算，整个计价过程是一个由粗到细、由浅到深、最后确定工程实际造价的过程，计价过程各个环节之间相互连接，前者制约后者，后者补充前者。

（3）计价的组合性　工程造价计算是按分部组合而成的，这一特征与建设项目的组合性有关。一个建设项目，都具有实体庞大、结构复杂的特点，因此要就整个项目进行计价是非常困难的，但无论建设项目体型如何庞大，规模和结构如何不同，从其组成来看都具有按工程构成分部组合的特点。如一个建筑物，都是由基础、地（楼）面、墙壁、梁、门窗、屋盖等几个部分所构成的。在不同的建设工程中，相同的分部分项工程，不仅有相同的计量单位，而且完成每一计量单位的人工、材料等消耗，也应基本相同，国家可以根据社会共同生产水平，统一规定各分部分项内容，以及人工、材料、施工机械的消耗定额。国家、主管部和各省、市建委，可以根据各地的具体情况，确定地区工资标准、材料预算价格、施工机械台班使用费、间接费定额以及其他取费标准。这样，各工程项目的设计资料出来后，就可以由单个到综合、由局部到总体逐个计价、层层汇总，从而求得一个工程项目的总投资，即分部分项工程→单位工程造价→单项工程造价→建设项目总造价，见图1-2。

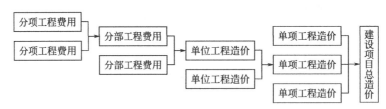

图1-2　建设项目造价示意图

1.2.6　工程造价的构成

在我国，建设项目从筹建到竣工验收、交付使用整个过程投入的费用称为工程造价，也称为基本建设费用。我国现行工程造价的构成主要划分为设备及工、器具购置费用、建筑安装工程费用、工程建设其他费用、预备费、建设期贷款利息、固定资产投资方向调节税等几项。

1.3　招标投标

1.3.1　招标投标概述

招标投标是在市场经济条件下进行工程建设、货物买卖、财产出租、中介服务等经济活动的一种竞争形式和交易方式，是引入竞争机制订立合同（契约）的一种法律形式。它是指招标人对工程建设、货物买卖、劳务承担等交易业务，事先公布选择采购的条件和要求，招引他人承接，若干或众多投标人作出愿意参加业务承接竞争的意思表示，招标人按照规定的程序和办法择优选定中标人的活动。

招标投标是我国市场趋向规范化、完善化的重要举措，对于择优选择承包单位、全面降低工程造价，进而使工程造价得到合理有效的控制，具有十分重要的意义，具体表现在以下几个方面。

(1) 形成了由市场定价的价格机制　实行建设项目的招标投标基本形成了由市场定价的价格机制，使工程价格更加趋于合理。其最明显的表现是若干投标人之间出现激烈竞争（相互竞标），这种市场竞争最直接、最集中的表现就是在价格上的竞争。通过竞争确定出工程价格，使其趋于合理或下降，这将有利于节约投资、提高投资效益。

(2) 不断降低社会平均劳动消耗水平　实行建设项目的招标投标能够不断降低社会平均劳动消耗水平，使工程价格得到有效控制。在建筑市场中，不同投标者的个别劳动消耗水平是有差异的。通过推行招标投标，最终是那些个别劳动消耗水平最低或接近最低的投标者获胜，这样便实现了生产力资源较优配置，也对不同投标者实行了优胜劣汰。面对激烈竞争的压力，为了自身的生存与发展，每个投标者都必须切实在降低自己个别劳动消耗水平上下工夫，这样将逐步而全面地降低社会平均劳动消耗水平，使工程价格更为合理。

(3) 工程价格更加符合价值基础　实行建设项目的招标投标便于供求双方更好地相互选择，使工程价格更加符合价值基础，进而更好地控制工程造价。由于供求双方各自出发点不同，存在利益矛盾，因而单纯采用"一对一"的选择方式，成功的可能性较小。但采用招投标方式就为供求双方在较大范围内进行相互选择创造了条件，为需求者（如建设单位、业主）与供给者（如勘察设计单位、施工企业）在最佳点上结合提供了可能。需求者对供给者选择（即建设单位、业主对勘察设计单位和施工单位的选择）的基本出发点是"择优选择"，即选择那些报价较低、工期较短、具有良好业绩和管理水平的供给者，这样即为合理控制工程造价奠定了基础。

(4) 公开、公平、公正的原则　实行建设项目的招标投标有利于规范价格行为，使公开、公平、公正的原则得以贯彻。我国招投标活动有特定的机构进行管理，有严格的程序必须遵循，有高素质的专家支持系统、工程技术人员的群体评估与决策，能够避免盲目过度的竞争和营私舞弊现象的发生，对建筑领域中的腐败现象也是强有力的遏制，使价格形成过程变得透明而较为规范。

(5) 能够减少交易费用　实行建设项目的招标投标能够减少交易费用，节省人力、物力、财力，进而使工程造价有所降低。我国目前从招标、投标、开标、评标直至定标，均在统一的建筑市场中进行，并有较完善的一些法律、法规规定，已进入制度化操作。招投标中，若干投标人在同一时间、地点报价竞争，在专家支持系统的评估下，以群体决策方式确定中标者，必然减少交易过程的费用，这本身就意味着招标人收益的增加，对工程造价必然产生积极的影响。

1.3.2　招标投标的适用范围

根据《中华人民共和国招标投标法》规定，凡在中华人民共和国境内进行下列工程建设项目，包括项目的勘测、设计、施工、监理以及与工程建设有关的重要设备、材料等的采购必须进行招标。

① 大型基础设施、公用事业等关系社会公共利益、公共安全的项目。

② 全部或者部分是引用国有资金投资或者国家融资的项目。

③ 使用国际组织或者外国政府贷款、援助资金的项目。

国家发展计划委员会于 2000 年 5 月 1 日 3 号令发布并实施的《工程建设项目招标范围和规模标准规定》（以下简称《规定》）中的第 1 条第 5 款和第 6 款规定，污水排放及处理、垃圾处理等城市设施项目和生态环境保护项目必须进行招标，具体规定如下。

（1）关系社会公共利益、公众安全的基础设施项目的范围包括：

① 煤炭、石油、天然气、电力、新能源等能源项目。

② 铁路、公路、管道、水运、航空以及其他交通运输业等交通运输项目。

③ 邮政、电信枢纽、通信、信息网络等邮电通信项目。

④ 防洪、灌溉、排涝、引（供）水、滩涂治理、水土保持、水利枢纽等水利项目。

⑤ 道路、桥梁、地铁和轻轨交通、污水排放及处理、垃圾处理、地下管道、公共停车场等城市设施项目。

⑥ 生态环境保护项目。

⑦ 其他基础设施项目。

（2）关系社会公共利益、公众安全的公用事业项目的范围包括：

① 供水、供电、供气、供热等市政工程项目。

② 科技、教育、文化等项目。

③ 体育、旅游等项目。

④ 卫生、社会福利等项目。

⑤ 商品住宅，包括经济适用住房。

⑥ 其他公用事业项目。

（3）使用国有资金投资项目的范围包括：

① 使用各级财政预算资金的项目。

② 使用纳入财政管理的各种政府性专项建设基金的项目。

③ 使用国有企业事业单位自有资金，并且国有资产投资者实际拥有控制权的项目。

（4）国家融资项目的范围包括：

① 使用国家发行债券所筹资金的项目。

② 使用国家对外借款或者担保所筹资金的项目。

③ 使用国家政策性贷款的项目。

④ 国家授权投资主体融资的项目。

⑤ 国家特许的融资项目。

（5）使用国际组织或者外国政府资金的项目的范围包括：

① 使用世界银行、亚洲开发银行等国际组织贷款资金的项目。

② 使用外国政府及其机构贷款资金的项目。

③ 使用国际组织或者外国政府援助资金的项目。

（6）以上第（1）条至第（5）条规定范围内的各类工程建设项目，包括项目的勘察、设计、施工、监理以及与工程建设有关的重要设备、材料等的采购，达到下列标准之一的，必须进行招标：

① 施工单项合同估算价在 200 万元人民币以上的。

② 重要设备、材料等货物的采购，单项合同估算价在 100 万元人民币以上的。

③ 勘察、设计、监理等服务的采购，单项合同估算价在 50 万元人民币以上的。

④ 单项合同估算价低于第①、②、③项规定的标准，但项目总投资额在 3000 万元人民币以上的。

（7）建设项目的勘察、设计，采用特定专利或者专有技术的，或者其建筑艺术造型有特殊要求的，经项目主管部门批准，可以不进行招标。

（8）依法必须进行招标的项目，全部使用国有资金投资或者国有资金投资占控股或者主导地位的，应当公开招标。

1.3.3　招标投标主体

招标投标活动中的主要参与者包括招标人、投标人、招标代理机构和政府监督部门。招标投标活动的每个阶段，一般既要涉及招标人和投标人，也需要监督管理部门的参与。

1.3.3.1　招标人

招标人是依照法律规定提出招标项目进行工程建设的勘察、设计、施工、监理以及与工程建设有关的重要设备、材料等招标的法人或者其他组织。

正确理解招标人的定义，应当把握以下两点。

① 招标人是依照《中华人民共和国招标投标法》规定的，提出招标项目、进行招标的法人或者其他组织，而自然人则不能成为招标人。根据我过《民法通则》规定，法人是指具备民事权利能力和民事行为能力，并依法享有民事权利和承担民事义务的组织，包括企业法人、机关法人、事业单位法人和社会团体法人。法人必须具备以下条件：必须依法成立；必须有必要的财产或经费；有自己的名称、组织机构和场所；能够独立承担民事责任。其他组织是指除法人以外的不具备法人条件的其他实体，如法人的分支机构、合伙组织等。

② 法人或其他组织必须依照法律规定提出招标项目，进行招标。

所谓"提出招标项目"，是指根据实际情况和《中华人民共和国招标投标法》的有关规定，提出和确定拟招标的项目，办理有关审批手续，落实项目的资金来源等。"进行招标"是指根据《中华人民共和国招标投标法》的规定提出招标方案，拟定或决定招标方式，编制招标文件，发布资格预审公告或招标公告，审查潜在投标人资格，主持开标、评标，确定中标人，签订书面合同等。

招标人未取得招标组织资质证书的，必须委托具备相应资质的招标代理人代理组织招标、代为办理招标事宜，招标人有权自行选择招标代理机构，委托其办理招标事宜。任何单位和个人不得以任何方式为招标人指定招标代理机构，这是保证工程招标的质量和效率一种有效途径，是适应市场经济条件下代理业的快速发展而采取的管理措施，也是国际上的通行做法。现代工程交易的一个明显趋势，是工程总承包日益受到重视和提倡。在实践中，工程总承包中标的总承包单位作为承包范围内工程的招标人，如已领取招标组织资质证书的，也可以自己组织招标；如不具备自己组织招标条件的，则必须委托具备相应资质的招标代理人组织招标。

招标人具有编制招标文件和组织评标能力的，可以自行办理招标事宜，任何单位和个人不得强制其委托招标代理机构办理招标事宜。依法必须进行招标的项目，招标人自行办理招标事宜的，应当向有关行政监督部门备案。招标人自行办理招标必须具备以下两个条件：

① 具有编制招标文件的能力。

② 具有组织评标的能力。

1.3.3.2　投标人

投标人是响应招标、参加投标竞标竞争的法人或其他组织。资格预审公告或招标公告发出后，所有对预审公告或招标公告感兴趣的并有可能参加投标的人，称为潜在投标人。那些响应招标并购买招标文件参加投标的潜在投标人称为投标人。

所谓响应招标，是指潜在投标人获得了招标信息后，接受并通过资格审查，购买招标文件，并编制投标文件，按照招标人的要求参加投标的活动。参加投标竞争是指按照招标文件的要求并在规定的时间内提交投标文件的活动。

投标人应当具有承担招标项目的能力，并且符合招标文件规定的资格条件。对投标人主体资格的要求如下：

① 投标人应当具备承担招标项目的能力；国家有关规定对投标人资格条件或者招标文件对投标人资格条件有规定的，投标人应当具备规定的资格条件。

② 两个以上法人或者其他组织可以组成一个联合体，以一个投标人的身份共同投标。但联合体各方均应当具备承担招标项目的相应能力；国家有关规定或者招标文件对投标人资格条件有规定的，联合体各方均应当具备规定的相应资格条件。由同一专业的单位组成的联合体，按照资质等级较低的单位确定资质等级。联合体各方向中标人承担连带责任。

1.3.3.3　招标代理机构

《中华人民共和国招标投标法》规定，招标代理机构是依法设立、从事招标代理业务并提供相关服务的社会中介组织。

招标代理机构应当具备下列条件：

① 有从事招标代理业务的营业场所和相应资金。

② 有能够编制招标文件和组织评标的相应专业力量。

③ 有符合本法第三十七条第三款规定条件、可以作为评标委员会成员人选的技术、经济等方面的专家库。

《中华人民共和国招标投标法》第十四条规定，从事工程建设项目招标代理业务的招标代理机构，其资格由国务院或者省、自治区、直辖市人民政府的建设行政主管部门认定。具体办法由国务院建设行政主管部门会同国务院有关部门制定。从事其他招标代理业务的招标代理机构，其资格认定的主管部门由国务院规定。招标代理机构与行政机关和其他国家机关不得存在隶属关系或者其他利益关系。

第十五条规定，招标代理机构应当在招标人委托的范围内办理招标事宜，并遵守本法关于招标人的规定，招标代理机构与行政机关和其他国家机关不得存在隶属关系或者其他利益关系。

1.3.3.4　政府监督部门

目前，由于实行招标投标的范围较广，因此不可能由一个部门统一进行监督，只有根据不同项目的特点，由有关部门在各自的职权范围内分别负责监督。国务院印发的《国务院有关部门实施招标投标活动行政监督的职责分工意见》（［2000］34号）中规定：

① 国家发展计划委员会指导和协调全国招标投标工作，并组织国家重大建设项目稽查特派员，对国家重大建设项目建设过程中的工程招标投标进行监督检查。

② 工业（含内贸）、水利、交通、铁道、民航、信息产业、建设等行业和产业项目的招标投标活动的执法分别由经贸、水利、交通、铁道、民航、信息产业、建设等行业行政主管部门负责；各类房屋建筑及其附属设施的建造和与其配套的线路、管道、设备的安装项目和市政工程项目的招标投标活动的监督执法，由建设行政主管部门负责；进口机电设备采购项目的招标投标活动的监督执法，由外经贸行政主管部门负责。

③ 从事各类工程建设项目招标代理业务的招标代理机构的资质，由建设行政主管部门认定；从事与工程建设有关的进口机电设备采购招标代理业务的招标代理机构的资格，由外经贸行政主管部门认定；从事其他招标代理业务的招标代理机构的资质，按现行职责分工，

分别由有关行政主管部门认定。

④ 各省、自治区、直辖市人民政府可根据《中华人民共和国招标投标法》的规定，从本地实际出发，制定招标投标管理办法。

国务院办公厅印发的《关于进一步规范招投标活动的若干意见》（[2004] 56 号）中指出，有关行政监督部门应当严格按照《招标投标法》和国务院规定的职责分工，各司其职，密切配合，加强管理，改进招投标行政监督工作。

发展改革委要加强对招投标工作的指导和协调，加强对重大建设项目建设过程中工程招投标的监督检查和工业项目招投标活动的监督执法。水利、交通、铁道、民航、信息产业、建设、商务部门，应当依照有关法律、法规，加强对相关领域招投标过程中泄露保密资料、泄露标底、串通招标、串通投标、歧视和排斥投标等违法活动的监督执法，加大对转包、违法分包行为的查处力度，对将中标项目全部转让、分别转让，或者违法将中标项目的部分主体、关键性工作层层分包，以及挂靠有资质或高资质单位并以其名义投标，或者从其他单位租借资质证书等行为，有关行政监督部门必须依法给予罚款、没收违法所得、责令停业整顿等处罚，情节严重的，由工商行政管理机关吊销其营业执照。同时，对接受转包、违法分包的单位，要及时清退。

有关行政监督部门不得违反法律法规设立审批、核准、登记等涉及招投标的行政许可事项，已经设定的一律予以取消。加快职能转变，改变重视前审批、轻视后监管的倾向，加强对招投标全过程的监督执法。项目审批部门对不依照核准事项进行招标的行为，要及时依法实施处罚。建立和完善公正、高效的招投标投诉处理机制，及时受理投诉并查处违法行为。任何政府部门和个人，特别是各级领导干部，不得以权谋私，采取暗示、授意、打招呼、递条子、指定、强令等方式，干预和插手具体的招投标活动。各级行政监察部门要加强对招投标执法活动的监督，严厉查处招投标活动中的腐败和不正之风。地方各级人民政府应当依据《行政许可法》的要求，规范招投标行政监督部门的工作，加强招投标监督管理队伍建设，提高依法行政水平。

各省、自治区、直辖市人民政府和国务院各有关部门要加强对招投标工作的领导，及时总结经验，不断完善政策，协调、处理好招投标工作中的新矛盾、新问题。

1.3.4 环境工程招标投标

环境工程招标是招标单位选择环境工程项目实施单位的一种手段以及投标单位承接环境工程项目的一种途径，它是一种法律行为。环境工程投标是指符合招标文件规定资格的投标人按照招标文件的要求，提出自己的报价及相应条件的书面回答行为。环境工程招标投标是市场经济的一种竞争方式，实质上它是订立合同的一个特殊程序。

环境工程项目招标投标活动包含的内容十分广泛，具体说包括建设项目强制招标的范围、建设项目招标的种类与方式、建设项目招标的程序、建设项目招标投标文件的编制、标底编制与审查、投标报价以及开标、评标、定标等，所有这些环节的工作均应按照国家有关法律、法规规定认真执行并落实。

在环境工程项目中，污水处理厂、垃圾填埋场、烟气脱硫、生态环境修复工程等的建设总投资额大，大部分是使用国有资金、国家融资、国际组织和外国政府资金投资的项目，因此项目建设的各个阶段如项目建议书、可行性研究、环境影响评价、勘察、设计、监理等均可能涉及招标投标，重要设备采购和土建施工必须按规定进行招标投标。例如：可行性研究和环境影响评价可以通过招标的方式委托专门的咨询机构和设计机构进行承包；工程测量、水文地质勘察及工程地质勘察等任务也可通过招标的方法确定专门的勘察单位承担。为了加强对工程项目的管理，建设单位可以将与有关承包方签订各类合同的履行过程中的监督、协调、管理、控制等任务交予监理单位实施，而监理单位的选择可通过招标的形式进行。工程施工可以通过包工包料、包工部分包料或包工不包料等方式选择承包方。

思考题

1. 何谓工程造价？工程造价有哪些特点？
2. 简述工程造价的分类。
3. 简述工程造价的计价特征。
4. 什么是招标投标？招标投标有何作用？

第 2 章

环境工程定额

定额是人们根据各种不同的需要，对某一事物规定的数量标准，是一种规定的额度。建筑安装工程定额仅是定额的一种类型，其包含建筑工程定额和安装工程定额两大类。环境工程的工程设施不仅包括建筑工程，而且很大一部分是环境工程设备及其安装，因此，除了了解建筑工程定额以外，还应了解和掌握安装工程定额的基本知识。

2.1 工程定额概述

2.1.1 定额的概念、特性和作用

2.1.1.1 定额的概念

定额是指在一定时期的生产、技术、管理水平下，生产经营活动中资源的消耗量所应遵守或达到的数量标准。这个标准由国家权力机构或地方权力机构制定，在不同的生产经营领域中有不同的定额。

建设工程定额是工程建设中各类定额的总称。建设工程定额是指在正常的施工条件和合理劳动组织、合理使用材料及机械的条件下，完成单位合格产品所必须消耗资源的数量标准，其中的资源主要包括在建设生产过程中所投入的人工、机械、材料和资金等生产要素。即按照国家有关规定的产品标准、设计规范和施工验收规范、质量评定标准，并参考行业、地方标准以及有代表性的工程设计、施工资料确定的工程建设过程中完成规定计量单位产品所消耗的人工、材料、机械等消耗量的标准。例如，$10m^3$ 现浇 C20 混凝土带形基础，需要 C20 混凝土材料 $10.15m^3$、人工 9.56 工日、400L 混凝土搅拌机械 0.39 台班。其中，$10m^3$ 是 C20 混凝土带形基础的计量单位，工日是人工消耗的计量单位，工人工作 8h 为 1 个工日，台班是施工机械使用消耗的计量单位，施工机械工作 8h 为 1 个台班。

建设工程定额反映了工程建设投入与产出的关系，它一般除了规定的数量标准以外，还规定了具体的工作内容、质量标准和安全要求等。

"正常施工条件"是指绝大多数施工企业和施工队、班组，在合理组织施工的条件下所处的施工条件。施工条件一般包括：工人的技术等级是否与工作等级相符、工具与设备的种类和质量、工程机械化程度、材料实际需要量、劳动的组织形式、工资报酬形式、工作地点的组织和其准备工作是否及时、安全技术措施的执行情况、气候条件、劳动竞赛开展情况等。正常施工条件界定定额研究对象的前提条件，因为针对不同的自然、社会、经济和技术条件，完成单位建设工程产品的消耗内容和数量是不同的。

正常的施工条件应该符合有关的技术规范，符合正确的施工组织和劳动组织条件，符合

已经推广的先进的施工方法、施工技术和操作，它是施工企业和施工队（班组）应该具备也能够具备的施工条件。

"合理的劳动组织、合理使用材料和机械"是指应该按照定额规定的劳动组织条件来组织生产（包括人员、设备的配置和质量标准），施工过程中应当遵守国家现行的施工规范、规程和标准等。

"单位合格产品"中的"单位"是指定额子目中所规定的定额计量单位，因定额性质的不同而不同。如预算定额一般以分项工程来划分定额子目，每一子目的计量单位因其性质不同而不同，砖墙、混凝土以"m³"为单位，钢筋以"t"为单位，门窗多以"m²"为单位。"合格"是指施工生产所完成的成品或半成品必须符合国家或行业现行的施工验收规范和质量评定标准的要求。"产品"指的是"工程建设产品"，称为工程建设定额的标定对象。不同的工程建设定额有不同的标定对象，所以，它是一个笼统的概念，即工程建设产品是一种假设产品，其含义随不同的定额而改变，它可以指整个工程项目的建设过程，也可以指工程施工中的某个阶段，甚至可以指某个施工作业过程或某个施工工艺环节。

由以上分析可以看出，建设工程定额不仅规定了建设工程投入产出的数量标准，同时还规定了具体的工作内容、质量标准和安全要求。

在理解上述建设工程定额概念时，还必须注意以下两个问题：

① 建设工程定额属于生产消费定额的性质。定额一般可以划分为生产性定额和非生产性定额两大类。其中，生产性定额主要是指在一定生产力水平条件下，完成单位合格产品所必需消耗的人工、材料、机械及资金的数量标准，它反映了在一定的社会生产力水平条件下的产品生产和生产消费之间的数量关系。工程建设是物质资料的生产过程，而物质资料的生产过程也是生产的消费过程。一个工程项目的建成要消耗大量的人力、物力和资金，而工程建设定额所反映的正是在一定的生产力发展水平条件下，完成工程建设中的某项产品与各种生产消费之间的特定的数量关系。

② 建设工程定额的定额水平，反映了当时的生产力发展水平。人们一般把定额所反映的资源消耗量的大小称为定额水平。定额水平受一定时期的生产力发展水平的制约。一般来说，生产力发展水平高，则生产效率高，生产过程中的消耗就少，定额所规定的资源消耗量应相应地降低，称为定额水平高；反之，生产力发展水平低，则生产效率低，生产过程中的消耗就多，定额所规定的资源消耗量应相应地提高，称为定额水平低。

在社会主义市场经济条件下，建设工程定额的指令性降低、指导性增强。从发展趋势来看，随着工程造价领域工程量清单计价办法的开展，建筑工程企业可以根据自身技术专长、材料采购渠道和管理水平，制定企业自己的定额，没有能力制定定额的，可以参考使用当地工程造价管理部门颁布的《消耗量定额》或《综合定额》。由此可见，在现阶段，各类定额仍是工程建设计价的主要依据之一。

2.1.1.2 定额的特性

定额的特性，是由定额的性质决定的。在我国，定额的特性有以下五个方面。

（1）科学性　定额的科学性，一是表现为工程建设定额代表了一定时期的生产、技术水平和管理水平，是劳动生产力的综合体现。定额的编制是在认真研究客观规律的基础上，自觉遵循客观规律的要求，用系统的、完整的、来自于实践行之有效的科学方法确定各项消耗量标准；二是表现为工程建设定额管理在理论、方法和手段上必须适应现代科学技术和信息社会发展的需要。

（2）法令性　定额的法令性，是指定额一经国家、地方主管部门或授权部门颁发实施，各地区及有关施工企业单位都必须严格遵守和执行，不得随意变更定额的内容和水平。定额是在一定范围内有效的统一消耗指标，具有经济法规性质和强制执行性。定额的法令性保证了建筑工程统一的造价与核算尺度。例如，《全国统一建筑安装工程工期定额》（建标〔2000〕38 号）就是国家建设部于 2000 年 2 月 16 日颁发实施的，由建设部负责解释和管理。

（3）群众性　定额的制定和执行都要有广泛的群众基础，它的制定通常采用工人、技术人员、专职定额人员三结合的方式，使拟定的定额能从实际出发，反映建筑安装工人的实际水平，并保持一定的先进性，定额的执行要依靠广大群众的生产实践活动才能完成，也是他们参加生产活动的衡量额度。

（4）系统性和统一性　是由工程建设的特点决定的，建设工程定额是由各种内容结合而成的有机整体，有鲜明的层次和明确的目标，按已编单位和执行范围的不同，我国的定额可分为全国统一定额、各专业部的定额、各地区的定额、各建设项目及各企业的定额。统一性主要是由国家宏观调控职能决定的。从定额的制定颁布和贯彻使用来看，统一性表现为有统一的程序、统一的原则、统一的要求和统一的用途。

（5）稳定性和时效性　建设工程定额中的任何一种定额，反映了一定社会生产水平条件下的建设产品（工程）生产和生产耗费之间的数量关系，同时也反映着建设产品生产和生产耗费之间的质量关系。一定时期的定额，反映一定时期的建设产品（工程）生产机械化程度和施工工艺、材料、质量等建筑技术的发展水平和质量验收标准水平，在一段时期内都表现出稳定的状态。根据具体情况不同，稳定的时间有长有短，一般在 5～10 年之间。但是，任何一种定额，都只能反映一定时期的生产力水平，当生产力向前发展了，定额就会变得陈旧。所以，定额在具有稳定性特点的同时，也具有显著的时效性。当定额不能起到它应有作用的时候，定额就要重新修订。

2.1.1.3　定额的作用

定额是管理科学的基础，也是现代管理科学中的重要内容和基本环节，没有定额就没有企业的科学管理。定额在社会主义市场经济中具有重要的作用和意义。

首先，定额有利于节约社会劳动和提高劳动生产率。一方面企业以定额作为促使工人节约劳动时间和提高劳动效率的手段，以增加市场竞争能力，获取更多的利润；另一方面，作为工程造价计算依据的各类定额，又促使企业加强内部管理，把社会劳动的消耗控制在合理的限度内；再者，作为项目决策的定额指标，又在更高的层次上促使项目投资者合理而又有效地利用和分配社会劳动。

其次，定额有利于建筑市场公平竞争。公平竞争，优胜劣汰，这是市场的准则。而定额为各经济主体之间的公平竞争提供了有利的条件，也促进了社会主义市场经济的繁荣。

第三，定额有利于市场行为的规范。一方面，定额是投资决策的依据。投资者可以利用定额权衡自己的财务状况和支付能力、预测资金投入和预期回报，还可以利用定额所提供的信息提高项目决策的科学性，优化其投资行为。另一方面，定额是价格决策的依据。对于建筑企业来说，只有充分考虑定额的要求，才能在投标报价时作出正确的价格决策，以获取更多的工程合同。

第四，定额有利于完善市场的信息系统。定额管理是对大量市场信息的加工，也是对大量信息进行市场传递，同时也是对市场信息的反馈。信息是市场体系中不可或缺的要素，它的可靠性、完备性和灵敏性是市场成熟和效率的标志。

2.1.2　工程建设定额体系

工程建设定额是工程建设中各类定额的总称。它包括许多种类的定额，为了对工程建设定额能有一个全面的了解，可以按照不同的原则和方法对它进行科学的分类。

2.1.2.1 按生产要素分类

工程建设定额按照生产要素分为劳动消耗定额、材料消耗定额和机械台班使用定额三种。在日常工作中使用的任何一种概预算定额都包含这三种定额表现形式。也就是说，这三种是构成一切其他定额的基础。

(1) 劳动消耗定额（也称工时定额或人工定额）　劳动消耗定额简称劳动定额。是指完成一定的合格产品（工程实体或劳务）规定活劳动消耗的数量标准，或是指在合理的劳动组织条件下，工人以社会平均熟练程度和劳动强度在单位时间内生产合格产品的数量。

建筑安装工程劳动定额是反映建筑产品生产中活劳动消耗量的标准数量，是指在正常的生产（施工）组织和生产（施工）技术条件下，为完成单位合格产品或完成一定量的工作所预先规定的必要劳动消耗量的标准数额。

劳动定额是建筑安装工程定额的主要组成部分，反映建筑安装工人劳动生产率的社会平均先进水平。劳动定额有时间定额、产量定额两种基本表示形式。

① 时间定额。是指在一定的生产技术和生产组织条件下，某工种、某种技术等级的工人小组或个人，完成单位合格产品所必须消耗的工作时间。定额工作时间包括工人的有效工作时间（准备与结束时间、基本工作时间、辅助工作时间）、必要的休息与生理需要时间和不可避免的中断时间。定额工作时间以工日或工时为单位。其计算公式如下：

$$时间定额（工日/单位合格产品）=\frac{劳动时间总和}{完成的合格产品总和}$$

例如：0.4 工时/DN40 水阀门；5 工日/配电箱。

② 产量定额。是指在一定的生产技术和生产组织条件下，某工种、某种技术等级的工人小组或个人，在单位时间内（工日）应完成合格产品的数量标准。其计算公式如下：

$$产量定额（产品数/工日）=\frac{完成的合格产品总数}{劳动时间总和}$$

不难看出，时间定额和产量定额在数值上是倒数关系，即每工产量=1/单位产品时间定额（工日），只要知道其中之一，就可求出另外一个。

现行统一使用的劳动定额中，有下列三种表示：

① 单式表示法。仅列出时间定额，不列每工产量。在耗工量大，计算单位为台、件、座、套，不能再做量上分割的项目，以及一部分按工种分列的项目中，都采用单式表示法。

② 复式表示法。同时表示出时间定额和产量定额，以分子表示时间定额，分母表示产量定额。

③ 综合表示法。就是为完成同一产品各单项（工序）定额的综合，定额表内以"综合"或"合计"来表示。综合定额的时间定额由各单项时间定额相加而成。即：

$$综合时间定额=\Sigma 各单项工序时间定额$$
$$合计时间定额=\Sigma 各单项工种时间定额$$
$$综合产量定额=1/综合时间定额$$
$$合计产量定额=1/合计时间定额$$

例如：查有关定额规定，每砌 1m³ 一砖半砖墙基础，砌砖时间定额为 0.354 工日，运输为 0.449 工日，调制砂浆为 0.102 工日，则综合时间定额：(0.354+0.449+0.102)工日/m³=0.905 工日/m³。

(2) 材料消耗定额　材料消耗定额简称材料定额，它是指在节约和合理使用材料的条件下，生产单位合格产品所需要消耗材料的数量标准。材料是工程建设中使用的原材料、成品、半成品、构配件、燃料以及水、电等动力资源的统称。

材料消耗定额的表达式为：

$$材料消耗定额（消耗量/单位合格产品）=\frac{某种材料总消耗量}{完成的合格产品总和}$$

材料总消耗量，既包括构成产品实体净用的材料数量，又包括施工场内运输及操作过程不可避免的损耗量，即：

$$材料总消耗量=净用量+损耗量=\frac{净用量}{（1-损耗率）}$$

其中，

$$损耗率=\frac{材料损耗量}{材料总消耗量}\times100\%$$

为了简化计算，预算定额可采用下列公式：

$$材料总消耗量=净用量+损耗量=净用量\times（1+损耗率）$$

其中，

$$损耗率=\frac{材料损耗量}{净用量}\times100\%$$

所以，制定材料消耗定额，关键是确定净用量和损耗率。不同材料的损耗率并不相同，即使同种材料还受到施工方法的影响而不同，其值由国家有关部门综合取定。

材料作为劳动对象构成工程的实体，需用数量很大，种类繁多。所以材料消耗量多少，消耗是否合理，不仅关系到资源的有效利用，影响市场供求状况，而且对建设工程的项目投资、建筑产品的成本控制都起着决定性影响。材料消耗定额，在很大程度上可以影响材料的合理调配和使用。在产品生产数量和材料质量一定的情况下，材料的供应计划和需求都会受材料定额的影响。重视和加强材料定额管理，制定合理的材料消耗定额，是组织材料的正常供应、保证生产顺利进行、合理利用资源、减少积压和浪费的必要前提。

（3）机械消耗定额　我国机械消耗定额是以一台机械一个工作班（8h）为计量单位，即以"台班"为机械作业时间计量单位，所以又称为机械台班定额。机械消耗定额是指施工机械在正常的生产（施工）和合理的人机组合条件下，由熟悉机械性能、有熟练技术的工人或工人小组操纵机械，完成单位合格产品（工程实体或劳务）所规定的各种机械设备消耗的数量标准。它表示机械设备的生产效率，也是制订调度和使用计划的依据。机械消耗定额的主要表现形式是机械时间定额，但同时也以产量定额表现。

① 机械时间定额：是指在合理的劳动组织和一定的技术条件下，生产某一合格单位产品所必须消耗的机械设备台班数量，即：

$$机械时间定额（台班/单位合格产品）=\frac{机械消耗台班总量}{机械完成产品总数}$$

② 机械产量定额：是指在合理的劳动组织和一定的技术条件下，工人操作机械在一个工作台班内应完成合格产品的标准数量。即：

$$机械产量定额（单位合格产品/台班）=\frac{机械完成产品总数}{机械消耗台班总量}$$

机械时间定额与机械产量定额在数量上是倒数关系。

劳动定额、材料消耗定额、机械使用台班定额反映了社会平均必须消耗的水平，它是制定各种实用性定额的基础，因此也称为基础定额。

2.1.2.2　按定额编制程序和用途分类

按照定额的编制程序和用途来分类，可以把建设工程定额分为施工定额、预算定额、概算定额、概算指标、投资估算指标5种。

（1）施工定额　施工定额是以同一性质的施工过程为测定对象，完成单位合格工程量的人工、主要材料和机械台班消耗量。施工定额是施工企业组织生产和加强管理在企业内部使用的一种定额，属于企业生产定额。为适应组织生产和管理的需要，施工定额的项目划分很细，是工程建设定额中分项最细、定额子目最多的一种定额，也是建设工程定额中的基础性定额。

施工定额由劳动定额、机械定额和材料定额 3 个相对独立的部分组成，用来编制工程施工设计、班组作业计划、施工预算、签发工程任务单、限额领料以及结算计件工资或超额奖励、材料节约奖等。施工定额是企业内部经济核算的依据，也是编制预算定额的基础。

（2）预算定额　预算定额，是以工程中的分项工程，即在施工图纸上和工程实体上都可以区分开的产品为测定对象，完成单位合格工程量所消耗的人工、材料和机械台班的数额。预算定额是一种计价性的定额，在工程建设定额中占有很重要的地位。从编制程序看，在施工图设计和施工准备阶段，它是编制施工图预算（设计预算）、签订承建协议、实施工程拨款的依据；在施工阶段，预算定额在施工企业被广泛用于编制施工准备计划，编制工程材料预算，确定工程造价，考核企业内部各类经济指标等；在竣工验收阶段，是编制施工图决算的依据。同时，也是编制概算定额、概算指标的基础资料。因此，预算定额是用途最广泛的一种定额。

（3）概算定额　概算定额又称扩大结构定额。是指完成单位扩大分项工程或单位扩大结构构件所必须消耗的人工、材料和机械台班的数量标准。它是预算定额的综合扩大，每一综合分项都包含数项预算定额。

按照《建设工程工程量清单计价规范》的要求，为适应工程招标投标的需求，有的地方预算定额项目的综合有些已与概算定额项目一致，如挖土方只有一个项目，不再划分一、二、三、四类土。砖墙也只有一个项目，综合了外墙、半砖、一砖、一砖半、二砖、二砖半墙等。化粪池、水池等按"座"计算，综合了土方、砌筑或结构配件全部项目。

概算定额是编制扩大初步设计阶段设计概算和技术设计阶段编制修正概算的依据，是编制建设项目主要材料计划、概算指标、招标控制价和投标报价的依据，是项目进行技术经济分析和比较的基础资料之一。

（4）概算指标　概算指标以统计指标的形式反映工程建设过程中生产单位合格工程建设产品所需资源消耗量的水平，一般是在概算定额和预算定额的基础上编制的，它比概算定额更为综合和概括。通常是以整个建筑物和构筑物为对象，以建筑面积、体积或成套装置的台或组为计量单位，包括人工、材料和机械台班的消耗量标准和造价指标。例如，以 100m² 建筑面积为单位，构筑物以座为单位等。

概算指标是基本建设管理部门编制投资估算和编制基本建设计划，估算主要材料用量计划的依据，是设计单位编制初步设计概算、选择设计方案的依据，是考核基本建设投资效果的依据。

（5）投资估算指标　投资估算指标是在项目建议书、可行性研究报告和设计任务书阶段编制投资估算、计算投资需要量时使用的一种定额。它非常概略，往往以独立的单项工程或完整的工程项目为计算对象。它的概略程度与可行性研究阶段相适应。投资估算指标往往根据历史的预、决算资料和价格变动等资料编制，但其编制基础仍然离不开预算定额、概算定额。

投资估算指标是编制建设项目建议书、可行性研究报告等前期工作阶段投资估算的依据，也可以作为编制固定资产长远规划投资额的参考，在固定资产的形成过程中起着投资预测、投资控制、投资效益分析的作用。

2.1.2.3　按照投资的费用性质分类

按照投资的费用性质，把建设工程定额分为建筑工程定额、设备安装工程定额、建筑安装工程费用定额、工器具定额以及建设工程其他费用定额等。

（1）建筑工程定额　是建筑工程的施工定额、预算定额、概算定额和概算指标的统称。

建筑工程，一般理解为房屋建筑工程和构筑物工程。具体包括一般土建工程、电气工程（动力、照明、弱电）、卫生技术（水、暖、通风）工程、工业管道工程、特殊构筑物工程等。广义上它也被理解为除房屋和构筑物外还包含其他各类工程，如道路、铁路、桥梁、隧道、运河、堤坝、港口、电站、机场等工程。在我国统计年鉴中对于固定资产投资构成的划分，就是根据这种理解设计的。广义的建筑工程概念几乎等同于土木工程的概念。从这一概念出发，建筑工程在整个工程建设中占有非常重要的地位。根据统计资料，在我国的固定资产投资中，建筑工程和安装工程的投资占 60% 左右。因此，建筑工程定额在整个工程建设定额中是一种非常重要的定额，在定额管理中占有突出的地位。

(2) 设备安装工程定额　是安装工程施工定额、预算定额、概算定额和概算指标的统称。设备安装工程是对需要安装的设备进行定位、组合、校正、调试等工作的工程，主要包括机械设备安装工程、电气设备安装工程和管道安装工程三大类。

设备安装工程定额和建筑工程定额是两种不同类型的定额，一般都要分别编制，各自独立。但是设备安装工程和建筑工程是单项工程的两个有机组成部分，在施工中有时间连续性，也有作业的搭接和交叉，需要统一安排，互相协调，在这个意义上通常把建筑和安装工程作为一个施工过程来看待，即建筑安装工程。所以在通用定额中有时把建筑工程定额和安装工程定额合二为一，称为建筑安装工程定额。

(3) 建筑安装工程费用定额　一般包括以下 3 部分内容。

① 其他直接费用定额，是指预算定额分项内容以外与建筑安装施工生产直接有关的各项费用开支标准。其他直接费用定额由于其费用发生的特点不同，只能独立于预算定额之外。它也是编制施工图预算和概算的依据。

② 现场经费定额，是指与现场施工直接有关，是施工准备、组织施工生产和管理所需的费用定额。

③ 间接费定额，是指与建筑安装施工生产的个别产品无关，而为企业生产全部产品所必需，为维持企业的经营管理活动所必须发生的各项费用开支的标准。由于间接费中许多费用的发生和施工任务的大小没有直接关系，因此，通过间接费定额的管理，有效地控制间接费的发生是十分必要的。

(4) 工器具定额　是为新建或扩建项目投产运转首次配置的工、器具数量标准。工具和器具，是指按照有关规定不够固定资产标准而起劳动手段作用的工具、器具和生产用家具，如翻砂用模型、工具箱、计量器、容器、仪器等。

(5) 建设工程其他费用定额　是独立于建筑安装工程、设备和工、器具购置之外的其他费用开支的标准。工程建设的其他费用的发生和整个项目的建设密切相关，它一般要占项目总投资的 10% 左右。其他费用定额是按各项独立费用分别制定的，以便合理控制这些费用的开支。

2.1.2.4　按照管理层次和执行范围分类

按照管理层次和执行范围，建设工程定额分为全国统一定额、地方定额、企业定额、行业定额、补充定额等。

(1) 全国统一定额　全国统一定额是由国务院有关部门制定和颁发的定额，它不分地区，全国适用。例如 2000 年由国家计划委员会颁布的《全国统一安装工程预算定额》。

(2) 地方定额　我国地域辽阔，各地自然条件差异较大，经济发展不平衡，材料价格和工资标准也不相同。为了合理地确定工程造价，各省、自治区、直辖市根据本地区的特点和实际情况，以全国统一定额为基础编制的定额，在本地区范围内发布使用，如《全国统一安装工程基础定额湖北省预算基价》。

(3) 企业定额　企业定额，是指企业根据本企业的施工技术和管理水平以及有关工程造价资料制定的，并供本企业使用的人工、材料和机械台班消耗量标准。如施工企业及附属的加工厂、车间编制的用于企业内部管理、成本核算、投标报价的定额，以及对外实行独立经济核算的单位如预制混凝土和金属结构厂、大型机械化施工公司、机械租赁站等编制的不纳入建筑安装工程定额系列之内的定额标准、出厂价格、机械台班租赁价格等。

（4）行业定额 是考虑到各行业部门专业工程技术特点，以及施工生产和管理水平编制的，一般是只在本行业和相同专业性质的范围内使用的专业定额，如矿井建设工程定额、铁路建设工程定额。

（5）补充定额（临时定额） 是指随着设计、施工技术的发展现行定额不能满足需要的情况下，为了补充缺项所编制的定额。补充定额只能在指定的范围内使用，可以作为以后修订定额的基础。一般由施工企业提出测定资料，与建设单位或设计单位协商议定，只作为一次使用，并同时报主管部门备查，以后陆续遇到此类项目时，经过总结和分析，往往成为补充或修订正式统一定额的基本资料。

2.1.2.5 按适用专业分类

各个不同专业都分别有相应的主管部门颁发的在本系统使用的定额，如建筑安装工程定额（亦称土建定额）、设备安装工程定额、给排水工程定额、公路工程定额、铁路工程定额、水利水电工程定额、水运工程定额、井巷工程定额等。建设项目定额分类见图 2-1。

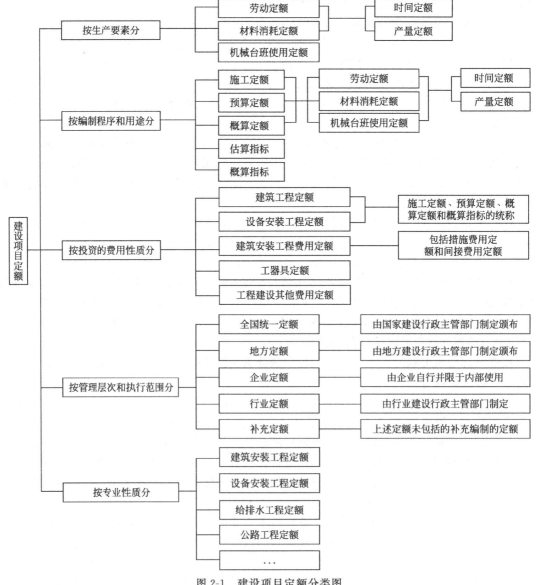

图 2-1 建设项目定额分类图

2.2 概算定额和概算指标

2.2.1 概算定额

2.2.1.1 概算定额的概念

概算定额也叫扩大结构定额,是确定完成合格的单位扩大分项工程或单位结构构件所需的人工、材料及台班消耗量的标准。

概算定额是介于预算定额和概算指标之间的一种定额。是在相应预算定额的基础上,根据有代表性的设计图纸及通用图、标准图和有关资料,按常用主体结构工程列项,以主要工程内容为主,把预算定额中的若干相关项目合并、综合和扩大编制而成,以达到简化工程量计算和编制设计概算的目的。例如,砌筑条形毛石基础,在概算定额中是一个项目,而在预算定额中,则分属于挖土、回填土、槽底夯实、找平层和砌石五个分项。

概算定额和预算定额的相同之处是:它们都是以构筑物各个结构部分或分部分项工程为单位表示的,内容都包括人工、材料和机械班台使用量三个基本部分,并列有基价。

概算定额和预算定额的不同之处:一是表现在项目划分和综合扩大程度上的差异。预算定额是在基础定额(劳动定额、材料消耗定额、机械台班消耗定额)的基础上,将项目综合后,按工程分部分项划分,以单一的工程项目为单位计算的定额;概算定额是在预算定额的基础上,将项目再进一步综合扩大后,按扩大后的工程项目为单位进行计算的定额。两者相比,预算定额的工程项目划分得较细,每一项目所包括的工程内容较单一;概算定额的工程项目划分得较粗,每一项目所包括的工程内容较多,也就是把预算定额中的多项工程内容合并到一项之中了。因此,概算定额中的工程项目较预算定额中的项目要少得多。二是预算定额一般是编制施工图预算或甲乙双方结算的依据,概算定额一般是编制扩大初步设计概算或进行投资包干计算的依据。

编制概算定额时,为了能适应规划、设计、施工各阶段的要求,概算定额与预算定额的水平应基本一致,即反映社会平均水平。但由于概算定额是在预算定额的基础上综合扩大而成的,因此两者之间必然产生并允许留有一定的幅度差,这种扩大的幅度差一般在 5% 以内,以便根据概算定额编制的设计概算能对施工图预算起控制作用。

2.2.1.2 概算定额的作用

① 是在初步设计阶段编制单位工程概算,扩大初步设计(技术设计)阶段编制修正概算的依据。

② 是对设计方案进行技术经济比较和选择的依据。

③ 是在施工准备阶段编制施工组织总设计或总规划的各种资源需要量的依据。

④ 是编制概算指标和投资估算指标的依据。

⑤ 是编制招标控制价和投标报价的依据。使用概算定额编制招标标底、投标报价,既有一定的准确性,又能快速报价。

2.2.1.3 概算定额的编制

(1)概算定额编制原则

① 简明适用的原则。概算定额的内容与表现形式要贯彻简明适用。简明,就是在章节的划分、项目的排列、说明、附注、定额内容和表现形式等方面,清晰醒目,一目了然。相对于施工图预算定额而言,概算定额应本着扩大综合和简化计算的原则进行编制。"简化计算",是指对综合内容、工程量计算、活口处理和不同项目的换算等问题的处理力求简化。

通常采用细算粗编的方法，"细算"是指在含量的取定上，正确地选择有代表性且质量高的图纸和可靠的资料，精心计算，全面分析；"粗编"是指在综合内容时，要贯彻以主代次的指导思想，以主要项目和价值大的项目为主，综合次要项目和价值不大的项目，合并近似项目。适用，就是面对本地区，综合考虑到各种情况都能应用。

② 平均合理的原则。由于概算定额和预算定额都是工程计价的依据，所以，应符合价值规律和反映现阶段生产力水平。在其编制时必须按社会必要劳动时间，贯彻平均水平的编制原则。为保证概算定额质量，必须把定额水平控制在一定的幅度之内，使预算定额和概算定额之间幅度差的极限值控制在 5%以内，一般控制在 3%左右。

③ 编制依据必须具有代表性。概算定额所依据的工程设计资料应是有代表性的，技术上先进，经济上合理。考虑运用统筹法原理及电子计算机计算程序，提高概算工作效率。

（2）概算定额编制依据

① 现行的设计标准、规范和施工技术规范、建筑安装工程操作规程和安全规程规定等。

② 有代表性的设计图纸和标准设计图集、通用图集。

③ 现行全国统一的或地区的建设工程预算定额和概算定额。

④ 现行的人工工资标准、材料和设备预算价格、机械台班预算价格及各项取费标准。

⑤ 有关的施工图预算和工程结算等经济资料。

⑥ 有关国家、省、市和自治区文件、文献及规定等。

（3）概算定额编制的方法和步骤　概算定额编制的方法如下。

① 定额项目的划分：应以简明和便于计算为原则，在保证一定准确性的前提下，以主要结构分部工程为主，合并相关联的子项目。

② 定额的计量单位：基本上按预算定额的规定执行，但是扩大该单位中所包含的工程内容。

③ 定额数据的综合取定：由于概算定额是在预算定额的基础上综合扩大而成，因此在工程的标准和施工方法的确定、工程量计算和取值上都需综合考虑，并结合概、预算定额水平的幅度差而适当扩大，还要考虑到初步设计的深度条件来编制。如对混凝土和砂浆的强度等级、钢筋用量等，可根据工程结构的不同部位，通过综合测算、统计而取定合理数据。

概算定额的编制步骤如下。

① 准备阶段：该阶段主要是确定编制机构和人员组成，进行调查研究，了解现行概算定额执行情况和存在问题，明确编制的目的，制定概算定额的编制方案和确定概算定额的项目。

② 编制初稿阶段：该阶段是根据已经确定的编制方案和概算定额项目，收集和整理各种编制依据，对各种资料进行深入细致的测算和分析，确定人工、材料和机械台班的消耗量指标，最后编制概算定额初稿。

③ 测算阶段：该阶段的主要工作是测算概算定额水平，即测算新编制概算定额与原概算定额及现行预算定额之间的水平。测算的方法既要分项进行测算，又要通过编制单位工程概算以单位工程为对象进行综合测算。

④ 审查定稿阶段：该阶段要组织有关部门讨论定额初稿，在听取合理意见的基础上进行修改。最后将修改稿报请上级主管部门审批。

2.2.1.4　概算定额手册的内容和应用规则

（1）概算定额手册的内容　各地区概算定额的形式、内容各有特点，但一般包括下列主要内容。

① 总说明。主要阐述概算定额的编制原则、编制依据、适用范围、有关规定、取费标

准和概算造价计算方法等。

　　② 分章说明。主要阐明本章所包括的定额项目及工程内容、规定的工程量计算规则等。

　　③ 定额项目表。这是概算定额的主要内容，它由若干分节定额表组成。各节定额表表头注有工作内容，定额表中列有计量单位、概算基价、各种资源消耗量指标以及所综合的预算定额的项目与工程量等。概算定额项目一般按以下两种方法划分：一是按工程结构划分；二是按工程部位（分部）划分。概算定额项目表的形式见表 2-1。

　　④ 附录。一般列在概算定额手册之后，通常包括各种砂浆、混凝土配合比表及其他相关资料。

表 2-1　楼地面概算定额表

工作内容：1. 混凝土、水泥楼地面，包括垫层、找平层、层面。2. 层面，包括找平层和层面。

定额编号	项　目			单位	概算单位/元	人工工日	混凝土工程量 m²	主要材料						
								钢筋 kg	水泥 kg	石灰 kg	砂子 kg	豆石 kg	石子 kg	焦渣 m²
9-3	细石混凝土地面			m²	14.84	0.22			15	21	32	47		
9-4	混凝土地面	面层6cm厚 灰土垫层	无筋	m²	17.08	0.22	0.056		18	21	47		70	
9-5			有筋	m²	24.48	0.24	0.056	2.0	18	21	47		70	
9-6	面层每增减1cm			m²	2.08	0.01	0.009		3		7		12	
9-7	水泥地面	灰土、焦渣垫层		m²	20.72	0.24			28	21	44			0.06
9-8		灰土、混凝土垫层		m²	20.15	0.25	0.048		26	21	74		48	
9-9	防潮水泥地面	灰土、混凝土垫层		m²	54.17	0.61	0.188		63	63	197		234	
9-10		混凝土、细石混凝土垫层		m²	35.43	0.29	0.150		57		162		189	
9-11		灰土、细石混凝土垫层		m²	26.73	0.32	0.056		35	32	82		72	

　　(2) 概算定额的应用规则　概算定额的应用规则为：

　　① 符合概算定额规定的应用范围。

　　② 工程内容、计量单位及综合程度应与概算定额一致。

　　③ 必要的调整和换算应严格按定额的文字说明和附录进行。

　　④ 避免重复计算和漏项。

　　⑤ 参考预算定额的应用规则。

2.2.2　概算指标

2.2.2.1　概算指标的概念

　　在建筑工程中，概算指标通常以建筑面积（m² 或 100 m²）或体积（m³ 或 100m³）为计量单位，安装工程以成套设备装置的"台"或"组"为计量单位，构筑物以"座"为计量单位，规定所需人工、材料、机械台班消耗量和资金数量的定额指标。概算指标是按整个建筑物或构筑物为对象编制的，因此它比概算定额更加综合和扩大，据其编制设计概算也就更为简便。概算指标中各消耗量的确定，主要来自各种工程的概预算和决算的统计资料。

　　概算指标按项目划分，有单位工程概算指标（如土建工程概算指标、水暖工程概算指标等）、单项工程概算指标、建设工程概算指标等；按费用划分，有直接费概算指标和工程造价指标。

2.2.2.2　概算指标的作用

　　概算指标和概算定额、预算定额一样，都是与各个设计阶段相应的多次性估价的产物，它主要用于投资估算、初步设计阶段，其主要作用如下。

① 在初步设计阶段，特别是当工程设计形象尚不具体时，计算分部分项工程量有困难，无法查用概算定额，同时又必须提出建筑工程概算的情况下，可以使用概算指标编制设计概算。

② 是在建设项目可行性研究阶段编制项目投资估算的依据。

③ 是建设单位编制基本建设计划、申请投资贷款和编写主要材料计划的依据。

④ 是设计和建设单位进行设计方案的技术经济分析、考核投资效果的标准。

2.2.2.3　概算指标的编制和应用

（1）概算指标编制的原则和依据　概算指标编制的原则与概算定额的编制原则相同，其编制的依据如下。

① 现行的设计标准、具有代表性的标准设计图纸和各类典型工程设计。

② 国家颁发的建筑标准、设计规范、施工技术验收规范和有关规定。

③ 典型工程结算资料和有代表性的概、预算资料。

④ 现行的概算定额、预算定额及补充定额资料。

⑤ 地区人工工资标准、材料预算价格、机械台班预算价格及其他价格资料。

⑥ 现行的基本建设政策、法令和规章等。

（2）概算指标的编制步骤

① 首先成立编制小组，拟订工作方案，明确编制原则和方法，确定指标的内容及表现形式，确定基价所依据的人工工资单价、材料预算价格、机械台班单价。

② 收集整理编制指标所必需的标准设计、典型设计以及有代表性的工程设计图纸、设计预算等资料，充分利用有使用价值的已经积累的工程造价资料。

③ 按指标内容及表现形式的要求进行具体的计算分析，工程量尽可能利用经过审定的工程竣工结算的工程量，以及可以利用的可靠的工程量数据。按基价所依据的价格要求计算综合指标，并计算必要的主要材料消耗指标，用于调整价差的万元工、料、机消耗指标，一般可按不同类型工程划分项目进行计算。

④ 最后经过核对审核、平衡分析、水平测算、审查定稿。

（3）概算指标的编制方法　下面以房屋建筑工程为例，对概算指标编制方法作一简要概述。

① 编制概算指标。首先要根据选择好的设计图纸，计算出每一结构构件或分部工程的工程数量。计算工程量的目的有两个。第一个目的是以 $1000m^3$ 建筑体积（或 100^2 建筑面积）为计算单位，换算出某种类型建筑物所含的各结构构件和分部工程量指标。例如，根据某砖混结构工程中的典型设计图纸的结果，已知其毛石带型基础的工程量为 90 m^3，混凝土基础的工程量为 70 m^3，该砖混结构建筑物的体积为 800 m^3，则 1000 m^3 砖混结构经综合归并后，所含的毛石带型和混凝土基础的工程量指标分别为：$1000m^3 \times 90/800 = 112.5m^3$，$1000m^3 \times 70/800 = 87.5m^3$。计算工程量的第二个目的是为了计算出人工、材料和机械的消耗量指标，计算出工程的单位造价。

工程量指标是概算指标中的重要内容，它详尽地说明了建筑物的结构特征，同时也规定了概算指标的适用范围。所以计算标准设计和典型设计的工程量，是编制概算指标的重要环节。

② 在计算工程量指标的基础上，确定人工、材料和机械的消耗量。

确定的方法是按照所选择的设计图纸，现行的概预算定额，各类价格资料，编制单位工程概算或预算，并将各种人工、机械和材料的消耗量汇总，计算出人工、材料和机械的总用量。

③ 最后再计算出每平方米建筑面积和每立方米建筑物体积的单位造价，计算出该计量单位所需的主要人工、材料和机械实物消耗量指标，次要人工、材料和机械的消耗量，综

合为其他人工、其他机械、其他材料，用金额"元"表示。例如每平方米造价指标，就是以整个建筑物为对象，根据该项工程的全部预算（或概算、决算）价值除以总建筑面积而得的数值，而每平方米面积所包含的某种材料数量就是该工程预算（或概算、决算）中此种材料总的耗用量除以总建筑面积而得的数据。

假定从上例单位工程预算书上取得如下资料：一般土建工程 400000 元，给排水工程 40000 元，汇总预算造价 440000 元。根据这些资料，可以计算出单位工程的单位造价和整个建筑物的单位造价：每立方米建筑物体积的一般土建工程造价为 400000/800＝500 元，每立方米建筑物体积的给排水工程造价为 40000/800＝50 元，每立方米建筑物体积造价为 440000/800＝550 元。

每平方米建筑物的单位造价计算方法同上。

各种消耗指标的确定方法如下：假定根据概算定额，10m³ 毛石基础需要用砌石工 6.54 工日，又假定在该项单位工程中没有其他工程需要砌石工，则 1000 m³ 建筑物需用的砌石工为：

$$112.5 \times 6.54/10 = 73.58 （工日）$$

其他各种消耗指标的计算方法同上。

对于经过上述编制方法确定和计算出的概算指标，要经过比较平衡、调整和水平测算对比及试算修订，才能最后定稿报批。

概算指标的计算：概算指标包括工程量指标、经济指标和工料消耗量指标，其计算公式如下。

$$某项目工程量指标 = \frac{混凝土墙的工程量}{建筑面积（或体积）} \times 扩大单位$$

$$经济指标 = \frac{相应工程造价}{建筑面积（或体积）}$$

$$主要工料消耗指标 = \frac{相应人工（材料）消耗总量}{建筑面积（或体积）}$$

【例 2-1】 某砖混结构典型工程，其建筑体积为 600m³，毛石带型基础工程量为 72m³。根据概算定额，10m³ 毛石带型基础需砌石工 7.0 工日，该单位工程无其他砌石工，则 1000m³ 类似建筑工程需砌石工为多少工日？

解： 毛石带型基础工程量指标 1000×72÷600＝120（m³）

1000m³ 类似建筑工程需砌石工工日为：120×7÷10＝84（工日）

【例 2-2】 某八层砖混结构住宅，建筑面积 2089.69m²，单项工程总造价 220.10 万元，内有 C25 混凝土墙 137.84m³，共消耗人工 9388.61 工日，钢材 65729.90kg。计算该住宅每 100m² 建筑面积的混凝土墙工程量指标，每平方米建筑面积的经济指标和工料消耗量指标。

解： 混凝土墙工程量指标 $= \dfrac{混凝土墙的工程量}{建筑面积（或体积）} \times 扩大单位 = \dfrac{137.84}{2089.69} \times 100$

$= 6.596 \text{m}^3/100\text{m}^2$ 建筑面积

单项工程造价指标 $= \dfrac{相应工程造价}{建筑面积（或体积）} = \dfrac{2201000}{2089.69} = 1053.27$ 元/m² 建筑面积

人工消耗量指标 $= \dfrac{相应人工消耗总量}{建筑面积（或体积）} = \dfrac{9388.61}{2089.69} = 4.49$ 工日/m² 建筑面积

钢材消耗量指标 $= \dfrac{相应材料消耗总量}{建筑面积（或体积）} = \dfrac{65729.9}{2089.69} = 31.45 \text{kg}/\text{m}^2$ 建筑面积

2.2.2.4 概算指标的分类和内容

（1）概算指标的分类　概算指标可分为两大类，一类是建筑工程概算指标，另一类是安装工程概算指标。建筑工程概算指标包括一般土建工程、给排水工程、采暖通风工程、电气照明工程、通信工程等；安装工程概算指标包括机械设备安装工程、电气设备安装工程、工器具及生产购置费等。

（2）概算指标的内容　概算指标在具体内容的表示方法上，分综合指标和单项指标两种形式。

① 综合概算指标。综合概算指标是按照工业或民用建筑及其结构类型而制定的概算指标。综合概算指标的概括性较大，其准确性、针对性不如单项指标。对于房屋来讲，只包括单位工程的单方造价、单项工程造价和每 $100m^2$ 土建工程的主要材料消耗量。在综合形式的概算指标中，主要材料消耗是以每 $100m^2$（材料消耗量/$100m^2$）为单位。表 2-2 为建筑工程综合形式的概算指标参考示例。

表 2-2　某省办公楼建筑工程综合形式的概算指标示例（部分）

工程名称	结构特征	适用范围/m^2	每平方米造价/%	其中/%			方案指数/%	主要材料消耗量/$100m^2$				
				土建	水暖	电照		水泥/t	钢材/t	木材/t	红砖/t	玻璃/t
一层办公楼	混合	300	100	95.84		4.16	100.00	9.09	0.75	8.01	28.28	28.00
二层办公楼	混合	500	100	94.43		5.57	87.37	11.87	0.92	2.04	28.19	36.00
二层办公楼	混合	750	100	86.57	8.33	5.09	105.62	18.68	1.23	3.10	33.50	33.00
二层办公楼	混合	500	100	88.34	7.62	4.04	109.05	24.20	2.32	3.68	28.89	30.00

② 单项概算指标。单项概算指标是指为某种建筑物或构筑物而编制的概算指标。单项概算指标要比综合概算指标详细，针对性较强，故单项概算指标中对工程结构形式要作介绍。只要工程项目的结构形式及工程内容与单项指标中的工程概况相吻合，编制出的设计概算就比较准确。

单项概算指标，其主要内容包括以下五部分。

a. 总说明：说明概算指标的作用、编制依据、适用范围、使用方法等。

b. 工程简图：也称"示意图"，由立面图和平面图来表示。根据工程的复杂程度，必要时还要画出剖面图。

c. 结构特征：详细说明主要工程的结构形式、层高、层数和建筑面积等，见表 2-3。

d. 经济指标：说明该项目每 $100m^2$ 的造价（元/$100m^2$）或 $1m^2$ 的造价（元/m^2）和每座构筑物的造价指标，以及土建、给排水、水暖、电器照明等单位工程的相应造价。造价指标中包含直接费、间接费、计划利润、其他费用和税金，见表 2-4。

表 2-3　内浇外砌住宅结构特征　　　　　　　单位：$100m^2$ 建筑面积

结构类型	内浇外砌	层数	六层	层高	2.8m	檐高	17.7m	建筑面积	$4206m^2$

表 2-4　内浇外砌住宅经济指标　　　　　　　单位：元/$100m^2$ 建筑面积

造价分类		合计	其中				
			直接费	间接费	计划利润	其他	税金
单方造价		37745	21860	5576	1893	7323	1093
其中	土建	32424	18778	4790	1626	6291	939
	水暖	3182	1843	470	160	617	92
	电照	2139	1239	316	107	415	62

e. 内容及工程量指标：说明该工程项目各分部分项工程的构造内容，相应计量单位的工程量指标，以及人工、材料消耗指标，见表 2-5、表 2-6。

表 2-5　内浇外砌住宅结构内容及工程量指标　　单位：100m² 建筑面积

序号	结构特征		工程量	
			单位	数量
	土建			
1	基础	灌注桩	m³	14.64
2	外墙	2 砖墙、清水墙勾缝、内墙抹灰刷白	m³	24.32
3	内墙	混凝土墙、1 砖墙、抹灰刷白	m³	22.70
4	柱	混凝土柱	m³	0.70
5	地面	碎砖垫层、水泥砂浆面层	m²	13
6	楼面	120mm 预制空心板、水泥砂浆层面	m²	65
7	门窗	木门窗	m²	62
8	屋面	预制空心板、水泥珍珠岩保温、三毡四油卷材防水	m²	21.7
9	脚手架	综合脚手架	m²	100

表 2-6　内浇外砌住宅人工及主要材料消耗指标　　单位：100m² 建筑面积

序号	名称及规格	单位	数量	序号	名称及规格	单位	数量
一	土建			1	人工	工日	39
1	人工	工日	506	2	钢管	t	0.18
2	钢筋	t	3.25	3	暖气片	m²	20
3	型钢	t	0.13	4	卫生器具	套	2.25
4	水泥	t	18.10	5	水表	个	1.84
5	白灰	t	2.10	三	电器照明		
6	沥青	t	0.29	1	人工	工日	20
7	红砖	千块	15.10	2	电线	m	283
8	木材	m³	4010	3	钢（塑）管	t	(0.04)
9	砂	m³	41	4	灯具	套	8.43
10	砾（碎）石	m³	30.5	5	电表	个	1.84
11	玻璃	m²	29.2	6	配电箱	套	6.1
12	卷材	m²	80.8	四	机械使用费	％	7.5
二	水暖			五	其他材料费	％	19.57

2.2.2.5　概算指标的应用

概算指标的应用一般有两种情况：第一种情况，如果设计对象的结构特征与概算指标一致时，可以直接套用；第二种情况，如果设计对象的结构特征与概算指标的规定局部不同时，要对指标的局部内容进行调整后再套用，包括每 100m² 造价调整和每 100m² 工料数量的调整。

关于换入换出的工料数量，是根据换出换入结构构件的工程量乘以相应的概算定额中工料消耗指标得到的。根据调整后的工料消耗量和地区材料预算价格，人工工资标准、机械台班预算单价，计算每 100m² 的概算基价，然后根据有关取费规定，计算每 100m² 的概算造价。这种方法主要适用于不同地区的同类工程编制概算。用概算指标编制工程概算，工程量的计算工作很小，也节省了大量的定额套用和工料分析工作，因此比用概算定额编制工程概算的速度要快，但是准确性差一些。

2.3 预算定额

预算定额是完成一定计量单位的分项工程或结构构件所消耗的人工、材料和机械台班及其基价的综合数量标准。是建筑工程预算定额和安装工程预算定额的总称，是计算建筑安装产品价格的基础。

预算定额属于计价定额。预算定额是工程建设中一项重要的技术经济指标，反映了完成单位分项工程消耗的活劳动和物化劳动的数量限制。这种限度最终决定着单项工程和单位工程的成本和造价。一般在基本建设程序中施工图阶段用于编制施工图预算。

预算定额是由国家主管部门或其授权机关组织编制、审批并颁布实施的。在现阶段，预算定额仍然是一种指令性指标，是对建设工程实施有效管理的重要工具之一。

2.3.1 预算定额的作用

（1）预算定额是编制施工图预算、确定和控制建筑安装工程造价的基础 施工图预算是施工图设计文件之一，是控制和确定建筑安装工程造价的必要手段。编制施工图预算，除设计文件决定的建设工程的功能、规模、尺寸和文字说明是计算分部分项工程量和结构构件数量的依据外，预算定额是确定一定计量单位工程人工、材料、机械消耗量的依据，也是计算分项工程单价的基础。

（2）预算定额是对设计方案进行技术经济比较、技术经济分析的依据 设计方案在设计工作中居于中心地位。设计方案的选择要满足功能、符合设计规范，既要技术先进又要经济合理。根据预算定额对方案进行技术经济分析和比较，是选择经济合理设计方案的重要方法。对设计方案进行比较，主要是通过定额对不同方案所需人工、材料和机械台班消耗量等进行比较，这种比较可以判明不同方案对工程造价的影响。对于新结构、新材料的应用和推广，也需要借助于预算定额进行技术分析和比较，将技术与经济相结合考虑普遍采用的可能性和效益。

（3）预算定额是工程结算的依据 工程结算是建设单位和施工单位按照工程进度对已完成的分部分项工程实现货币支付的行为。按进度支付工程款，首先要根据预算定额将已完分项工程的造价算出，单位竣工验收后，再按竣工工程量、预算定额和施工合同规定进行结算，以保证建设单位建设资金的合理使用和施工单位的经济收入。

（4）预算定额是施工企业进行经济活动分项的参考依据 实行经济核算的根本目的，是用经济的方法促使企业在保证质量和工期的条件下，用较少的劳动消耗取得预定的经济效果。中国的预算定额仍决定着企业的收入，企业必须以预算定额作为评价企业工作的重要标准。企业可根据预算定额，对施工中的劳动、材料、机械的消耗情况进行具体的分析，以便找出低工效、高消耗的薄弱环节及其原因。为实现经济效益的增长由粗放型向集约型转变提供对比数据，促进企业提供在市场上的竞争的能力。

（5）预算定额是编制概算定额和估算指标的基础 概算定额和估算指标是在预算定额基础上经综合扩大编制的，也需要利用预算定额作为编制依据，这样做不但可以节省编制工作中的人力、物力和时间，收到事半功倍的效果，还可以使概算定额和概算指标在水平上与预算定额一致，以避免造成执行中的不一致。

（6）预算定额是编制标底、投标报价的基础　在市场经济体制下预算定额作为编制标底的依据和施工企业报价的基础的作用仍将存在，这是由于它本身的科学性和权威性决定的。

2.3.2　预算定额的分类

（1）按专业性质分　预算定额分为建筑工程定额和安装工程定额两大类。建筑工程预算按适用对象又分为建筑工程预算定额、水利建筑工程概算定额、市政工程预算定额、铁路工程预算定额、公路工程预算定额、土地开发整理项目预算定额、通信建设工程费用定额、房屋修缮工程预算定额、矿山井巷预算定额等。安装工程预算定额按适用对象又分为电气设备安装工程预算定额、机械设备安装工程预算定额、通信设备安装工程预算定额、化学工业设备安装工程预算定额、工业管道安装工程预算定额、工艺金属结构安装工程预算定额、热力设备安装工程预算定额等。

（2）按管理权限和执行范围分　预算定额可分为全国统一定额、行业统一定额和地区统一定额等。全国统一定额由国务院建设行政主管部门组织指定发布，行业统一定额由国务院行业主管部门指定发布；地区统一定额由省、自治区、直辖市建设行政主管部门制定发布。

（3）按物资要素分　预算定额可分为劳动定额、材料消耗定额和机械定额，但它们互相依存形成一个整体，作为预算定额的组成部分，各自不具有独立性。

2.3.3　预算定额的编制

2.3.3.1　预算定额的编制原则

（1）社会平均水平原则　预算定额理应遵循价值规律的要求，按生产该产品的社会平均必要劳动时间来确定其价值。也就是说，在正常的施工条件下，以平均的劳动强度、平均的技术熟练程度，在平均的技术装备条件下，完成单位合格产品所需的劳动消耗量就是预算定额的消耗水平。

（2）简明适用的原则　预算定额要在适用的基础上才力求简明。由于预算定额与施工定额有着不同的作用，所以对简明适用的要求也是不同的，预算定额是在施工定额的基础上进行扩大和综合的。就是说，预算定额在项目划分、选定计量单位及工程量计算规则时，应在保证定额各项指标相对准确的前提下进行综合扩大，达到项目少、内容全、简明扼要。通常采用细算粗编的方法，即以常用的主要项目和价值大的项目为主，综合次要项目和价值不大的项目，合并近似项目。当然，定额的简易性应服务于它的适用性的要求。准确，即预算定额的各项指标应正确无误，并注意减少定额附注和换算系数，尽量少留活口。

（3）坚持统一性和因地制宜的原则　所谓统一性，就是从全国统一市场规范计价行为出发，定额的制定、实施由国家归口管理部门统一负责，有利于通过定额管理和工程造价的管理实现建筑安装工程价格的宏观调控。使工程造价具有统一的计价依据，也使考核设计和施工的经济效果具备同一尺度。

所谓因地制宜，即在统一基础上的差别性。各部门和省市（自治区）、直辖市主管部门可以在自己管辖的范围内，依据部门（地区）的实际情况，制定部门和地区性定额、补充性制度和管理办法，以适应中国幅员辽阔、地区间发展不平衡和差异大的实际情况。

（4）专家编审责任制原则　编制定额应以专家为主，这是实践经验的总结，编制要有一支经验丰富、技术与管理知识全面、有一定政策水平的、稳定的专家队伍。通过他们的辛勤工作才能积累经验，保证编制定额的准确性。同时在专家编制的基础上，注意走群众路线，因为广大建筑安装工人是施工生产的实践者，也是定额的执行者，最了解生产实际和定额的执行情况及存在问题，有利于以后在定额管理中对其进行必要的修订和调整。

2.3.3.2 预算定额的编制依据

① 现行的施工定额和全国统一劳动定额、材料消耗定额和施工机械台班定额。

② 现行的设计规范、施工及验收规范、质量评定标准和安全操作规程。

③ 通用标准图集和定型设计图纸，有代表性的设计图集。

④ 建筑材料标准及新技术、新结构、新材料和先进经验资料。

⑤ 有关科学实验、技术测定、统计分析资料。

⑥ 现行的地区建筑安装工人工资标准、材料预算价格和施工机械台班单价。

⑦ 已颁布的预算定额及其编制的基础资料和有代表性的补充单位估价表。

2.3.3.3 预算定额的编制程序及方法

预算定额编制程序一般分为准备工作阶段、收集资料阶段、编制阶段、报批阶段和修改定稿阶段五个阶段。预算定额编制中的主要工作包括以下内容。

① 确定定额项目名称及其工作内容。项目的划分要与预算定额的编制原则相符。对每一分部、分项工程，都应简明扼要地对工作内容加以说明，不得遗漏，并说明有关施工方法。

② 确定施工方法。

③ 确定预算定额的计量单位。主要根据分部、分项工程和结构构件的形体特征及变化规律来确定计量单位。预算定额计量单位的确定原则一般是：

a. 凡物体的截面有一定形状和大小，只是长度有变化（如管道、电线、木扶手、装饰线等）应以米（m）、千米（km）为计量单位。

b. 当物体的厚度一定，只是长度和宽度有变化（如楼地面、墙面、门窗等）应以平方米（m²）（投影面积或展开面积）为单位计算。

c. 如果物体的长、宽、高都变化不定（如挖土、混凝土等）应以立方米（m³）为计量单位。

d. 根据成品、半成品和机械设备的不同特征，以个、片、根、组、套、台、部等为计量单位，如金属字、卷闸门电动装置、灯具、风机等安装工程。

e. 有的分项工程质量、价格的差异大，应以吨（t）、千克（kg）为计量单位。如给排水管道的支架制作安装、风管部件的制作安装、机械设备的安装等。

在 m、m²、m³ 等单位中，以 m 为单位计算最简单。所以，在保证定额的准确性的前提下，能简化尽量简化。定额单位确定以后，在列定额表时，一般都采用扩大单位，以 10 为倍数，以保证定额的准确度要求。

④ 按典型设计图纸和资料计算工程量。通过计算出典型设计图纸所包括的施工过程的工程量，以便在编制预算定额时利用施工定额的劳动力、机械和材料消耗指标确定预算定额所含工序的消耗量。

定额项目中各种消耗量指标的数值单位及小数位数的取定如下：人工以"工日"为单位，取两位小数；机械以"台班"为单位，取两位小数；若材料精确度要求高、材料贵重，多取三位小数，如钢材、木材；一般材料取两位小数。

⑤ 定额消耗量指标的确定。定额消耗量指标包括预算定额人工消耗指标、预算定额材料消耗指标、预算定额机械台班消耗指标等。进行此项工作时，必须先按施工定额的分项逐步逐项计算出消耗指标，然后再按预算定额的项目加以综合。在综合过程中要增加两种定额之间适当的水平差，预算定额的水平首先取决于这些消耗量的合理确定。

⑥ 确定定额基价。以人工、材料和机械台班消耗量分别乘以其单价，计算出人工费、材料费和机械费，并将人工费、材料费和机械费相加求出定额基价。

⑦ 编写预算定额说明。包括册说明、章说明以及附注，并精编定额附录。

⑧ 编写预算定额编制说明。主要内容是编制的原则、依据、分工、编制过程中一些具体的问题的处理办法和结果及其需要说明的问题。

2.3.3.4 预算定额各类指标的确定

(1) 预算定额人工消耗量的确定　预算定额人工消耗量（定额人工工日）是指完成某一计量单位的分项工程或结构构件所需的各种用工量的总和。在定额当中，人工的消耗量不分工种、技术等级，一律以综合工日表示。人工消耗量包括基本用工和其他用工两部分。即：定额分项工程综合工日＝定额分项工程的基本用工＋其他用工。人工消耗指标以现行的《建筑安装工程统一劳动定额》为基础进行计算。

① 基本用工：是指完成某一计量单位的分项工程或结构构件所必须消耗的用工量。

$$基本用工工日数量 = \sum (工序或工作过程工程量 \times 时间定额)$$

② 其他用工：是指辅助基本用工完成生产任务所耗用的人工。包括以下几个方面。

a. 辅助用工：在劳动定额中是指施工现场内发生材料加工的用工。如砌砖工程中的筛沙子用工、抹灰工程中制作分隔条的用工等。

$$辅助用工 = \sum (加工材料的数量 \times 相应材料加工的时间定额)$$

b. 超运距用工：是指预算定额取定的材料、成品、半成品场内运输距离，超过劳动定额规定的距离所增加的用工。

$$超运距 = 预算定额规定的距离 - 劳动定额规定的距离$$

$$超运距用工 = \sum (超运距材料的数量 \times 该材料超运相应距离的时间定额)$$

c. 人工幅度差：是指劳动定额项目中未包括，而在正常施工过程中经常发生，又无法通过劳动定额项目计量的用工损失。定额项目中包括：

(a) 工序交叉、搭接的时间损失；

(b) 施工机械的临时维护、检修、移动时的时间损失及临时水电的移动而引起的人工停歇时间；

(c) 工程质量检查和隐蔽工程验收而影响的工作时间；

(d) 施工班组操作地点变动的时间以及工序交接时对前一工序不可避免的修整用工；

(e) 施工用水、电、管线移动影响的时间损失；

(f) 施工中不可避免的其他用工损失。

人工幅度差的计算方法：

$$人工幅度差用工 = (基本用工 + 辅助用工 + 超运距用工) \times 相应的人工幅度差系数$$

国家现行规定的人工幅度差系数为 $10\% \sim 15\%$，一般土建工程为 10%，设备安装工程为 12%。

【例 2-3】 砌砖基础 $10m^3$，其厚度比例为：一砖厚占 70%，一砖半占 20%，二砖占 10%，基础埋深超过 1.5m 占 15%，人工幅度差系数为 10%，求砖基础的定额人工。

解：1. 基本用工量（砌砖）

砌一砖基础：$10m^3 \times 70\% \times 0.89$ 工日$/m^3 = 6.230$ 工日（劳动定额 4-1-1）

砌一砖半基础：$10m^3 \times 20\% \times 0.86$ 工日$/m^3 = 1.720$ 工日（劳动定额 4-1-2）

砌二砖基础：$10m^3 \times 10\% \times 0.833$ 工日$/m^3 = 0.833$ 工日（劳动定额 4-1-3）

基础深埋超过 1.5m 占 15%，根据劳动定额附注规定，其超过部分每立方米砌体增加 0.04 工日。即：

$$10\text{m}^3 \times 15\% \times 0.04 \text{ 工日/m}^3 = 0.06 \text{ 工日}$$
$$\text{基本用工} = (6.230 + 1.720 + 0.833 + 0.06) \text{ 工日} = 8.843 \text{ 工日}$$

2. 其他用工量

(1) 辅助用工

筛沙：2.83×0.196 工日 $= 0.5547$ 工日（劳动定额 1-4-83）

淋石灰膏：0.16×0.5 工日 $= 0.08$ 工日（劳动定额 1-4-94）

则：辅助用工量 $= 0.5547 + 0.08 = 0.6347$ 工日

(2) 超运距用工量

沙子超运距用工：2.83×0.0453 工日 $= 0.1282$ 工日（劳动定额 4-15-194）

石灰膏超运距用工：0.16×0.128 工日 $= 0.0205$ 工日（劳动定额 4-15-195）

标准砖超运距用工：10×0.139 工日 $= 1.390$ 工日［劳动定额 4-15-179（一）］

砂浆超运距用工：10×0.0598 工日 $= 0.598$ 工日［劳动定额 4-15-179（二）］

则：材料超运距用工量：$0.1282 + 0.0205 + 1.390 + 0.598 = 2.1367$ 工日

(3) 人工幅度差用工

幅度差 $= (8.843 + 0.6347 + 2.1367) \times 10\% = 1.1614$ 工日

其他用工量：$0.6347 + 2.1367 + 1.1614 = 3.9328$ 工日

3. 定额人工消耗量指标

$$\text{砖基础定额人工} = \text{基本用工量} + \text{其他用工量}$$
$$= 8.843 + 3.9328 = 12.7758 \text{ 工日}$$

砖基础预算定额人工消耗计算过程见表 2-7。

表 2-7　砖基础预算定额人工消耗计算表

砖石结构：标准砖基础　　　　　　　　　　　　　　　　　　　　单位：10m³

工艺及工程量				劳动定额			工日数
项目名称		单位	计算量	定额编号	工种	时间定额	
①		②	③	④	⑤	⑥	⑦＝②×⑥
基本用工量	砌一砖基础	m³	7	4-1-1	瓦工	0.89	6.230
	砌一砖半基础	m³	2	4-1-2	瓦工	0.86	1.720
	砌二砖基础	m³	1	4-1-3	瓦工	0.833	0.833
	埋深超过 1.5m	m³	1.5	附注	瓦工	0.04	0.06
	合计						8.843
辅助用工量	筛砂	m³	2.83	1-4-83	普工	0.196	0.5547
	淋石灰膏	m³	0.16	1-4-94	普工	0.5	0.08
	合计						0.6347
超运距用工量	砂子超运距 30	m³	2.83	4-15-194	普工	0.0453	0.1282
	石灰膏超运距 50	m³	0.16	4-15-195	普工	0.128	0.0205
	标准砖超运距 120	m³	10	4-15-179(1)	普工	0.139	1.390
	砂浆超运距 130	m³	10	4-15-179(2)	普工	0.0598	0.598
	合计						2.1367
人工幅度差		工日	11.614			10%	1.1614
总计							12.7758

(2) 预算定额材料消耗量的确定

① 材料消耗量的组成。材料消耗量是指正常施工条件下，完成单位合格产品所必须消耗的材料数量。

a. 根据材料用途不同，材料可分主要材料、辅助材料和周转性材料三种。

主要材料：指直接构成工程实体的材料，其中也包括成品、半成品的材料。

辅助材料：指直接构成工程实体但使用量较小的一些材料，如垫木、钉子、铅丝等。

周转性材料：指施工过程中多次使用但并不构成工程实体的材料，如脚手架、挡土板、临时支撑、混凝土工程的模板等。这类材料在施工中不是一次消耗完，而是每次使用有些消耗，经过修补，反复周转使用的工具性材料。

b. 根据材料使用次数的不同，材料分为非周转性材料和周转性材料两类。

非周转性材料也称为直接性材料。它是指在建筑工程施工中，为了直接构成工程实体，一次性消耗的材料。这种材料的消耗量由两部分组成，一部分是构成工程实体的消耗量，另一部分是不可避免的废料和损耗消耗量。

② 定额材料消耗量的确定方法。预算定额中规定的材料消耗量指标，以不同的物理计量单位或自然计量单位为单位表示，包括净用量和损耗量。净用量是指实际构成某定额计量单位分项工程所需要的材料用量，按不同分项工程的工程特征和相应的计算公式计算确定。损耗量是指在施工现场发生的材料运输、加工制作和施工操作的损耗，损耗量在净用量的基础上按一定的损耗率计算确定。

a. 非周转性材料消耗量的确定

$$非周转性材料消耗量=材料净用量+材料损耗量$$
$$=材料净用量\div(1-材料损耗率)$$
$$=净用量\times(1+材料损耗率)$$

式中，材料净用量一般可按消耗净定额或采用观察法、实验法和理论计算等方法确定；材料损耗量一般可按材料损耗定额或采用观察法、实验法和理论计算等方法确定；材料损耗率为材料损耗量与净用量的百分比，即：

$$材料损耗率=\frac{损耗率}{净用量}\times100\%$$

每立方米砖砌体材料消耗量的计算：

$$砖净用量(块/m^3)=\frac{墙厚砖数\times2}{墙厚\times(砖长+灰缝)\times(砖厚+灰缝)}$$

每100m²块料面层材料净用量计算：块料面层一般指瓷砖、锦砖、预制水磨石、大理石、地板砖等。

$$层面净用量=\frac{100}{(块料长+灰缝)\times(块料宽+灰缝)}$$

每100m³卷材防潮、防水层卷材净用量的计算：

$$卷材净用量=\frac{100}{(卷材宽-顺向搭接宽)\times(每卷卷材长-横向搭接宽)}\times每卷卷材面积\times层数$$

【例2-4】 计算1/4标准砖外墙每立方米砌体砖和砂浆的消耗量。砖与砂浆损耗率均为1%。标准砖墙体厚度见表2-8。

表2-8 标准砖墙体厚度

墙厚	1/4砖	1/2砖	3/4砖	1砖	$1\frac{1}{2}$砖	2砖	$2\frac{1}{2}$砖	3砖
计算厚度/mm	53	115	180	240	365	490	615	740

解：标准砖净用量$=\dfrac{\dfrac{1}{4}\times 2}{0.053\times(0.24+0.01)\times(0.053+0.01)}=599$（块）

标准砖消耗量$=599\times(1+0.01)=605$（块）

砂浆消耗量$=(1-599\times 0.24\times 0.115\times 0.053)\times(1+0.01)=0.125(\mathrm{m}^3)$

b. 周转性材料消耗定额的确定。周转性材料消耗定额按多次使用、分期摊销的方式进行计算，即周转性材料在材料消耗定额中以摊销量表示。

下面以现浇钢筋混凝土结构模板为例，说明其摊销量计算方法。

（a）确定一次使用量。一次使用量是指完成定额计量单位产品的生产，在不重复使用的前提下的一次用量，可按照施工图纸算出。

一次使用量＝每计量单位混凝土构件的模板接触面积×每平方米接触面积模板量×（1＋制作和安装损失率）

（b）确定补损量。损失量是指周转使用一次以后由于损坏需补充的数量，也就是在第二次以后各次周转中为了修补难以避免的损耗所需要的材料损耗，通常用损耗率来表示。

损耗率的大小主要取决于材料的拆除、运输和堆放的方法以及施工现场的条件。在一般情况下，损耗率要随周转次数增多而加大，所以一般采取平均损耗率来计算。

$$补损量=\dfrac{一次使用量\times(周转次数-1)\times损耗率}{周转次数}$$

$$损耗率=\dfrac{平均每次损耗量}{一次使用量}\times 100\%$$

（c）材料周转次数。周转次数是指周转性材料从第一次使用起，到报废为止，可以重复使用的次数。一般采用现场观察法或统计分析法来测定材料周转次数，或查相关手册。

影响周转性材料周转次数的因素包括周转性材料的结构及其坚固程度、工程结构规格变化及相同规格的工程数量、工程进度的快慢与使用条件、周转材料的保管、维修程度。

（d）材料周转使用量。材料周转使用量是指周转性材料在周转使用和补损条件下，每周转使用一次平均所需材料数量。

$$周转使用量=\dfrac{一次使用量}{周转次数}+损耗量$$

$$=\dfrac{一次使用量}{周转次数}\times[1+(周转次数-1)\times损耗率]$$

（e）材料回收量。材料回收量是指在一定周转次数下，每周转使用一次平均可以回收材料的数量。

$$回收量=\dfrac{一次使用量\times(1-损耗率)}{周转次数}$$

（f）材料摊销量。材料摊销量是指周转性材料在重复使用条件下，应分摊到每一计量单位结构构件的材料消耗量。这是应纳入定额的实际周转性材料消耗量。

$$摊销量=周转使用量-回收量$$

【例2-5】 某工程捣制钢筋混凝土独立基础，模板接触面积为$50\mathrm{m}^2$，一次使用模板每$10\mathrm{m}^2$需用板材$0.36\mathrm{m}^3$，方材$0.45\mathrm{m}^3$，模板周转次数6次，每次周转损耗率16.6%，支撑周转9次，每次周转损耗率11.1%，试计算混凝土模板一次需用量和定额摊销量。

解：模板一次需用量＝$50 \times 0.36/10 = 1.8 m^3$

$$周转使用量＝\frac{一次使用量}{周转次数} \times [1+(周转次数-1) \times 损耗率]$$

$$= 1.8 \times [1+(6-1) \times 16.6\%]/6 = 0.549 m^3$$

回收量＝$1.8 \times (1-16.6\%)/6 = 0.25 m^3$

摊销量＝周转使用量－回收量＝$0.549-0.25 = 0.299 m^3$

支撑一次需用量＝$50 \times 0.45/10 = 2.25 m^3$

支撑周转使用量＝$2.25 \times [1+(9-1) \times 11.1\%]/9 = 0.472 m^3$

支撑回收量＝$2.25 \times (1-11.1\%)/9 = 0.222 m^3$

支撑摊销量＝$0.472-0.222 = 0.25 m^3$

（3）预算定额机械台班消耗量的确定　预算定额机械台班消耗量，应根据全国统一劳动定额中的机械台班产量编制。

在确定机械台班消耗量时，应考虑增加一定的机械幅度差。机械幅度差是指劳动定额中或施工定额中未考虑到的，而在实际施工中又不可避免地影响机械效率或使机械停歇的时间。其内容包括。

① 施工中机械转移工作面及配套机械相互影响损失的时间。

② 在正常施工条件下，机械在施工中不可避免的工序间歇。

③ 检查工程质量影响机械操作时间。

④ 工程开工和结尾时工程量不饱满所损失的时间。

⑤ 临时停机、停电影响机械操作的时间。

⑥ 机械维修引起的停歇时间。

在计算预算定额机械台班消耗量时，机械幅度差以系数表示。常用机械的幅度差见表 2-9。

表 2-9　常用机械的幅度差

机械类型	机械幅度差	机械类型	机械幅度差
土方机械	1.25	打桩机械	1.33
吊装机械	1.3	其他机械	1.1

预算定额中机械台班消耗量具体计算方法有以下两种。

① 按班组配备及专用机械台班量确定。中小型机械是按工人小组配备的，其台班产量受小组产量制约，故应以小组产量计算台班产量，不另增加机械幅度差，如垂直运输用塔吊、卷扬机、砂浆机、混凝土搅拌机等。其计算公式：

$$分项定额机械台班使用量＝\frac{分项定额计算单位值（或加工量）}{小组总产量}$$

其中：

$$小组总产量＝产量定额 \times 小组总人数$$

$$= \sum(分项计算确定的比重 \times 劳动定额每工综合产量) \times 小组总人数$$

或：

$$分项定额机械台班使用量＝\frac{分项定额用量}{台班产量}$$

例如：砖砌小组日总产量 $20 m^3$/台班，砌砖分项定额计量单位为 $10 m^3$，每台班配备一台卷扬机，其定额机械台班消耗量为 $10/20 = 0.5$ 台班（不考虑机械幅度差系数）。

② 按大型机械施工的土石方、打桩、构件吊装、运输项目的台班量确定

$$分项定额机械台班使用量＝\frac{预算定额项目计算单位值}{机械台班产量}×机械幅度差系数$$

2.3.4 预算基价

预算基价是以预算定额或基础定额规定的人工、材料、施工机械台班消耗量为依据，以货币形式表示的每个定额分项工程或结构构件的单位产品价格。预算基价表示一定计量单位定额分项工程或结构构件的预算单价，常用表格形式表示，也称预算定额单位估价表。它是以各地省会城市（也称基价区）的工人日工资标准、材料预算价格和机械台班预算价格为基础综合取定的，是预算定额在某个城市或地区的具体表现形式，是编制工程预算造价的基本依据。《全国统一建筑工程基础定额》作为预算定额，只规定了每个分项及其子目的人工、材料和机械台班的消耗指标，没有用货币形式表达出来。为了便于编制施工图预算，各省、自治区、直辖市为了使用方便，结合当地实际，均编写了地区预算基价，如《全国统一建筑工程基础定额云南省预算基价》。

2.3.4.1 预算基价的组成内容与表现形式

预算基价由人工费、材料费、机械费（简称"三价"）组成，而"三价"则是以人工工日、材料和机械台班消耗量（"三量"）为基础编制的。定额基价形成见图 2-2。他们之间的关系可表达为：

$$预算基价＝人工费＋材料费＋机械费$$

其中：人工费＝定额人工工日数×地区综合平均日工资单价

材料费＝∑（定额材料消耗量×相应的材料预算价格）

机械费＝∑（定额机械台班消耗量×相应的施工机械台班预算价格）

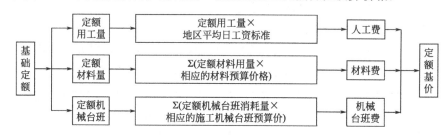

图 2-2 定额基价形成示意图

预算基价一般以表格形式表现，某地区人工挖沟槽预算基价见表 2-10。预算基价与预算定额的区别与联系见表 2-11。

表 2-10 某地区人工挖沟槽预算基价表

工作内容：人工挖沟槽，将土置于槽边 1m 以外自然堆放，沟槽夯实　　　　　单位：元/10m³

定额编号					1-5	1-6	1-7
项目					沟槽一、二类土		
					深度/m		
					≤2	≤4	≤6
基价					713.88	918.00	1181.96
其中	人工费				710.56	916.53	1181.04
	材料费				—	—	—
	机械费				3.32	1.47	0.92
编码	名称	单位	单价		数量		
10001	综合日工	工日	21.06		33.74	43.52	56.08
4010015	夯实机 20.60kg·m	台班	18.43		0.18	0.08	0.05

表 2-11 预算基价与预算定额的区别与联系

项目	预算基价	预算定额
区别	最终用货币指标的形式来表示消耗标准,侧重于"三价"	用实物指标的形式来表示产品的消耗标准,侧重于"三量"
	比较容易变动,只能在较小范围和较短时期内适用	比较稳定,可在较大范围和较长时期内适用
联系	预算定额是预算基价编制的依据	

从表 2-10 中可以看出,预算基价所用的表格形式以定额表为基础,且加入了单位估算表(其中表现价的那一部分),使得预算基价中既有定额消耗量,又有单位价格,这是我国现行的预算基价(或预算定额)的一大特点。

其中,表现价的部分如可以用公式计算:

$$人工费 = 21.06 \times 33.74 \ 元/10m^3 = 710.56 \ 元/10m^3$$
$$材料费 = 0 \ 元/10m^3$$
$$机械费 = 18.43 \times 0.18 \ 元/10m^3 = 3.32 \ 元/10m^3$$
$$基价 = (710.56 + 0 + 3.32) = 713.88 \ 元/10m^3$$

在计算式中,21.06 元是某地区现行的土建工人综合日工资单价,18.43 元是某地区现行的夯实机(20.60 kg·m)的预算单价。由此可以看出,决定预算基价的因素,一是人工、材料和机械台班定额消耗量;二是人工工资单价、材料预算单价和机械台班预算单价。因此,正确确定人工工资单价、材料及机械台班预算单价,对确定定额预算基价具有重要意义。

2.3.4.2 预算基价的作用

① 是编制与审查施工图预算的重要依据。

② 是确定工程造价、办理工程结算的重要依据。

③ 是编制工程标底和报价、确定承包价格的依据。

④ 是实行经济核算、考核工程成本的依据。

2.3.4.3 定额人工工资单价的确定

(1)定额人工工资及组成 定额人工工资单价,即预算人工工日单价,也称人工单价、人工工资标准。指一个建筑安装工人一个工作日在预算中应计入的全部人工费用,基本上反映了建安工人的工资水平和一个工人在一个工作日中可以得到的报酬。主要采用综合人工单价的形式。人工工资单价的组成见表 2-12。

① 基本工资:包括岗位工资、技能工资、工龄工资。基本工资是按国家规定的工人等级标准执行。

② 工资性补贴:是按规定标准发放的物价补贴,煤、燃气补贴,交通费补贴,住房补贴,流动施工补贴,地区津贴等。

③ 辅助工资:是指生产工人年有效施工天数以外非作业天数的工资,包括职工学习、培训期间的工资,调动工作、探亲、休假期间的工资,因气候影响的停工工资,女工哺乳期间的工资,病假在六个月以内的工资及婚、产、丧假期的工资。

④ 劳动保护费:是指按规定标准发放的劳动保护用品的购置费及修理费,徒工服装补贴,防暑降温费,在有碍身体健康环境中施工的保健费用等。

⑤ 职工福利费:是指按规定标准计提的职工福利费。

表 2-12　人工工资单价的组成

人工工资单价	① 基本工资	岗位工资
		技能工资
		工龄工资
	② 工资性补贴	交通、燃气补贴
		流动施工补贴
		住房补贴
		地区津贴
		物价补贴
		工资附加
	③ 辅助工资	学习、培训、休假期间的工资等
	④ 劳动保护费	劳保用品
		防暑降温费
		保健补贴
	⑤ 职工福利费	书报费、洗理费
		医疗费等

（2）人工单价的计算与确定　建筑安装工人的日工资单价是以基本工资加补贴的计算方法测算取定。自此以后的日工资单价，均以该年单价为基础，再根据现行经济状况和物价指数进行调整。其计算公式为：

定额人工日工资单价＝月工资标准/月法定平均工作天数

综合工日工资＝（基本工资＋工资性补贴＋辅助工资＋劳保费＋福利费）÷每月法定工作天数

其中：

月法定平均工作天数＝（全年天数－星期六和星期日天数－法定节假日天数）/全年月数

现行工日单价＝上年工日单价×调整系数

综合工日工资是指预算定额中使用的生产工人的工资单价，它是用于编制施工图预算时计算人工费的标准，而不是施工企业给工人发放工资时的标准。因为目前我国大多数地区的预算定额工资（综合日工工资）远低于某些技术高的工人一天的工资标准。

为简化计算，我国预算定额中的人工均是不分工种和技术等级的，不分不等于工人没有工种和技术等级的差别，而是将工人的工种和技术等级综合在了一个合理的工人小组中，以这个小组的平均技术等级来计算定额工资单价。

定额平均技术等级是指按工人小组成员各技术等级人均比例综合确定的等级。

【例 2-6】　某工人小组成员中有六级工 2 人，五级工 3 人，四级工 4 人，则平均技术等级为 4.78。

计算方法：

平均技术等级＝∑（某技术等级×该技术等级人数）÷该小组工人总人数
＝（6×2＋5×3＋4×4）÷（2＋3＋4）＝4.78

在构成建安工人综合工日工资的 5 个项目中，仅有基本工资与工人技术等级有关，其他 4 项与之无关。而且工人技术等级是以一个工人小组的平均技术等级来确定的，一般情况下，工人小组的平均技术等级不会正好是整数。因此，非整数级的工人基本工资标准可用插入法按下列公式计算：

$$B=A+(C-A)\times(b-a)$$

式中　B——非整数级的工人基本工资标准；

A——与 B 相邻而较低的那一级工资标准；

C——与 B 相邻而较高的那一级工资标准；

b——与 B 对应的平均技术等级；

a——与 A 对应的平均技术等级。

【例 2-7】　某工人小组组合情况如【例 2-6】，已知当地工人基本工资的执行标准为：六级工 85 元/月，五级工 73 元/月，四级工 63 元/月，求该工人小组的基本工资标准。

解：从【例 2-6】计算可知，该小组的工人平均技术等级为 4.78，则与之相邻的较低一级为四级，较高一级为五级。

该工人小组月基本工资＝63 元/月＋(73－63)×(4.78－4)元/月＝70.8 元/月

2.3.4.4　材料预算价格的确定

(1) 材料预算价格及组成　材料预算价格，又称材料预算单价，是指材料由来源地或交货地点，经中间转运，到达工地仓库或施工现场堆放地点后的出库价格。材料价格是工程计价中计算各种材料费的基础单价。材料预算价格组成一般包括材料原价、运杂费、场外运输损耗费、采购及保管费等方面。

(2) 材料预算价格的确定　材料预算价格的计算公式如下。

材料预算价格＝(材料原价＋运杂费)×(1＋场外运输损耗率)×(1＋采购及保管费率)

或：材料预算价格＝材料原价＋运杂费＋场外运输损耗费＋采购及保管费

① 材料原价。是指材料经销单位的供应价格。包括材料的出厂价、市场批发价、交货地价格、有关部门测算公布的参考价格等。

在确定材料原价时，因产地、供应渠道不同，出现几种原价时，其综合原价可按加权平均的方法计算。

加权平均材料原价＝∑(各来源地材料原价×各来源地材料数量)/∑各来源地材料数量

或：加权平均材料原价＝∑(各来源地材料原价×各来源地材料数量占总材料数量的百分比)

② 材料运杂费。材料运杂费或称为材料运输费用。是指材料由来源地（或交货地）起运到工地仓库或堆置场地为止全部运输过程中所支出的一切费用。一般包括以下几种。

a. 调车（驳船）费：是指机车到专用线（船只到专用码头）或非公用地点装货时的调车费（驳船费）。

b. 装卸费：是指给火车、汽车、轮船、拖拉机等上下货物时发生的费用。

c. 运输费：是指火车、汽车、轮船、拖拉机的运输材料费。

d. 附加工作费：是指货物从货源地运至工地仓库期间发生的材料搬运、分类堆放及整理等费用。

材料运杂费一般根据材料的来源地、运输方式、运输里程以及各地区主管部门规定的运价标准和其他费用计算。

③ 材料运输损耗费。场外材料运输损耗费是指材料在运输装卸过程中不可避免的合理损耗费用。场外运输损耗费计算公式：

材料运输损耗费＝(原价＋调车费＋装卸费＋运输费)×运输损耗率

场外运输损耗按材料运输损耗率标准计算。

④ 材料采购及保管费。材料采购及保管费是指材料部门在组织采购、供应和保管材料过程中所发生的各种费用,包括各级材料部门的职工工资、职工福利、劳动保护费、差旅费、交通费、办公费、检验试验费、材料储存损耗等。

建筑材料的种类、规格繁多,采购保管不可能按每种材料在采购过程中所发生的实际费用计取,只能规定几种费率。目前国家规定的综合采购保管费率为2.5%(其中采购费率为1%,保管费率为1.5%)。由建设单位供应材料到现场仓库,施工单位只收保管费。

材料采购及保管费计算方法:

$$采购及保管费=(原价+运杂费)\times(1+运输损耗率)\times采购及保管费率$$

其中,综合采购保管费率为2.5%,采购费率为1%,保管费率为1.5%。

【例2-8】 某工程需用白水泥,选定甲、乙两个供货地点,甲地出厂价670元/t,可供需要量的70%;乙地出厂价690元/t,可供需要量的30%。汽车运输,甲地离工地80km,乙地离工地60km,求白水泥预算价格。运输费按0.40元/(t·km)计算,装卸费为16元/t,装卸各一次,材料采购保管费率为2.5%,运输损耗率1%。

解: ① 加权平均计算综合原价:

综合原价=670×70%+690×30%=676(元/t)

② 运杂费为:

80×0.40×70%+60×0.40×30%+16=45.6(元/t)

③ 采购保管费为:

(676+45.6)×(1+1%)×2.5%=18.22(元/t)

④ 则白水泥的预算价格为:

(676+45.6)×(1+1%)+18.22=747.04(元/t)

2.3.4.5 施工机械台班预算价格的确定

施工机械台班预算价格,又称为台班单价、台班使用费。是指在一个台班(一般按8h计)中,为使机械正常运转所支出和分摊的各种费用之和。

机械的使用方式:一是外部租用,以租赁单价为基础确定;二是内部租用,以折旧费为基础,再加上相应的运行成本费用等因素,通过企业内部核算来确定,即按照台班单价构成逐项计算。

(1) 施工机械台班使用费组成 根据《全国统一施工机械台班费用定额》的划分,建筑安装工程中常用的施工机械共分为12大类,即土石方及筑路机械、打桩机械、起重机械、水平运输机械、垂直运输机械、混凝土及砂浆机械、加工机械、泵类机械、焊接机械、动力机械、地下工程机械及其他机械等。各类机械台班费用组成不尽相同,但基本费用共包括以下七项:①折旧费;②大修理费;③经常修理费;④安拆费及场外运输费;⑤燃料动力费;⑥人工费;⑦其他费用,如养路费及车船使用税、保险费、年检费。其中折旧费、大修理费、经常修理费、安拆费及场外运输费四项费用是比较固定的费用,称为第一类费用或不变费用,燃料动力费、人工费、其他费用三项费用因施工地点和条件不同有较大变化,称为第二类费用或可变费用。施工机械台班使用费组成见图2-3。

(2) 施工机械台班单价的确定

① 折旧费。折旧费是指施工机械在规定使用期限内,每一台班所分摊的机械原值及支付贷款利息的费用,其计算公式为:

$$台班折旧费=\frac{机械预算价格\times(1-残值率)\times时间价值系数}{耐用总台班}$$

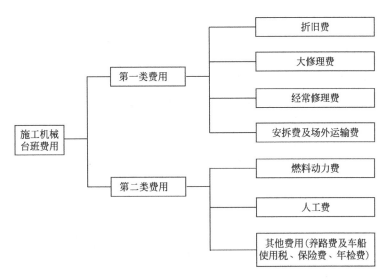

图 2-3 施工机械台班使用费组成

其中，机械预算价格是按机械出厂（或到岸完税）价格及机械自交货地点或口岸运至使用单位机械管理部门的全部运杂费计算。

a. 国产机械的预算价格应按下列公式计算：

预算价格＝机械原值＋供销部门手续费和一次运杂费＋车辆购置税

其中，(a) 供销部门手续费和一次运杂费可接机械原值的 5％计算；

(b) 车辆购置税应按下列公式计算：

车辆购置税＝计税价格×车辆购置税率

式中　计税价格＝机械原值＋供销部门手续费和一次运杂费－增值税

车辆购置税应执行编制期间国家有关规定。

b. 进口机械的预算价格应按下列公式计算：

预算价格＝到岸价格＋关税＋增值税＋消费税＋外贸部门手续费和国内

一次运杂费＋财务费＋车辆购置税

其中：(a) 关税、增值税、消费税及财务费应执行编制期国家有关规定，并参照实际发生的费用计算；

(b) 外贸部门手续费和国内一次运杂费应按到岸价格的 6.5％计算；

(c) 车辆购置税应按下列公式计算：

车辆购置税＝计税价格×车辆购置税率

式中　计税价格＝到岸价格＋关税＋消费税。

车辆购置税应执行编制期国家有关规定。

残值率是指机械报废时回收的残值占机械原值（机械预算价格）的比率。残值率按1993 年的有关文件规定：运输机械 2％，特大机械 3％，中小型机械 4％，掘进机械 5％。

时间价值系数＝1＋0.5×年折现率×(折旧年限＋1)；年折现率应按编制期银行年贷款利率确定。

耐用总台班是指机械在正常施工作业条件下，从投入使用直至报废为止，按规定应达到的使用总台班数。耐用总台班用下式计算：

耐用总台班＝折旧年限×年工作台班

或　　　　　　　　　耐用总台班＝大修间隔台班×大修周期

其中，年工作台班是根据有关部门对各类主要机械最近三年的统计资料分析确定；大修间隔台班是指机械自投入使用起至第一次大修或自上一次大修投入使用起至下一次大修止，应达到的使用台班数；大修周期是指机械在正常的施工作业条件下，将其寿命期按规定的大修次数划分为若干个周期。其计算公式为：

$$大修周期 = 寿命期大修次数 + 1$$

② 大修理费。大修理费是指机械设备按规定的大修理间隔台班进行必要的大修理，以恢复正常使用功能所需要的费用。其计算公式如下：

$$台班大修理费 = \frac{一次大修理费 \times 寿命期内大修理次数}{耐用总台班}$$

$$= \frac{一次大修理费 \times (大修理周期 - 1)}{耐用总台班}$$

其中，一次大修理费为按机械设备规定的大修理范围和工作内容，进行一次全面修理所需消耗的工时、配件、辅助材料、燃油料以及送修运输等全部费用计算。大修理次数为恢复原机功能按规定在寿命期内需要进行的大修理次数。

③ 经常修理费。经常修理费是指大修理间隔期分摊到每一台班的修理和定期各级保养费。

其计算公式如下：

$$台班经常修理费 = \frac{临时故障排除费 + \Sigma(各级保养一次费用 \times 寿命期各级保养次数)}{耐用总台班}$$

$$+ 替换设备台班摊销费 + 工业附具台班摊销费 + 例保辅料费$$

为简化计算，经常修理费可采用下式计算：

$$台班经常维修费 = 台班大修理费 \times K$$

式中，K 为系数，是根据历次编定额时台班经常维修费与台班大修理费之间的比例关系资料确定的。

④ 安拆费和场外运费。安拆费是指机械在施工现场进行安装、拆卸所需的人工、材料、机械和试运转费用，以及机械辅助设施（包括基础、底座、固定锚桩、行走轨迹、枕木等）的折旧费及搭设、拆除费用。

场外运费是指机械整体或分体自停放场地运至施工现场或由一个工地运至另一个工地运输及转移费用（包括机械的装卸、运输、辅助材料及架线费用等），按国家有关规定计算。

安拆费及场外运费根据施工机械不同分为计入台班单价、单独计算和不计算三种类型。

a. 工地间移动较为频繁的小型机械及部分中型机械，其安拆费及场外运费应计入台班单价。 台班安拆费及场外运费应按下列公式计算：

$$台班安拆费及场外运费 = \frac{一次安拆费及场外运费 \times 年平均安拆次数}{年工作台班}$$

其中，一次安拆费应包括施工现场机械安装和拆卸一次所需的人工费、材料费、机械费及试运转费。一次场外运费应包括运输、装卸、辅助材料和架线等费用。年平均安拆次数应以《技术经济定额》为基础，由各地区（部门）结合具体情况确定。运输距离均应按 25km 计算。

b. 移动有一定难度的特大型（包括少数中型）机械，其安拆费及场外运费应单独计算。

单独计算的安拆费及场外运费除应计算安拆费、场外运费外，还应计算辅助设施（包括基础、底座、固定锚桩、行走轨道枕木等）的折旧、搭设和拆除等费用，计算公式如下：

$$台班安拆费及场外运费 = \frac{一次安拆费及场外运费 \times 年平均安拆次数}{年工作台班} + 台班辅助设施费$$

c. 不需安装、拆卸且自身又能开行的机械和固定在车间不需安装、拆卸及运输的机械，其安拆费及场外运费不计算。

d. 自升式塔式起重机安装、拆卸费用的超高起点及其增加费，各地区（部门）可根据具体情况确定。

⑤ 燃料动力费。燃料动力费是指机械设备在运转作业中所耗用的固体燃料（煤炭、木材）、液体燃料（汽油、柴油）、电力、水和风力等的费用。燃料动力费应按下列公式计算：

$$台班燃料动力费=\sum(台班燃料动力消耗量×燃料动力预算单价)$$

其中，台班燃料动力消耗量可按下式计算：

$$Q=8×P×K_1×K_2×K_3×K_4×G÷1000 \text{kg/台班}$$

式中　　　　　　　Q——台班燃料消耗量；

8——台班 8h 工作制；

P——引擎定额功率；

K_1、K_2、K_3、K_4——分别是能量利用系数、时间利用系数、车速利用系数、油料消耗系数；

G——定额功率耗油量，g/kg·h。

⑥ 人工费。人工费是指机上司机、司炉和其他操作人员的工资。其计算公式如下：

$$台班人工费=机上操作人员工日数×日工资标准$$

其中，　　　　　　机上操作人员工日数=机上定员工日×（1+增加工日系数）

⑦ 其他费用。其他费用是指施工机械按照国家和有关部门规定应交纳的养路费、车船使用税、保险费及年检费用等。其他费用应按下列公式计算：

$$台班其他费用=\frac{年养路费+年车船使用税+年保险费+年检费用}{年工作台班}$$

$$年养路费及车船使用税=载重量或核定吨位×\{养路费[元/(t·月)]+车船使用税[元/(t·月)]\}×12$$

施工机械台班单价的计算：第一类费用的四项指标，按《全国统一施工机械台班费用定额》中所列的货币指标直接抄列即可。第二类费用的三项指标，按《全国统一施工机械台班费用定额》中所列的人工和燃料动力资源数量和地区相应的预算价格、养路费及车船使用税标准等进行计算。

【例 2-9】 计算某省 1t 机动翻斗车台班使用费用（元/台班）。某省柴油预算价格取 3 元/kg，人工工日单价取 23.42 元，养路费及车船税为 9.28 元。《全国统一施工机械台班费用定额》部分内容见表 2-13。

表 2-13 《全国统一施工机械台班费用定额》部分

编号	机械名称	机型	规格型号		台班基价	费用组成									
						折旧费	大修理费	经常修理费	安拆费及场外运输费	燃料动力费	其中：汽油	其中：柴油	人工费	其中：人工	养路费等
					元	元	元	元	元	元	kg	kg	元	工日	元
4-39	机动翻斗车	小	载重量/t	1	87.51	19.62	4.62	18.15	3.94	13.09		6.03	28.09	1.25	
4-40		中		1.5	107.44	27.95	5.33	20.93	3.94	21.20		9.77	28.09	1.25	

解：查《全国统一施工机械台班费用定额》，1t 机动翻斗车台班折旧费 19.62 元，大修理费 4.62 元，经常修理费 18.15 元，安拆费及场外运输费 3.94 元。动力燃料定额 6.03kg，人工为 1.25 日工。

动力燃料费 $=6.03×3=18.09$（元）　人工费 $=23.42×1.25=29.28$（元）

养路费及车船使用税 $=9.28$（元）

该省 1 吨机动翻斗车的定额基价为：

$19.62+4.62+18.15+3.94+18.09+29.28+9.28=102.98$（元/台班）

2.3.5 预算定额的内容及应用

2.3.5.1 预算定额的内容

建设工程的各类定额中，预算定额的内容最广、专业最强、执行最严。从专业上讲，建设工程定额分为土建工程预算定额和安装工程预算定额。各类预算定额的内容一般由总说明、目录、各分部工程项目表和附录四部分组成（图 2-4）。预算定额说明包括总说明、分部工程说明及各分项工程说明。

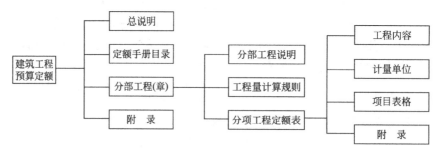

图 2-4　建设工程预算定额的组成图

（1）总说明　对凡涉及各分部需说明的基本和共性问题列入总说明。主要说明该预算定额的编制原则、适用范围及作用、章节结构、涉及的因素与处理方法、基价的来源与定额标准、有关执行规定及增收费用等内容。

（2）各章（分部）说明　主要说明本章（分部）定额的执行规定、定额指标的可调性及换算方法、项目解释等，项目内容、工程量的计算方法、综合的内容及允许换算和不得换算的界限及其他规定、使用本分部工程允许增减系数范围的界定等内容。

（3）工程量计算规则　定额指标及其含量的确定是以工程量的计量单位和计算范围为依据的。工程量计算规则是指对各计价项目工程量的计量单位、计量范围、计算方法等所做的具体规定与法则。

（4）定额项目表　由项目名称、工程内容、计量单位和项目表组成。其中，项目表包括定额编号、各种消耗指标、基价构成及有关附注等内容。定额项目表是预算定额的主要组成部分。表内反映了完成一定计量的分项工程所消耗的各种人工、材料费、机械台班数额及其基价的标准数值。

（5）附录　是指制定定额的相关资料和含量、单价取定等内容。其内容可作为定额调整换算、制定补充定额的依据。

2.3.5.2 预算定额的应用

预算定额的使用一般有下列三种情况。

（1）预算定额的直接套用　当工程项目的设计要求、作法说明、技术特征和施工方法等与定额内容完全相符，且工程量计算单位与定额计量单位相一致，可以直接套用定额。如果部分特征不相符必须进行仔细核对，进一步理解定额，这是正确使用定额的关键。

另外，还要注意定额中用语和符号的含义。如定额中的"以内"、"以下"等用语的含义和定额表中的"（ ）"、"—"等符号的含义，都应该理解。套用时应注意以下几点：

① 根据施工图、设计要求和做法说明，选择定额项目。

② 要从工程内容、技术特征和施工方法上仔细核对，才能较准确地确定相对应的定额项目。

③ 分项工程的名称和计量单位要与预算定额相一致。

（2）预算定额的换算　工程做法要求与定额内容不完全相符，而定额又规定允许调整换算的项目，应根据不同情况进行调整换算。预算定额在编制时，对那些设计和施工中变化多、影响工程量和价差较大的项目，定额均留有活口，允许根据实际情况进行调整和换算。

① 换算原则。为了保持定额的水平，在预算定额的说明中规定了有关换算原则，一般包括：

a. 定额的砂浆、混凝土强度定级如设计与定额不同时，允许按定额附录的砂浆、混凝土配合比表换算，但配合比中的各种材料用量不得调整。

b. 定额中抹灰项目已考虑了常用厚度，各层砂浆的厚度一般不作调整。如果设计有特殊要求时，定额中工、料可以按厚度比例换算。

c. 必须按预算定额中的各项规定换算定额。

② 预算定额的换算类型。预算定额的调整换算可以分为配合比调整、用量调整、系数调整、增减费用调整、材料单价换算等，概括为以下四种类型。

a. 砂浆换算：即砌筑砂浆换强度等级、抹灰砂浆换配合比及砂浆用量。

b. 混凝土换算：即构件混凝土、楼地面混凝土的强度等级和混凝土类型的换算。

c. 系数换算：按规定对定额中的人工费、材料费、机械费乘以各种系数的换算。

d. 其他换算：除上述三种情况以外的定额换算。

换算后的定额项目应在定额编号的右下角标注一个"换"字，以示区别。

③ 定额换算的基本思想。定额换算的基本思想是：根据选定的预算定额基价，按规定换入增加的费用，减去扣除的费用。这一思路用下列表达式表述：

换算后的基价＝定额基价＋换入材料的数量×相应材料单价－换出材料的数量×相应材料单价

一般情况下，材料换算时，人工费和机械费保持不变，仅换算材料费。而且在材料费的换算过程中，定额上的材料用量保持不变，仅换算材料的预算单价。材料换算的公式为：

换算后的定额基价＝换算前原定额基价＋应换算材料的定额用量×（换入材料的单价－换出材料的单价）

【例2-10】　混凝土强度等级不同的换算：某工程用现浇钢筋混凝土单梁设计为C25，试确定其混凝土基价。

解：查建筑工程分册P252，可知定额子目为A4－28。

A4－28，C20单梁，基价＝2281.84元/10m³；C20混凝土用量为10.15m³/10m³。

（1）确定C20混凝土单梁相关参数

碎石的最大粒径40mm；由【总说明】可知现浇混凝土坍落度为30～50mm。

（2）换算基价

1－55　C20碎石混凝土，坍落度30～50mm，石子最大粒径40mm，单价160.88元/m³

> 1—56　C25 碎石混凝土，坍落度 30～50mm，石子最大粒径 40mm，单价 172.97 元/m³
>
> A4—28 换 C25 单梁，基价＝2281.84＋(172.97－160.88)×10.15＝2404.55 元/10m³

（3）预算定额的补充　当设计图纸中的项目，在定额中没有的，可以作临时性的补充。补充定额的编号一般需写上"补"，补充的方法一般有以下两种。

① 定额代换法。即利用性质相似、材料大致相同、施工方法又很接近的定额项目，将类似项目分解套用或考虑（估算）一定系数调整使用。此种方法一定要在实践中注意观察和测定，合理确定系数，保证定额的精确性，也为以后新编定额项目做准备。

② 定额编制法。材料用量按图纸的构造作法及相应的计算公式计算，并加入规定的损耗率。人工及机械台班使用量，可按劳动定额、机械台班使用定额计算，材料用量按实际确定或经有关技术和定额人员讨论确定，然后乘以人工日工资单价、材料预算价格和机械台班单价，即得到补充定额基价。

2.4　施工定额

施工定额，是施工企业（建筑安装企业）为组织生产和加强管理在企业内部使用的一种定额，属于企业生产定额的性质。它是以同一性质的施工过程或工序为测定对象，确定建筑安装工人在合理的劳动组织或工人小组在正常施工条件下，为完成单位合格产品所需劳动、机械、材料消耗的数量标准。它由劳动定额、机械定额和材料定额三个相对独立的部分组成。它是在考虑预算定额项目划分的方法和内容以及劳动定额的分工做法的基础上，由工序定额综合而成。

2.4.1　施工定额的作用

（1）是施工企业编制施工组织设计和施工作业计划的依据　施工组织设计是指导拟建工程进行施工准备和施工生产的技术经济文件，其基本任务是根据招标文件及合同协议的规定，确定出经济合理的施工方案，在人力和物力、时间和空间、技术和组织上对拟建工程作出最佳安排；施工作业计划则是根据企业的施工计划、拟建工程施工组织设计和现场实际情况编制的，它是以实现企业施工计划为目的的具体执行计划，也是队、组进行施工的依据。因此，施工组织设计和施工作业计划是企业计划管理中不可缺少的环节，这些计划的编制必须依据施工定额。

（2）是确定人工、材料及机械需要量计划、施工队向班组签发施工任务单和限额领料单的基本依据。

（3）是贯彻经济责任制、实行按劳分配的依据。

（4）是施工企业编制施工预算，加强企业成本管理和经济核算的基础。

（5）是编制预算定额和补充单位估价表的基础。

（6）是施工企业开展劳动竞赛、提高劳动生产率的前提条件。

2.4.2　施工定额的编制

2.4.2.1　施工定额的编制原则

（1）平均先进原则　平均先进原则指在正常的施工条件下，大多数生产者经过努力能够达到或超过的额定水平。通常，它低于先进水平，略高于平均水平。施工定额的编制应能够反映比较成熟的先进技术和先进经验，有利于降低工料消耗，提高企业管理水平，达到鼓励先进、勉励中间、鞭策落后的目的。

(2) 简明适用性原则　施工定额设置应简单明了，便于查阅，计算要满足劳动组织分工、经济责任与核算个人生产成本的劳动报酬的需要。同时，企业自行设定的定额标准也要符合《建设工程工程量清单计价规范》（以下简称《计价规范》）"四个统一"的要求，定额项目的设置要尽量齐全完备，根据企业特点合理划分定额步距，常用的对工料消耗影响大的定额项目步距可小一些，反之步距可大一些，这样有利于企业报价与成本分析。定额步距是指同类产品或同类工作过程、相邻定额工作标准之间的水平间距，步距大小与定额的简明程度关系很大，步距越大，定额项目越少，步距越小，定额项目增多，精确度就会提高。

(3) 以专家为主编制定额的原则　企业施工定额的编制要求有一支经验丰富、技术与管理知识全面、有一定政策水平的专家队伍，可以保证编制施工定额的延续性、专业性和实践性。

(4) 坚持实事求是，动态管理的原则　企业施工定额应本着实事求是的原则，结合企业经营管理的特点，确定工料机各项消耗的数量，对影响造价较大的主要常用项目，要多考虑施工组织设计，先进的工艺，从而使定额在运用上更贴近实际，技术上更先进，经济上更合理，使工程单价真实反映企业的个别成本。此外，还应注意到市场行情瞬息万变，企业的管理水平和技术水平也在不断地更新，不同的工程在不同的时段都有不同的价格，因此企业施工定额的编制还要注意便于动态管理的原则。

(5) 独立自主编制的原则　应根据本企业的具体情况，按照国家规定的工程量计算规则、项目划分标准和计量单位等，自行确定定额水平、划分定额项目。根据实际需要增加新的定额子项，将企业的新技术、新材料、新工艺项目编入定额，以满足实际施工的需要。

2.4.2.2　施工定额的编制依据

① 现行的《全国统一建筑工程基础定额》。
② 现行建筑安装工程施工验收规范、工程质量检查评定标准、技术安全操作规程。
③ 有关建筑安装工程历史资料集定额测定资料。
④ 有关建筑安装工程标准图。

2.4.2.3　施工定额的编制方法

(1) 现场观察测定法　现场观察测定法以研究工时消耗为对象，以观察测时为手段，通过密集抽样和粗放抽样等技术进行直接的时间研究，确定人工消耗和机械台班定额水平。这种方法的特点是能够把现场工时消耗情况和施工组织技术条件联系起来加以观察、测时、计量和分析，以获得该施工过程的技术组织条件和工时消耗的有技术根据的基础资料。它不仅能为制定定额提供基础数据，而且也能改善施工组织管理，改善工艺过程和操作方法、消除不合理的工时损失和进一步挖掘生产潜力。这种方法技术简便、应用面广和资料全面，适用于对工程造价影响大的主要项目及新技术、新工艺。

(2) 经验统计法（抽样统计法）　经验统计法是运用抽样统计的方法，从以往类似工程施工竣工结算资料和典型设计图纸资料及成本核算资料中抽取若干个项目的资料进行分析、测算及定量的方法。运用这种方法，首先要建立一系列数学模型，对以往不同类型的样本工程项目成本降低情况进行统计、分析，然后得出同类型工程成本的平均值或是平均先进值。由于典型工程的经验数据权重不断增加，使其统计数据资料越来越完善、真实、可靠。此方法的特点是积累过程长，统计分析细致，但使用时简单易行，方便快捷。缺点是模型中考虑的因素有限，而工程实际情况则要复杂得多，对各种变化情况的需要不能一一适应，准确性也不够。此种方法只适用于一般住宅土建工程中常用项目的人、材、机械消耗及各种费用的测定。

（3）定额换算法　预算定额与施工定额之间存在着密切的联系。预算定额是以施工定额为基础的，是施工定额的综合和扩大。但它们之间有很大的不同。一是项目的划分粗细程度不同，施工定额项目的步距要小些；二是管理的角度不同，预算定额是企业确定预算成本的依据，施工定额是确定计划成本的依据，两者约10%差额反映了企业在该工程上所能获得的降低额；三是应用的对象不同，预算定额是编制施工图预算、招投标的投标报价、工程结算的依据，施工定额直接用于企业内部管理，是编制施工预算的依据；四是确定的水平不同，预算定额是按社会的平均水平确定的，施工定额是按平均先进水平确定的。定额水平不同表现在两个方面：一是施工定额综合成预算定额时，增加了10%的左右的人工幅度差；二是预算定额的材料损耗率比施工定额的取值要大。因此，根据它们的关系，把预算定额项目还原为施工定额项目。

这种方法是按照工程预算的计算程序计算出造价，分析出成本，然后根据具体工程项目的施工图纸、现场条件和企业劳务、设备及材料储备状况，结合实际情况对定额水平进行调增或调减，从而确定工程实际成本。如果企业施工定额尚未建立健全，采用这种定额换算的方法建立部分定额水平，不失为一个捷径。这种方法在假设条件下，把变化的条件罗列出来进行适当的增减，既比较简单易行，又相对准确，是补充企业一般工程项目人、材、机消耗标准的方法之一，不过其定额水平的制定要在实践中得到检验和完善。

2.4.2.4　施工定额的编制步骤

（1）确定定额项目　为了满足简明适用原则的要求，并具有一定的综合性，施工定额的划分应遵循以下几项具体要求：

① 不能把彼此逐日隔开的工序综合在一起。

② 不能把不同专业的工人或小组完成的工序综合在一起。

③ 定额项目应具有一定的灵活性，可分可合。

（2）选择计量单位　施工定额的计量单位一般按工序或施工过程确定，必须能确切、形象地反映该产品的形状特征，便于工程量与工料消耗的计算，同时又能保证一定的精确度，并便于基层人员掌握使用。这与预算定额计量单位往往不同，预算定额的计量单位主要是根据分部分项工程和结构构件的形体特征及变化规律确定。

（3）确定制表方案　定额表格的内容应明了易懂，便于查阅。定额表格一般包括项目名称、工作内容、计量单位、定额编号、附注、人工、材料及机械台班的消耗量等内容。

（4）确定定额水平　定额水平应根据实际资料，经认真的核实和计算，反复平衡后，才能把确定的各项数量标准填入定额表格。

（5）写编制说明和附注　定额的编写说明应包括总说明、分册说明和分节说明。

总说明一般包括定额的编制依据和原则、定额的用途及适用范围、工程质量及安全要求、资源消耗的计算方法、有关规定的使用注意等。分册说明一般包括定额项目和工作内容，施工方法说明、有关规定的说明和工程量计算方法、质量及安全要求等。分节说明的主要内容包括具体的工程内容、施工方法、劳动小组成员等。

（6）汇编成册、审定、颁布。

2.4.2.5　施工定额的编制应注意的问题

① 施工定额牵涉到企业的重大经济利益，合理的企业施工定额的水平能够支持企业进行正确的决策，提升企业的竞争能力，指导企业提高经营效益，因此，企业施工定额从编制到施行，必须经过科学、审慎的论证，才能用于企业招投标工作和成本核算管理。

② 企业生产技术的发展。新材料、新工艺的不断出现，会有一些建筑产品被淘汰，一些施工工艺落伍，因此施工定额总有一定的滞后性，施工企业应该设立专门的部门和组织，及时搜集和了解各类市场信息和变化因素的具体资料，对企业定额进行不断的补充和完善、调整，使之更具生命力和科学性，同时改进企业各项管理工作，保持企业在建筑市场中的竞争优势。

③ 在工程量清单计价方式下，由于不同的工程有不同的工程特征，施工方案不同等因素，报价方式也有所不同，因此对企业施工定额要进行科学有效的动态管理，针对不同的工程灵活使用企业定额，建立完整的工程资料库。

④ 要用先进的思想和科学的手段来管理企业施工定额，施工单位应利用高速度发展的计算机技术建立起完善的工程测算信息系统，从而提高企业定额的工作效率和管理效能。

思考题

1. 何谓定额？定额具有哪些性质？定额的制定方法有哪几种？

2. 简述定额的分类。

3. 劳动定额中时间定额与产量定额有何联系？

4. 简述概算定额、概算指标、估算指标、预算定额、施工定额的概念及作用。

5. 简述预算定额的编制原则、依据和方法。

6. 如何确定预算定额中人工、材料和机械台班消耗量？人工幅度差、机械幅度差的含义是什么？

7. 什么是预算基价（单位估算表）？人工工资单价、材料预算价格和施工机械台班单价分别包括哪些内容？

8. 某工程需用白水泥 2000t（纸袋装，每袋 50kg），分别由甲、乙两地供货（未经过供销部门），甲地出厂价为 550 元/t，材料采用汽车运输，运距 120km，供应 600t。乙地出厂价为 480 元/t，材料采用汽车运输，运距 80km，供应 1400t。两地运输费均按每吨每公里 0.40 元计算，装卸费为每吨 12 元。设材料采购保管费率为 2%，场外运输损耗率 1%。试计算每吨白水泥的预算价格。

第 3 章

环境工程量清单计价

编制建设工程概预算的目的是确定完成一个单位工程、单项工程的建筑安装所需费用或一个建设项目从筹建到竣工、交付使用所发生的费用。掌握这些费用构成和计算方法是做好概预算编制工作的前提之一。

3.1 建设项目总投资

建设项目总投资是指建设项目从筹建到竣工验收以及试车投产的全部费用。

建设项目总投资由以下几部分构成，如图 3-1 所示。

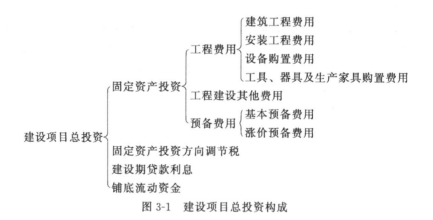

图 3-1　建设项目总投资构成

3.2 固定资产投资

固定资产投资是指用于建设项目的全部工程费用、工程建设其他费用及预备费用之和。

固定资产投资由工程费用（建筑工程费、设备购置费、安装工程费）、工程建设其他费用和预备费用（基本预备费和价差预备费）组成。建筑安装工程费用是工程概预算的主要内容。

3.3 固定资产投资方向调节税

固定资产投资方向调节税是指国家为贯彻产业政策、引导投资方向、调整投资结构而征收的投资方向调整税金。为贯彻国家产业政策，控制投资规模，引导投资方向，调整投资结构，加强重点建设，促进国民经济稳定协调发展，对在我国境内进行固定资产投资的单位和个人（不含中外合资经营项目、中外合作经营项目和外商独资项目）征收固定资产投资方向调节税。其税率是根据国家产业政策、发展顺序和项目经济规模实行五个档次（0%、5%、10%、15%、30%）的差别税率。固定资产投资方向调节税应计入项目总投资，但不作为设计、施工和其他取费的基础。其是以固定资产投资项目实际完成投资额为基础计算，包括建筑安装工程费，设备、工器具、生产家具购置费，工程建设其他费用以及预备费。但更新改造项目则是以建筑工程实际完成的投资额为计税依据。目前，为扩大内需，此项税种已暂停征收了。

3.4　建设期贷款利息

建设期利息是指建设项目贷款在建设期内发生并应计入固定资产的贷款利息等财务费用，国外称资本化利息。按我国规定，企业长期负债应计算利息支出。建设期贷款利息应根据资金来源、建设期年限和借款利率分别计算。为了简化计算，在编制投资估算时通常假定借款均在每年的年中支用，借款第一年按半年计息，其余各年份按全年计息，计算公式为：

各年应计利息＝（年初借款本息累计＋本年借款额/2）×年利率

3.5　铺底流动资金

铺底流动资金是指生产经营性建设项目为保证投产后正常的生产营运所需并在项目资本金中的自有流动资金。非生产经营性建设项目不列铺底流动资金。

铺底流动资金一般占流动资金的30%，其余70%流动资金可申请短期贷款。

综上所述，建设项目总投资由上述四部分费用组成。从技术经济的角度来分析，建设项目总投资按其费用项目性质分为静态投资、动态投资两个部分。静态投资是指建设项目的建筑安装工程费用、设备购置费用（含工器具、生产家具购置费）、工程建设其他费用和基本预备费以及固定资产投资方向调节税和铺底流动资金。动态投资是指建设项目在静态投资的基础上，再加上从估（概）算编制到工程竣工期间由于物价、汇率、税费率、劳动工资、贷款利率等发生变化所需增加的投资额。所需增加的投资额主要包括建设期贷款利息、汇率变动及建设期涨价预备费，即

静态总投资＝工程费用＋工程建设其他费用＋基本预备费
　　＋固定资产投资方向调节税＋铺底流动资金
动态总投资＝静态总投资＋涨价预备费＋建设期贷款利息

3.5.1　建筑安装工程费用

建筑工程费用和安装工程费用合称为建筑安装工程费用，又称建筑安装工程造价，是建筑安装工程价值的货币表现。建筑安装工程费由直接费、间接费、利润和税金组成，如图3-2所示。

3.5.1.1　直接费

直接费由直接工程费和措施费组成。

（1）直接工程费　是指施工过程中耗费的构成工程实体的各项费用，包括人工费、材料费、施工机械使用费。

① 人工费。是指直接从事建筑安装工程施工的生产工人开支的各项费用，包括以下几项。

a. 基本工资：是指发放给生产工人的基本工资。

b. 工资性补贴：是指按规定标准发放的物价补贴，煤、燃气补贴，交通补贴，住房补贴，流动施工津贴等。

c. 生产工人辅助工资：是指生产工人年有效施工天数以外非作业天数的工资，包括职工学习、培训期间的工资，调动工作、探亲、休假期间的工资，因气候影响的停工工资，女工哺乳时间的工资，病假在六个月以内的工资及产、婚、丧假期的工资。

d. 职工福利费：是指按规定标准计提的职工福利费。

e. 生产工人劳动保护费：是指按规定标准发放的劳动保护用品的购置费及修理费，徒工服装补贴，防暑降温费，在有碍身体健康环境中施工的保健费用等。

② 材料费 是指施工过程中耗费的构成工程实体的原材料、辅助材料、构配件、零件、半成品的费用，包括以下几项。

a. 材料原价（或供应价格）。

b. 材料运杂费：是指材料自来源地运至工地仓库或指定堆放地点所发生的全部费用。

c. 运输损耗费：是指材料在运输装卸过程中不可避免的损耗。

d. 采购及保管费：是指在组织采购、供应和保管材料过程中所需要的各项费用，包括采购费、仓储费、工地保管费、仓储损耗。

e. 检验试验费：是指对建筑材料、构件和建筑安装物进行一般鉴定、检查所发生的费用，包括自设试验室进行试验所耗用的材料和化学药品等费用。不包括新结构、新材料的试验费和建设单位对具有出厂合格证明的材料进行检验、对构件做破坏性试验及其他特殊要求检验试验的费用。

③ 施工机械使用费。是指施工机械作业所发生的机械使用费以及机械安拆费和场外运费。

施工机械台班单价应由下列七项费用组成。

a. 折旧费：指施工机械在规定的使用年限内，陆续收回其原值及购置资金的时间价值。

b. 大修理费：指施工机械按规定的大修理间隔台班进行必要的大修理，以恢复其正常功能所需的费用。

c. 经常修理费：指施工机械除大修理以外的各级保养和临时故障排除所需的费用。包括为保障机械正常运转所需替换设备与随机配备工具附具的摊销和维护费用，机械运转中日常保养所需润滑与擦拭的材料费用及机械停滞期间的维护和保养费用等。

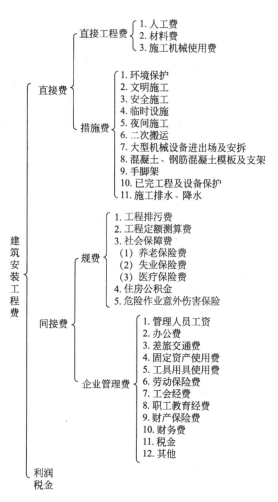

图 3-2 建筑安装工程费用构成

d. 安拆费及场外运费：安拆费指施工机械在现场进行安装与拆卸所需的人工、材料、机械和试运转费用以及机械辅助设施的折旧、搭设、拆除等费用；场外运费指施工机械整体或分体自停放地点运至施工现场或由一施工地点运至另一施工地点的运输、装卸、辅助材料及架线等费用。

e. 人工费：指机上司机（司炉）和其他操作人员的工作日人工费及上述人员在施工机械规定的年工作台班以外的人工费。

f. 燃料动力费：指施工机械在运转作业中所消耗的固体燃料（煤、木柴）、液体燃料（汽油、柴油）及水、电等。

g. 养路费及车船使用税：指施工机械按照国家规定和有关部门规定应缴纳的养路费、车船使用税、保险费及年检费等。

（2）措施费　是指为完成工程项目施工，发生于该工程施工前和施工过程中非工程实体项目的费用，包括以下几项。

① 环境保护费：是指施工现场为达到环保部门要求所需要的各项费用。

② 文明施工费：是指施工现场文明施工所需要的各项费用。

③ 安全施工费：是指施工现场安全施工所需要的各项费用。

④ 临时设施费：是指施工企业为进行建筑工程施工所必须搭设的生活和生产用的临时建筑物、构筑物和其他临时设施费用等。

临时设施包括：临时宿舍、文化福利及公用事业房屋与构筑物，仓库、办公室、加工厂以及规定范围内道路、水、电、管线等临时设施和小型临时设施。

临时设施费用包括：临时设施的搭设、维修、拆除费或摊销费。

⑤ 夜间施工费：是指因夜间施工所发生的夜班补助费、夜间施工降效、夜间施工照明设备摊销及照明用电等费用。

⑥ 二次搬运费：是指因施工场地狭小等特殊情况而发生的二次搬运费。

⑦ 大型机械设备进出场及安拆费：是指机械整体或分体自停放场地运至施工现场或由一个施工地点运至另一个施工地点所发生的机械进出场运输及转移费用及机械在施工现场进行安装、拆卸所需的人工费、材料费、机械费、试运转费和安装所需的辅助设施的费用。

⑧ 混凝土、钢筋混凝土模板及支架费：是指混凝土施工过程中需要的各种钢模板、木模板、支架等的支、拆、运输费用及模板、支架的摊销（或租赁）费用。

⑨ 脚手架费：是指施工需要的各种脚手架搭、拆、运输费用及脚手架的摊销（或租赁）费用。

⑩ 已完工程及设备保护费：是指竣工验收前，对已完工程及设备进行保护所需费用。

⑪ 施工排水、降水费：是指为确保工程在正常条件下施工，采取各种排水、降水措施所发生的各种费用。

3.5.1.2　间接费

间接费由规费、企业管理费组成。

（1）规费　是指政府和有关权力部门规定必须缴纳的费用（简称规费），包括以下几项。

① 工程排污费：是指施工现场按规定缴纳的工程排污费。

② 工程定额测定费：是指按规定支付工程造价（定额）管理部门的定额测定费。

③ 社会保障费

a. 养老保险费：是指企业按规定标准为职工缴纳的基本养老保险费。

b. 失业保险费：是指企业按照国家规定标准为职工缴纳的失业保险费。

c. 医疗保险费：是指企业按照规定标准为职工缴纳的基本医疗保险费。

④ 住房公积金：是指企业按规定标准为职工缴纳的住房公积金。

⑤ 危险作业意外伤害保险：是指按照建筑法规定，企业为从事危险作业的建筑安装施工人员支付的意外伤害保险费。

（2）企业管理费　是指建筑安装企业组织施工生产和经营管理所需费用，包括以下几项。

① 管理人员工资：是指管理人员的基本工资、工资性补贴、职工福利费、劳动保护费等。

② 办公费：是指企业管理办公用的文具、纸张、账表、印刷、邮电、书报、会议、水电、烧水和集体取暖（包括现场临时宿舍取暖）用煤等费用。

③ 差旅交通费：是指职工因公出差、调动工作的差旅费、住勤补助费，市内交通费和误餐补助费，职工探亲路费，劳动力招募费，职工离退休、退职一次性路费，工伤人员就医路费，工地转移费以及管理部门使用的交通工具的油料、燃料、养路费及牌照费。

④ 固定资产使用费：是指管理和试验部门及附属生产单位使用的属于固定资产的房屋、设备仪器等的折旧、大修、维修或租赁费。

⑤ 工具用具使用费：是指管理使用的不属于固定资产的生产工具、器具、家具、交通工具和检验、试验、测绘、消防用具等的购置、维修和摊销费。

⑥ 劳动保险费：是指由企业支付离退休职工的易地安家补助费、职工退职金、六个月以上的病假人员工资、职工死亡丧葬补助费、抚恤费、按规定支付给离休干部的各项经费。

⑦ 工会经费：是指企业按职工工资总额计提的工会经费。

⑧ 职工教育经费：是指企业为职工学习先进技术和提高文化水平，按职工工资总额计提的费用。

⑨ 财产保险费：是指施工管理用财产、车辆保险。

⑩ 财务费：是指企业为筹集资金而发生的各种费用。

⑪ 税金：是指企业按规定缴纳的房产税、车船使用税、土地使用税、印花税等。

⑫ 其他：包括技术转让费、技术开发费、业务招待费、绿化费、广告费、公证费、法律顾问费、审计费、咨询费等。

3.5.1.3　利润

利润是指施工企业完成所承包工程获得的盈利。

3.5.1.4　税金

税金是指国家税法规定的应计入建筑安装工程造价内的营业税、城市维护建设税及教育费附加等。

3.5.2　设备及工、器具购置费

设备、工具、器具和生产家具购置费用是指按设计文件要求，建设单位或其委托单位购置或自制的达到固定资产标准的设备和新建、扩建项目配置的首套工、器具及生产家具所需的费用。

设备购置费用由设备原价或进口设备抵岸价和设备运杂费组成，即

$$设备购置费＝设备原价或进口设备抵岸价＋设备运杂费$$

工具、器具及生产家具购置费用是指按照有关规定，为保证初期正常生产必须购置的、没有达到固定资产标准的设备、仪器，工具、卡具、模具、器具、生产家具的购置费用。一般以设备购置费为计算基数，常按设备购置费的 1%～2%估算。

3.5.3 工程建设其他费用

工程建设其他费用是指工程费用以外的建设项目必须支出的费用。其内容应结合工程项目的实际情况予以确定，主要包括以下三方面的内容。

3.5.3.1 土地使用费

土地使用费是指建设项目通过划拨或土地使用权出让方式取得土地使用权所需土地征用及迁移的补偿费或土地使用权出让金。

① 土地征用及迁移补偿费，指建设项目通过划拨方式取得无限期的土地使用权，依照《中华人民共和国土地管理法》等所支付的费用。其总和一般不得超过被征土地年产值的 20 倍，土地年产值按该地被征日前 3 年的平均产量和国家规定的价格计算，内容包括：土地补偿费；青苗补偿费和被征用土地上的房屋、水井、树木等附着物补偿费；安置补助费；缴纳的耕地占用税或城镇土地使用税、土地登记费及征地管理费；征地动迁费；水利水电工程、水库淹没处理补偿费。

② 土地使用权出让金，指建设项目通过土地使用权出让方式取得有限期的土地使用权，依照《中华人民共和国城镇国有土地使用权出让和转让暂行条例》规定支付的土地使用权出让金。城市土地的出让和转让可采用协议、招标、拍卖等方式。

3.5.3.2 与项目建设有关的其他费用

(1) 建设单位管理费　指建设项目从立项、筹建、建设、联合国运转到竣工验收交付使用及后评估等全过程所需的费用，包括以下两项。

① 建设单位开办费，指新建项目为保证筹建和建设工作正常进行所需办公设备、生活家具、用具、交通工具等的购置费用。

② 建设单位经费，包括工作人员的基本工资、工资性津贴、职工福利费、劳动保护费、劳动保险费、办公费、差旅交通费、工会经费、职工教育经费、固定资产使用费、工具用具使用费、技术图书资料费、生产人员招募费、工程招标费、合同契约公证费、工程质量监督检测费、工程咨询费、法律顾问费、审计费、业务招待费、排污费、竣工交付使用清理费及竣工验收费、后评估费用等。

建设单位管理费是以工程费用总和为计算基础，按照工程项目的不同规模分别确定建设单位的管理费率，见表 3-1，即：建设单位管理费＝工程费用总和×建设单位管理费率

表 3-1　建设单位管理费取费标准（新建项目）

序号	第一部分工程费用总值/万元	计算基础	费率/%
1	100~300	第一部分工程费用总值	2.0~2.4
2	300 以上~500	第一部分工程费用总值	1.7~2.0
3	500 以上~1000	第一部分工程费用总值	1.5~1.7
4	1000 以上~5000	第一部分工程费用总值	1.2~1.5
5	5000 以上~10000	第一部分工程费用总值	1.1~1.2
6	10000 以上~20000	第一部分工程费用总值	0.9~1.1
7	20000 以上~50000	第一部分工程费用总值	0.8~0.9
8	50000 以上	第一部分工程费用总值	0.6~0.8

注：1. 改、扩建项目的取费标准原则上低于新建项目，如工程项目新建与改、扩建不易划分时，可根据工程实际情况，按难易程度确定费率标准。

2. 费率的选择应根据工程的繁简程度确定，一般道路及管线工程取下限，厂站、桥梁取上限。

(2) 勘察设计费　指为本建设项目提供项目建议书、可行性报告、设计文件等所需的费用，包括以下几项。

① 前期工作费，指进行可行性研究所需费用。

② 工程勘察费，指建设项目进行勘察按规定所应支付的费用。

③ 工程设计费，包括委托设计单位进行初步设计、施工图设计所需的费用和在规定范围内由建设单位自行完成的设计工作所需的费用。

④ 施工图预算编制费，指委托设计单位编制施工图预算所应支付的费用。

（3）研究试验费　是指为本建设项目提供或验证设计参数、数据资料等进行必要的研究试验，以及设计规定在施工中必须进行的试验、验证所需的费用。

（4）临时设施费　是指建设期间建设单位所需临时设施的搭设、维修、摊销费用或租赁费用。临时设施包括临时宿舍、文化福利及公用事业房屋与构筑物、仓库、办公室、加工厂以及规定范围内的道路、水、电、管线等临时设施和小型临时设施。

（5）工程监理费，是指委托工程监理单位对工程实施监理工作所需的费用。

（6）工程保险费，是指建设项目在建设期间根据需要实施工程保险所需的费用，包括建筑工程一切保险、安装工程一切保险以及机器损坏保险等。其费用应按保险公司的有关规定计算。

（7）供电贴费，是指建设项目按照国家规定应交付的供电工程贴费、施工临时用电贴费。

（8）施工机构迁移费，是指施工机构根据建设任务的需要，经有关部门决定成建制地（指公司或公司所属工程处、工区）由原驻地迁移到另一个地区的一次性搬迁费用。其费用应按各地的有关规定计算，若无规定的，也可按第一部分工程费用中建筑安装工程费用总和的 0.5%～1.0% 估算。

（9）引进技术和进口设备其他费，包括以下几项。

① 为引进技术和进口设备派出人员进行设计、联络、设备材料检验、培训等的差旅费、置装费、生活费用等。

② 国外工程技术人员来华的差旅费、生活费和接待费用等。

③ 国外设计费及技术资料费、专利和专有技术费、延期或分期付款利息。

④ 引进设备检验及商检费。

3.5.3.3　与未来企业生产有关的费用

（1）办公及生活家具购置费　是指为保证新建、改建、扩建项目初期正常生产、使用和管理所必须购置的办公和生活家具、用具的费用。改、扩建项目所需的办公用具和生活用具购置费，应低于新建项目。办公家具及生活家具购置费可按设计定员人数，每人按 1000 元估算。

（2）生产准备费　是指新建企业或新增生产能力的企业，为保证竣工交付使用进行必要的生产准备所发生的费用。费用包括以下内容。

① 生产人员培训费指自行培训、委托其他单位培训人员的工资、工资性补贴、职工福利费、差旅交通费、学习资料费、学习费、劳动保护费。

② 生产单位提前进厂参加施工、设备安装、调试以及熟悉工艺流程与设备性能等人员的工资、工资性补贴、职工福利费、差旅交通费、劳动保护费等。

根据培训人数（按设计定员的 60%），按 6 个月培训期计算。若没有发生提前进厂的，该提前进厂费不得计算。

（3）联合试运转费　是指新建企业或新增加生产工艺过程的扩建企业在竣工验收前，按照设计规定的工程质量标准，进行整个车间的负荷或无负荷联合试运转发生的费用支出大于试运转收入的亏损部分。不包括应由设备安装工程费项目开支的单台设备调试费及试车费用。当试运转有收入时，则计算收入与支出相抵后的亏损部分，不发生试运转的工程不列此项费用。

在环境工程中，联合试运转费用可按第一部分工程费用中设备购置费的 1% 估算。

3.5.4 预备费

预备费是指在初步设计或扩大初步设计概算中难以预料，而在建设过程中可能发生的工程和费用，包括基本预备费和涨价预备费两部分。

3.5.4.1 基本预备费

指在可行性研究投资估算中难以预料的工程和费用，其中包括实行按施工图预算加系数包干的预算包干费用，其用途如下：

① 在进行技术设计、施工图设计和施工过程中，在批准的建设投资范围内所增加的工程和费用。

② 由于一般自然灾害所造成的损失和预防自然灾害所采取的措施费用。

③ 在上级主管部门组织竣工验收时，验收委员会为鉴定工程质量，必须开挖和修复隐蔽工程的费用。

$$基本预备费 = (第一部分费用 + 第二部分费用) \times 基本预备费率$$

基本预备费率常取 8%~10%，具体数值应按工程具体情况在规定的幅度内确定。

3.5.4.2 涨价预备费

是指项目在建设期间由于价格可能上涨而预留的费用。其计算方法：以编制项目可行性年份或总概算的年份为基准期，估算到项目建成年份为止的设备、材料、人工等价格上涨系数，以第一部分费用总值为基数，按建设期年度用款计划进行涨价预备费估算，其公式如下：

$$P_t = \sum_{t=1}^{n} I_t \left[(1+f)^{t-1} - 1 \right]$$

式中　P_t——计算期涨价预备费；

　　　I_t——计算期第 t 年的建筑安装工程费用和设备、工器具、生产家具购置费的总和；

　　　f——物价上涨系数；

　　　n——计算期年数，以编制报告的年份为基期，计算至项目建成的年份；

　　　t——计算期第 t 年。

3.6　工程量清单计价

为规范工程造价计价行为，统一建设工程工程量清单的编制和计价方法，根据《中华人民共和国建筑法》、《中华人民共和国合同法》、《中华人民共和国招标投标法》等法律法规，我国住房和城乡建设部制定了《建设工程工程量清单计价规范》。目前，我国开始全国实行《建筑工程工程量清单计价规范》，这是我国工程造价计价改革的一大举措，在量价分离的基础上，在同等工程内容、质量、水平和进度的基础上，科学进行投标报价。

3.6.1　工程量清单的基本概念

工程量清单是指建设工程的分部分项工程项目、措施项目、其他项目、规费项目和税金项目的名称和相应数量等的明细清单。

工程量清单是表现拟建工程的分部分项工程项目、措施项目、其他项目名称和相应数量的明细清单，是由招标人按照统一的项目编码、项目名称、计量单位和工程量计算规则进行编制，包括分部分项工程量清单、措施项目清单、其他项目清单。工程量清单包括分部分项工程量项目清单与计价表、措施项目清单与计价表和其他项目清单与计价表部分。工程量清单是把承包合同中规定的全部工程项目和内容，按工程部位、性质以及它们的数量、单价、合价等列表表示出来，用于投标报价和中标后计算工程价款的依据，工程量清单是承包合同的重要组成部分。

工程量清单是编制招标工程标底价、投标报价和工程结算时调整工程量的依据。工程量清单必须依据行政主管部门颁发的工程量计算规则、分部分项工程项目划分及计算单位的规定、施工设计图纸、施工现场情况和招标文件中的有关要求，由具有相应资质的中介机构进行编制。工程量清单中所列工程数量是估算量，仅作为投标的共同基础，不能作为最终结算与支付的依据。实际支付应按承包人实际完成的工程量，按合同约定的计量方法和计量规则，经监理人认可或同意为准。

我国 2008 年发布的《建筑工程工程量清单计价规范》(GB 50500—2008) 包括附录A～附录F。附录 A 为建筑工程工程量清单项目及计算规则，适用于工业与民用建筑物和构筑物工程。附录 B 为装饰装修工程工程量清单项目及计算规则，适用于工业与民用建筑物和构筑物的装饰装修工程。附录 C 为安装工程工程量清单项目及计算规则，适用于工业与民用安装工程。附录 D 为市政工程工程量清单项目及计算规则，适用于城市市政建设工程。附录 E 为园林绿化工程工程量清单项目及计算规则，适用于园林立绿化工程。附录 F 为矿山工程工程量清单项目及计算规则，适用于矿山工程。

3.6.2　工程量清单的内容与编制

《建筑工程工程量清单计价规范》(GB 50500—2008) 规定，工程量清单应由分部分项工程量清单、措施项目清单、其他项目清单、规范项目清单、税金项目清单组成。投标报价由分部分项工程费、措施项目费、其他项目费、规费和税金组成。

3.6.2.1　分部分项工程量清单

分部分项工程量清单应包括项目编码、项目名称、项目特征、计量单位和工程量。分部分项工程量清单应根据附录规定的项目编码、项目名称、项目特征、计量单位和工程量计算规则进行编制。分部分项工程量清单的项目编码，应采用十二位阿拉伯数字表示。一～九位应按附录的规定设置，十～十二位应根据拟建工程的工程量清单项目名称设置，同一招标工程的项目编码不得有重码。分部分项工程量清单的项目名称应按附录的项目名称结合拟建工程的实际确定。清单中所列工程量应按附录中规定的工程量计算规则计算。

分部分项工程量清单的计量单位应按附录中规定的计量单位确定。清单项目特征应按附录中规定的项目特征，结合拟建工程项目的实际予以描述。承包人应当依据发包人提供的分部分项工程量清单中的项目、内容及工程数量进行报价，不得以任何形式修改、增加、删除发包人提供的分部分项工程量清单。

另外，编制工程量清单出现附录中未包括的项目，编制人应作补充，并报省级或行业工程造价管理机构备案，省级或行业工程造价管理机构应汇总报往住房和城乡建设部标准定额研究所。

补充项目的编码由附录的顺序码与 B 和三位阿拉伯数字组成，并应从×B001 起顺序编制，同一招标工程的项目不得重码。工程量清单中需附有补充项目的名称、项目特征、计量单位、工程量计算规则、工程内容。具体的分部分项工程量清单与计价表、工程量清单综合单价分析见表 3-2 和表 3-3。

表 3-2　分部分项工程量清单与计价表

工程名称：　　　　　　　　标段：　　　　　　　第　页　共　页

序号	项目编码	项目名称	项目特征描述	计量单位	工程量	金额/元		
						综合单价	合价	其中：暂估价
本页小计								
合　计								

注：根据建设部、财政部发布的《建筑安装工程费用组成》（建标〔2003〕206 号）的规定，为计取规费等的使用，可在表中增设其中："直接费"、"人工费"或"人工费＋机械费"。

表 3-3　工程量清单综合单价分析表

工程名称：　　　　　　　　标段：　　　　　　　第　页　共　页

项目编码			项目名称			计量单位	

清单综合单价组成明细

定额编号	定额名称	定额单位	数量	单价				合价			
				人工费	材料费	机械费	管理费和利润	人工费	材料费	机械费	管理费和利润
人工单价			小　计								
元/工日			未计价材料费								
清单项目综合单价											

材料费明细	主要材料名称、规格、型号		单价/元	数量	单价/元	合价/元	暂估单价/元	暂估合价/元
	其他材料费				—		—	
	材料费小计				—		—	

注：1. 如不使用省级或行业建设主管部门发布的计价依据，可不填定额项目、编号等。
2. 招标文件提供了暂估单价的材料，按暂估的单价填入表内"暂估单价"栏及"暂估合价"栏。

3.6.2.2　措施项目清单

措施项目清单指为完成工程项目施工，发生于该工程施工前和施工过程中的技术、生活、安全等方面的非工程实体项目的清单。

措施项目清单的编制应考虑多种因素，除工程本身的因素外，还涉及水文、气象、环境、安全和承包商的实际情况等。《建设工程工程量清单计价规范》（GB 50500—2008）中的"措施项目一览表"（表 3-4、表 3-5）只是作为清单编制人编制措施项目清单时的参考，因情况不同，出现表中没有的措施项目时，清单编制人可以自行补充。

由于措施项目清单中没有的项目承包商可以自行补充填报。所以，措施项目清单对于清单编制人来说，压力并不大。一般情况，清单编制人可以不填写或只需要填写最基本的措施项目即可。

表 3-4 《建设工程工程量清单计价规范》通用措施项目一览表（一）

序号	项目名称
1	安全文明施工(含环境保护、文明施工、安全施工、临时设施)
2	夜间施工
3	二次搬运
4	冬雨季施工
5	大型机械设备进出场及安拆
6	施工排水
7	施工降水
8	地上、地下设施,建筑物的临时保护设施
9	已完工程及设备保护

表 3-5 《建设工程工程量清单计价规范》通用措施项目一览表（二）

序号	项 目 名 称
	通用措施项目
1.1	环境保护
1.2	文明施工
1.3	安全施工
1.4	临时设施
1.5	夜间施工
1.6	二次搬运
1.7	大型机械设备进出场及安拆
1.8	混凝土、钢筋混凝土模板及支架
1.9	脚手架
1.10	已完工程及设备保护
1.11	施工排水、降水

措施项目清单应根据拟建工程的实际情况列项。专业工程的措施项目可按附录中规定的项目选择列项。若出现本规范未列的项目,可根据工程实际情况补充。

具体的措施项目清单与计价表见表 3-6 和表 3-7。

表 3-6 措施项目清单与计价表（一）

工程名称：　　　　　　　　标段：　　　　　　第　页　共　页

序号	项目名称	计算基础	费率/%	金额/元
1	安全文明施工费			
2	夜间施工费			
3	二次搬运费			
4	冬雨期施工费			
5	大型机械设备进出场及安拆费			
6	施工排水			
7	施工降水			
8	地上、地下设施,建筑物的临时保护设施			
9	已完工程及设备保护			
10	各专业工程的措施项目			
合　　　计				

注：1. 本表适用于以"项"计价的措施项目。

2. 根据建设部、财政部发布的《建筑安装工程费用组成》(建标〔2003〕206 号)的规定,"计算基础"可为"直接费"、"人工费"或"人工费+机械费"。

表 3-7 措施项目清单与计价表（二）

工程名称：　　　　　　　　　　标段：　　　　　　　第　页　共　页

序号	项目编码	项目名称	项目特征描述	计量单位	工程量	金额/元	
						综合单价	合价
本页小计							
合　　计							

注：本表适用于以综合单价形式计价的措施项目。

措施项目中可以计算工程量的项目清单宜采用分部分项工程量清单的方式编制，列出项目编码、项目名称、项目特征、计量单位和工程量计算规则；不能计算工程量的项目清单，以"项"为计量单位。

3.6.2.3　其他项目清单的编制

《建设工程工程量清单计价规范》（GB 50500—2008）第 3.4.1 条规定其他项目清单（表 3-8）宜按照下列内容列项。

① 暂列金额（表 3-9）。

② 暂估价（包括材料暂估单价、专业工程暂估价，见表 3-10 与表 3-11）。

③ 计日工（包括用于计日工的人工、材料、施工机械，见表 3-12）。

④ 总承包服务费（表 3-13）。

表 3-8　其他项目清单与计价汇总表

工程名称：　　　　　　　　　　标段：　　　　　　　第　页　共　页

序号	项目名称	计量单位	金额/元	备注
1	暂列金额			
2	暂估价			
2.1	材料暂估价			
2.2	专业工程暂估价			
3	计日工			
4	总承包服务费			
合　　计				

注：材料暂估单价计入清单项目综合单价，此处不汇总。

表 3-9　暂列金额明细表

工程名称：　　　　　　　　　　标段：　　　　　　　第　页　共　页

序号	项目名称	计量单位	暂定金额/元	备注
1				
2				
合　　计				

注：此表由招标人填写，也可只列暂定金额总额。

表 3-10　材料暂估单价表

工程名称：　　　　　　　　　　标段：　　　　　　　第　页　共　页

序号	材料名称、规格、型号	计量单位	单价/元	备注

注：1. 此表由招标人填写，并在备注栏说明暂估价的材料拟用在哪些清单项目上。
2. 材料包括原材料、燃料、构配件以及按规定应计入建筑安装工程造价的设备。

表 3-11　专业工程暂估价表

工程名称：　　　　　　　　　　标段：　　　　　　　　　第 页 共 页

序号	项目名称	计量单位	金额/元	备注
合　计				—

注：此表由招标人填写。

表 3-12　计日工表

工程名称：　　　　　　　　　　标段：　　　　　　　　　第 页 共 页

编号	项目名称	单位	暂定数量	综合单价	合价
一	人　工				
1					
2					
人 工 小 计					
二	材　料				
1					
2					
材 料 小 计					
三	施工机械				
1					
2					
施工机械小计					
合　计					

注：此表项目名称、数量由招标人填写，编制招标控制价时，单价由招标人按有关计价规定确定。

表 3-13　总承包服务费计价表

工程名称：　　　　　　　　　　标段：　　　　　　　　　第 页 共 页

序号	工程名称	项目价值/元	服务内容	费率/%	金额/元
1	发包人发包专业工程				
2	发包人供应材料				
合　计					

注：此表由招标人填写。

　　暂列金额是因一些不能预见、不能确定的因素的价格调整而设立。暂列金额由招标人根据工程特点，按有关计价规定进行估算确定，一般可以分部分项工程量清单费的 10%～15% 为参考。索赔费用、签证费用从此项扣支。

　　暂估价是指招标阶段直至签订合同协议时，招标人在招标文件中提供的用于支付必然要发生但暂时不能确定价格的材料以及需另行发包的专业工程金额。材料暂估价：甲方列出暂估的材料单价及使用范围，乙方按照此价格来进行组价，并计入到相应清单的综合单价中；其他项目合计中不包含，只是列项。专业工程暂估价：按项列支，如塑钢门窗、玻璃幕墙、防水等，价格中包含除规费、税金外的所有费用；此费用计入其他项目合计中。

　　总承包服务费，是一定要在招标文件中说明总包的范围，以减少后期不必要的纠纷；对于总承包服务费来说，投标人应按照合同约定，计取对分包工程（含暂列金额项目）和甲供材料、构件、设备的总包管理、协调、配合、服务所发生的费用，并在"其他项目清单"中列项报价。计日工应依据业主《计日工表》所列子目及数量进行计算。

规范中列出的参考计算标准：招标人仅要求对分包的专业工程进行总承包管理和协调时，按分包的专业工程估算造价的1.5%计算；招标人要求对分包的专业工程进行总承包管理和协调并同时要求提供配合服务时，根据招标文件中列出的配合服务内容和提出的要求按分包的专业工程估算造价的3%～5%计算；招标人自行供应材料的，按招标人供应材料价值的1%计算。

承包人应当依据发包人提供的其他项目清单中的项目、内容及工程量进行报价，不得以任何形式修改、增加、删除招标人提供的其他项目清单。

3.6.2.4　工程量清单其他内容

（1）规费项目清单　规费指政府和有关权力部门规定必须缴纳的费用。

税金指按国家税法规定，应计入建设工程造价内的营业税、城市维护建设税及教育费附加。承包人应根据国家相关规定计取规费和税金。

规费项目清单应按照下列内容列项。

① 工程排污费。

② 工程定额测定费。

③ 社会保障费：包括养老保险费、失业保险费、医疗保险费。

④ 住房公积金。

⑤ 危险作业意外伤害保险。

（2）税金项目清单

① 营业税。

② 城市维护建设税。

③ 教育费附加。

（3）规费和税金　规费和税金应按同家或省级、行业建设主管部门的规定计算，不得作为竞争性费用（表3-14）。

表 3-14　规费、税金项目清单与计价表

工程名称：　　　　　　　　标段：　　　　　　第　页　共　页

序号	项目名称	计算基础	费率/%	金额/元
1	规费			
1.1	工程排污费			
1.2	社会保障费			
(1)	养老保险费			
(2)	失业保险费			
(3)	医疗保险费			
1.3	住房公积金			
1.4	危险作业意外伤害保险			
1.5	工程定额测定费			
2	税金	分部分项工程费+措施项目费+其他项目费+规费		
合　计				

注：根据建设部、财政部发布的《建筑安装工程费用组成》（建标［2003］206号）的规定，"计算基础"可为"直接费"、"人工费"或"人工费+机械费"。

3.6.3 工程量清单计价的基本概念、作用和特点

3.6.3.1 工程量清单计价的基本概念

工程量清单计价是指投标人完成由招标人提供的工程量清单所需的全部费用，包括分部分项工程费、措施项目费、其他项目费、规费和税金。

在工程招投标中采用工程量清单计价是国际上较为通行的做法，其实质是由投标人依据工程量清单进行自主报价，由市场竞争形成价格，真正实现由政府定价到市场定价的转变。

实行工程量清单计价的主旨就是要在全国范围内，统一项目编码、统一项目名称、统一计量单位、统一工程量计算规则。在这"四个统一"的前提下，由国家主管职能部门统一编制《建设工程工程量清单计价规范》，作为强制性标准，在全国统一实施。

3.6.3.2 工程量清单计价的作用

（1）有利于实现从政府定价到市场定价的转变 实行工程量清单计价后，我国企业从消极自我保护向积极参与公平竞争转变，对计价依据改革具有推动作用，改变了过去企业过分依赖国家发布定额的状况，通过市场竞争自主报价。

（2）有利于公平竞争并避免暗箱操作 工程量清单计价，由招标人提供工程量，所有的投标人在同一工程量基础上自主报价，充分体现了公平竞争的原则；工程量清单作为招标文件的一部分，从原来的事后算账转为事前算账，可以有效改变目前建设单位在招标中盲目压价和结算无依据的状况，同时可以避免工程招标中弄虚作假、暗箱操作等不规范的招标行为。

（3）有利于风险合理分担 投标单位只对自己所报的成本、单价的合理性负责，而对工程量的变更或清单工程量计算错误等不负责任，相应的这一部分风险则应由招标单位承担。这种格局符合风险合理分担与责权利关系对等的一般原则，同时也必将促进各方面管理水平的提高。

（4）有利于工程拨付款和工程造价的最终确定 工程招投标中标后，建设单位与中标的施工企业签订合同，工程量清单报价基础上的中标价就成为合同价的基础。投标清单上的单价是拨付工程款的依据，建设单位根据施工企业完成的工程量可以确定进度款的拨付额。工程竣工后，依据变更设计、工程量的增减和相应的单价，确定工程的最终造价。

（5）有利于标底的管理和控制 在传统的招投标方法中，标底一直是个关键因素。标底的正确与否、保密程度如何一直是人们关注的焦点。而采用工程量清单计价方法，工程量是公开的，是招标文件内容的一部分，标底只起到一定的控制作用（即控制报价不能突破工程概算的约束），仅仅是工程招标的参考价格，不是评标的关键因素，且与评标过程无关，标底的作用将逐步弱化，这就从根本上消除了标底误差和标底泄露所带来的负面影响。

（6）有利于提高施工企业的技术水平和管理水平 中标企业可以根据中标价及投标文件中的承诺，通过对单位工程成本、利润进行分析，统筹考虑，精心选择施工方案，合理确定人工、材料、施工机械要素的投入与配置，优化组合，合理控制现场费用和施工技术措施费用等，以便更好地履行承诺，保证工程质量和工期，促进技术进步，提高经营管理水平和劳动生产率。

（7）有利于工程索赔的控制与合同价的管理 工程量清单计价可以加强工程实施阶段结算与合同价的管理和工程索赔的控制，强化合同履约意识和工程索赔意识。工程量清单作为工程结算的主要依据之一，对工程变更、工程款支付与结算等方面的规范管理起到积极的作用，必将推动建设市场管理的全面改革。

（8）有利于建设单位合理控制投资，提高资金使用效益 通过竞争，按照工程量招标确

定的中标价格，在不提高设计标准情况下与最终结算价是基本一致的，这样可为建设单位的工程成本控制提供准确、可靠的依据，科学合理地控制投资，提高资金使用效益。

（9）有利于节省招标投标时间，避免重复劳动　以往的投标报价，各个投标人必须计算工程量，计算工程量约占投标报价工作量的 70％～80％。采用工程量清单计价则可以简化投标报价计算过程，有了招标人提供的工程量清单，投标人只需填报单价和计算合价，缩短投标单位投标报价时间，更有利于招投标工作的公开公平、科学合理；同时，避免了所有的投标人按照同一图纸计算工程数量的重复劳动，节省大量的社会财富和时间。

（10）有利于工程造价计价人员素质的提高　推行工程量清单计价后，工程造价计价人员就不仅能看懂施工图、会计算工程量和套定额子目，而且要既懂经济又精通技术、熟悉政策法规，向全面发展的复合型人才转变。

3.6.3.3　《建筑工程工程量清单计价规范》（GB 50500—2008）的特点

（1）工程量清单适用范围扩展　《建筑工程工程量清单计价规范》（GB 50500—2008）要求全部使用国有资产投资或国有资产投资为主的工程建设项目，必须采用工程量清单计价，非国有资金投资的工程建设项目，可采用工程量清单计价，是否采用工程量清单计价由业主决定。当确定采用工程量清单计价，应执行规范，还应执行规范的工程价款调整、工程计量和价款支付、索赔与现场签证、竣工结算以及造价争议处理等内容。工程量清单是工程量清单计价的基础，应作为编制招标控制价、投标报价、工程计量及进度款支付、调整合同款、办理竣工结算以及工程索赔等的依据之一。

（2）招标控制价的设立　是指招标人根据国家或省级、行业建设主管部门颁发的有关计价依据和办法，按设计施工图纸计算的对招标工程限定的最高工程造价。国有资金投资的工程建设项目应实行工程量清单招标，并应编制招标控制价。《建筑工程工程量清单计价规范》（GB 50500—2008）第 4.2.1 条规定国有资金投资的工程应实行工程量清单招标，招标人应编制招标控制价。招标控制价超过批准的概算时，招标人应报原概算审批部门审核。投标人的投标报价高于招标控制价的，其投标应予拒绝。

《建筑工程工程量清单计价规范》（GB 50500—2008）第 4.2.8 条规定招标控制价应在招标文件中公布，不应上调或下浮，同时将招标控制价的明细表报工程所在地工程造价管理机构备查。招标控制价是公开的最高限价，体现了公开、公正的原则。

《建设工程工程量清单计价规范》（GB 50500—2008）第 4.2.3 条规定招标控制价应根据下列依据编制：

①《建设工程工程量清单计价规范》（GB 50500—2008）规范。

② 国家或省级、行业建设主管部门颁发的计价定额和计价办法。

③ 建设工程设计文件及相关资料。

④ 招标文件中的工程量清单及有关要求。

⑤ 与建设项目相关的标准、规范、技术资料。

⑥ 工程造价管理机构发布的工程造价信息，工程造价信息没有发布的材料，按市场价。

⑦ 其他的相关资料。

随招标文件一起发布，要求招标控制价的编制必须快速；所以编制质量要高，要求熟悉施工过程，这样才能编制出合理的控制价。

（3）合同类型的规定　《建设工程工程量清单计价规范》（GB 50500—2008）第 4.4.3 条规定实行工程量清单计价的工程，宜采用单价合同方式。规定并不排斥总价合同，对于规模不大、工序相对简单的工程，只要符合当地规定即可执行总价合同；工程量变化时，是否调整综合单价以及如何调整应在合同中给予明确约定；如合同没有约定，就按如下原则调整：当工程量的变化幅度在10%以内时，其综合单价不做调整，执行原有综合单价；当工程量的变化幅度在10%以外，且影响分部分项工程费超过0.1%时，由承包人对增加的工程量或减少后剩余的工程量提出新的综合单价和措施项目费，经发包人确认后调整。

（4）清单组成要素的扩充　《建设工程工程量清单计价规范》（GB 50500—2008）第3.1.4条规定工程量清单应由分部分项工程量清单、措施项目清单、其他项目清单、规费项目清单、税金项目清单等组成。《建设工程工程量清单计价规范》（GB 50500—2008）第4.3.8条规定投标总价应当与工程量清单构成的分部分项工程费、措施项目费、其他项目费和规费、税金的合计金额一致。另外，《建设工程工程量清单计价规范》（GB 50500—2008）还增加了规费项目清单和税金项目清单。

（5）措施项目组价方式的扩展　《建设工程工程量清单计价规范》（GB 50500—2008）第3.3.2条规定措施项目中可以精确进行计量的项目宜采用分部分项工程量清单的方式编制，列出项目编码、项目名称、项目特征、计量单位和工程量计算规则；不可精确进行计量的项目，以"项"为计量单位。

3.6.4　工程量清单计价模式下的费用构成及计算

3.6.4.1　工程量清单计价模式下的费用构成

根据《计价规范》的规定，工程量清单计价模式的费用构成包括分部分项工程费、措施项目费、其他项目费以及规费和税金，如图3-3所示。

（1）分部分项工程费　分部分项工程费是指完成在工程量清单列出的各分部分项清单工程量所需的费用，包括人工费、材料费、机械使用费、管理费、利润，并考虑风险因素。

① 人工费。指直接从事工程施工的工人（包括现场内水平、垂直运输等辅助工人）和附属辅助生产单位（非独立经济核算单位）工人开支的各项费用。

② 材料费。指施工过程中耗费的构成工程实体的原材料、辅助材料、构配件、零件、半成品的费用。

③ 机械费。指施工机械作业所发生的机械使用费以及机械安拆费和场外运费。

④ 管理费。指建筑安装企业组织施工生产和经营活动所发生的管理费用，包括：

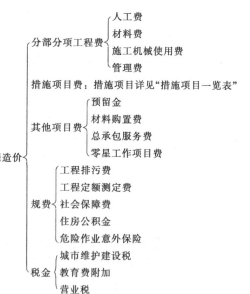

图3-3　工程量清单计价模式下工程造价构成

a. 管理人员的工资。指管理人员基本工资、工资性津贴、流动施工津贴、房租补贴、职工福利费、劳动保护费等。

b. 办公费。指企业管理办公用的文具、纸张、账表、印刷、邮电、书报、会议、水电、烧水和集体取暖（包括现场临时宿舍取暖）用煤等费用。

c. 差旅交通费。指职工因公出差、调动工作的差旅费、住勤补助费，市内交通费和误餐补助费，职工探亲路费，劳动力招募费，职工离退休、退职一次性路费，工伤人员就医路费，工地转移费以及管理部门使用的交通工具的油料、燃料、养路费及牌照费。

d. 固定资产使用费。指管理部门和试验部门及附属生产单位使用的属于固定资产的房屋、设备仪器等的折旧、大修、维修或租赁费。

e. 工具用具使用费。指管理使用的不属于固定资产的生产工具、器具、家具、交通工具和检验、试验、测绘、消防用具等的购置、维修和摊销费。

f. 劳动保险费。指由企业支付离退休职工的易地安家补助费、职工退职金、六个月以上的病假人员工资、职工死亡丧葬补助费、抚恤费、按规定支付给离休干部的各项经费。

g. 工会经费。指企业按职工工资总额计提的工会经费。

h. 职工教育经费。指企业为职工学习先进技术和提高文化水平，按职工工资总额计提的费用。

i. 财产保险费。指施工管理用财产、车辆保险。

j. 财务费。指企业为筹集资金而发生的各种费用。

k. 税金。指企业按规定缴纳的房产税、车船使用税、土地使用税、印花税等。

l. 其他包括技术转让费、技术开发费、业务招待费、绿化费、广告费、公证费、法律顾问费、审计费、咨询费等。

⑤ 利润　指施工企业完成所承包工程获得的盈利。是施工企业劳动者为社会和集体所创造的价值，按国家规定应计入安装工程造价。

（2）措施项目费　措施项目费是指为完成工程项目施工，发生于该工程施工前和施工过程中非工程实体项目的费用。具体采用的措施项目应根据《计价规范》、设计文件、施工组织设计和施工及验收规范确定，措施项目费是该工程所采用的措施项目费用的总和。措施项目费由人工费、材料费、机械使用费、管理费和利润组成，并考虑风险因素。

（3）其他项目费　其他项目费是指预留金、材料购置费（指由招标人购置的材料费）、总承包服务费、零星工作项目费的总和。

① 预留金。招标人为可能发生的工程量变更而预留的金额，由招标人预留。

② 总承包服务费。总承包指对建设工程的勘察、设计、施工、设备采购进行全过程承包的行为，建设项目从立项开始至竣工投产全过程承包的"交钥匙"方式。

③ 零星工作项目费。由完成招标人提出的工程量暂估的零星工作所需的费用。

（4）规费　规费是指政府和有关权力部门规定必须缴纳的费用（简称规费）。

（5）税金　税金是指国家税法规定的应计入建筑安装工程造价内的营业税、城市维护建设税及教育费附加等。

营业税是指从事建筑业、交通运输业和各种服务业的单位和个人，就其营业收入征收的一种税。城市维护建设税用于城市的公用事业和公共设施的维护建设。教育费附加是按国家的有关规定收取的、用于支持教育事业的费用。

3.6.4.2　工程量清单计价的费用计算

《计价规范》规定，工程量清单采用综合单价计价。清单项目的工程址由工程量清单提供，投标人的投标报价须在工程量清单的基础上先计算出各清单项目的综合单价，即组价。在提交投标文件的同时，须按招标文件的要求提交清单项目的综合单价及综合单价分析表，以便于评标。因此，如何合理地确定清单项目的综合单价是投标报价的关键。

（1）综合单价确定的主要依据　综合单价确定的主要依据如下。

①《建设工程工程量清单计价规范》。

② 招标文件的商务条款。

③ 工程设计文件。

④ 企业定额或当地造价主管部门发布的预算定额。

⑤ 当地造价主管部门颁布的有关工程造价方面的文件资料。

⑥ 投标企业编制的施工组织设计。

⑦ 有关工程施工及验收规范。

⑧ 施工现场具体条件及环境因素。

⑨ 施工期间材料的市场价格及可能的变化趋势。

⑩ 工程项目所在地劳动力市场价格。

⑪ 由招标方采购的材料的到货计划。

（2）计算综合单价的程序　投标人应按工程量清单中对清单项目名称的表述以及工程内容来确定完成该清单项目所需的人工费、材料费、机械使用费、管理费和利润，并考虑风险因素。确定方法是采用定额组价，大致步骤包括：

① 搜集、审阅计算综合单价的依据。

② 踏勘施工现场，参加招标质疑会。对招标文件（工程量清单）表述或描述不清的问题向招标方质疑，请求解释，明确招标方的真实意图，力求计价精确。

③ 根据《计价规范》附录、设计文件、施工组织设计、施工及验收规范确定每一清单项目的工程内容。

④ 根据施工图以及预算定额工程量计算规则计算工程内容的预算工程量。

⑤ 选套企业定额或政府主管部门颁布的预算定额。

⑥ 计算应计入清单项目综合单价内的其他费用，如安装工程中的高层建筑增加费等。

⑦ 计算工程费用合计值，并由合计值除以清单项目工程量即为该清单项目的综合单价。

⑧ 分析清单项目综合单价组成的合理性。

确定综合单价使用定额组价时，清单项目综合单价计算表内的"数量"与工程量清单"实物工程量"不是一个概念，这里的"数量"是指施工时采取措施后的预算工程量，也就是按预算定额计算规则得到的预算工程量。预算工程量不是工程量清单给出的"实物工程量"，这是"清单计价法"与"传统定额计价法"的最大区别之一。

企业在未编制企业定额的情况下，投标报价的主要依据之一仍是当地政府主管部门颁布的预算定额，及在预算定额的基础上结合本企业的实际情况作出适当的调整。

（3）分部分项工程费　部分项工程费是根据招标文件中的分部分项工程量清单所提供的清单项目工程数量，乘以投标人确定的该清单项目的综合单价，并累加得到分部分项工程费用的总和，即：

$$分部分项工程费 = \sum(清单项目工程数量 \times 相应清单项目的综合单价)$$

其中：　　　　综合单价 = 人工费 + 材料费 + 机械费 + 管理费 + 利润

人工费、材料费和机械费按定额规定的用量乘以相应的单价计算。

管理费、利润的计算方法有以下两种。

方法一：以人工费作为取费的基础，乘以相应的费率，即

$$管理费 = 人工费 \times 管理费率$$

$$利润 = 人工费 \times 利润率$$

方法二：以人工费和机械费之和作为取费的基础，乘以相应的费率，即

$$管理费 = (人工费 + 机械费) \times 管理费率$$

$$利润 = (人工费 + 机械费) \times 利润率$$

管理费率和利润率与工程类别有关。

需要注意的是，不同性质的工程，管理费和利润的计算方法不同。在环境工程中，市政

排水工程是按第二种方法计算的，即以人工费和机械费之和作为取费的基础，乘以相应的费率；而市政给水管道工程以及安装工程都是按第一种方法计算的，即以人工费作为取费的基础，乘以相应的费率。应用中注意区别。

分部分项工程量清单综合单价的计算，主要是采用定额组价，即计算出该清单项目的每一工程内容的费用，并累加得到该清单项目的工程费用合计值，由合计值除以清单项目工程量即为该清单项目的综合单价。

（4）措施项目费

1）措施项目费的计算方法。措施项目费用是指除分部分项工程费用以外，为保证工程顺利进行，按照国家现行的有关工程施工及验收规范，必须配套完成的措施项目所发生的费用。措施项目费应按单位工程计取，其计算方法根据措施项目的不同可分为以下三种。

① 系数计价法。这里又有两种情况，其一是环境保护费、文明施工措施费、安全施工措施费、临时设施费等，这类费用主要根据当地建设主管部门的有关规定计算，通常是以单位工程的分部分项工程费作为这些措施项目费的计算基础，乘以相应的系数。

其二是有些措施项目费，在定额中未列项，但是定额规定了具体的计算方法，即以某一项作为该措施项目费的取费基础，乘以相应的系数。最为典型的是安装工程中脚手架搭拆费用，在安装工程预算定额中规定了详细的计算方法，如《电气设备安装工程》手册规定，脚手架搭拆费按人工费的 4%计算，其中，人工工资占 25%。

② 定额计价法。有些措施项目费用的计算，在定额中已经列项，此时可根据该措施项目的工程量，套用定额求得。对环境工程来说这类措施项目有混凝土、钢筋混凝土模板及支架、市政工程中的脚手架、施工排水降水、市政工程现场施工围栏、围堰、筑岛、便桥、便道、大型机械设备进出场及安拆等。

③ 实物量计价法。这种方法是最基本也是最能反映投标人个别成本的计价方法，是按投标人现在的水平预测将要发生的某一项措施项目费用的合计数。这种计算方法特别适用于前两种计算方法都无法计算的措施项目，当然也适用于所有的措施项目，如二次搬运费、已完工程及设备的保护等。

2）措施项目费的计算

① 环境保护费。指正常施工条件下，环保部门按规定向施工单位收取的噪声、扬尘、排污等费用，按环保部门的有关规定计算。

② 现场安全文明施工措施费。包括脚手架挂安全网、铺安全竹笆片、洞口五临边及电梯井护栏费用、电气保护安全照明设施费、消防设施及各类标牌摊销费、施工现场环境美化、现场生活卫生设施、施工出入口清洗及污水排放设施、建筑垃圾清理外运等费用。通常以分部分项工程费作为该项费用的取费基础，具体费率由当地造价主管部门确定。

③ 临时设施费。指施工单位为进行安装工程施工所必需的生产和生活用的临时建筑物、构筑物和其他临时设施等费用。临时设施费内容包括临时设施的搭设、维修、拆除、摊销等费用。通常以分部分项工程费作为该项费用的取费基础，具体费率由当地造价主管部门确定。由施工单位根据工程实际情况报价，承发包双方在合同中约定。

④ 夜间施工增加费。指规范、规程要求正常作业而发生的照明设施、夜餐补助和工效降低等费用。可用"实物量计价法"，根据工程实际情况报价。

⑤ 二次搬运费。指因施工场地狭小而发生的二次搬运所需的费用。发生时可参考《建筑与装饰工程计价表》或当地造价主管部门颁布的与清单计价相配套的定额计算。

⑥ 大型机械设备进出场及安拆。指机械整体或分体自停放场地转至施工场地，或由一个施工地点运至另一个施工地点所发生的机械安装、拆卸和进出场运输转移费用。按机械台班费用定额计算。

⑦ 混凝土、钢筋混凝土模板及支架。指模板及支架制作、安装、拆除、维护、运输、周转材料摊销等费用。市政工程按《市政工程计价表》或当地造价主管部门颁布的与清单计价相配套的定额计算。

⑧ 脚手架费。指脚手架搭设、加固、拆除、周转材料摊销等费用。市政工程采用"定额计价法"，参考《市政工程计价表》或当地造价主管部门颁布的与清单计价相配套的定额计算；安装工程采用"系数计价法"，按《安装工程计价表》或当地造价主管部门颁布的与清单计价相配套的定额规定的系数计算。

⑨ 已完工程及设备保护。指对已施工完成的工程和设备采取保护措施所发生的费用，可用"实物量计价法"，根据工程实际情况报价。

⑩ 施工排水、降水。指施工过程中发生的排水、降水费用。市政工程按《市政工程计价表》或当地造价主管部门颁布的与清单计价相配套的定额计算。

以上①～⑩项措施项目为《建设工程工程量清单计价规范》"措施项目一览表"中的通用措施项目。

⑪ 组装平台组装平台发生的费用，用"实物量计价法"，根据工程实际情况报价。

⑫ 设备、管道施工的安全、防冻和焊接保护措施。施工中发生的设备、管道施工的安全、防冻和焊接保护措施费用用"实物量计价法"根据工程实际情况报价。

⑬ 压力容器和高压管道的检验。发生的压力容器和高压管道的检验费用用"实物量计价法"，根据工程实际情况报价。

⑭ 焦炉施工大棚。发生的焦炉施工大棚费用用"实物量计价法"，根据工程实际情况报价。

⑮ 焦炉烘炉、热态工程。发生的焦炉烘炉、热态工程费用用"实物量计价法"，根据工程实际情况报价。

⑯ 管道安装后的充气保护措施。发生的管道安装后的充气保护措施费用用"实物量计价法"，根据工程实际情况报价。

⑰ 隧道内（或洞内）施工的通风、供水、供气、供电、照明及通信设施。发生的隧道内施工的通风、供水、供气、供电、照明及通信设施费用用"实物量计价法"，根据工程实际情况报价。

⑱ 现场施工围栏。发生的现场施工围栏费用用"实物量计价法"，根据工程实际情况报价。

⑲ 长输管道临时水工保护设施。发生的长输管道临时水工保护设施费用用"实物量计价法"，根据工程实际情况报价。

⑳ 长输管道施工便道。发生的长输管道施工便道费用用"实物量计价法"，根据工程实际情况报价。

㉑ 长输管道跨越或穿越施工措施。发生的长输管道跨越或穿越施工措施费用用"实物量计价法"，根据工程实际情况报价。

㉒ 长输管道地下穿越地上建筑物的保护措施。发生的长输管道地下穿越地上建筑物的保护措施费用用"实物量计价法"，根据工程实际情况报价。

㉓ 长输管道工程施工队伍调遣。发生的长输管道工程施工队伍调遣费用用"实物量计价法"，根据工程实际情况报价。

㉔ 格架式抱杆。格架式抱杆费用，用"实物量计价法"，根据工程实际情况报价。

以上⑪～㉔项措施项目为《建设工程工程量清单计价规范》"措施项目一览表"中的安装工程措施项目。

㉕ 围堰。采用"定额计价法"，参考《市政工程计价表》或当地造价主管部门颁布的与清单计价相配套的定额计算。

㉖ 筑岛。采用"定额计价法"，参考《市政工程计价表》或当地造价主管部门颁布的与清单计价相配套的定额计算。

㉗ 现场施工围栏。采用"定额计价法"，参考《市政工程计价表》或当地造价主管部门颁布的与清单计价相配套的定额计算。

㉘ 便道、便桥。采用"定额计价法"，参考《市政工程计价表》或当地造价主管部门颁布的与清单计价相配套的定额计算。

㉙ 洞内施工的通风、供水、供气、供电、照明及通信设施。用"实物量计价法"，根据工程实际情况报价。

㉚ 驳岸块石清理。用"实物量计价法"，根据工程实际情况报价。

以上㉕～㉚项措施项目为《建设工程工程量清单计价规范》"措施项目一览表"中的市政工程措施项目。

(5) 其他项目费　其他项目费按单位工程计取。分为招标人、投标人两部分，分别由招标人与投标人填写。由招标人填写的内容包括预留金、材料购置费等。由投标人填写的包括总承包服务费、零星工作项目费等。总承包服务费适用于建设项目从立项开始至竣工投产全过程承包的"交钥匙"工程，包括建设工程的勘察、设计、施工、设备采购等阶段的工作。按《计价规范》的规定，规范中所列项目未包括的内容，招、投标人均可根据实际情况增加列项并计价。

招标人部分的数据由招标人填写，并随同招标文件一同发至投标人。在投标报价中，报价人如数填写不得更改。

投标人部分由投标人填写，其中总承包服务费要根据工程规模、工程的复杂程度、投标人的经营范围、划分拟分包工程来计取，一般是不大于总包工程总造价的5%，常按工程造价的2%～3%计取。

零星工作项目计价表中的单价为综合单价，由投标人根据招标人提供的具体项目和数量，填报综合单价和合价。

(6) 规费

1) 规费内容　规费是指政府和有关权力部门规定必须缴纳的费用（简称规费），按照（建标［2003］206号）《建筑安装工程费用项目组成》规定，规费包括工程排污费、工程定额测定费、社会保障费、住房公积金和危险作业意外伤害保险。规费具体内容应以当地造价主管部门发布的文件所规定的为准。

2) 规费计算方法　规费计算方法按取费基础的不同一般分为以下三种。

① 以人工费为计算基础

$$规费 = 人工费 \times 规费费率(\%)$$

② 以直接费（人工费＋材料费＋机械费）为计算基础

$$规费 = 直接费 \times 规费费率(\%)$$

③ 以（分部分项工程费＋措施项目费＋其他项目费）为计算基础

$$规费 = 分部分项工程费 + 措施项目费 + 其他项目费 \times 规费费率(\%)$$

具体计算方法由当地造价主管部门规定。规费费率由当地造价主管部门规定。

（7）税金　税金是指国家税法规定的应计入工程造价内的营业税、城市维护建设税及教育费附加。按各省、市规定的税率计算，计算基础为不含税工程造价。

1）营业税　营业税的征收基数是含税造价，建筑业的营业税率为3%，即

$$营业税＝含税造价×营业税率＝（不含税造价＋税金）×3\%$$

其中不含税造价（又称税前造价）＝分部分项工程费＋措施项目费＋其他项目费＋规费

2）城市维护建设税　以营业税为计算基础，并因工程所在地点不同而实行差别税率。

$$城市维护建设税＝营业税×城市维护建设税率$$

工程所在地在市区的，城市维护建设税率为7%。

工程所在地在县城、城镇的，城市维护建设税率为5%。

工程所在地在其他地区的，城市维护建设税率为1%。

3）教育费附加　以营业税为计算基础，国家规定的教育费附加费率为3%，各省市也有具体规定。

$$教育费附加＝营业税×教育费附加费率$$

综上所述，可知

$$
\begin{aligned}
税金 &＝营业税＋城市维护建设税＋教育费附加\\
&＝含税造价×营业税率(1＋城市维护建设税率＋教育费附加费率)\\
&＝（不含税造价＋税金）×营业税率(1＋城市维护建设税率＋教育费附加费率)\\
&＝（不含税造价＋税金）×3\%×(1＋城市维护建设税率＋教育费附加费率)
\end{aligned}
$$

以国家规定的教育费附加费率为3%为例，得

$$税金＝\frac{不含税造价×3\%×(1＋a\%＋3\%)}{1－3\%－3\%×a\%－3\%×3\%}＝不含税造价×综合税率$$

因此，综合税率$＝\dfrac{3\%×(1＋a\%＋3\%)}{1－3\%－3\%×a\%－3\%×3\%}$

式中，$a\%$为城市维护建设税率，因工程所在地不同，实行差别税率。

则：工程所在地在市区的，综合税率为3.41%。

工程所在地在县城、城镇的，综合税率3.35%。

工程所在地其他地区的，综合税率3.22%。

3.6.4.3　工程造价计算程序

工程造价计算程序、内容及公式（包工包料），如表3-15所列。

表3-15　工程造价计算程序、内容及公式

序号	费用名称	计算公式	备注
1	分部分项工程量清单计价合计	∑（综合单价×清单工程量）	
2	措施项目清单计价合计	∑（具体措施项目费用）	
3	其他项目清单计价合计		按规定计取
4	规费	∑（规费取费基础×费率）	按规定计取
5	税金	（1＋2＋3＋4）×综合税率	按规定计取
6	工程造价	1＋2＋3＋4＋5	

3.6.5　工程量清单计价编制方法

3.6.5.1　工程量清单计价原则

采用工程量清单计价，建设工程造价由分部分项工程费、措施项目费、其他项目费、规

费和税金组成。

分部分项工程量清单应采用综合单价计价。招标文件中的工程量清单标明的工程量是投标人投标报价的共同基础，竣工结算的工程量按发、承包双方在合同中约定应予计量且实际完成的工程量确定。

措施项目清单计价应根据拟建工程的施工组织设计，可以计算工程量的措施项目，应按分部分项工程量清单的方式采用综合单价计价；其余的措施项目可以"项"为单位的方式计价，应包括除规费、税金外的全部费用。措施项目清单中的安全文明施工费应按照国家或省级、行业建设主管部门的规定计价，不得作为竞争性费用。

其他项目清单应根据工程特点和《建设工程工程量清单计价规范》（GB 50500—2008）相关规定计价。

招标人在工程量清单中提供了暂估价的材料和专业工程属于依法必须招标的，由承包人和招标人共同通过招标确定材料单价与专业工程分包价。若材料不属于依法必须招标的，经发、承包双方协商确认单价后计价。若专业工程不属于依法必须招标的，由发包人、总承包人与分包人按有关计价依据进行计价。

规费和税金应按国家或省级、行业建设主管部门的规定计算，不得作为竞争性费用。

3.6.5.2 工程量清单计价格式

《建设工程工程量清单计价规范》（GB 50500—2008）规定工程量清单计价表格组成主要包括以下几个主要部分。

(1) 封面

① 工程量清单。

② 招标控制价。

③ 投标总价。

④ 竣工结算总价。

(2) 总说明

(3) 汇总表

① 工程项目招标控制价/投标报价汇总表。

② 单项工程招标控制价/投标报价汇总表。

③ 单位工程招标控制价/投标报价汇总表。

④ 工程项目竣工结算汇总表。

⑤ 单项工程竣工结算汇总表。

⑥ 单位工程竣工结算汇总表。

(4) 分部分项工程量清单表

① 分部分项工程量清单与计价表。

② 工程量清单综合单价分析表。

(5) 措施项目清单表

① 措施项目清单与计价表（一）。

② 措施项目清单与计价表（二）。

(6) 其他项目清单表

① 其他项目清单与计价汇总表。

② 暂列金额明细表。

③ 材料暂估单价表。

④ 专业工程暂估价表。

⑤ 计日工表。

⑥ 总承包服务费计价表。

⑦ 索赔与现场签证计价汇总表。

⑧ 费用索赔申请〈核准〉表。

⑨ 现场签证表。

（7）规范、税金项目清单与计价表

（8）工程款支付申请（核准）表

3.6.5.3　工程量清单计价表格使用规定

工程量清单与计价宜采用统一格式。各省、自治区、直辖市建设行政主管部门和行业建设主管部门可根据本地区、本行业的实际情况，在本规范计价表格的基础上补充完善。

（1）工程量清单的编制一般规定

① 工程量清单编制使用表格包括《建设工程工程量清单计价规范》（GB 50500—2008）中规定的表格封-1、表-01、表-08、表-10、表-11、表-12。

② 封面应按规定的内容填写、签字、盖章，造价员编制的工程量清单应有负责审核的造价工程师签字、盖章。

③ 总说明应按下列内容填写：工程概况，包括建设规模、工程特征、计划工期、施工现场实际情况、自然地理条件、环境保护要求等；工程招标和分包范围；工程量清单编制依据；工程质量、材料、施工等的特殊要求；其他需要说明的问题。

（2）招标控制价、投标报价、竣工结算的编制　上述编制应符合下列规定。

① 招标控制价使用表格包括《建设工程工程量清单计价规范》（GB 50500—2008）中规定的表格封-2、表-01、表-02、表-03、表-04、表-08、表-09、表-10、表-11、表-12、表-13。

② 投标报价使用的表格包括《建设工程工程量清单计价规范》（GB 50500—2008）中规定的表格封-3、表-01、表-02、表-03、表-04、表-08、表-09、表-10、表-11、表-12、表-13。

③ 竣工结算使用的表格包括《建设工程工程量清单计价规范》（GB 50500—2008）中规定的表格封-4、表-01、表-05、表-06、表-07、表-08、表-09、表-10、表-11、表-12、表-13、表-14。

封面应按规定的内容填写、签字、盖章，除承包人自行编制的投标报价和竣工结算外，受委托编制的招标控制价、投标报价、竣工结算若为造价员编制的，应由负责审核的造价工程师签字、盖章以及工程造价咨询人盖章。

（3）总说明填写

① 工程概况：建设规模、工程特征、计划工期、合同工期、实际工期、施工现场及变化情况、施工组织设计的特点、自然地理条件、环境保护要求等。

② 编制依据等。

（4）投标人应按照招标文件的要求，附工程量清单综合单价分析表。

（5）工程量清单与计价表中列明的所有需要填写的单价和合价，投标人均应填写，未填写单价和合价，视为此项费用已包含在工程量清单的其他单价和合价中。

3.7　环境工程工程量清单项目及计算规则

为合理确定环境工程造价和便于投标人投标报价，可从工程量清单计价的角度，根据工程性质的不同，将环境工程分为两大类，一类是城镇管辖范围内的新建水处理工程，即市政给排水工程；另一类是工业企业的水、气处理工程，即管道、设备的安装工程。因两类工程的性质不同，《计价规范》规定的清单项目编码、项目名称、计算规则也不一样，计价所参考的预算定额也不同。环境工程工程量清单涉及《计价规范》附录C《安装工程工程量清单项目及计算规则》和附录D《市政工程工程量清单项目及计算规则》两部分内容。

3.7.1　市政给水排水工程工程量清单项目及计算规则

按照《计价规范》"与现行预算定额既有机结合又有所区别的原则"，《计价规范》附录D《市政工程工程量清单项目及计算规则》中清单项目的设置结合了现行的《全国统一市政工程预算定额》，按不同的专业和工程对象共分为八章38节432个清单项目，包括：

第一章 D.1 土石方工程

第二章 D.2 道路工程

第三章 D.3 桥涵护岸工程

第四章 D.4 隧道工程

第五章 D.5 市政管网工程

第六章 D.6 地铁工程

第七章 D.7 钢筋工程

第八章 D.8 拆除工程

3.7.1.1　土石方工程

(1) 清单项目设置及工程量计算规则　环境工程中会涉及土石方工程。《计价规范》附录D.1 "土石方工程" 共分为挖土方、挖石方和填方及土石方运输3节12个清单项目。挖土方工程量清单项目设置及工程量计算规则，应按表D.1.1的规定执行。挖石方工程量清单项目设置及工程量计算规则，应按表D.1.2的规定执行。填方及土方运输工程量清单项目设置及工程量计算规则，应按表D.1.3的规定执行。

表 D.1.1　挖土方（编码：040101）

项目编码	项目名称	项目特征	计量单位	工程量计算规则	工程内容
040101001	挖一般土方	1. 土壤类别 2. 挖土深度	m³	按设计图示开挖线以体积计算	1. 土方开挖 2. 围护、支撑 3. 场内运输 4. 平整、夯实
040101002	挖沟槽土方			原地面线以下按构筑物最大水平投影面积乘以挖土深度（原地面平均标高至槽坑底高度）以体积计算	
040101003	挖基坑土方			原地面线以下按构筑物最大水平投影面积乘以挖土深度（原地面平均标高至坑底高度）以体积计算	
040101004	竖井挖土方			按设计图示尺寸以体积计算	1. 土方开挖 2. 围护、支撑 3. 场内运输
040101005	暗挖土方	土壤类别		按设计图示断面乘以长度以体积计算	1. 土方开挖 2. 围护、支撑 3. 洞内运输 4. 场内运输
040101006	挖淤泥	挖淤泥深度		按设计图示的位置及界限以体积计算	1. 挖淤泥 2. 场内运输

表 D.1.2　挖石方（编码：040102）

项目编码	项目名称	项目特征	计量单位	工程量计算规则	工程内容
040102001	挖一般石方			按设计图示开挖线以体积计算	1. 石方开凿
040102002	挖沟槽石方	1. 岩石类别 2. 开凿深度	m³	原地面线以下按构筑物最大水平投影面积乘以挖石深度（原地面平均标高至槽坑底高度）以体积计算	2. 围护、支撑 3. 场内运输 4. 修整底、边
040102003	挖基坑石方			按设计图示尺寸以体积计算	

表 D.1.3　填方及土石方运输（编码：040103）

项目编码	项目名称	项目特征	计量单位	工程量计算规则	工程内容
040103001	填方	1. 填方材料品种 2. 密实度		1. 按设计图示尺寸以体积计算 2. 按挖方清单项目工程量减基础、构筑物埋入体积加原地面线至设计要求标高间的体积计算	1. 填方 2. 压实
040103002	余方弃置	1. 废弃料品种 2. 运距	m³	原地面线以下按构筑物最大水平投影面积乘以挖石深度（原地面平均标高至槽坑底高度）以体积计算	余方点装料运输至弃置点
040103003	缺方内运	1. 填方材料品种 2. 运距		按设计图示尺寸以体积计算	取料点装料运输至缺方点

（2）土石方工程其他相关问题处理

① 挖方应按天然密实度体积计算，填方应按压实后体积计算。

② 沟槽、基坑、一般土石方的划分应符合下列规定：

a. 底宽 7m 以内，底长大于底宽 3 倍以上应按沟槽计算。

b. 底长小于底宽 3 倍以下，底面积在 150m² 以内应按基坑计算。

c. 超过上述范围，应按一般土石方计算。

3.7.1.2　管道铺设

《计价规范》附录 D.5"市政管网工程"适用于市政管网工程及市政管网专用设备安装工程。管道铺设、管件、钢支架制作安装及新、旧管连接不仅适用于给水、排水工程，也适用于市政燃气、供热工程。

（1）市政给水、排水管道的划分

① 市政给水管道与安装给水管道的划分。《全国统一市政工程预算定额》规定：有水表井的以水表井为界，无水表井的以市政管道碰头点为界。

《市政工程计价表》规定：有水表井的以水表井为界，无水表井的以围墙外两者碰头处为界。水表井以外为市政给水管道，水表井以内为安装管道。建筑小区中若无水表井则管道碰头处为建筑物入土管道的变径处。

② 市政排水管道与室外排水管道的划分。《全国统一市政工程定额》规定：以室外管道与市政管道的碰头检查井为界。

《市政工程计价表》规定：市政工程排水管道与其他专业工程排水管道按其设计标准及施工验收规范划分，按市政工程设计标准设计及施工的管道属市政工程管道。

市政管道清单项目按《计价规范》附录 D.5 所示设置，预算定额为《市政工程计价表》，而安装管道清单项目按《计价规范》附录 C.6、附录 C.7、附录 C.8 设置，预算定额为《安装工程计价表》。

（2）管道铺设清单项目设置及工程量计算规则　市政管道铺设工程量清单项目设置及工程量计算规则应按表 D.5.1 的规定执行。

表 D.5.1　管道铺设（编码：040501）

项目编码	项目名称	项目特征	计量单位	工程量计算规则	工程内容
040501001	陶土管铺设	1. 管材规格 2. 埋设深度 3. 垫层厚度、材料品种、强度 4. 基础断面形式、混凝土强度等级、石料最大粒径		按设计图示中心线长度以延长米计算,不扣除井所占的长度	1. 垫层铺筑 2. 混凝土基础浇筑 3. 管道防腐 4. 管道铺设 5. 管道接口 6. 混凝土管座浇筑 7. 预制管枕安装 8. 井壁(墙)凿洞 9. 检测及试验
040501002	混凝土管道铺设	1. 管有筋无筋 2. 规格 3. 埋设深度 4. 接口形式 5. 垫层厚度、材料品种、强度 6. 基础断面形式、混凝土强度等级、石料最大粒径		按设计图示管道中心线长度以延长米计算,不扣除中间井及管件、阀门所占的长度	1. 垫层铺筑 2. 混凝土基础浇筑 3. 管道防腐 4. 管道铺设 5. 管道接口 6. 混凝土管座浇筑 7. 预制管枕安装 8. 井壁(墙)凿洞 9. 检测及试验 10. 冲洗消毒或吹扫
040501003	镀锌钢管铺设	1. 公称直径 2. 接口形式 3. 防腐、保温要求 4. 埋设深度 5. 基础材料品种、厚度	m	按设计图示管道中心线长度以延长米计算,不扣除管件、阀门、法兰所占的长度	1. 基础铺筑 2. 管道防腐、保温 3. 管道铺设 4. 接口 5. 检测及试验 6. 冲洗消毒或吹扫
040501004	铸铁管铺设	1. 管材材质 2. 管材规格 3. 埋设深度 4. 接口形式 5. 防腐、保温要求 6. 垫层厚度、材料品种、强度 7. 基础断面形式、混凝土强度、石料最大粒径		按设计图示管道中心线长度以延长米计算,不扣除井、管件、阀门所占的长度	1. 垫层铺筑 2. 混凝土基础浇筑 3. 管道防腐 4. 管道铺设 5. 管道接口 6. 混凝土管座浇筑 7. 井壁(墙)凿洞 8. 检测及试验 9. 冲洗消毒或吹扫
040501005	钢管铺设	1. 管材材质 2. 管材规格 3. 埋设深度 4. 防腐、保温要求 5. 压力等级 6. 垫层厚度、材料品种、强度 7. 基础断面形式、混凝土强度、石料最大粒径		按设计图示管道中心线长度以延长米计算(支管长度从主管中心到支管末端交接处的中心),不扣除管件、阀门、法兰所占的长度 新旧管连接时,计算到碰头的阀门中心处	1. 垫层铺筑 2. 混凝土基础浇筑 3. 混凝土管座浇筑 4. 管道防腐、保温 5. 管道铺设 6. 管道接口 7. 检测及试验 8. 消毒冲洗或吹扫
040501006	塑料管道铺设	1. 管道材料名称 2. 管材规格 3. 埋设深度 4. 接口形式 5. 垫层厚度、材料品种、强度 6. 基础断面形式、混凝土强度等级、石料最大粒径 7. 探测线要求			1. 垫层铺筑 2. 混凝土基础浇筑 3. 管道防腐 4. 管道铺设 5. 探测线敷设 6. 管道接口 7. 混凝土管座浇筑 8. 井壁(墙)凿洞 9. 检测及试验 10. 消毒冲洗或吹扫

项目编码	项目名称	项目特征	计量单位	工程量计算规则	工程内容
040501007	砌筑渠道	1. 渠道断面 2. 渠道材料 3. 砂浆强度等级 4. 埋设深度 5. 垫层厚度、材料品种、强度 6. 基础断面形式、混凝土强度等级、石料最大粒径		按设计图示尺寸以长度计算	1. 垫层铺筑 2. 渠道基础 3. 墙身砌筑 4. 止水带安装 5. 拱盖砌筑或盖板预制、安装 6. 勾缝 7. 抹面 8. 防腐 9. 渠道渗漏试验
040501008	混凝土渠道	1. 渠道断面 2. 埋设深度 3. 垫层厚度、材料品种、强度 4. 基础断面形式、混凝土强度等级、石料最大粒径			1. 垫层铺筑 2. 渠道基础 3. 墙身砌筑 4. 止水带安装 5. 渠盖浇筑或盖板预制、安装 6. 抹面 7. 防腐 8. 渠道渗漏试验
040501009	套管内铺设管道	1. 管材材质 2. 管径、壁厚 3. 接口形式 4. 防腐要求 5. 保温要求 6. 压力等级	m	按设计图示管道中心线长度计算	1. 基础铺筑（支架制作、安装） 2. 管道防腐 3. 穿管铺设 4. 接口 5. 检测及试验 6. 冲洗消毒或吹扫
040501010	管道架空跨越	1. 管材材质 2. 管径、壁厚 3. 跨越跨度 4. 支承形式 5. 防腐、保温要求 6. 压力等级		按设计图示管道中心线长度计算，不扣除管件、阀门、法兰所占的长度	1. 支承结构制作、安装 2. 防腐 3. 管道铺设 4. 接口 5. 检测及试验 6. 冲洗消毒或吹扫 7. 管道保温 8. 防护
040501011	管道沉管跨越	1. 管材材质 2. 管径、壁厚 3. 跨越跨度 4. 支承形式 5. 防腐要求 6. 压力等级 7. 标志牌灯要求 8. 基础厚度、材料品种、规格			1. 管沟开挖 2. 管沟基础铺筑 3. 防腐 4. 跨越拖管头制作 5. 沉管铺设 6. 检测及试验 7. 冲洗消毒或吹扫 8. 标志牌灯制作、安装
040501012	管道焊口无损探伤	1. 管材外径、壁厚 2. 探伤要求	口	按设计图示要求探伤的数量计算	1. 焊口无损探伤 2. 编写报告

3.7.1.3 管道配件和附件制作安装

管道铺设仅指直管道的铺设，不包括管道连接件的安装，因此管道配件和附件的安装需另设清单项目及计价。管件、钢支架制作、安装及新旧管连接工程量清单项目设置及工程量计算规则，应按表D.5.2的规定执行。阀门、水表、消火栓安装工程量清单项目设置及工程量计算规则，应按表D.5.3的规定执行。

表 D.5.2　管件、钢支架制作、安装及新旧管连接（编码：040502）

项目编码	项目名称	项目特征	计量单位	工程量计算规则	工程内容
040502001	预应力混凝土管转换件安装	转换件规格	个	按设计图示数量计算	安装
040502002	铸铁管件安装	1. 类型 2. 材质 3. 规格 4. 接口形式			安装
040502003	钢管件安装	1. 管件类型 2. 管径、壁厚 3. 压力等级			1. 制作 2. 安装
040502004	法兰钢管件安装				1. 法兰片焊接 2. 法兰管件安装
040502005	塑料管件安装	1. 管件类型 2. 材质 3. 管径、壁厚 4. 接口 5. 探测线要求			1. 塑料管件安装 2. 探测线敷设
040502006	钢塑转换件安装	转换件规格			安装
040502007	钢管道间法兰连接	1. 平焊法兰 2. 对焊法兰 3. 绝缘法兰 4. 公称直径 5. 压力等级	处		1. 法兰片焊接 2. 法兰连接
040502008	分水栓安装	1. 材质 2. 规格	个		1. 法兰片焊接 2. 安装
040502009	盲（堵）板安装	1. 盲板规格 2. 盲板材料			1. 法兰片焊接 2. 安装
040502010	防水套管制作、安装	1. 刚性套管 2. 柔性套管 3. 规格			1. 制作 2. 安装
040502011	除污器安装	1. 压力要求 2. 公称直径 3. 接口形式			1. 除污器组成安装 2. 除污器安装
040502012	补偿器安装				1. 焊接钢套筒补偿器安装 2. 焊接法兰、法兰式波纹补偿器安装
040502013	钢支架制作、安装	类型	kg	按设计图示尺寸以质量计算	1. 制作 2. 安装
040502014	新旧管连接（碰头）	1. 管材材质 2. 管材管径 3. 管材接口	处	按设计图示数量计算	1. 新旧管连接 2. 马鞍卡子安装 3. 接管挖眼 4. 钻眼攻丝
040502015	气体置换	管材内径	m	按设计图示管道中心线长度计算	气体置换

表 D.5.3　阀门、水表、消火栓安装（编码：040503）

项目编码	项目名称	项目特征	计量单位	工程量计算规则	工程内容
040503001	阀门安装	1. 公称直径 2. 压力要求 3. 阀门类型	个	按设计图示数量计算	1. 阀门解体、检查、清洗、研磨 2. 法兰片焊接 3. 操纵装置安装 4. 阀门安装 5. 阀门压力试验
040503002	水表安装	公称直径			1. 丝扣水表安装 2. 法兰片焊接、法兰水表安装
040503003	消火栓安装	1. 部位 2. 型号 3. 规格			1. 法兰片焊接 2. 安装

3.7.1.4　井类、设备基础及出水口砌筑

井类、设备基础及出水口工程量清单项目设置及工程量计算规则，应按表 D.5.4 的规定执行。

表 D.5.4　井类、设备基础及出水口（编码：040504）

项目编码	项目名称	项目特征	计量单位	工程量计算规则	工程内容
040504001	砌筑检查井	1. 材料 2. 井深、尺寸 3. 定型井名称、图号、尺寸及井深 4. 垫层、基础:厚度、材料品种、强度	座	按设计图示数量计算	1. 垫层铺筑 2. 混凝土浇筑 3. 养生 4. 砌筑 5. 爬梯制作、安装 6. 勾缝 7. 抹面 8. 防腐 9. 盖板、过梁制作、安装 10. 井盖井座制作、安装
040504002	混凝土检查井	1. 井深、尺寸 2. 混凝土强度等级、石料最大粒径 3. 垫层厚度、材料品种、强度			1. 垫层铺筑 2. 混凝土浇筑 3. 养生 4. 爬梯制作、安装 5. 盖板、过梁制作、安装 6. 防腐涂刷 7. 井盖井座制作、安装
040504003	雨水进水井	1. 混凝土强度等级、石料最大粒径 2. 雨水井型号 3. 井深 4. 垫层厚度、材料品种、强度 5. 定型井名称、图号、尺寸及井深			1. 垫层铺筑 2. 混凝土浇筑 3. 养生 4. 砌筑 5. 勾缝 6. 抹面 7. 预制构件制作、安装 8. 井箅安装
040504004	其他砌筑井	1. 阀门井 2. 水表井 3. 消火栓井 4. 排泥湿井 5. 井的尺寸、深度 6. 井身材料 7. 垫层、基础:厚度、材料品种、强度 8. 定型井名称、图号、尺寸及井深			1. 垫层铺筑 2. 混凝土浇筑 3. 养生 4. 砌支墩 5. 砌筑井身 6. 爬梯制作、安装 7. 盖板、过梁制作、安装 8. 勾缝(抹面) 9. 井盖及井座制作、安装

项目编码	项目名称	项目特征	计量单位	工程量计算规则	工程内容
040504005	设备基础	1. 混凝土强度等级、石料最大粒径 2. 垫层厚度、材料品种、强度	m³	按设计图示尺寸以体积计算	1. 垫层铺筑 2. 混凝土浇筑 3. 养生 4. 地脚螺栓灌浆 5. 设备底座与基础间灌浆
040504006	出水口	1. 出水口材料 2. 出水口形式 3. 出水口尺寸 4. 出水口深度 5. 出水口砌体强度 6. 混凝土强度等级、石料最大粒径 7. 砂浆配合比 8. 垫层厚度、材料品种、强度	处	按设计图示数量计算	1. 垫层铺筑 2. 混凝土浇筑 3. 养生 4. 砌筑 5. 勾缝 6. 抹面
040504007	支(挡)墩	1. 混凝土强度等级 2. 石料最大粒径 3. 垫层厚度、材料品种、强度	m³	按设计图示尺寸以体积计算	1. 垫层铺筑 2. 混凝土浇筑 3. 养生 4. 砌筑 5. 抹面(勾缝)
040504008	混凝土工作井	1. 土壤类别 2. 断面 3. 深度 4. 垫层厚度、材料品种、强度	座	按设计图示数量计算	1. 混凝土工作井制作 2. 挖土下沉定位 3. 土方场内运输 4. 垫层铺筑 5. 混凝土浇筑 6. 养生 7. 回填夯实 8. 余方弃置 9. 缺方内运

3.7.1.5　构筑物砌筑

构筑物工程量清单项目设置及工程量计算规则，应按表D.5.6的规定执行。

表 D.5.6　构筑物（编码：040506）

项目编码	项目名称	项目特征	计量单位	工程量计算规则	工程内容
040506001	管道方沟	1. 断面 2. 材料品种 3. 混凝土强度等级、石料最大粒径 4. 深度 5. 垫层、基础:厚度、材料品种、强度	m	按设计图示尺寸以长度计算	1. 垫层铺筑 2. 方沟基础 3. 墙身砌筑 4. 拱盖砌筑或盖板预制、安装 5. 勾缝 6. 抹面 7. 混凝土浇筑
040506002	现浇混凝土沉井井壁及隔墙	1. 混凝土强度等级 2. 混凝土抗渗需求 3. 石料最大粒径	m³	按设计图示尺寸以体积计算	1. 垫层铺筑、垫木铺设 2. 混凝土浇筑 3. 养生 4. 预留孔封口
040506003	沉井下沉	1. 土壤类别 2. 深度		按自然地坪至设计底板垫层底的高度乘以沉井外壁最大断面积以体积计算	1. 垫木拆除 2. 沉井挖土下沉 3. 填充 4. 余方弃置

项目编码	项目名称	项目特征	计量单位	工程量计算规则	工程内容
040506004	沉井混凝土底板	1. 混凝土强度等级 2. 混凝土抗渗需求 3. 石料最大粒径 4. 地梁截面 5. 垫层厚度、材料品种、强度	m³	按设计图示尺寸以体积计算	1. 垫层铺筑 2. 混凝土浇筑 3. 养生
040506005	沉井内地下混凝土结构	1. 所在部位 2. 混凝土强度等级、石料最大粒径			1. 混凝土浇筑 2. 养生
040506006	沉井混凝土顶板	1. 混凝土强度等级、石料最大粒径 2. 混凝土抗渗需求			
040506007	现浇混凝土池底	1. 混凝土强度等级、石料最大粒径 2. 混凝土抗渗需求 3. 池底形式 4. 垫层厚度、材料品种、强度			1. 垫层铺筑 2. 混凝土浇筑 3. 养生
040506008	现浇混凝土池壁（隔墙）	1. 混凝土强度等级、石料最大粒径 2. 混凝土抗渗需求			1. 混凝土浇筑 2. 养生
040506009	现浇混凝土池柱				
040506010	现浇混凝土池梁	1. 混凝土强度等级、石料最大粒径 2. 规格			1. 混凝土浇筑 2. 养生
040506011	现浇混凝土池盖				
040506012	现浇混凝土板	1. 名称、规格 2. 混凝土强度等级、石料最大粒径			
040506013	池槽	1. 混凝土强度等级、石料最大粒径 2. 池槽断面	m	按设计图示尺寸以长度计算	1. 混凝土浇筑 2. 养生 3. 盖板 4. 其他材料铺设
040506014	砌筑导流壁、筒	1. 块体材料 2. 断面 3. 砂浆强度等级	m²	按设计图示尺寸以体积计算	1. 砌筑 2. 抹面
040506015	混凝土导流壁、筒	1. 断面 2. 混凝土强度等级、石料最大粒径			1. 混凝土浇筑或预制 2. 养生 3. 扶梯安装
040506016	混凝土扶梯	1. 规格 2. 混凝土强度等级、石料最大粒径			1. 混凝土浇筑 2. 养生
040506017	金属扶梯、栏杆	1. 材质 2. 规格 3. 油漆品种、工艺要求	t	按设计图示尺寸以质量计算	1. 钢扶梯制作、安装 2. 除锈、刷油漆

项目编码	项目名称	项目特征	计量单位	工程量计算规则	工程内容
040506018	其他现浇混凝土构件	1. 规格 2. 混凝土强度等级、石料最大粒径	m³	按设计图示尺寸以体积计算	1. 混凝土浇筑 2. 养生
040506019	预制混凝土板	1. 混凝土强度等级、石料最大粒径 2. 名称、部位、规格			1. 混凝土浇筑 2. 养生 3. 构件移动及堆放 4. 构件安装
040506020	预制混凝土槽	1. 规格 2. 混凝土强度等级、石料最大粒径			
040506021	预制混凝土支墩				
040506022	预制混凝土				
040506023	滤板	1. 滤板材质 2. 滤板规格 3. 滤板厚度 4. 滤板部位	m²	按设计图示尺寸以面积计算	1. 制作 2. 安装
040506024	折板	1. 折板材料 2. 折板形式 3. 折板部位			
040506025	壁板	1. 壁板材料 2. 壁板部位			
040506026	滤料铺设	1. 滤料品种 2. 滤料规格	m³	按设计图示尺寸以体积计算	铺设
040506027	尼龙网板	1. 材料品种 2. 材料规格	m²	按设计图示尺寸以面积计算	1. 制作 2. 安装
040506028	刚性防水	1. 工艺要求 2. 材料品种			1. 配料 2. 铺筑
040506029	柔性防水				涂、贴、粘、刷防水材料
040506030	沉降缝	1. 材料品种 2. 沉降缝规格 3. 沉降缝部位	m	按设计图示以长度计算	铺、嵌沉降缝
040506031	井、池渗漏试验	构筑物名称	m³	按设计图示储水尺寸以体积计算	渗漏试验

3.7.1.6 设备安装

（1）清单项目设置及工程量计算规则　表 D.5.7 中所列设备为市政工程管网专用设备，对于水泵等通用设备，应按《计价规范》附录 C 中相关项目编码列项。设备安装的工作内容包括了设备无负荷试运转。设备安装工程量清单项目设置及工程量计算规则，应按表 D.5.7 的规定执行。

表 D.5.7　设备安装（编码：040507）

项目编码	项目名称	项目特征	计量单位	工程量计算规则	工程内容
040507001	管道仪表	1. 规格、型号 2. 仪表名称	个	按设计图示数量计算	1. 取源部件安装 2. 支架制作、安装 3. 套管安装 4. 表弯制作、安装 5. 仪表脱脂 6. 仪表安装
040507002	格栅制作	1. 材质 2. 规格、型号	kg	按设计图示尺寸以质量计算	1. 制作 2. 安装

项目编码	项目名称	项目特征	计量单位	工程量计算规则	工程内容
040507003	格栅除污机	规格、型号	台	按设计图示数量计算	1. 安装 2. 无负荷试运转
040507004	滤网清污机				
040507005	螺旋泵				
040507006	加氯机		套		
040507007	水射器	公称直径	个		
040507008	管式混合器				
040507009	搅拌机械	1. 规格、型号 2. 重量	台		
040507010	曝气器	规格、型号	个	按设计图示数量计算	1. 安装 2. 无负荷试运转
040507011	布气管	1. 材料品种 2. 直径	m	按设计图示以长度计算	1. 钻孔 2. 安装
040507012	曝气机	规格、型号	台	按设计图示数量计算	1. 安装 2. 无负荷试运转
040507013	生物转盘	规格			
040507014	吸泥机	规格、型号			
040507015	刮泥机				
040507016	辊压转鼓式吸泥脱水机				
040507017	带式压滤机	设备质量			
040507018	污泥造粒脱水机	转鼓直径			
040507019	闸门	1. 闸门材质 2. 闸门形式 3. 闸门规格、型号	座	按设计图示数量计算	安装
040507020	旋转门	1. 材质 2. 规格、型号			
040507021	堰门	1. 材质 2. 规格			
040507022	升杆式铸铁泥阀	公称直径			
040507023	平底盖阀				
040507024	启闭机械	规格、型号	台		
040507025	集水槽制作	1. 材质 2. 厚度	m²	按设计图示尺寸以面积计算	1. 制作 2. 安装
040507026	堰板制作	1. 堰板材质 2. 堰板厚度 3. 堰板形式			
040507027	斜板	1. 材料品种 2. 厚度			安装
040507028	斜管	1. 斜管材料品种 2. 斜管规格	m	按设计图示以长度计算	
040507029	凝水缸	1. 材料品种 2. 压力要求 3. 型号、规格 4. 接口	组	按设计图示数量计算	1. 制作 2. 安装
040507030	调压器	型号、规格			安装
040507031	过滤器				
040507032	分离器				
040507033	安全水封	公称直径			
040507034	检漏管	规格			
040507035	调长器	公称直径	个		
040507036	牺牲阳极、测试桩	1. 牺牲阳极安装 2. 测试桩安装 3. 组合及要求	组		1. 安装 2. 测试

（2）设备安装其他相关问题处理

① 顶管工作坑的土石方开挖、回填夯实等，应按附录 A 中相关项目编码列项。

② "市政管网工程"设备安装工程只列市政管网专用设备的项目，标准、定型设备应按附录 C 中相关项目编码列项。

3.7.1.7 钢筋工程及拆除工程

（1）钢筋工程清单项目设置及工程量计算规则　给排水工程中各种水池、井等构筑物中预埋铁件、钢筋加工清单项目设置及工程量计算规则如表 D.7.1 所列。

表 D.7.1　钢筋工程（编码：040701）

项目编码	项目名称	项目特征	计量单位	工程量计算规则	工程内容
040701001	预埋铁件	1. 材质 2. 规格	kg	按设计图示尺寸以质量计算	制作、安装
040701002	非预应力钢筋	1. 材质 2. 部位	t		1. 张拉台座制作、安装、拆除 2. 钢筋及钢丝束制作、张拉
040701003	先张法预应力钢筋	1. 材质 2. 直径			1. 钢丝束孔道制作、安装 2. 锚具安装 3. 钢筋、钢丝束制作、张拉 4. 孔道压浆
040701004	后张法预应力钢筋	1. 材质 2. 直径 3. 部位			
040701005	型钢	1. 材质 2. 规格 3. 部位			1. 制作 2. 运输 3. 安装、定位

（2）钢筋工程其他相关问题处理

① "钢筋工程"所列型钢项目是指劲性骨架的型钢部分。

② 凡型钢与钢筋组合（除预埋铁件外）的钢格栅，应分别列项。

③ 钢筋、型钢工程量计算中，设计注明搭接长度；设计未注明搭接时，不计算搭接长度。

（3）拆除工程清单项目设置及工程量计算规则

拆除工程清单项目设置及工程量计算规则，应按表 D.8.1 的规定执行。

表 D.8.1　拆除工程（编码：040801）

项目编码	项目名称	项目特征	计量单位	工程量计算规则	工程内容
040801001	拆除路面	1. 材质 2. 厚度	m²	按施工组织设计或设计图示尺寸以面积计算	1. 拆除 2. 运输
040801002	拆除基层				
040801003	拆除人行道				
040801004	拆除侧缘石	材质	m	按施工组织设计或设计图示尺寸以延长米计算	
040801005	拆除管道	1. 材质 2. 管径			
040801006	拆除砖石结构	1. 结构形式 2. 强度	m³	按施工组织设计或设计图示尺寸以体积计算	
040801007	拆除混凝土结构				
040801008	伐树、挖树蔸	胸径	棵	按施工组织设计或设计图示尺寸以数量计算	1. 伐树 2. 挖树蔸 3. 运输

3.7.1.8　措施项目

在市政给排水工程中，常用的措施项目有：围堰；筑岛；便道；便桥；脚手架；洞内施工的通风、供水、供气、供电、照明及通信设施；驳岸块石清理；地下管线交叉处理；行车、行人干扰增加；轨道交通工程路桥、市政基础设施施工监测、监控、保护。

3.7.2　工业管道工程工程量清单项目及计算规则

所谓"工业管道"是指在工艺流程中，输送生产所需各种介质的管道。具体地讲，指新建、扩建的工业项目中，厂区范围内的车间、装置、站、罐区及其相互之间各种生产用介质输送管道，厂区第一个连接点以内的生产用（包括生产与生活共用）给水、排水、蒸汽、煤气输送等管道。工业企业的水处理工程中的给排水管道、压缩空气管道、油管、煤气管道等都属于工业管道。凡是为生活服务的给排水管道、采暖管道、煤气管道，如住宅中的管道都不属于工业管道，市政管道也不属于工业管道。不同性质的管道，《计价规范》规定的清单项目编码、项目名称、计算规则也不一样，计价所参考的预算定额也不同。编制工业管道工程工程量清单的依据是《计价规范》附录C《安装工程工程量清单项目及计算规则》中的C.6"工业管道工程"。

《计价规范》附录C.6"工业管道工程"主要内容包括低、中、高压的管道安装、管件安装、阀门安装、法兰安装、板卷管制作、管件制作、管架件制作安装、管材表面及焊缝无损探伤、其他项目制作安装等，共125个清单项目。

3.7.2.1 管道安装

低压管道工程量清单项目设置及工程量计算规则见表C.6.1，中压管道工程量清单项目设置及工程量计算规则见表C.6.2，高压管道工程量清单项目设置及工程量计算规则见表C.6.3。

表C.6.1 低压管道（编码：030601）

项目编码	项目名称	项目特征	计量单位	工程量计算规则	工程内容
030601001	低压有缝钢管	1. 材质 2. 规格 3. 连接形式 4. 套管形式、材质、规格 5. 压力试验、吹扫、清洗设计要求 6. 除锈、刷油、防腐、绝热及保护层设计要求	m	按设计图示管道中心线长度以延长米计算，不扣除阀门、管件所占长度，遇弯管时，按两管交叉的中心线交点计算。方形补偿器以其所占长度按管道安装工程量计算	1. 安装 2. 套管制作、安装 3. 压力试验 4. 系统吹扫 5. 系统清洗 6. 脱脂 7. 除锈、刷油、防腐 8. 绝热及保护层安装、除锈、刷油
030601002	低压碳钢伴热管	1. 材质 2. 安装位置 3. 规格 4. 套管形式、材质、规格 5. 压力试验、吹扫设计要求 6. 除锈、刷油、防腐、设计要求			1. 安装 2. 套管制作、安装 3. 压力试验 4. 系统吹扫 5. 除锈、刷油、防腐
030601003	低压不锈钢伴热管	1. 材质 2. 安装位置 3. 规格 4. 套管形式、材质、规格			1. 安装 2. 套管制作、安装 3. 压力试验 4. 系统吹扫
030601004	低压碳钢管				1. 安装 2. 套管制作、安装 3. 压力试验 4. 系统吹扫 5. 系统清洗 6. 油清洗 7. 脱脂 8. 除锈、刷油、防腐 9. 绝热及保护层安装、除锈、刷油
030601005	低压碳钢板卷管	1. 材质 2. 连接方式 3. 规格 4. 套管形式、材质、规格 5. 压力试验、吹扫、清洗设计要求 6. 除锈、刷油、防腐、绝热及保护层设计要求			
030601006	低压不锈钢管	1. 材质 2. 连接方式 3. 规格 4. 套管形式、材质、规格 5. 压力试验、吹扫、清洗设计要求 6. 绝热及保护层设计要求	m	按设计图示管道中心线长度以延长米计算，不扣除阀门、管件所占长度，遇弯管时，按两管交叉的中心线交点计算。方形补偿器以其所占长度按管道安装工程量计算	1. 安装 2. 焊口焊接管内、外充氩保护 3. 套管制作、安装 4. 压力试验 5. 系统吹扫 6. 系统清洗 7. 油清洗 8. 脱脂 9. 绝热及保护层安装、除锈、刷油
030601007	低压不锈钢板卷管				

项目编码	项目名称	项目特征	计量单位	工程量计算规则	工程内容
030601008	低压铝管				1. 安装 2. 焊口焊接管内、外充氩保护 3. 焊口预热及后热 4. 套管制作、安装 5. 压力试验 6. 系统吹扫 7. 系统清洗 8. 脱脂 9. 绝热及保护层安装、除锈、刷油
030601009	低压铝板卷管				
030601010	低压铜管	1. 材质 2. 连接方式 3. 规格 4. 套管形式、材质、规格 5. 压力试验、吹扫、清洗设计要求 6. 绝热及保护层设计要求	m	按设计图示管道中心线长度以延长米计算,不扣除阀门、管件所占长度,遇弯管时,按两管交叉的中心线交点计算。方形补偿器以其所占长度按管道安装工程量计算	1. 安装 2. 焊口预热及后热 3. 套管制作、安装 4. 压力试验 5. 系统吹扫 6. 系统清洗 7. 脱脂 8. 绝热及保护层安装、除锈、刷油
030601011	低压铜板卷管				
030601012	低压合金钢管				1. 安装 2. 套管制作、安装 3. 焊口热处理 4. 压力试验 5. 系统吹扫 6. 系统清洗 7. 脱脂 8. 除锈、刷油、防腐 9. 绝热及保护层安装、除锈、刷油
030601013	低压钛及钛合金管	1. 材质 2. 连接方式 3. 规格 4. 套管形式、材质、规格 5. 压力试验、吹扫、清洗设计要求 6. 绝热及保护层设计要求			1. 安装 2. 焊口焊接管内、外充氩保护 3. 套管制作、安装 4. 压力试验 5. 系统吹扫 6. 系统清洗 7. 脱脂 8. 绝热及保护层安装、除锈、刷油
030601014	衬里钢管预制安装	1. 材质 2. 连接方式 3. 安装方式(预制安装或成品管道) 4. 规格 5. 套管形式、材质、规格 6. 压力试验、吹扫设计要求 7. 除锈、刷油、防腐、绝热及保护层设计要求	m	按设计图示管道中心线长度以延长米计算,不扣除阀门、管件所占长度,遇弯管时,按两管交叉的中心线交点计算。方形补偿器以其所占长度按管道安装工程量计算	1. 管道、管件、法兰安装 2. 管道、管件拆除 3. 套管制作、安装 4. 压力试验 5. 系统吹扫 6. 除锈、刷油、防腐 7. 绝热及保护层安装、除锈、刷油
030601015	低压塑料管				
030601016	钢骨架复合管	1. 材质 2. 连接方式 3. 接口材料 4. 规格 5. 套管形式、材质、规格 6. 压力试验、吹扫设计要求 7. 绝热及保护层设计要求			1. 安装 2. 套管制作、安装 3. 脱脂 4. 压力试验 5. 系统吹扫 6. 绝热及保护层安装、除锈、刷油
030601017	低压玻璃钢管				
030601018	低压法兰铸铁管				
030601019	低压承插铸铁管				
030601020	低压预应力混凝土管				

表 C.6.2　中压管道（编码：030602）

项目编码	项目名称	项目特征	计量单位	工程量计算规则	工程内容
030602001	中压有缝钢管	1. 材质 2. 连接方式 3. 规格 4. 套管形式、材质、规格 5. 压力试验、吹扫、清洗设计要求 6. 除锈、刷油、防腐、绝热及保护层设计要求	m	按设计图示管道中心线长度以延长米计算，不扣除阀门、管件所占长度，遇弯管时，按两管交叉的中心线交点计算。方形补偿器以其所占长度按管道安装工程量计算	1. 安装 2. 套管制作、安装 3. 压力试验 4. 系统吹扫 5. 系统清洗 6. 脱脂 7. 除锈、刷油、防腐 8. 绝热及保护层安装、除锈、刷油
030602002	中压碳钢管				1. 安装 2. 焊口预热及后热 3. 焊口热处理 4. 焊口硬度测定 5. 套管制作、安装 6. 压力试验 7. 系统吹扫 8. 系统清洗 9. 脱脂 10. 绝热及保护层安装、除锈、刷油
030602003	中压螺旋卷管				
030602004	中压不锈钢管	1. 材质 2. 连接形式 3. 规格 4. 套管形式、材质、规格 5. 压力试验、吹扫、清洗设计要求 6. 除锈、刷油、防腐、绝热及保护层设计要求			1. 安装 2. 焊口焊接管内、外充氩保护 3. 套管制作、安装 4. 压力试验 5. 系统吹扫 6. 系统清洗 7. 油清洗 8. 脱脂 9. 绝热及保护层安装、除锈、刷油
030602005	中压合金钢管	1. 材质 2. 连接形式 3. 规格 4. 套管形式、材质、规格 5. 压力试验、吹扫、清洗设计要求 6. 绝热及保护层设计要求		按设计图示管道中心线长度以延长米计算，不扣除阀门、管件所占长度，遇弯管时，按两管交叉的中心线交点计算。方形补偿器以其所占长度按管道安装工程量计算	1. 安装 2. 焊口预热及后热 3. 焊口热处理 4. 焊口硬度测定 5. 焊口焊接管内、外充氩保护 6. 套管制作、安装 7. 压力试验 8. 系统吹扫 9. 系统清洗 10. 油清洗 11. 脱脂 12. 除锈、刷油、防腐 13. 绝热及保护层安装、除锈、刷油
030602006	中压铜管	1. 材质 2. 连接形式 3. 规格 4. 套管形式、材质、规格 5. 压力试验、吹扫、清洗设计要求 6. 绝热及保护层设计要求	m		1. 安装 2. 焊口预热及后热 3. 套管制作、安装 4. 压力试验 5. 系统吹扫 6. 系统清洗 7. 脱脂 8. 绝热及保护层安装、除锈、刷油
030602007	中压钛及钛合金管				1. 安装 2. 焊口焊接管内、外充氩保护 3. 套管制作、安装 4. 压力试验 5. 系统吹扫 6. 系统清洗 7. 脱脂 8. 绝热及保护层安装、除锈、刷油

表 C.6.3　高压管道（编码：030603）

项目编码	项目名称	项目特征	计量单位	工程量计算规则	工程内容
030603001	高压碳钢管	1. 材质 2. 连接形式 3. 规格 4. 套管形式、材质、规格	m	按设计图示管道中心线长度以延长米计算，不扣除阀门、管件所占长度，遇弯管时，按两管交叉的中心线交点计算。方形补偿器以其所占长度按管道安装工程量计算	1. 安装 2. 焊口预热及后热 3. 焊口热处理 4. 焊口硬度测定 5. 套管制作、安装 6. 压力试验 7. 系统吹扫 8. 系统清洗 9. 油清洗 10. 脱脂 11. 除锈、刷油、防腐 12. 绝热及保护层安装、除锈、刷油
030603002	高压合金钢管	5. 压力试验、吹扫、清洗设计要求 6. 除锈、刷油、防腐、绝热及保护层设计要求			
030603003	高压不锈钢管	1. 材质 2. 连接形式 3. 规格 4. 套管形式、材质、规格 5. 压力试验、吹扫、清洗设计要求 6. 绝热及保护层设计要求			1. 安装 2. 焊口焊接管内、外充氩保护 3. 套管制作、安装 4. 压力试验 5. 系统吹扫 6. 系统清洗 7. 油清洗 8. 脱脂 9. 绝热及保护层安装、除锈、刷油

3.7.2.2　管件安装

管件安装工程量清单项目设置及工程量计算规则如表 C.6.4、表 C.6.5、表 C.6.6 所列。

表 C.6.4　低压管件（编码：030604）

项目编码	项目名称	项目特征	计量单位	工程量计算规则	工程内容
030604001	低压碳钢管件	1. 材质 2. 连接方式 3. 型号、规格 4. 补强圈材质、规格	个	按设计图示数量计算 注：1. 管件包括弯头、三通、四通、异径管、管接头、管上焊接管接头、管帽、方形补偿器弯头、管道上仅装一次部件、仪表温度计扩大管制作安装等 2. 管件压力试验、吹扫、清洗、脱脂、除锈、刷油、防腐、保温及其补口均包括在管道安装中 3. 在主管上挖眼接管的三通和摔制异径管，均以主管径按管件安装工程量计算，不另计制作费和主材费；挖眼接管的三通支线管径小于主管径1/2时，不计算管件安装工程量；在主管上挖眼接管的焊接接头、凸台等配件，按配件管径计算工程量 4. 三通、四通、异径管均按大管径计算 5. 管件用法兰连接时按法兰安装，管件本身安装不再计算安装 6. 半加热外套管摔口后焊接在内套管上，每处焊口按一个管件计算；外套碳钢管内套接不锈钢短管衬垫，每处焊口需加不锈钢短管衬垫，每处焊口按两个管件计算	1. 安装 2. 三通补强圈制作、安装
030604002	低压碳钢板卷管件				
030604003	低压不锈钢管件				1. 安装 2. 三通补强圈制作、安装 3. 管焊口焊接内外充氩保护
030604004	低压不锈钢板卷管件				
030604005	低压合金钢管件				
030604006	低压加热外套碳钢管件（两半）	1. 材质 2. 型号、规格			安装
030604007	低压加热外套不锈钢管件（两半）				
030604008	低压铝管件	1. 材质 2. 连接方式 3. 型号、规格 4. 补强圈材质、规格			1. 安装 2. 焊口预热及后热 3. 三通补强圈制作、安装
030604009	低压铝板卷管件				
030604010	低压铜管件		个		
030604011	低压塑料管件	1. 材质 2. 连接形式 3. 接口材料 4. 型号、规格			1. 安装 2. 焊口预热及后热
030604012	低压玻璃钢管件				
030604013	低压承插铸铁管件				
030604014	低压法兰铸铁管件				安装
030604015	低压预应力混凝土转换件				

表 C.6.5　中压管件（编码：030605）

项目编码	项目名称	项目特征	计量单位	工程量计算规则	工程内容
030605001	中压碳钢管件			按设计图示数量计算 注：1.管件包括弯头、三通、四通、异径管、管接头、管上焊接管接头、管帽、方形补偿器弯头、管道上仪表一次部件、仪表温度计扩大管制作安装等 2.管件压力试验、吹扫、清洗、脱脂、除锈、刷油、防腐、保温及其补口均包括在管道安装中 3.在主管上挖眼接管的三通和摔制异径管，均以主管径按管件安装工程量计算，不另计制作费和主材费；挖眼接管的三通支线管径小于主管径1/2时，不计算管件安装工程量；在主管上挖眼接管的焊接接头、凸台等配件，按配件管径计算管件工程量 4.三通、四通、异径管均按大管径计算 5.管件用法兰连接时按法兰安装，管件本身安装不再计算安装 6.半加热外套管摔口后焊接在内套管上，每处焊口接一个管件计算；外套碳钢管如焊接不锈钢内套管上时，焊口间需加不锈钢短管衬垫，每处焊口按两个管件计算	1.安装 2.三通补强圈制作、安装 3.焊口预热及后热 4.焊口热处理 5.焊口硬度检测
030605002	中压螺旋卷管件	1.材质 2.连接方式 3.型号、规格 4.补强圈材质、规格	个		
030605003	中压不锈钢管件				1.安装 2.管道焊口焊接内外充氩保护
030605004	中压合金钢管件				1.安装 2.三通补强圈制作、安装 3.焊口预热及后热 4.焊口热处理 5.焊口硬度检测 6.管焊口充氩保护
030605005	中压铜管件	1.材质 2.型号、规格			1.安装 2.焊口预热及后热

表 C.6.6　高压管件（编码：030606）

项目编码	项目名称	项目特征	计量单位	工程量计算规则	工程内容
030606001	高压碳钢管件			按设计图示数量计算 注：1.管件包括弯头、三通、四通、异径管、管接头、管上焊接管接头、管帽、方形补偿器弯头、管道上仪表一次部件、仪表温度计扩大管制作安装等 2.管件压力试验、吹扫、清洗、脱脂、除锈、刷油、防腐、保温及其补口均包括在管道安装中 3.在主管上挖眼接管的三通和摔制异径管，均以主管径按管件安装工程量计算，不另计制作费和主材费；挖眼接管的三通支线管径小于主管径1/2时，不计算管件安装工程量；在主管上挖眼接管的焊接接头、凸台等配件，按配件管径计算管件工程量 4.三通、四通、异径管均按大管径计算 5.管件用法兰连接时按法兰安装，管件本身安装不再计算安装 6.半加热外套管摔口后焊接在内套管上，每处焊口接一个管件计算；外套碳钢管如焊接不锈钢内套管上时，焊口间需加不锈钢短管衬垫，每处焊口按两个管件计算	1.安装 2.焊口预热及后热 3.焊口热处理 4.焊口硬度测定
030606002	高压不锈钢管件	1.材质 2.连接方式 3.型号、规格	个		1.安装 2.管焊口充氩保护
030606003	高压合金钢管件				1.安装 2.焊口预热及后热 3.焊口热处理 4.焊口硬度测定 5.管焊口充氩保护

3.7.2.3 阀门安装

阀门安装清单项目设置及计算规则如表C.6.7、表C.6.8、表C.6.9所列。

表 C.6.7　低压阀门（编码：030607）

项目编码	项目名称	项目特征	计量单位	工程量计算规则	工程内容
030607001	低压螺纹阀门	1. 名称 2. 材质 3. 连接形式 4. 焊接方式 5. 型号、规格 6. 绝热及保护层设计要求	个	按设计图示数量计算 注：1. 各种形式补偿器（除方形补偿器外），仪表流量计均按阀门安装工程量计算 2. 减压阀直径按高压侧计算 3. 电动阀门包括电动机安装	1. 安装 2. 操纵装置安装 3. 绝热 4. 保温盒制作、安装、除锈、刷油 5. 压力试验、解体检查及研磨 6. 调试
030607002	低压焊接阀门				
030607003	低压法兰阀门				
030607004	低压齿轮、液压传动、电动阀门				
030607005	低压塑料阀门				
030607006	低压玻璃阀门				1. 安装 2. 操纵装置安装 3. 绝热 4. 保温盒制作、安装、除锈、刷油 5. 压力试验 6. 调试
030607007	低压安全阀门				
030607008	低压调节阀门				1. 安装 2. 临时短管装拆 3. 压力试验、解体检查及研磨

表 C.6.8　中压阀门（编码：030608）

项目编码	项目名称	项目特征	计量单位	工程量计算规则	工程内容
030608001	中压螺纹阀门	1. 名称 2. 材质 3. 连接形式 4. 焊接方式 5. 型号、规格 6. 绝热及保护层设计要求	个	按设计图示数量计算 注：1. 各种形式补偿器（除方形补偿器外）、仪器流量计均按阀门安装 2. 减压阀直径按高压侧计算 3. 电动阀门包括电动机安装	1. 安装 2. 操纵装置安装 3. 绝热 4. 保温盒制作、安装、除锈、刷油 5. 压力试验、解体检查及研磨 6. 调试
030608002	中压法兰阀门				
030608003	中压齿轮、液压传动、电动阀门				
030608004	中压安全阀门				1. 安装 2. 操纵装置安装 3. 绝热 4. 保温盒制作、安装、除锈、刷油 5. 压力试验 6. 调试
030608005	中压焊接阀门			按设计图示数量计算 注：1. 各种形式补偿器（除方形补偿器外）、仪器流量计均按阀门安装 2. 减压阀直径按高压侧计算	1. 安装 2. 操纵装置安装 3. 焊口预热及后热 4. 焊口热处理 5. 焊口硬度测定 6. 焊口焊接内、外充氩保护 7. 绝热 8. 保温盒制作、安装、除锈、刷油 9. 压力试验、解体检查及研磨
030608006	中压调节阀门				1. 安装 2. 临时短管装拆 3. 压力试验、解体检查及研磨

表 C.6.9 高压阀门（编码：030609）

项目编码	项目名称	项目特征	计量单位	工程量计算规则	工程内容
030609001	高压螺纹阀门	1. 名称 2. 材质 3. 连接形式 4. 焊接形式 5. 型号、规格 6. 绝热及保护层设计要求	个	按设计图示数量计算 注：1. 各种形式补偿器（除方形补偿器外）、仪器流量计均按阀门安装 2. 减压阀直径按高压侧计算	1. 安装 2. 操纵装置安装 3. 绝热 4. 保温盒制作、安装、除锈、刷油 5. 压力试验、解体检查及研磨
030609002	高压法兰阀门				
030609003	高压焊接阀门				1. 安装 2. 操纵装置安装 3. 焊口预热及后热 4. 焊口热处理 5. 焊口硬度测定 6. 焊口焊接内、外充氩保护 7. 阀门绝热 8. 保温盒制作、安装、除锈、刷油 9. 压力试验、解体检查及研磨

3.7.2.4 法兰安装

法兰安装清单项目设置及计算规则如表 C.6.10、表 C.6.11、表 C.6.12 所列。

表 C.6.10 低压法兰（编码：030610）

项目编码	项目名称	项目特征	计量单位	工程量计算规则	工程内容
030610001	低压碳钢螺纹法兰	1. 材质 2. 结构形式 3. 型号、规格 4. 绝热及保护层设计要求	副	按设计图示数量计算 注：1. 单片法兰、焊接盲板和封头按法兰安装计算，但法兰盲板不计安装工程量 2. 不锈钢、有色金属材质的焊环活动法兰按翻边活动法兰安装计算	1. 安装 2. 绝热及保温盒制作、安装、除锈、刷油
030610002	低压碳钢平焊法兰				
030610003	低压碳钢对焊法兰				
030610004	低压不锈钢平焊法兰				1. 安装 2. 绝热及保温盒制作、安装、除锈、刷油 3. 焊口充氩保护
030610005	低压不锈钢翻边活动法兰				1. 安装 2. 绝热及保温盒制作、安装、除锈、刷油 3. 翻边活动法兰短管制作 4. 焊口充氩保护
030610006	低压不锈钢对焊法兰				
030610007	低压合金钢平焊法兰				1. 安装 2. 绝热及保温盒制作、安装、除锈、刷油 3. 焊口充氩保护
030610008	低压铝管翻边活动法兰	1. 材质 2. 结构形式 3. 型号、规格 4. 绝热及保护层设计要求	副	按设计图示数量计算 注：1. 单片法兰、焊接盲板和封头按法兰安装计算，但法兰盲板不计安装工程量 2. 不锈钢、有色金属材质的焊环活动法兰按翻边活动法兰安装计算	1. 安装 2. 焊口预热及后热 3. 绝热及保温盒制作、安装、除锈、刷油 4. 翻边活动法兰短管制作 5. 焊口充氩保护
030610009	低压铝、铝合金法兰				
030610010	低压铜法兰				1. 安装 2. 焊口预热及后热 3. 绝热及保温盒制作、安装、除锈、刷油
030610011	铜管翻边活动法兰				

表 C.6.11　中压法兰（编码：030611）

项目编码	项目名称	项目特征	计量单位	工程量计算规则	工程内容
030611001	中压碳钢螺纹法兰	1. 材质 2. 结构形式 3. 型号、规格 4. 绝热及保护层设计要求	副	按设计图示数量计算 注：1. 单片法兰、焊接盲板和封头按法兰安装计算，但法兰盲板不计安装工程量 2. 不锈钢、有色金属材质的焊环活动法兰按翻边活动法兰安装计算	1. 安装 2. 绝热及保温盒制作、安装、除锈、刷油
030611002	中压碳钢平焊法兰				1. 安装 2. 焊口预热及后热 3. 焊口热处理 4. 焊口硬度测定 5. 绝热及保温盒制作、安装、除锈、刷油
030611003	中压碳钢对焊法兰				
030611004	中压不锈钢平焊法兰	1. 材质 2. 结构形式 3. 型号、规格 4. 绝热及保护层设计要求	副	按设计图示数量计算 注：1. 单片法兰、焊接盲板和封头按法兰安装计算，但法兰盲板不计安装工程量 2. 不锈钢、有色金属材质的焊环活动法兰按翻边活动法兰安装计算	1. 安装 2. 绝热及保温盒制作、安装、除锈、刷油 3. 焊口充氩保护
030611005	中压不锈钢对焊法兰				
030611006	中压合金钢对焊法兰				1. 安装 2. 焊口预热及后热 3. 焊口热处理 4. 焊口硬度测定 5. 绝热及保温盒制作、安装、除锈、刷油 6. 焊口充氩保护
030611007	中压铜管对焊法兰				1. 安装 2. 焊口预热及后热 3. 绝热及保温盒制作、安装、除锈、刷油

表 C.6.12　高压法兰（编码：030612）

项目编码	项目名称	项目特征	计量单位	工程量计算规则	工程内容
030612001	高压碳钢螺纹法兰	1. 材质 2. 结构形式 3. 型号、规格 4. 绝热及保护层设计要求	副	按设计图示数量计算 注：1. 单片法兰、焊接盲板和封头按法兰安装计算，但法兰盲板不计安装工程量 2. 不锈钢、有色金属材质的焊环活动法兰按翻边活动法兰安装计算	1. 安装 2. 绝热及保温盒制作、安装、除锈、刷油
030612002	高压碳钢对焊法兰				1. 安装 2. 焊口预热及后热 3. 焊口热处理 4. 焊口硬度测定 5. 绝热及保温盒制作、安装、除锈、刷油
030612003	高压不锈钢对焊法兰	1. 材质 2. 结构形式 3. 型号、规格 4. 绝热及保护层设计要求	副	按设计图示数量计算 注：1. 单片法兰、焊接盲板和封头按法兰安装计算，但法兰盲板不计安装工程量 2. 不锈钢、有色金属材质的焊环活动法兰按翻边活动法兰安装计算	1. 安装 2. 绝热及保温盒制作、安装、除锈、刷油 3. 硬度测试 4. 焊口充氩保护
030612004	高压合金钢对焊法兰				1. 安装 2. 绝热及保温盒制作、安装、除锈、刷油 3. 高压对焊法兰硬度检测 4. 焊口预热及后热 5. 焊口热处理 6. 焊口充氩保护

3.7.2.5　板卷管与管件制作

板卷管制作与管件制作清单项目设置及计算规则如表 C.6.13 和表 C.6.14 所列。

表 C.6.13　板卷管制作（编码：030613）

项目编码	项目名称	项目特征	计量单位	工程量计算规则	工程内容
030613001	碳钢板直管制作	1. 材质 2. 规格	t	按设计制作直管段长度计算	1. 制作 2. 卷筒式板材开卷及平直
030613002	不锈钢板直管制作				1. 制作 2. 焊口充氩保护
030613003	铝板直管制作				1. 制作 2. 焊口充氩保护 3. 焊口预热及后热

表 C.6.14　管件制作（编码：030614）

项目编码	项目名称	项目特征	计量单位	工程量计算规则	工程内容
030614001	碳钢板管件制作	1. 材质 2. 规格	t	按设计图示数量计算 注：管件包括弯头、三通、异径管；异径管按大头口径计算，三通按主管径计算	1. 制作 2. 卷筒式板材开卷及平直
030614002	不锈钢板管件制作				1. 制作 2. 焊口充氩保护
030614003	铝板管件制作				1. 制作 2. 焊口充氩保护 3. 焊口预热及后热
030614004	碳钢管虾体弯制作		个	按设计图示数量计算	制作
030614005	中压螺旋卷管虾体弯制作				
030614006	不锈钢管虾体弯制作				1. 制作 2. 焊口充氩保护
030614007	铝管虾体弯制作	1. 材质 2. 焊接形式 3. 规格			1. 制作 2. 焊口充氩保护 3. 焊口预热及后热
030614008	铜管虾体弯制作				1. 制作 2. 焊口预热及后热
030614009	管道机械煨弯	1. 压力 2. 材质 3. 型号、规格			煨弯
030614010	管道中频煨弯				1. 煨弯 2. 硬度测定
030614011	塑料管煨弯	1. 材质 2. 型号、规格			煨弯

3.7.2.6　管架制作安装

管架制作安装工程量清单项目设置及计算规则如表 C.6.15 所列。

表 C.6.15　管架制作安装（编码：030615）

项目编码	项目名称	项目特征	计量单位	工程量计算规则	工程内容
030615001	管架制作安装	1. 材质 2. 管架形式 3. 除锈、刷油、防腐设计要求	kg	按设计图示质量计算 注：单件支架质量 100kg 以内的管支架	1. 制作、安装 2. 除锈及刷油 3. 弹簧管架全压缩变形试验 4. 弹簧管架工作荷载试验

3.7.2.7 管材表面及焊缝无损探伤

管材表面及焊缝无损探伤工程量清单项目设置及计算规则如表 C.6.16 所列。

表 C.6.16　管材表面及焊缝无损探伤（编码：030616）

项目编码	项目名称	项目特征	计量单位	工程量计算规则	工程内容
030616001	管材表面超声波探伤	规格	m	按规范或设计技术要求计算	超声波探伤
030616002	管材表面磁粉探伤				磁粉探伤
030616003	焊缝 X 光射线探伤	1. 底片规格 2. 管壁厚度	张	按规范或设计技术要求计算	X 光射线探伤
030616004	焊缝 γ 射线探伤				γ 射线探伤
030616005	焊缝超声波探伤	规格	口	按规范或设计技术要求计算	超声波探伤
030616006	焊缝磁粉探伤				磁粉探伤
030616007	焊缝渗透探伤	规格	口	按规范或设计技术要求计算	渗透探伤

3.7.2.8 其他项目制作安装

其他项目制作安装工程量清单项目设置及计算规则如表 C.6.17 所列。

表 C.6.17　其他项目制作安装（编码：030617）

项目编码	项目名称	项目特征	计量单位	工程量计算规则	工程内容
030617001	塑料法兰制作安装	1. 材质 2. 规格	副	按设计图示数量计算	制作、安装
030617002	冷排管制作安装	1. 排管形式 2. 组合长度 3. 除锈、刷油、防腐设计要求	m	按设计图示数量计算	1. 制作、安装 2. 钢带退火 3. 加氨 4. 冲套翅片 5. 除锈、刷油
030617003	蒸汽气缸制作安装	1. 质量 2. 分气缸及支架除锈、刷油 3. 除锈标准、刷油防腐设计要求	个	按设计图示数量计算。若蒸汽分气缸为成品安装，则不综合分气缸制作	1. 制作、安装 2. 支架制作、安装 3. 分气缸及支架除锈、刷油 4. 分气缸绝热、保护层安装、除锈、刷油
030617004	集气罐制作安装	1. 规格 2. 集气罐及支架除锈、刷油		按设计图示数量计算。若集气罐安装为成品安装，则不综合集气罐制作	1. 制作、安装 2. 支架制作、安装 3. 集气罐及支架除锈、刷油
030617005	空气分气筒制作安装	1. 规格 2. 分气筒及支架除锈、刷油		按设计图示数量计算	1. 制作、安装 2. 除锈、刷油
030617006	空气调节喷雾管安装	型号	组		
030617007	钢制排水漏斗制作安装	1. 规格 2. 除锈、刷油、防腐设计要求	个	工程量按设计图示数量计算。其口径规格按下口公称直径计算	
030617008	水位计安装	形式	组	按设计图示数量计算	安装
030617009	手摇泵安装	规格	个		

其他相关问题应按下列规定处理。

（1）"工业管道工程"适用于厂区范围内的车间、装置、站、罐区及其相互之间各种生产用介质输送管道和厂区第一个连接点以内生产、生活共用的输送给水、排水、蒸汽、煤气的管道安装工程。

（2）与其他专业的界限划分：给水应以入口水表井为界；排水应以厂区围墙外第一个污水井为界；蒸汽和煤气应以入口第一个计量表（阀门）为界；锅炉房、水泵房应以墙皮为界。

（3）工业管道压力等级划分：低压，$0 < P \leqslant 1.6\text{MPa}$；中压，$1.6\text{MPa} < P \leqslant 10\text{MPa}$；高压，$10\text{MPa} < P \leqslant 42\text{MPa}$；蒸汽管道，$P \geqslant 9\text{MPa}$；工作温度 $\geqslant 500℃$。

（4）各类管道适用材质范围

① 碳钢管适用于焊接钢管、无缝钢管、16Mn钢管等。

② 不锈钢管适用于各种材质不锈钢管。

③ 碳钢板卷管适用于低压螺旋钢管、16Mn钢板卷管。

④ 铜管适用于紫铜、黄铜、青铜管。

⑤ 合金钢管适用于各种材质的合金钢管。

⑥ 铝管适用于各种材质的铝及铝合金管。

⑦ 钛管适用于各种材质的钛及钛合金管。

⑧ 塑料管适用于各种材质的塑料及塑料复合管。

⑨ 铸铁管适用于各种材质的铸铁管。

⑩ 管件、阀门、法兰适用范围参照管道材质。

（5）凡涉及管沟及井类的土石方开挖、垫层、基础、砌筑、抹灰、地沟盖板预制安装、回填、运输，路面开挖及修复、管道支墩等，应按附录A、附录D相关项目编码列项。

3.7.3 机械设备与工艺金属结构制作安装工程工程量清单项目及计算规则

环境工程中所使用的机械设备种类繁多，功能不同，结构各异。为便于确定环境工程中机械设备安装工程造价，可将这些机械设备分为以下三类。

第一类是通用设备，即在不同性质工程中被普遍使用，具有适应各种要求的能力。如各种水泵、风机，不仅在环境工程中使用，还普遍使用在建筑、化学、机械和制冷等工程上。该类设备安装工程工程量清单可根据《计价规范》附录C.1编制，确定该类设备安装工程造价可套用《安装工程计价表》或《全统安装工程定额》《第一册 机械设备安装工程》相关子目。

第二类是市政给排水工程中专用设备，如拦污设备、螺旋泵、加药和加氯设备、曝气机、生物转盘、各式排泥机械、撇渣机械、污泥脱水机械等。该类设备的安装工程工程量清单可根据《计价规范》附录D.5编制，确定该类设备的安装工程造价可套用《市政工程计价表》或《全统市政工程定额》《第六册 排水工程》第六章"给排水机械设备安装"相关子目。这部分内容已经在本章3.3.2节"市政给水排水工程工程量清单计价"中介绍，本节中不再重复。

第三类是工业企业污水处理车间使用的各种专用污水处理设备，如沉淀器、内电解器、离子交换器、各种反应器等。这类设备在《计价规范》中均未列项，确定该类设备的安装工程造价可近似套用《安装工程计价表》或《全统安装工程定额》《第五册 静置设备与工艺金属结构制作安装工程》第二章"静置设备安装"的"整体设备安装"相应子目。

本节着重介绍第一类通用设备和第三类工业企业污水处理车间使用的各种专用污水处理

设备的安装工程工程量清单及计价。电气设备安装工程工程量清单计价将在下一节中介绍。

3.7.3.1 通用设备安装

环境工程中常用的通用设备主要有各种风机、水泵。风机、水泵工程量清单项目设置及计算规则如表 C.1.8 和表 C.1.9 所列。

表 C.1.8 风机（编码：030108）

项目编码	项目名称	项目特征	计量单位	工程量计算规则	工程内容
030108001	离心式通风机	1. 名称 2. 型号 3. 质量	台	1. 按设计图示数量计算 2. 直联式风机的质量包括本体及电机、底座的总质量	1. 本体安装 2. 拆装检查 3. 二次灌浆
030108002	离心式引风机				
030108003	轴流通风机				
030108004	回转式鼓风机				
030108005	离心式鼓风机				

表 C.1.9 水泵（编码：030109）

项目编码	项目名称	项目特征	计量单位	工程量计算规则	工程内容
030109001	离心式泵	1. 名称 2. 型号 3. 质量 4. 输送介质 5. 压力 6. 材质	台	按设计图示数量计算 直联式泵的质量包括本体、电机及底座的总质量；非直联式的不包括电动机质量；深井泵的质量包括本体、电动机、底座及设备扬水管的总质量	1. 本体安装 2. 泵拆装检查 3. 电动机安装 4. 二次灌浆
030109002	旋涡泵			按设计图示数量计算	
030109003	电动往复泵				
030109004	柱塞泵				
030109005	蒸汽往复泵				
030109006	计量泵				
030109007	螺杆泵				
030109008	齿轮油泵				
030109009	真空泵				
030109010	屏蔽泵				
030109011	简易移动潜水泵				

3.7.3.2 非标设备安装

本节"非标设备"是指工业企业污水处理车间中使用的各种专用污水处理非标设备，如沉淀器、内电解器、离子交换器、各种反应器等，不包括市政给排水工程中的专用设备，这类设备多属静置设备，但在《计价规范》中未明确列项，编制清单项目时可近似套用《计价规范》附录 C 表 C.5.2 静置设备安装（编码：030502）中"污水处理设备"的项目编码。

表 C.5.2 静置设备安装（编码：030502）

项目编码	项目名称	项目特征	计量单位	工程量计算规则	工程内容
030502015	污水处理设备	1. 名称 2. 规格	台	按设计图示数量计算	安装

3.7.3.3 工艺金属结构制作安装

设备安装工程涉及工艺金属结构制作安装。安装工程的工艺金属结构制作安装工程量清单项目设置及计算规则如表 C.5.7 所列。

表 C.5.7　工艺金属结构制作安装（编码：030507）

项目编码	项目名称	项目特征	计量单位	工程量计算规则	工程内容
030507001	联合平台制作、安装	1. 每组质量 2. 平台板材质量		按设计图示尺寸以质量计算 包括平台上梯子、栏杆、扶手质量，不扣除孔眼及切角所占质量 注：多角形连接筋板质量以图示最长边和最宽边尺寸，按矩形面积计算	1. 制作、安装 2. 除锈、刷油
030507002	平台制作、安装	1. 构造形式 2. 每组质量 3. 平台板材料		按设计图示尺寸以质量计算，不扣除孔眼和切角所占质量 注：多角形连接筋板质量以图示最长边和最宽边尺寸，按矩形面积计算	
030507003	梯子、栏杆、扶手制作、安装	1. 名称 2. 构造形式 3. 踏步材料	t	按设计图示尺寸以质量计算	
030507004	桁架、管廊、设备框架、单梁结构制作、安装	1. 桁架每组质量 2. 管廊高度 3. 设备框架跨度		按设计图示尺寸以质量计算，不扣除孔眼和切角所占质量 注：多角形连接筋板质量以图示最长边和最宽边尺寸，按矩形面积计算	1. 制作、安装 2. 钢板组合型钢制作 3. 除锈、刷油 4. 二次灌浆
030507005	设备支架制作、安装	支架每组质量			1. 制作、安装 2. 除锈、刷油
030507006	漏斗、料仓制作、安装	1. 材质 2. 漏斗形状 3. 每组质量		按设计图示尺寸以质量计算，不扣除孔眼和切角所占质量	1. 制作、安装 2. 型钢圈煨制 3. 超声波探伤 4. 除锈、刷油 5. 二次灌浆
030507007	烟囱、烟道制作、安装	1. 烟囱直径范围 2. 烟道构造形式		按设计图示尺寸展开面积以质量计算，不扣除孔洞和切角所占质量 注：烟囱、烟道的金属质量包括筒体、弯头、异径过渡段、加强圈、人孔、清扫孔、检查孔等全部质量	1. 制作、安装 2. 型钢圈煨制 3. 除锈、刷油 4. 二次灌浆 5. 地锚埋设
030507008	火炬及排气筒制作、安装	1. 材质 2. 筒体直径 3. 质量	座	按设计图示数量计算 注：火炬、排气筒筒体按设计图示尺寸计算，不扣除孔洞所占面积及配件的质量	1. 筒体制作组对 2. 塔架制作组装 3. 吊装 4. 火炬头安装 5. 除锈、刷油 6. 二次灌浆

3.7.4　电气安装工程工程量清单项目及计算规则

电气设备工程是安装工程重要的组成部分。环境工程中的安装工程除了前述的机械设备、管道工程、金属结构制作安装以外，还有电气设备安装工程。电气设备安装工程工程量清单编制的依据是《计价规范》附录 C.2。《计价规范》附录 C.2"电气设备安装工程"适用于工业与民用建设工程中 10kV 以下变配电设备及线路安装工程工程量清单编制与计量，主要内容包括变压器、配电装置、母线、控制设备及低压电器、蓄电池、电动机检查接线与调试、滑触线装置、电缆、防雷及接地装置、10kV 以下架空配电线路、电气调整试验、配管及配线、照明器具（包括路灯）等安装工程，共 12 节 126 个清单项目。在企业未编制企业定额的情况下，《安装工程计价表》或《全统安装工程定额》《第二册　电气设备安装工程》作为相应分部分项工程量清单项目计价的参考消耗量定额，是计价的主要依据。

下面介绍环境工程中常用的电气设备安装工程工程量清单及计算规则。

3.7.4.1　控制设备及低压电器安装

本节适用于控制设备和低压电器安装工程的工程量清单的设置、计量及计价，其中控制设备包括各种控制屏，继电、信号屏，模拟屏，配电屏，整流柜，电气屏（柜），成套配电箱、控制箱、集装箱式配电室等；低压电器包括各种控制开关、控制器、接触器、启动器等。

控制设备及低压电器安装工程量清单项目设置如表 C.2.4 所示。

表 C.2.4　控制设备及低压电器安装（编码：030204）

项目编码	项目名称	项目特征	计量单位	工程量计算规则	工程内容
030204001	控制屏	1. 名称、型号 2. 规格	台	按设计图示数量计算	1. 基础槽钢制作、安装 2. 屏安装 3. 端子板安装 4. 焊、压接线端子 5. 盘柜配线 6. 小母线安装 7. 屏边安装
030204002	继电、信号屏				
030204003	模拟屏				
030204004	低压开关柜				1. 基础槽钢制作、安装 2. 柜安装 3. 端子板安装 4. 焊、压接线端子 5. 盘柜配线 6. 屏边安装
030204005	配电(电源)屏				
030204006	弱电控制返回屏				1. 基础槽钢制作、安装 2. 屏安装 3. 端子板安装 4. 焊、压接线端子 5. 盘柜配线 6. 小母线安装 7. 屏边安装
030204007	箱式配电室	1. 名称、型号 2. 规格 3. 质量	套		1. 基础槽钢制作、安装 2. 本体安装
030204008	硅整流柜	1. 名称、型号 2. 容量(A)	台		1. 基础槽钢制作、安装 2. 盘柜安装
030204009	可控硅柜	1. 名称、型号 2. 容量(kW)			
030204010	低压电容器柜	1. 名称、型号 2. 规格	台		1. 基础槽钢制作、安装 2. 屏(柜)安装 3. 端子板安装 4. 焊、压接线端子 5. 盘柜配线 6. 小母线安装 7. 屏边安装
030204011	自动调节励磁屏				
030204012	励磁灭磁屏				
030204013	蓄电池屏(柜)				
030204014	直流馈电屏				
030204015	事故照明切换屏				
030204016	控制台				1. 基础槽钢制作、安装 2. 台(箱)安装 3. 端子板安装 4. 焊、压接线端子 5. 盘柜配线 6. 小母线安装
030204017	控制箱				1. 基础型钢制作、安装 2. 箱体安装
030204018	配电箱				
030204019	控制开关	1. 名称 2. 型号 3. 规格	个		1. 安装 2. 焊压端子
030204020	低压熔断器	1. 名称、型号 2. 规格	台		
030204021	限位开关				
030204022	控制器				
030204023	接触器				
030204024	磁力启动器				
030204025	Y—△自耦减压启动器				
030204026	电磁铁(电磁制动器)				
030204027	快速自动开关				
030204028	电阻器				
030204029	油浸频敏变阻器				
030204030	分流器	1. 名称、型号 2. 容量(A)			
030204031	小电器	1. 名称 2. 型号 3. 规格	个(套)		

3.7.4.2 电机检查接线及调试

本节适用于发电机、调相机、普通小型直流电动机、可控硅调速直流电动机、普通交流同步电动机、低压交流异步电动机、高压交流异步电动机、交流变频调速电动机、微型电机、电加热器、电动机组的检查接线及调试的工程量清单的设置、计量及计价。不包括电机安装，电机安装在附录C.1中编码列项。电机检查接线及调试工程量清单项目设置，如表C.2.6所示。

表C.2.6 电机检查接线及调试（编码：030206）

项目编码	项目名称	项目特征	计量单位	工程量计算规则	工程内容
030206001	发电机	1. 型号 2. 容量(kW)	台	按设计图示数量计算	1. 检查接线（包括接地） 2. 干燥 3. 调试
030206002	调相机				
030206003	普通小型直流电动机	1. 名称、型号 2. 容量(kW) 3. 类型			1. 检查接线（包括接地） 2. 干燥 3. 系统调试
030206004	可控硅调速直流电动机				
030206005	普通交流同步电动机	1. 名称、型号 2. 容量(kW) 3. 启动方式			
030206006	低压交流异步电动机	1. 名称、型号、类别 2. 控制保护方式			
030206007	高压交流异步电动机	1. 名称、型号 2. 容量(kW) 3. 保护类别			
030206008	交流变频调速电动机	1. 名称、型号 2. 容量(kW)			
030206009	微型电机、电加热器	1. 名称、型号 2. 规格			
030206010	电动机组	1. 名称、型号 2. 电动机台数 3. 联锁台数	组		
030206011	备用励磁机组	名称、型号			
030206012	励磁电阻器	1. 型号 2. 规格	台		1. 安装 2. 检查接线 3. 干燥

3.7.4.3 电缆安装

本节适用于电力电缆和控制电缆的敷设，电缆桥架安装，电缆阻燃槽盒安装，电缆保护管敷设等工程量清单项目的设置、计量及计价。电缆安装工程量清单项目的设置如表C.2.8所示。

3.7.4.4 防雷及接地装置安装

本节适用于接地装置及防雷装置的工程量清单的设置、计量及计价，接地装置包括生产、生活用的安全接地、防静电接地、保护接地等一切接地装置。避雷装置包括建筑物、构筑物、金属塔器等所安装的防雷装置。

防雷接地装置由接闪器、避雷引下线、接地体三大部分组成。接闪器部分有避雷针、避雷网、避雷带等，引下线部分由引下线、引下线支持卡子、断接卡子、引下线保护管等组成，接地部分由接地母线、接地极等组成。接地装置及防雷装置的工程量清单项目设置如表C.2.9所列。

表 C. 2. 8　电缆安装（编码：030208）

项目编码	项目名称	项目特征	计量单位	工程量计算规则	工程内容
030208001	电力电缆	1. 型号 2. 规格 3. 敷设方式	m	按设计图示尺寸以长度计算	1. 揭（盖）盖板 2. 电缆敷设 3. 电缆头制作、安装 4. 过路保护管敷设 5. 防火堵洞 6. 电缆防护 7. 电缆防火隔板 8. 电缆防火涂料
030208002	控制电缆				
030208003	电缆保护管	1. 材质 2. 规格			保护管敷设
030208004	电缆桥架	1. 型号、规格 2. 材质 3. 类型			1. 制作、除锈、刷油 2. 安装
030208005	电缆支架	1. 材质 2. 规格	t	按设计图示质量计算	

表 C. 2. 9　防雷及接地装置（编码：030209）

项目编码	项目名称	项目特征	计量单位	工程量计算规则	工程内容
030209001	接地装置	1. 接地母线材质、规格 2. 接地极材质、规格	项	按设计图示尺寸以长度计算	1. 接地极（板）制作、安装 2. 接地母线敷设 3. 换土或化学处理 4. 接地跨接线 5. 构架接地
030209002	避雷装置	1. 受雷体名称、材质、规格、技术要求（安装部位） 2. 引下线材质、规格、技术要求（引下形式） 3. 接地极材质、规格、技术要求 4. 接地母线材质、规格、技术要求 5. 均压环材质、规格、技术要求		按设计图示数量计算	1. 避雷针（网）制作、安装 2. 引下线敷设、断接卡子制作、安装 3. 拉线制作、安装 4. 接地极（板、桩）制作、安装 5. 极间连线 6. 油漆（防腐） 7. 换土或化学处理 8. 钢铝窗接地 9. 均压环敷设 10. 柱主筋与圈梁焊接
030209003	半导体少长针消雷装置	1. 型号 2. 高度	套		安装

3.7.4.5　电气调整试验

本节适用于电气设备的本体试验和主要设备分系统调试的工程量清单项目设置、计量及计价。电气调整试验工程量清单项目设置如表 C. 2. 11 所示。

3.7.4.6　配管、配线工程

配管、配线是指从配电控制设备到用电器具的配电线路和控制线路的线管和导线的敷设。本节适用于电气工程的配管、配线工程量清单项目设置、计量及计价。配管包括电线管敷设，钢管及防爆钢管敷设，可挠金属套管敷设，塑料管（硬质聚氯乙烯管、刚性阻燃管、半硬质阻燃管）敷设。配线包括管内穿线，瓷夹板配线，塑料夹板配线，鼓型、针式、蝶式绝缘子配线，木槽板、塑料槽板配线，塑料护套线敷设，线槽配线。配管、配线工程量清单项目设置如表 C. 2. 12 所列。

表 C.2.11　电气调整试验（编码：030211）

项目编码	项目名称	项目特征	计量单位	工程量计算规则	工程内容
030211001	电力变压器系统	1. 型号 2. 容量(kV·A)	系统	按设计图示数量计算	系统调试
030211002	送配电装置系统	1. 型号 2. 电压等级(kV)			
030211003	特殊保护装置	类型	套		调试
030211004	自动投入装置				
030211005	中央信号装置、事故照明切换装置、不间断电源		系统	按设计图示系统计算	
030211006	母线	电压等级	段	按设计图示数量计算	
030211007	避雷器、电容器		组		
030211008	接地装置	类别	系统	按设计图示系统计算	接地电阻测试
030211009	电抗器、消弧线圈电除尘器	1. 名称、型号 2. 规格	台	按设计图示数量计算	调试
030211010	硅整流设备、可控硅整流装置	1. 名称、型号 2. 电流(A)			

表 C.2.12　配管、配线（编码：030212）

项目编码	项目名称	项目特征	计量单位	工程量计算规则	工程内容
030212001	电气配管	1. 名称 2. 材质 3. 规格 4. 配置形式及部位	m	按设计图示尺寸以延长米计算。不扣除管路中间的接线箱(盒)、灯头盒、开关盒所占长度	1. 刨沟槽 2. 钢索架设(拉紧装置安装) 3. 支架制作、安装 4. 电线管路敷设 5. 接线盒(箱)、灯头盒、开关盒、插座盒安装 6. 防腐油漆 7. 接地
030212002	线槽	1. 材质 2. 规格		按设计图示尺寸以延长米计算	1. 安装 2. 油漆
030212003	电气配线	1. 配线形式 2. 导线型号、材质、规格 3. 敷设部位或线制		按设计图示尺寸以单线延长米计算	1. 支持体(夹板、绝缘子、槽板等)安装 2. 支架制作、安装 3. 钢索架设(拉紧装置安装) 4. 配线 5. 管内穿线

3.7.4.7　照明器具安装

照明灯具安装是照明工程的主要组成部分之一。照明工程归结起来，一般包括配管配线工程、灯具安装工程、开关插座安装工程及其他附件安装工程。照明器具安装工程量清单项目设置如表 C.2.13 所列。

表 C.2.13　照明器具安装（编码：030213）

项目编码	项目名称	项目特征	计量单位	工程量计算规则	工程内容
030213001	普通吸顶灯及其他灯具	1. 名称、型号 2. 规格	套	按设计图示数量计算	1. 支架制作、安装 2. 组装 3. 油漆
030213002	工厂灯	1. 名称、安装 2. 规格 3. 安装形式及高度			1. 支架制作、安装 2. 安装 3. 油漆
030213003	装饰灯	1. 名称 2. 型号 3. 规格 4. 安装高度			1. 支架制作、安装 2. 安装
030213004	荧光灯	1. 名称 2. 型号 3. 规格 4. 安装形式			安装
030213005	医疗专用灯	1. 名称 2. 型号 3. 规格			
030213006	一般路灯	1. 名称 2. 型号 3. 灯杆材质及高度 4. 灯架形式及臂长 5. 灯杆形式（单、双）			1. 基础制作、安装 2. 立灯杆 3. 杆座安装 4. 灯架安装 5. 引下线支架制作、安装 6. 焊压接线端子 7. 铁构件制作、安装 8. 除锈、刷油 9. 灯杆编号 10. 接地
030213007	广场灯安装	1. 灯杆材质及高度 2. 灯架的型号 3. 灯头数量 4. 基础形式及规格			1. 基础浇筑（包括土石方） 2. 立灯杆 3. 杆座安装 4. 灯架安装 5. 引下线支架制作、安装 6. 焊压接线端子 7. 铁构件制作、安装 8. 除锈、刷油 9. 灯杆编号 10. 接地
030213008	高杆灯安装	1. 灯杆高度 2. 灯架形式（成套或组装、固定或升降） 3. 灯头数量 4. 基础形式及规格			1. 基础浇筑（包括土石方） 2. 立杆 3. 灯架安装 4. 引下线支架制作、安装 5. 焊压接线端子 6. 铁构件制作、安装 7. 除锈、刷油 8. 灯杆编号 9. 升降机构接线调试 10. 接地
030213009	桥栏杆灯	1. 名称 2. 型号 3. 规格 4. 安装形式			1. 支架、铁构件制作、安装、油漆 2. 灯具安装
030213010	地道涵洞灯				

思考题

1. 建筑安装工程费用由哪些费用构成?
2. 什么是工程量清单? 什么是工程量清单计价?
3. 工程量清单计价模式的费用构成是什么?
4. 综合单价的计算程序是什么?

第 4 章

环境工程概预算

环境工程项目从筹建、设计、施工到竣工、交付使用整个建设过程中，要经过项目建议书、可行性研究、初步设计、技术设计、施工图设计、招投标、施工、试运转、竣工验收、交付使用等阶段，在不同的阶段编制相应的概预算文件，如项目建议书和可行性研究阶段，需要编制投资估算；初步设计或技术设计阶段，需要编制设计概算；施工图设计阶段，需要编制施工图预算等。

4.1 环境工程投资估算

4.1.1 投资估算概述

投资估算是指建设单位在项目投资决策过程中，依据现有的资料和规定的估算办法，对建设项目投资数额进行估计的文件。

投资估算是一个逐步深化的过程，这是因为从项目建议书到可行性研究，再到投资决策，不同阶段所掌握的资料和具备的条件不同，因而对建设项目投资估算的准确度不同。后一阶段比前一阶段的投资估算更细、更准确。在项目评估与投资决策的过程中，不同阶段的投资估算具有不同作用。

① 项目建议书阶段的投资估算，是项目主管部门审批项目建议书的依据之一，并对项目的规划、规模起参考作用。

② 项目可行性研究阶段的投资估算，是项目投资决策的重要依据。投资估算被批准之后，其投资估算额将作为初步设计任务书中下达的投资限额。

③ 项目投资估算对工程设计概算起控制作用。

④ 项目投资估算，可作为项目资金筹措、制订建设贷款计划的依据。

⑤ 项目投资估算是工程设计招标、优选设计单位和设计方案的依据。

⑥ 项目投资估算是实行限额设计的依据。实行工程限额设计要求设计者必须在一定的投资额内确定设计方案，以便控制项目建设的标准。

4.1.2 投资估算指标

不同的工程项目，由于工程规模的大小不同，投资估算的内容也会有所差异。环境工程项目的投资估算，从费用构成来讲包括该项目从筹建、施工直至竣工投产所需的全部费用。按国家有关规定具体应包括建筑安装工程费、设备和工器具购置费、工程建设其他费用、预备费、建设期贷款利息、固定资产投资方向调节税、企业流动资金等。

投资估算的编制依据主要是项目建议书或项目可行性研究报告、方案设计、投资估算指标等相关资料。投资估算通常以独立的单项工程或完整的工程项目为计算对象进行计算。投资估算指标有建设项目综合指标和单项工程指标两种。

（1）建设项目综合投资估算指标　综合投资估算指标一般以生产能力为计算单位，列出投资和人工、主要材料的消耗量，表 4-1、表 4-2 为排水工程中污水管道和污水处理厂的部分综合指标。

表 4-1　排水工程中污水管道综合指标

序号	设计规模 /(m³/d)	投资/元	人工 /工日	主要材料				
				钢材 /kg	水泥 /kg	木材 /m³	金属管 /kg	非金属管 /kg
污水管道综合指标/[m³/(d·km)]								
1	Ⅰ类(水量 10×10⁴ 以上)	7~11	0.2~0.3	0.3~0.4	2~2	0.0003~0.0004	2~4	12~18
2	(水量 5×10⁴~10×10⁴)	10~14	0.3~0.4	0.4~0.5	2~3	0.0004~0.0005	3~4	17~23
3	Ⅱ类(水量 2×10⁴~5×10⁴)	13~18	0.4~0.5	0.5~0.7	3~4	0.0005~0.0006	4~6	22~30
4	(水量 6×10³~2×10⁴)	17~25	0.5~0.7	0.7~1.0	4~5	0.0006~0.0009	5~8	28~42
5	Ⅲ类(水量 2×10³~6×10³)	20~30	0.6~0.9	0.8~1.1	4~7	0.0007~0.0011	6~10	33~50
6	(水量 2×10³ 以下)	28~40	0.8~1.2	1.1~1.5	6~9	0.0010~0.0014	9~13	47~67
污水干管综合指标/[m³/(d·km)]								
1	Ⅰ类(水量 10×10⁴ 以上)	6~10	0.2~0.3	0.2~0.4	1~2	0.0002~0.0004	2~3	10~17
2	(水量 5×10⁴~10×10⁴)	8~14	0.2~0.4	0.3~0.5	2~3	0.0003~0.0005	3~4	13~23
3	Ⅱ类(水量 2×10⁴~5×10⁴)	14~17	0.4~0.5	0.5~0.6	3~4	0.0005~0.0006	4~5	23~28
4	Ⅲ类(水量 2×10³ 以下)	17~30	0.5~0.9	0.6~1.1	4~7	0.0006~0.0011	5~10	28~50

表 4-2　污水处理厂综合指标

序号	设计规模 /(m³/d)	投资/元	人工 /工日	主要材料				
				钢材 /kg	水泥 /kg	木材 /m³	金属管 /kg	非金属管 /kg
一级处理综合指标/(m³/d)								
1	Ⅰ类(水量 10×10⁴ 以上)	100~130	3~4	9~12	64~83	0.008~0.011	4~6	8~11
2	Ⅰ类(水量 5×10⁴~10×10⁴)	130~150	4~5	12~14	83~96	0.011~0.012	6~7	11~12
3	Ⅱ类(水量 2×10⁴~5×10⁴)	150~180	5~6	14~17	96~116	0.012~0.015	6~8	12~15
4	Ⅱ类(水量 6×10³~2×10⁴)	180~200	6~7	17~18	116~128	0.015~0.016	8~9	15~16
5	Ⅲ类(水量 6×10³ 以下)	200~300	7~9	18~28	128~193	0.016~0.024	9~13	16~25
二级处理综合指标(一)/(m³/d)								
1	Ⅰ类(水量 10×10⁴ 以上)	160~190	3~3	17~20	110~131	0.008~0.010	9~11	13~15
2	Ⅰ类(水量 5×10⁴~10×10⁴)	190~220	3~3	19~23	124~152	0.009~0.011	10~13	14~18
3	Ⅱ类(水量 2×10⁴~5×10⁴)	220~300	3~4	21~26	138~173	0.010~0.013	12~15	16~20
4	Ⅱ类(水量 6×10³~2×10⁴)	300~450	4~5	26~32	173~207	0.013~0.016	15~17	20~24
5	Ⅲ类(水量 1×10³~6×10³)	450~850	5~6	32~37	207~242	0.016~0.018	17~20	24~28
6	(水量 1×10³ 以下)	850~1400	6~8	37~53	242~345	0.018~0.026	20~29	28~40
二级处理综合指标(二)/(m³/d)								
1	Ⅰ类(水量 10×10⁴ 以上)	200~300	3~4	24~30	139~174	0.014~0.017	12~15	6~8
2	Ⅰ类(水量 5×10⁴~10×10⁴)	300~400	4~5	30~39	174~223	0.017~0.022	15~19	8~10
3	Ⅱ类(水量 2×10⁴~5×10⁴)	400~600	5~6	36~48	209~279	0.021~0.028	17~23	9~12
4	Ⅱ类(水量 6×10³~2×10⁴)	600~750	7~8	52~58	300~334	0.030~0.033	25~28	13~14
5	Ⅲ类(水量 1×10³~6×10³)	750~1000	7~9	54~67	314~383	0.031~0.038	26~32	14~17
6	(水量 1×10³ 以下)	1000~1300	8~13	65~97	376~558	0.037~0.055	31~46	16~24

（2）建设项目投资估算单项指标　投资估算单项指标一般以生产能力为计算单位，列出直接费投资，包括土建工程、设备购置、配管及安装工程的费用。表 4-3 为污水处理厂总平面布置单项指标，表 4-4 为污水泵房系列单项指标。

表 4-3　污水处理厂总平面布置单项指标

| 项　　目 | | 单位 | 浅丘地区单位：厂区面积 100m² | | | |
| | | | 水量/(m³/d) | | | |
			500 以上～1000	1000 以上～5000	5000 以上～10000	10000 以上～20000
投资指标	直接费合计	元	2700～3560	2740～3010	2470～2740	2190～2470
	其中 土建	元	2700～2920	2250～2470	2030～2250	1790～2030
	配管及安装	元	420～460	360～400	320～360	290～320
	设备	元	170～180	130～140	120～130	110～120
主要工料指标	略					

表 4-4　污水泵房系列单项指标

| 项　　目 | | 单位 | 圆形泵房指标单位：建筑体积 100m³ | | | |
| | | | 水量/(m³/d) | | | |
			500 以上～1000	1000 以上～5000	5000 以上～10000	10000 以上～20000
投资指标	直接费合计	元	17550～18200	16900～17550	15600～16900	14300～14950
	其中 土建	元	10530～10920	10140～10530	10920～11830	8580～8970
	配管及安装	元	2640～2730	2540～2640	1560～1690	1430～1500
	设备	元	4380～4550	4220～4380	3120～3380	4290～4480
主要工料指标	略					

4.1.3　投资估算的编制方法

投资估算的编制方法较多，常用的投资估算方法有以下几种。

（1）生产规模指数估算法　这种方法是根据已建成的性质与拟建项目类似的项目投资额或设备投资额，估算同类型而不同规模的项目的投资或设备投资的方法。

其估算式为：

$$x = y \left(\frac{C_2}{C_1} \right)^n \times C_f$$

式中　x——拟建项目投资额；

　　　y——已建同类型项目投资额；

　　　C_1——已建同类型项目的生产规模；

　　　C_2——拟建项目的生产规模；

　　　C_f——增价系数，为不同时期、不同地点定额单价、材料价格、费用变更等的综合调整系数；

　　　n——生产规模指数，$0 \leqslant n \leqslant 10$。

该法中"n"值取定有一定要求，若已建同类项目的装置规模与拟建项目的装置规模相差不大，生产能力比值在 0.5～2.0 之间，$n=1$；若已建同类项目装置与拟建项目装置的规模相差不大于 50 倍，且拟建项目的扩大仅靠扩大设备规格来达到时，$n=0.6～0.7$；若是靠增加相同规格的设备的数量达到时，$n=0.8\sim0.9$。

采用生产规模指数法进行投资估算，计算较简便，但要求类似工程的资料要可靠，与拟建项目条件基本相同，否则误差较大。生产规模指数法适合项目申请书（建议书）阶段的投资估算。

【例 4-1】 已建成的某污水处理工程项目，处理能力为 $10\times10^4\,\mathrm{m^3/d}$，固定资产为 8000 万元。若拟建一个生产能力为 $15\times10^4\,\mathrm{m^3/d}$ 的同类项目，试估算其固定资产投资为多少？（按增加设备容量考虑 $n=0.6\sim0.7$）

解：据题意，已知，$y=8000$ 万元，$C_1=10\times10^4\,\mathrm{m^3/d}$，$C_2=15\times10^4\,\mathrm{m^3/d}$，取 $n=0.6$，增价系数取 $C_f=2.0$，则拟建项目固定资产投资为：

$$x=8000\times(15/10)^{0.6}\times2.0=20406.79（万元）$$

（2）比例系数估算法　采用比例系数估算法的基本条件是已掌握已有同类工程项目的设备与固定资产相关资料。先求出已有同类项目主要设备投资占全项目固定资产投资的比例，然后再算出拟建项目的主要设备投资，即可按比例求出拟建项目的固定资产投资。其表达式为：

$$I=\frac{1}{K}\sum_{i=1}^{n}Q_iP_i$$

式中　I——拟建项目的固定资产投资；

K——已有同类项目主要设备占固定资产投资的比例，%；

n——设备种类数；

Q_i——第 i 种设备的数量；

P_i——第 i 种设备的单价。

【例 4-2】 某市准备建一供水工程，经调查研究，其主要设备规格及价格的需求见表 4-5。并收集到已有同类项目资料，其主要设备总价为 350 万元，固定资产总投资 4500 万元。试根据上述条件，估算待建供水工程的固定资产投资。

表 4-5　某供水工程主要设备表

序号	设备名称	单位	数量	单价/万元	合价/万元
1	水泵机组	座	25	4.54	113.5
2	阀门	座	60	1.25	75
3	吸刮泥机	组	4	12.84	51.36
4	加氯机	套	4	11.82	47.28
5	吊车	部	3	10.45	31.35
6	配电设备	套	6	12.40	74.4

解：（1）求 K

$$K=350/4500=0.078=7.8\%$$

（2）求新建供水工程的固定资产投资

$$I=(1/0.078)\times(113.5+75+51.36+47.28+31.35+74.4)=5037.05（万元）$$

（3）设备费用比例估算法　该法是将项目的固定资产投资分为设备投资、建筑物投资或构筑物投资、其他投资三部分，先估算设备投资额，然后再按一定比例估算出建筑物与构筑物的投资及其他投资，最后将三部分投资加在一起。

① 设备投资估算。设备投资按其出厂价格加上运杂费、安装费等，其估算公式为：

$$K_1=\sum_{i=1}^{n}Q_iP_i(1+L_i)$$

式中 K_i——设备投资估算值；

　　　Q_i——第 i 种设备所需数量；

　　　P_i——第 i 种设备的出厂价格；

　　　L_i——同类项目同类设备的运杂费、安装费（包括材料费）系数；

　　　n——所需设备的种类。

② 建（构）筑物的投资估算

$$K_2 = K_1 \times L_b$$

式中 K_2——建（构）筑物投资估算值；

　　　L_b——同类项目建筑物、构筑物投资占设备投资的比例。

③ 其他投资估算

$$K_3 = K_1 \times L_w$$

式中 K_3——其他投资估算值；

　　　L_w——同类项目其他投资占设备投资的比例。

项目固定资产投资总额的估算值，则为：

$$K = (K_1 + K_2 + K_3) \times (1 + S\%)$$

式中 $S\%$——考虑不可预见因素而设定的费用系数，一般为 $10\% \sim 15\%$。

【例 4-3】 某污水处理厂工程，初步设计提出的主要设备及出厂价格的需求见表 4-6。根据同类工程资料，设备运杂费系数为 15%，安装费系数为 45%，建（构）筑物费用系数为 $6\sim8$，其他费用系数为 1.5。试估算该污水处理厂工程的总投资。

表 4-6 某污水处理厂主要设备表

序号	设备名称	单位	数量	单价/万元	合价/万元
1	污水泵	台	8	1.5	12.00
2	曝气机	座	5	8.5	42.50
3	格栅	组	2	2.5	5.00
4	吸刮泥机	套	4	18.00	72.00
5	带式压滤机	台	2	12.00	24.00
6	吊车	台	2	1.5	3.00
7	阀门	套	30	0.50	15.00

解：① 求 K_1。$K_1 = (8 \times 1.5 + 5 \times 8.5 + 2 \times 2.5 + 4 \times 18.0 + 2 \times 12.0 + 2 \times 1.5 + 30 \times 0.5) \times (1 + 15\% + 45\%) = 277.60$（万元）

② 求 K_2。$K_2 = 277.60 \times 7.0 = 1943.20$（万元）（$L_b = 7.0$）

③ 求 K_3。$K_3 = 277.60 \times 1.5 = 416.40$（万元）（$L_w = 1.5$）

④ 求 K（不可预见费用系数取 $S\% = 12\%$）

$$K = (277.60 + 1943.20 + 416.40) \times (1 + 12\%) = 2953.664（万元）$$

（4）造价指标估算法 造价指标估算法是根据各类建设项目或单项工程投资估算指标进行投资估算的方法。造价指标的形式很多，如单位生产能力指标 $[元/(m^3/d)]$、单位建筑面积指标（元/m^2）、单位建筑体积指标（元/m^3）等。将这些指标乘以同类工程的规模，就可以求得相应的土建工程、安装工程等各单位工程的投资数额。在此基础上，汇总后得到单项工程的投资数额，再估算工程建设其他费用，即求得建设项目总投资的估算值。

采用造价指标估算法，要注意指标制定时间与工程建设时间的差异，指标包含内容与工程实际包含内容的差异，指标使用地区与工程所在地点的差异，以及施工建设条件的差异等，有时要乘以必要的调整系数。

① 单位生产能力指标法。当工程所在地、建设时间和工程所包含的内容与造价指标没有很大的差别时：

$$项目投资额＝单位造价指标×生产能力$$

当工程所在地、建设时间和工程所包含的内容与造价指标有较大差别时：

$$项目投资额＝单位造价指标×生产能力×调整系数$$

② 单项指标估算法。单项工程投资额计算式如下：单项工程投资额＝单项指标×规模×调整系数

【例 4-4】　某市拟建一污水处理厂，处理能力 $Q＝60000m^3/d$，二级处理，曝气沉沙池容积为 $36m^3$，一般标准，试估算曝气沉沙池造价。

解：参照《城市基础设施投资估算指标》曝气沉沙池采用单项指标，水量 40000～60000m^3/d，工程直接费指标为 60750～67500 元/$100m^3$，取 675 元/m^3。其中土建投资 405 元/m^3，配管及安装投资 168.8 元/m^3，设备投资 101.2 元/m^3。

① 计算物价调整系数。根据工程所在地的人工工资标准，材料预算价格、机械台班预算价格，按系列单项指标中的工料消耗量计算物价调整系数，见表 4-7，得 $K＝43212.82/12910.34＝3.347$。

表 4-7　物价调整系数计算表

序号	项目名称	单位	数量	指标价格/元		现行当地价格/元	
				单价	合计	单价	合计
1	土建人工	工日	222.84	2.94	655.15	25	5571.0
2	安装人工	工日	86	3.05	262.3	28	2408.0
3	水泥	t	12.96	124.0	1607.0	320.0	4147.2
4	钢材	t	4.38	772.4	3383.11	3406.0	14918.28
5	锯材	m^3	3.36	452.0	1518.72	784.0	2634.24
6	标准砖	千块	1.52	77.94	118.47	189.45	287.96
7	沙	m^3	22.68	24.29	550.89	49.50	1122.66
8	碎(砾)石	m^3	35.10	18.62	653.56	45.10	1583.0
9	块石	m^3	56.8	18.25	1036.6	46.20	2707.32
10	铸铁管	t	1.07	530.0	567.1	1480.0	1694.45
11	铸铁管件	t	0.52	810.0	421.2	1890.0	982.8
12	钢管及钢管件	t	1.24	1720.0	2136.24	4158.0	5155.92
	合计				12910.34		43212.82

② 计算工程直接费

a. 土建工程　$405×36×3.347＝48779.26$（元）

b. 配管及安装工程　$168.8×36×3.347＝20339.05$（元）

c. 设备 $101.2×36×3.347＝12193.79$（元）

合计：$48779.26＋20339.05＋12193.79＝81312.10$（元）

③ 曝气沉沙池单项工程造价。根据《城市基础设施投资估算指标》的有关应用说明，曝气沉沙池单项工程造价的组成为：造价＝直接费＋间接费，其中，间接费＝直接费×50%。

则曝气沉沙池造价＝81312.10×(1+0.5)＝121968.15(元)

应该注意的是利用上述方法计算时，如算出的是工程直接费，估算工程造价时还需按工程投资估算的相关规定计算工程建设其他费用，综合汇总成该项目投资估算。工程建设其他费用包括建设单位管理费、工程建设监理费、征地费、青苗补偿费、拆迁补偿费、人员培训费、评估招标费、设计前期费、环境影响评价费、设计费等费用。同时，一个完整的项目投资估算还需考虑建设期贷款利息、基本预备费及铺底流动资金。

4.1.4 投资估算实例

4.1.4.1 投资估算书组成

工程投资估算书通常由以下几方面组成：封面、编制说明及投资估算表。

(1) 封面 主要反映建设单位、工程名称、工程地址、编制时间、编制人、审核人以及编制单位与建设单位的负责人等栏目。

(2) 编制说明 编制说明主要内容包括编制范围、投资估算及工程费用构成、编制依据等。

4.1.4.2 某市污水处理厂投资估算实例

(1) 投资估算书封面（略）

(2) 投资估算编制说明

① 编制说明。××市城市污水处理厂投资估算编制范围包括 $15×10^4 m^3/d$ 污水处理厂 1 座、污水截流管道及污水提升泵站 4 座。

② 投资估算

a. 建设项目总投资：33470.22 万元。

b. 静态投资：30867.72 万元。

c. 动态投资：2470.50 万元。

d. 铺底流动资金：132.0 万元。

③ 工程费用

23012.49 万元（100％）

其中：a. 污水处理厂：13607.60 万元（59％）

b. 截污管道：7945.40 万元（35％）

c. 提升泵站：1400.80 万元（6％）

④ 编制依据

a. 工程设计方案。

b. 建设部颁（1996 年）"市政工程投资估算指标"、"市政工程投资估算编制办法"、"监理收集标准"、某省现行市政工程、建设工程概预算定额及费用定额及某市现行材料市场价格。

c. 工程勘察设计收费标准（2002 年修订本）。

d. 类似项目概预算指标。

e. 建设单位提供的有关资料（考虑部分设备进口）。

⑤ 资金筹措 自筹 8000 万元，其余考虑银行贷款（年息 5.76％，建设期三年）。

(3) 投资估算表 见表 4-8。

表 4-8　投资估算表

工程或费用名称		估算价值/万元					
		建筑工程	设备购置	安装工程	其他费用	小计	合计
第一部分	工程费用	14729.40	5927.79	2355.30		23012.49	
...							
第二部分	其他费用				5049.07	5049.07	
...							
一、二部分合计							28061.56
项目建设其他费用					5408.66		
...							
建设项目总投资							33470.22

4.2 设计概算

设计概算是指当初步设计或扩大初步设计达到一定深度后,根据设计要求对工程造价进行的概略计算。以往,设计者往往偏重于"适用、美观"而忽视"经济",随着市场经济的建立以及效益观念的增强,设计者在设计时除按设计标准保证工程实体功能外,还应按批准的可行性研究报告及投资估算来控制初步设计,按批准的设计总概算来控制施工图设计。

4.2.1 设计概算概述

4.2.1.1 设计概算的定义

设计概算是设计文件的重要组成部分,是在投资估算的控制下由设计单位根据初步设计(或技术设计)图纸及说明,概算定额(或概算指标),各项费用定额或取费标准,设备、材料预算价格等资料,编制和确定的建设项目从筹建至施工交付使用所需全部费用的文件。采用两阶段设计的建设项目,初步设计阶段必须编制设计概算;采用三阶段设计的,技术设计阶段还必须编制修正概算。

4.2.1.2 设计概算的作用

设计概算的主要作用是:①设计概算是编制建设项目投资计划、确定和控制建设项目投资的依据。②设计概算是签订建设工程合同和贷款合同的依据,也是银行拨款或签订贷款合同的最高限额。③设计概算是控制施工图设计和施工图预算的依据。④设计概算是衡量设计方案技术经济合理性和选择最佳设计方案的依据。⑤设计概算是考核建设项目投资效果的依据。

4.2.1.3 设计概算的分类

设计概算按工程特征可分为建筑工程概算和设备安装工程概算。建筑工程概算又分为土建工程概算、给排水工程概算、采暖通风工程概算、电气照明工程概算。工程概算按编制的范围与程序,可分为单位工程概算、单项工程概算、其他工程和费用概算、总概算等。

4.2.2 设计概算的编制

4.2.2.1 设计概算编制原则和依据

(1) 设计概算的编制原则　为提高建设项目设计概算编制质量,科学合理确定建设项目投资,设计概算编制应坚持以下原则:①严格执行国家建设方针和经济政策。②要完整、准确地反映设计内容。③要结合拟建工程的实际,反映工程所在地当时价格水平的原则。④抓住主要矛盾，突出重点，保证概算编制质量。

（2）设计概算的编制依据　设计概算的编制依据主要有：

① 批准的可行性研究报告、投资估算书。

② 初步设计或扩大初步设计图纸、技术文件。

③ 工程所在地人工工资标准、材料预算价格、机械台班价格等资料。

④ 国家或工程所在省、市、自治区现行的建筑工程概算定额或概算指标。

⑤ 工程所在地区的自然、技术经济条件方面的资料。

⑥ 国家或省、市、自治区最新颁布的建筑安装工程间接费取费标准和其他有关费用文件。

（3）三级概算的相互关系　设计概算可分单位工程概算、单项工程综合概算和建设项目总概算三级。各级之间概算的相互关系如图 4-1 所示。

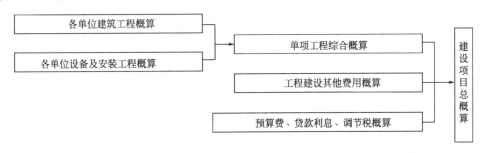

图 4-1　三级概算相互关系示意图

（4）概算定额和概算指标　概算定额是规定建筑安装企业为完成完整的结构构件或扩大的结构构件所需人工、材料和机械消耗和费用的数量标准。建筑工程的概算指标则常以每100m^2 建筑面积或 100m^3 建筑体积（容积）为计算单位，构筑物以座为计算单位，安装工程以成套设备或装置的台、组、套、吨为计算单位以确定某一建筑物、构筑物的建设或设备、生产装置的购置和安装所需人工、材料、机械消耗量或资金需要量。概算指标通常有综合指标和单项指标两种表现形式。

（5）设计概算编制的特点　概算相对于投资估算与施工图预算而言，起着承上启下的作用。它基于投资估算，又要作为控制施工图预算的依据，要求准确，不得有大的遗漏或高估冒算。概算的编制与施工图预算编制相比，具有以下三个方面的特点。

① 简略。如概算指标的计量单位是以整个建筑物每 100m^2 为计量单位，构筑物以"座"为单位计算。

② 综合。用于编制概算的概算定额或概算指标，与预算定额相比具有很强的综合性。例如，概算定额中砖基础扩大分项工程，是由预算定额中五个关联性较大的分项工程合并而成，它们是以砌砖基础为主要工作内容，包含了与施工顺序相衔接的人工挖地槽、砌砖基础、铺设防潮层、回填土、余土外运等内容。

③ 快捷。"缩短工期、加快进度"是建设主体各方所共同追求的目标。为使建设工程在不违背基建程序的前提下，力求在时间顺序上能交替展开或重叠进行，就不能等到施工图设计全部完成之后再来进行工程造价分析。为了争主动、抢时间，概算的编制处于初步设计或扩大初步设计阶段。在保证一定精度的前提下，与基于施工图的预算编制相比能充分体现出一个"快"字，从而为工程开工的前期准备赢得充裕的时间。

4.2.2.2　单位工程概算编制方法

单位工程概算是确定某一单项工程内的某个单位工程建设费用的文件，单位工程概算由建筑安装工程中的直接费、间接费、利润和税金组成。

单位工程概算分建筑工程概算和设备及安装工程概算两大类。建筑工程概算的编制方法有概算定额法、概算指标法、类似工程预算法等；设备及安装工程概算的编制方法有预算单价法、扩大单价法、设备价值百分比法和吨位指标法等。

（1）建筑工程概算的编制方法

① 概算定额法。初步设计或扩大初步设计深度较深，结构、建筑要求比较明确，基本上能计算出各种结构工程数量者，可以根据概算定额来编制建筑工程概算书。

利用概算定额编制单位建筑工程设计概算的方法，与利用预算定额编制单位建筑施工图预算的方法基本相同。概算书所表达的与预算书也基本相同，不同之处在于：概算项目划分较预算项目粗略，是把施工图预算中的若干个项目合并为一项。并且，所用的编制依据是概算定额，采用的是概算工程量的计算规则。

编制设计概算的步骤如下。

a. 据设计图纸和概算定额所规定的工程量计算规则计算工程量。按照概算定额分部分项顺序列出各分项工程名称，工程量计算应按概算定额中规定的工程量计算规则进行，并将所算各工程量按概算定额编号顺序填入工程概算表内相应栏。

由于概算中的项目内容比施工图预算中的项目内容扩大，在计算工程量时必须熟悉概算定额中每个项目所包括的工作内容，避免重算和漏算，以便计算出正确的概算工程量。

b. 确定各分部分项工程项目的概算定额单。工程量计算完毕后，查概算定额的相应项目，逐项套用相应定额单价和人工、材料和机械台班消耗指标。然后，分别将其填入工程概算表和工料分析表中，即可直接套用定额计算；如遇设计图中分项工程名称、内容与采用的概算定额手册中相应的项目有些不相符时，则按规定对定额进行换算后方可套用定额计算。

c. 计算分部分项工程直接费和总直接费。将已算出的各分部分项工程项目的工程量及在概算定额中已查出的相应定额单价与单位人工、材料和施工机械消耗指标分别相乘，即可得出各分项工程的直接工程费和人工、材料和施工机械消耗量，汇总各分项工程的直接工程费和人工、材料消耗量，即可得到该工程的直接工程费和工料总消耗量，计入措施费即为该工程的直接费，再汇总即可得到该单位工程的总直接费。

如果规定有地区的人工、材料差价调整指标，计算直接费时，还应按规定的调整系数进行调整计算。

d. 计算间接费和利润。根据总的直接费、各项施工取费标准分别计算间接费和利润、税金等费用。

e. 计算单位工程概算造价

单位工程概算造价＝直接费＋间接费＋利润＋税金

f. 做出主要材料分析。一般建筑工程概算只计算钢材、水泥和木材（折合成原木）三种材料，统称为"三材"。

建筑工程概算价值除以建筑面积即得技术经济指标（每平方米建筑面积的概算价值）。

② 概算指标法。概算指标是以整幢建筑物为依据而编制的指标。在初步设计深度较浅，尚无法计算工程数量，或在方案阶段初具轮廓估算造价时，可根据概算指标编制概算。

这种估算方法，精确度较差。按概算指标编制工程概算，其前提条件是：具备符合地区情况的概算指标或根据情况修正的其他地区概算指标；对象工程的内容与概算指标中的内容基本一致。

a. 概算指标的选用

（a）初步设计只有一个轮廓而无详细的设计图纸时，可以初步选用一个与对象工程性质相近的概算指标编制概算。

（b）只有设计方案但需要估算造价，可参照相似类型结构的概算指标或以经验估算指标来编制概算。

（c）设计任务书已规定了以概算指标来控制设计的规模和结构形式，在初步设计以及施工图设计阶段也完全按照概算指标控制造价而不得超过其范围的情况下，单位工程概算可按规定的概算指标编制。

（d）图纸设计后间隔时间过长，概算造价已不适用，在需要确定工程造价的情况下，应根据实际情况按当前概算指标修正原有概算造价。

当所套用的概算指标只是接近而不完全相同时，应根据差别情况调整概算指标，调整公式如下：

单位建筑面积造价调整指标＝原造价指标单价－换出结构构件单价＋换入结构构件单价

换出（换入）结构构件单价＝换出（换入）结构构件工程量×相应概算定额单价

具体应用时，应先按指标规定计算建筑面积，或按指标规定的其他计量单位计算工程量。然后，将计算所得的工程量乘以概算指标单价（或调整单价）便可得出拟建工程概算造价。

当概算指标不包括间接费、利润、税金时，还需按规定另行计算，并计入概算造价。

b. 用概算指标编制概算的方法：

工程概算价值＝建筑面积×概算指标

工料用量＝建筑面积×工料概算指标

③ 类似工程预算法。"类似预算"是指已经编好的，在结构类型、层次、构造特征、建筑面积、层高上与拟编概算工程类似的工程预算。如果条件合适，采用类似预算来编制概算，不仅能提高概算的准确性，而且能缩短编制时间。

利用类似预算编制概算，要注意选择与拟建工程的结构类型、构造特征、建筑面积相类似的工程预算。除此以外，还要考虑拟建工程与类似预算工程在结构和面积上的差异，考虑由于建设地点或建设时间不同而引起的人工工资标准、材料预算价格、机械台班使用费以及其他费用（间接费、利润、税金）的差异。

结构和面积上的差异可以参考修正概算指标的方法加以修正，由后者引起的差异须测算调整系数对类似预算单价进行调整。

a. 调整系数的确定。首先，测算出类似预算中的人工费、材料费、机械费及有关费用分别占全部预算价值的百分比。分别测算出人工费、材料费、机械费及有关费用的单项调整系数，最后计算出总调整系数。

b. 采用类似预算编制概算。熟悉拟建工程的设计图纸，计算工程量（一般只计算建筑面积）。选择类似预算，当拟建工程与类似预算工程在结构构造上有部分差异时，将每 $100m^2$ 建筑面积造价及人工、主要材料数量进行修正。当拟建工程与类似预算工程在人工工资标准、材料预算价格、机械台班使用费及有关费用方面有差异时，测算调整系数。根据拟建工程建筑面积和类似预算资料、修正数据、调整系数，计算出拟建工程的调整造价和各项经济指标。

（2）环境工程设备及安装工程概算的编制方法 设备购置费概算由设备原价和运杂费两项组成，标准设备原价可根据设备型号规格、性能、材质、数量及附带的配件，向制造厂家问价或向设备、材料信息部门查询或按主管部门规定的现行价格逐项计算。非标准设备和器具的原价可按主要标准设备原价的百分比计算。百分比指标按主管部门或地区有关规定执行。

设备安装工程概算的编制方法有以下几种。

① 预算单价法。当初步设计较深，有详细的设备清单时，可直接根据全国统一安装工程预算定额或各省、市、自治区安装工程预算定额单价来编制设备安装工程概算，概算程序基本同安装工程施工图预算。

② 扩大单价法。当初步设计深度不够，设备清单不完备，只有主体设备或仅有成套设

备质量时,可采用主体设备、成套设备的综合扩大安装单价来编制概算。

③ 设备估价百分比法。又叫安装设备百分比法。当初步设计深度不够,只有设备出厂价而无具体规格、质量时,安装费可按占设备费的百分比计算。其百分比值由主管部门制定或设计单位根据已完类似工程确定。价格波动不大的定型产品和通用设备产品,应用下式计算设备安装费:

$$设备安装费=设备原价×安装费率(\%)$$

④ 综合吨位指标法。当初步设计提供的设备清单有规格和质量时,可采用综合吨位指标编制概算,其综合吨位指标由主管部门或由设计院根据已完类似工程资料确定。

$$设备安装费=设备质量(t)×每吨设备安装费指标(元/t)$$

4.2.2.3 单项工程综合概算的编制方法

单项工程综合概算是确定建设项目中每一个生产车间、独立公用事业或独立构筑物的全部建设费用的文件。它是以整个工程项目为对象,由一个工程项目中的各个单位工程概算书综合组成,是建设项目总概算组成部分。单项工程综合概算,应该按照整个工程项目编制,如一个车间、一个构筑物等。

(1)单项工程概算表项目组成

① 建筑工程。包括一般土建工程、卫生工程(给水、排水、采暖、通风工程)、工业管道工程、特殊构筑物工程、电气照明设备工程。

② 设备及安装工程(包括设备购置费及安装工程费)。包括机械设备及安装工程、电气设备及安装工程、自动控制装置及安装工程。

(2)单项工程概算的费用组成

① 建筑工程费用。

② 安装工程费用。

③ 设备购置费用。

④ 工具、器具、生产家具购置费。

(3)单项工程综合概算书的编制 单项工程综合概算书其内容应包括编制说明、概算汇总表、单位工程概算表和主要建筑材料表。

① 编制说明。工程概况,介绍单项工程的生产能力和工程概况;编制依据,说明设计文件依据、定额依据、价格依据及费用指标依据等;编制方法,说明概算编制是根据概算定额、概算指标还是类似概算;主要设备和材料的数量,说明主要机械设备及主要建筑安装材料(水泥、钢材、木材)等的数量;其他相关的问题。

② 综合概算表。综合概算表要将该单项工程所包括的所有单位工程概算(此部分费用也称为第一部分工程费用)按费用构成和项目划分填入表内,构成单项工程综合概算表。

当工程不编总概算时,单项工程概算还应有工程建设其他费用的概算和预备费。

(4)其他工程和费用概算 其他工程和费用(此部分费用也称为第二部分工程费用)的主要内容有:土地征购费;建设场地原有建筑物及构筑物的拆除费、场地平整费(包括工业区和住宅区的垂直布置);建设单位管理费、生产职工培训费;办公及生产用具购置费;工具、器具及生产用具购置费;联合试车费;场外道路维修费;建设场地清理费;施工单位转移费;临时设施费;冬(雨)季施工费,夜间施工费;远征工程增加费;因施工需要而增加的其他费用;材料差价;利润;不可预见工程费等。

4.2.2.4 建设项目总概算编制方法

建筑项目总概算是确定整个建设项目从筹建到竣工交付使用所预计花费的全部费用的文件,它由各单项工程综合概算、工程建设其他费用、预备费汇总编制而成。

（1）建设工程总概算费用的组成　建设工程总概算由工程费用项目和其他费用项目两部分组成。

① 工程费用。项目工程费用项目，包括建筑安装工程费和设备、工器具购置费（包括备品备件），具体包括以下各部分概算。主要生产项目综合概算：主要生产项目的内容，根据不同企业的性质和设计要求排列，如污水处理中的沉砂池、一次沉淀池、二次沉淀池等。辅助生产及服务用的工程项目综合概算：一般情况包括辅助生产的工程，如机修车间、化验间等；仓库工程，如原料仓库、成品仓库、药品仓库等；服务用的工程，如办公楼、食堂、消防车库、门卫室等。动力系统工程综合概算：一般包括场区内变电所、锅炉房、风机房、厂区室外照明和室外各种工业管道等项目。室外给水、排水、供热及其附属构筑物综合概算和厂区整理及美化设施综合概算等。

② 其他费用项目。其他费用（此部分费用也称为第二部分工程费用）项目的主要内容有：土地征购费；建设场地原有建筑物及构筑物的拆除费、场地平整费（包括工业区和住宅区的垂直布置）；建设单位管理费、生产职工培训费；办公及生产用具购置费；工具、器具及生产用具购置费；联合试车费；场外道路维修费；建设场地清理费；施工单位转移费；临时设施费。

另外还有预备费（此部分费用有时也称为第三部分费用）。

（2）总概算书的编制　总概算是确定某一建设项目从筹建开始到建成时全部建设费用的总文件，它是根据各单项工程综合概算以及其他费用概算汇总编制而成的。

总概算书一般主要包括编制说明和总概算表，有的还列出单项工程概算表、单位工程概算表等。

① 编制说明。编制说明应对概算书编制时的有关情况进行总体说明，主要内容如下：工程概况，说明工程项目规模、范围、生产情况、产量、公用工程及厂外工程的主要情况；编制依据，说明设计文件依据、定额依据、价格依据及费用指标依据；编制方法，对运用各项依据进行编制的具体方法加以说明；主要设备和材料数量和其他有关问题。

② 总概算表编制。总概算表是根据建设项目内各单项工程综合概算以及其他费用概算，按照国家有关规定编制的，主要内容如下。

a. 按总体设计项目组成表，依次填入工程和费用名称，并将各单项工程概算及其他费用概算按其费用性质分别填入总概算表的有关栏内。

b. 按栏分别汇总，依次求出各工程和费用的小计，第一、第二部分费用的合计，总计和投资比例。

c. 总概算表末尾还应列出"回收金额"项目。回收金额是指在施工过程中或施工完毕所获的各种收入，如拆除房屋建筑物、旧机器设备的回收价值，试车的产品收入，建设过程中得到的副产品等。

4.2.3　设计概算的审查

4.2.3.1　审查设计概算的意义

设计概算是初步设计或扩大初步设计文件的重要组成部分。在报批或审批初步设计或扩大初步设计文件的同时，必须同时报批或审批设计概算。初步设计或扩大初步设计一经授权部门批准后，该设计的概算就作为对该建设项目进行投资的依据，在一般情况下不得突破批准的设计概算。如果突破原批准的概算投资，需追加投资，必须由原报批单位补报审批手续。

设计概算的审查是为了控制建设投资，防止出现初步设计总概算超过设计任务书的指标，施工预算超过设计概算，竣工决算又超过施工图预算的不正常现象。

审查概算不仅可以弥补概算编制质量不高的缺陷，还可以对建设项目的完整性、合理性、经济性进行评价，以达到投资不留缺口和投资省、效益高的目的。

4.2.3.2　审查工程概算的依据

① 国家、省（市）有关单位颁发的有关决定、通知、细则和文件规定等。

② 国家或省（市）颁发的有关现行取费标准或费用定额。

③ 国家或省（市）颁发的现行定额或补充定额。

④ 经批准的地区材料预算价格或该工程所用的材料预算价格，本地区工资标准及机械台班费用标准。

⑤ 初步设计或扩大初步设计图纸、说明书。

⑥ 批准的地区单位估价表或汇总表。

⑦ 有关该工程的调查资料，地质钻探、水文气象等原始资料。

4.2.3.3　设计概算的审查内容

设计概算着重审查下列内容。

① 概算编制是否符合规定的政策要求。

② 审核概算文件组成。概算文件反映的设计内容必须完整。概算包括的工程项目必须按照设计要求来确定，不漏项，不重项。概算投资应包括工程项目从筹建到竣工投产的全部建设费用。

概算编制的依据和采用的定额标准、材料设备价格以及各项取费标准都应符合有关规定。

③ 审核设计。主要包括总图设计审查和生产工艺流程审查。

总图布置应根据生产和工艺的要求做全面规划，力求紧凑合理，厂区运输和仓库布置要避免迂回往返运输。分期建设的工程项目要结合总体长远规划，统筹考虑，合理安排，并留有发展余地。总图占地面积应符合"规划指标"要求，对分期建设的用地，原则上应分次征用，以节约投资。

工程项目要按照生产要求和工艺流程合理安排，各主要生产车间的工艺生产要形成合理的流水线，避免工艺倒流，造成生产运输和管理上的困难和财力、物力上的浪费。

④ 投资经济效果审核。概算是设计的经济反映，对投资经济效果要做全面的、综合性的评价，不能单纯看投资多少，要看宏观的社会经济效益和微观的项目经济效果。

⑤ 具体项目的审核

a. 审核各种经济技术指标。审核各种技术经济指标是否合理，与同类工程的经济指标对比，分析其高低原因。

b. 审查建设工程费。先审查生产性建筑和非生产性建筑的面积和造价，然后审查主要构件和成品的制作和安装费。

c. 审查设备及安装费。审查设备数量和规格是否符合设计要求，各费用的计算要符合规定。

d. 查其他费用。审查各项费用的计算是否符合有关规定。

4.2.3.4　审查设计概算的方法和步骤

（1）审查设计概算的方法　设计概算是初步设计或扩大初步设计文件的组成部分，审查设计概算并不仅仅只是审查概算，同时还需要审查设计。在一般情况下，由建设项目的主管部门组织建设单位、设计单位、建设银行等有关部门，采用会审的形式进行审查，既审设计，又审概算。对设计和概算的修改，往往是通过主管部门的文件批复予以认定的。

（2）审查设计概算的步骤　审查设计概算是一项复杂而细致的技术经济工作，既要懂得有关专业的生产技术知识，又要懂得工程技术和工程概算知识，还需掌握投资经济管理、银行金融等多学科知识。

具体的步骤如下。

① 熟悉情况,掌握数据。弄清建设规模、设计能力和工艺流程。审阅设计图纸和说明书,进一步弄清建设内容与概算费用构成及各项技术经济指标的关系、概算表格与设计文字之间的关系。

② 进行经济对比分析,找出差距。利用已收集的概算或指标以及有关技术经济指标与设计概算进行对比分析。

③ 广泛开展技术咨询,依靠各行各业专家、技术人员、管理人员做好概算审查工作。

④ 注重调查研究,适应技术进步和市场变化的形势。

⑤ 建立健全资料的收集、整理、研究工作,不断提高审查水平。

4.3 施工图预算

施工图预算是在施工图设计完成以后,根据已批准的施工图设计、施工组织设计、建筑工程或设备安装工程预算定额、工程量计算规则以及各种费用的取费标准等编制的单位工程建设费用的文件。

4.3.1 施工图预算概述

施工图预算是确定建筑安装工程建设费用的文件,简称建筑安装工程预算,包括建筑工程预算和设备及安装工程预算。它又是单项工程综合预算的文件,因此,施工图预算也称作单位工程预算。

4.3.1.1 施工图预算的作用

编制施工图预算具有以下作用:

① 施工图预算是确定建筑安装工程造价的依据,是工程施工期间进行工程结算的依据,是办理工程竣工决算的依据,是甲方向乙方预付备料款的依据。

② 施工图预算是建设银行拨付工程款或办理贷款的依据。

③ 施工图预算是建设单位招标、编制标底的依据,是施工企业投标、编制投标文件、确定工程报价的依据,是甲乙双方签订工程承包合同、确定承包价款的依据。

④ 施工图预算是施工企业组织施工、编制各种资源(人工、材料、成品、半成品、机械设备等)供应计划的依据。

⑤ 施工图预算是施工企业进行经济核算、考核工程成本的依据。

⑥ 施工图预算是"两算"对比的前提条件。

4.3.1.2 编制施工图预算的依据

(1) 图纸和说明书　经审批后的施工图纸和说明书,是编制预算的主要工作对象和依据,但施工图纸必须要经过建设、设计和施工单位共同会审确定后才能进行预算编制。

(2) 建筑安装工程预算定额或单位估价表　预算定额一般都详细规定了工程量的计算方法,如分部分项的工程量计算单位、允许换算的材料等,必须严格按照预算定额的规定进行。工程量计算后,要严格按照预算定额或单位估价表规定的分部分项工程单价,填入预算表,计算出该工程直接费。

(3) 材料预算价格　地区材料预算价格是编制单位估价表和确定材料价差的依据,每一建设地区均编制有自己地区的材料预算价格。如果建设地区没有材料预算价格表,或者表中缺页,则应在当地建设厅的领导下,在建设单位、建设银行、施工企业和设计部门参与下,按照国家规定的原则和方法共同制定材料预算价格。

（4）组织设计或施工方案 施工组织设计或施工方案是工程施工中的重要文件，它对工程施工方法、材料、构件的加工和堆放地点都有明确的规定，这些资料直接影响计算工程量和选套预算单价。

（5）地区建设工程间接费定额 工程间接费随地区不同，取费标准也不同，按照国家要求，各地区均制定了各自的取费定额，通常在工程间接费用定额中，还规定了利润、税金和其他费用的取费标准，这些取费标准都是确定工程预算造价的基础。

（6）工程承包合同文件 建设单位和施工企业所签订的工程合同文件是双方进行工程结算和竣工决算的基础，合同中的附加条款也是编制施工图预算和工程结算的依据。

（7）预算手册 预算手册是预算部门必备的参考书。它的内容通常包括各种常用数据和计算公式；各种标准构件的工程量和材料用量；金属材料规格和计算单位之间的换算；投资估算指标、概算指标、单位工程造价和工期定额；工程量的计算规则和计算方法；技术经济参考资料等。因此工程预算编制手册是预算员必备的基础资料。

4.3.1.3 施工图预算的组成

（1）编制说明 编制说明的主要内容包括：采用设计施工图名称及编号、预算定额或单位估价表、费用定额、施工组织设计或施工方案；有关设计修改或图样全审记录；遗留项目或暂估项目统计数及其原因说明；存在问题和处理办法以及其他事项。

（2）工程量计算表和工程量汇总表 内容包括分项名称、规格型号、单位、数量，必要时写出计算式及所在部位等。

（3）分项工程预算表和单位工程直接费。

（4）按规定计取各项费用 主要有措施费、间接费、利润和税金。

（5）工程造价

（6）材料分析表

（7）主要材料汇总表 上述各项内容并非每项工程预算都必须要做，要根据工程具体情况来定，具体问题具体分析。

4.3.1.4 施工图预算费用的组成

建筑安装工程施工图预算造价由直接费、间接费、利润和税金四部分组成。

（1）建筑工程中各单位工程预算造价

$$建筑工程预算造价＝直接费＋间接费＋利润＋税金$$

（2）设备及安装工程预算价值

$$设备及安装工程预算价值＝设备预算价格＋设备安装工程预算造价$$

其中：

$$设备预算价格＝设备原价＋设备运杂费$$

$$设备安装工程预算造价＝直接费＋间接费＋利润＋税金$$

4.3.2 施工图预算的编制

建筑工程预算一般分为土建工程预算、给排水工程预算、电气照明工程预算、暖通工程预算、构筑物工程预算及工业管道、电力、电信工程预算。

建筑工程施工图预算是确定建筑工程预算造价及工料消耗的文件。编制建筑工程施工图预算，就是根据经过会审的施工图样及施工组织设计，按照现行预算定额或单位估价表逐项计算分项工程量，并套用预算单价计算定额直接费、工料用量并汇总，再根据当地现行取费标准计算间接费、利润、税金以及总造价和单位造价，写编制说明，装订成册的过程。

4.3.2.1 施工图预算的编制方法

施工图预算的编制方法有单位估价法和实物法。

(1) 单位估价法 单位估价法编制施工图预算，是指用事先编制的各分项工程单位估价表来编制施工图预算的方法。用根据施工图计算的各分项工程工程量，乘以单位估价表中相应单价，汇总相加得到单位工程直接费；再加上按规定程序计算出来的措施费、间接费、利润和税金，即得到单位工程施工图预算价格。单位估价法编制施工图预算的步骤如图 4-2 所示。具体步骤如下。

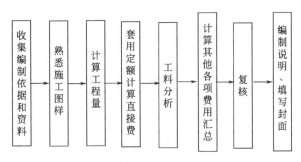

图 4-2 单位估价法编制施工图预算的步骤

① 收集编制依据和资料。主要有施工图设计文件、施工组织设计、材料预算价格、预算定额、单位估价表、间接费定额、工程承包合同、预算工作手册等。

② 熟悉施工图等资料。只有全面熟悉施工图设计文件、预算定额、施工组织设计等资料，才能在预算人员头脑中形成工程全貌，以便加快工程量计算速度和正确选套定额。

③ 计算工程量。正确计算工程量是编制施工图预算的基础。在整个编制工作中，许多工作时间是消耗在工程量计算阶段内，而且工程项目划分是否齐全、工程量计算得正确与否将直接影响预算编制的质量及进度。

④ 套用定额计算直接费。工程量计算完毕并核对无误后，用工程量套用单位估价表中相应的定额基价，相乘后汇总相加，得到单位工程直接费。计算直接费的步骤如下。

a. 正确选套定额项目。当所计算项目工作内容与预算定额一致，或虽不一致但规定不可以换算时，直接套相应定额项目单价；当所计算项目的工作内容与预算定额不完全一致，而且定额规定允许换算时，应首先进行定额换算，然后套用换算后的定额单价；当设计图样中的项目在定额中缺页，没有相应定额项目可套时，应编制补充定额，作为一次性定额纳入预算文件。

b. 填列分项工程单价。

c. 计算分项工程直接费。分项工程直接费主要包括人工费、材料费和机械使用费。

$$分项工程直接费＝预算定额单价×分项工程量$$

其中：

$$人工费＝定额人工费单价×分项工程量$$
$$材料费＝定额材料费单价×分项工程量$$
$$机械费＝定额机械费单价×分项工程量$$
$$单位工程直接（工程）费＝\sum 各分部分项工程直接费$$

⑤ 编制工料分析表。根据各分部分项工程的实物工程量及相应定额项目所列的人工费、材料数量，计算出各分部分项工程所需的人工及材料数量，相加汇总即得该单位工程所需的人工、材料数量。

⑥ 计算其他各项费用汇总造价。按照建筑安装单位工程造价的规定费用项目、费率及计算基础，分别计算出措施费、间接费、利润和税金，并汇总单位工程造价。

单位工程造价＝直接工程费＋措施费＋间接费＋利润＋税金

⑦ 复核。单位工程预算编制后，有关人员对单位工程预算进行复核，以便及时发现差错，提高预算质量。复核时应对工程量计算公式和结果、套用定额基价、各项费用计取时的费率、计算基础、计算结果、人工和材料预算价格等方面进行全面复核检查。

⑧ 编制说明、填写封面。编制说明包括编制依据、工程性质、内容范围、设计图样情况、所用预算定额情况、套用单价或补充单位估价表方面的情况以及其他需要说明的问题。封面应写明工程名称、工程编号、建筑面积、预算总造价及单方造价、编制单位名称及负责人、编制日期等。

单位估价法具有计算简单、工作量小、编制速度快、便于有关管理部门管理等优点，但由于采用事先编制的单位估价表，其价格只能反映某个时期的价格水平。在市场价格波动较大的情况下，单位估价法计算的结果往往会偏离实际价格，虽然可以采用价差调整的方法来调整价格，由于价差调整滞后，造成不能及时准确确定工程造价。

（2）实物法　实物法是先根据施工图计算出的各分项工程的工程量，然后套用预算定额或实物量定额中的人工、材料、机械台班消耗量，再分别乘以现行的人工、材料、机械台班的实际单价，得出单位工程的人工费、材料费、机械费，汇总求和，得出直接工程费，再加上措施费、间接费、利润和税金，即得到单位工程施工图预算价格。实物法编制施工图预算的步骤如图 4-3 所示。

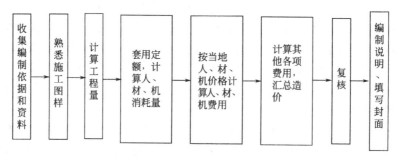

图 4-3　实物法编制施工图预算的步骤

由上图可以看出实物法与单位估价法的不同主要是中间两个步骤，即：

① 工程量计算后，套用相应定额的人工、材料、机械台班用量。定额中的人工、材料、机械台班标准反映一定时期的施工工艺水平，是相对稳定不变的。

计算出各分项工程人工、材料、机械台班消耗量并汇总单位工程所需各类人工工日、材料和机械台班的消耗量。

分项工程人工消耗量＝工程量×定额人工消耗量

分项工程材料消耗量＝工程量×定额材料消耗量

分项工程机械消耗量＝工程量×定额机械消耗量

② 用现行的各类人工、材料、机械台班的实际单价分别乘以人工、材料、机械台班消耗量，并汇总得出单位工程的人工费、材料费、机械台班费。

在市场经济条件下，人工、材料、机械台班单价是随市场而变化的，而且是影响工程造价最活跃、最主要的因素。用实物法编制施工图预算，采用工程所在地当时的人工、材料、机械台班价格，反映实际价格水平，工程造价准确性高。虽然计算过程较单价法繁琐，使用计算机计算速度也就快了，因此实物法是适合市场经济体制的，正因为如此我国大部分地区采用这种方法编制工程预算。

（3）单位估价法与实物法的不同　单位估价法与实物法的不同之处主要有以下三个方面。

① 计算直接费的方法不同。单位估价法是先用各分项工程的工程量乘以单位估价表中相应单价计算分项工程的定额直接费，经汇总后得到单位工程直接费。这种方法计算直接费较为简便。

实物法是先用各分项工程的工程量套用定额计算出各分项工程的各种工料机消耗量，并汇总得出单位工程所需的各种工料机消耗量，然后乘以工料机的单价，计算出该工程的直接费。由于工程所使用的工种多、材料品种规格杂、机械型号多，所以即使单位工程使用的工料机消耗量比较繁琐，加上市场经济条件下单价经常变化，需要收集相应的实际价格，编制工程量有所增加。

② 进行工料分析的目的不同。单位估价法是在直接费计算后进行工料分析，即计算单位工程所需的工料机消耗量，目的是为价差调整提供资料。实物法是在直接费计算之前进行工料分析，目的是计算单位工程直接费。

③ 计算直接费使用价格不同。单位估价法计算直接费时用单位估价表中的价格，该价格是根据某一时期市场上人、材、机价格计算确定的，与工程实际价格不符，计算工程造价时需进行价差调整。

实物法计算直接费时采用的就是市场价格，计算工程造价不需要进行价差调整。

4.3.2.2　施工图预算书的组成

单位工程施工图预算书主要由封面、编制说明、工程量计算表、工程概预算表、工料分析表、工程造价取费表等组成。

（1）封面　主要包括工程名称、结构类型、建筑面积、工程造价、建设单位、施工单位、编制者等内容。

（2）编制说明　主要包括预算编制过程中所依据的定额、规定、费用标准、施工图纸、施工现场条件、价差调整的依据以及需要说明的其他有关问题，一般在施工图预算编制完成后进行这项工作。

（3）工程量计算表和工程量汇总表　当一个单位工程由较多的分项工程组成时，为了便于套用定额单价，一般按定额顺序，同时考虑施工顺序、施工部位等因素，对相同的项目进行汇总，以达到分项工程项目较少、简化计算的目的。工程量汇总表见表4-9。

表4-9　工程量汇总表

序号	分项工程名称	单位	工程量

（4）工程概预算表　根据工程量汇总表中的数据及采用的单位估价表、混凝土配合比、设计图纸等资料计算填写工程预算表（表4-10），计算直接工程费和技术措施费。

表4-10　建筑工程预算表

序号	定额编号	工程名称	单位	工程量	单价	合计	其中		
							人工费	材料费	机械费

（5）工料分析表　工料分析是将施工图预算所计算的各分部分项工程量乘以现行预算定额中的人工、材料、机械消耗量指标，计算出所有分部分项工程的人工、材料、机械消耗量，然后进行汇总计算出整个单位工程人工、材料、机械消耗量的过程。当需要计算材料、人工、机械消耗量或计取价差时，需要进行该项计算。随着计算机的普及，工料分析工作已

经变得非常简单。

（6）工程造价取费表　上述计算工作完成后，根据相应的工程造价取费程序表计算工程造价。

4.3.2.3　工程量计算原则和方法

工程量就是以物理计量单位或自然单位所表示的各个具体工程和结构配件的数量。物理计量单位表示物体的长度、面积、体积、质量等，如建筑物的建筑面积，楼地面的面积，墙基础、墙体、混凝土梁、板、柱的体积（m^3），管道、线路的长度（m），钢梁、钢柱、钢屋架的质量（t）等。自然计量单位是以实物形态表示的，如台、组、套、个等。

工程量是根据设计图纸规定的各个分部分项工程的尺寸、数量以及设备明细表等具体计算出来的。在计算工程量时，注意要与预算定额中的分部分项工程划分、计量单位等内容相一致。

预算定额对于工程量的计算起着重要的作用。根据预算定额规定的各分部分项工程内容，便于计算工程量时划分工程项目。预算定额规定的工程量计算规则与方法是计算各分部分项工程量的主要依据之一。另外工程量的计算单位必须依据预算定额的计量单位，只有这样，才能便于套用预算定额单价，并分别计算出分项工程的直接工程费用和其中的人工费、材料费以及施工机械台班费。预算定额项目的排列顺序，也就是工程量计算的排列顺序，这样便于查找相应项目的预算单价，防止错套预算单价和漏项等情况发生。

计算工程量是确定建筑安装工程直接费用、编制单位工程预算书的重要环节，其正确与否直接影响着单位工程的造价。工程量指标对于建筑企业编制施工作业计划、合理安排施工进度、组织劳动力和物资供应都是不可缺少的，工程量也是进行基建财务管理与会计核算的重要指标。

工程量的计算是一项工作量很大而又十分复杂的工作，工程量计算的精确程度和快慢与否，都直接影响着预算的编制质量与速度。因此，在计算工程量时，要尽量做到认真、细致、准确，并且要按一定的工程量计算规则和预算定额的项目排列顺序进行计算，以防重算和漏算等现象的发生，也利于审核。

（1）工程量计算的基本原则　在工程量计算时要防止错算、漏算和重复计算，为了准确计算工程量，通常要遵循以下原则：

① 计算工程量时必须遵循统一的计算规则，即与现行预算定额中工程量计算规则相一致，避免错算。

② 计算工程量时口径要统一，即每个项目包括的内容和范围必须与预算定额相一致，避免重复计算。

③ 计算工程量时，要按照一定的顺序进行，避免漏算或重复计算。计算公式各组成项的排列顺序要尽可能一致，以便审核。

④ 计算工程量时，所列各分项工程的计算单位要与现行定额的计算单位一致。

⑤ 计算工程量时，计算精度要统一，工程量计算结果除钢材、木材保留小数点后三位外，其余均保留小数点后两位。

（2）工程量计算的方法　一个建筑物或构筑物是由很多分部分项工程组成的，在实际计算工程量时容易发生漏算或重复计算，影响工程量计算的准确性。为了加快计算速度，避免重复计算或漏算，同一个计算项目的工程量计算也应根据工程项目的不同结构形式，按照施工图样循着一定的计算顺序依次进行。

① 一般土建工程计算工程量的方法。一般土建工程计算工程量时，通常可按施工顺序、定额编排顺序、统筹法顺序进行计算。

a. 按项目施工顺序计算：即按工程施工的先后顺序来计算工程量。大型复杂工程可分区域、分部位计算。如按施工顺序安排基础工程的工程量计算顺序可以为挖土方、做垫层、做基础、回填土、余土外运。

b. 按定额编排顺序计算：即按现行预算定额的分部分项顺序依次列项计算。

c. 按统筹法顺序计算工程量：就是分析工程量计算过程中各分项工程量计算之间的固有规律和相互依赖关系，合理安排工程量计算程序，以简化计算，提高效率，节约时间。

对于一般的土建工程，通常按下列顺序进行计算。

(a) 计算建筑面积和体积。建筑面积和建筑体积都是工程预算的主要指标，它们不仅具有独立的概念和作用，也是核对其他工程量的主要依据，因此必须首先计算出来，这是第一步。

(b) 计算基础工程量。一般土建工程的基础形式通常有普通带形基础、筏片基础和各种桩基础。除了桩基础外，其他基础工程多由挖基坑土方、做垫层、砌（浇）筑基础和回填土等分项工程组成。基础工程是工程正式开工后的第一个分部工程，因此要将其排在工程量计算程序的第二步。

(c) 计算混凝土及钢筋混凝土工程量。混凝土及钢筋混凝土工程通常分为现浇混凝土、现浇钢筋混凝土、预制钢筋混凝土和预应力钢筋混凝土等工程。它同基础工程和墙体砌筑工程密切相关，既相互依赖，又相互制约，因此应将其排在工程量计算程序中的第三步。

(d) 计算门窗工程量。门窗工程既依赖于墙体砌筑工程，又制约砌筑工程施工，其工程量还是墙体和装饰工程量计算过程中的原始数据，因此要将其排在工程量计算程序的第四步。

(e) 计算墙体工程量。在计算墙体工程量时，要尽可能利用上述第三步和第四步提供的基本数据。在墙体工程量计算过程中，还要为装饰工程量计算提供数据，因此该部分应排在工程量计算程序的第五步。

(f) 计算装饰工程量。对于装饰工程量的计算，要充分利用上述程序中第三～五步所提供的基本数据。通过装饰工程量计算过程，还要为楼地面等工程量计算提供数据，因此装饰工程应排在计算程序的第六步。

(g) 计算楼地面工程量。在计算该部分工程量之前，首先要计算出设备基础及地沟部分的相应工程量，这样在计算楼地面工程量时，可以顺利地扣除其相应面积或体积，在楼地面工程量计算过程中，既要充分利用上述程序第五步、第六步所提供的数据，也要为屋面工程量计算提供基础数据，因此该部分应排在计算程序的第七步。

(h) 计算屋面工程量。在屋面工程量计算时，要充分利用上述计算程序第一步和第七步所提供的数据。

(i) 计算金属结构工程量。金属结构工程的工程量一般与上述计算关系不大，因此可以单独进行计算。

(j) 计算其他工作量。其他工程又分为其他室内工程，如水槽、水池、炉灶、楼梯扶手和栏杆等；其他室外工程，如花台、阳台和台阶等。预制构件运输、砖筑、抹灰、油漆和铁件等零星工程，均应分别计算出。

(k) 计算竣工清理、零星构件和其他直接费，如出入口、水池、人孔盖板、预制构件运输、钢筋运输、钢筋调整、木材烘干、木门窗运输等。

对于脚手架工作量，可按施工组织设计文件规定，在墙体砌筑工程或装饰工程量计算时顺便计算出来。

② 同一分项工程工程量计算方法

a. 按顺时针方向列项计算。从图样左上角开始，从左至右按顺时针方向依次计算，再重新回到图样左上角的计算方法。这种计算顺序适用于外墙的挖地槽、砖石基础、砖石墙、墙基垫层、楼地面、顶棚、外墙粉饰、内墙以间为单位的粉饰等项目。

b. 横竖分割列项计算。按照先横后竖、从上到下、从左到右的顺序列项计算。这种计算顺序适用于内墙的挖地槽、砖石基础、砖石墙、墙基垫层、内墙装饰等项目。

c. 按构件分类和编号列项计算。这种方法是按图样注明的不同类别、型号的构件编号列表进行计算。这种方法既方便检查校对，又能简化算式，如按柱、梁、板、门窗分类，再按编号分别计算。这种计算顺序适用于桩基础工程、钢筋混凝土构件、金属结构构件、钢木门窗等项目。

d. 按轴线编号列项计算。这种方法是根据平面上的定位轴线编号，从左到右、从上到下列项计算。计算主墙或柱子工程量，特别是对于复杂的工程，仅按上述顺序计算有可能产生重复或遗漏。为了便于计算和审核，防止差错，可以按设计轴线进行，并将其部位标记出来。图纸上的轴线编号要根据制图标准的规定，纵轴线自左至右，横轴线自下而上，计算时按轴线编号起始点进行。

上述工程量计算的方法不是独立存在的，实际工作中应根据工程具体情况灵活运用，可以只采用其中一种方法，也可以同时采用几种方法。不论采用何种计算方法，都应做到所计算的项目不重不漏，数据准确可靠。

4.3.2.4 预算价差的调整

材料（人工、机械）价差是指工程施工过程中所采用的材料（人工、机械）实际价格与预算价格不一致，由此而产生的材料（人工、机械）价格差异。

（1）价差的产生原因

① 地区差。各省、市、地区预算定额价格与北京或省中心城市（定额编制地）的预算定额基价产生一个价差，这个价差由当地定额站或造价管理部门进行测算比较，得出调整系数作为价差调整用。或者在编制本地区计价表时调整在计价表内，不另行调整。

② 时间差。预算定额或计价表的编制年度与以后执行年度，因市场价格波动而产生价差，由当地定额站或造价管理部门、物价管理部门测算出物价涨幅调差系数，按此调差。

③ 供求形式差。因市场供求关系引起市场竞争，使价格波动，或市场渠道不同，形成价格差异。

（2）价差的调整方法　价差调整方法既要准确又要方便，常用的调整方法如下。

① 人工工日单价的调整。人工工日单价一般用"工资地区系数"调整，该系数由该地定额站或造价管理部门在一定时期内测算公布。其调整计算方法如下：

$$人工工日单价＝人工工日基价×工资地区系数$$

也可以测算一个系数或市场平均人工单价计算。

② 材料预算单价价差调整。安装工程材料品种繁多，规格品种复杂，价格调整极不容易。进入市场经济后，材料价格波动很大，材料在工程造价中所占比重较大，材料价格波动对工程造价影响极大，所以材料调差至关重要，必须寻求一种既快又好又简便的方法调差。而材料价差调整与国家对价格政策、工程造价费用及计算的规定有关。当前，各地对价差的调整方法如下：

a. 对工程影响较大的贵重材料、主要材料，如"三材"，实行"单向调差法"。即某项材料产生价差，就对某项材料进行价差调整，其计算如下：

$$某材料价差额＝某材料预算总消耗量×（某项材料地区指导价或市场单价$$
$$－某项材料定额预算单价）$$

其中，材料指导价也称为"结算指导价"，它是当地工程造价部门和物价部门共同测定公布的当时某项材料的市场平均价格。

b. 大宗材料、地方材料或定额中的辅助材料，因品种规格太多，而用量也不是太大，不可能逐项调整，由当地工程造价管理部门按典型工程的材料消耗用量和价格测算出一个综合价差系数或发包单位和承包单位协商一个系数，进行综合性的价差调整。这种方法简便、快捷，但由于综合性太大，也不够准确。在没有价格信息网络和信息处理手段的情况下，也是一种既方便且简捷的调价方法，所以当前各地均采用。材料综合价差按下式计算：

$$单位工程计价材料综合价差额＝单位工程计价材料费×材料综合调整差系数$$

③ 施工机械台班单价价差调整。由当地工程造价管理部门测算一个综合涨幅，或承发包双方协商一个调差系数。其台班价差额按下式计算：

$$施工机械台班价差额＝单位工程台班费总和×机械台班调差率$$

4.3.2.5 给排水工程施工图预算的编制

（1）给排水工程组成　由取水、输水、净水和配水管网将符合于生产或生活质量标准的清洁用水送到各个用户的全部过程，称为给水；城市及工矿区排出的生活污水、生产废水和雨水集中并输送到适当的地点，经过净化处理后，使之达到环境保护的要求，称为排水。

① 工业给水

a. 水源地工程，包括取水井、相应配套的水工构筑物、取水管道和取水泵房等。

b. 净水工程，包括清水池、水处理设备、水分析设备、排污管道等。

c. 水厂供水管道，是由水源地输向水泵房继续至厂区储水池之间的管道敷设，包括中间泵站。

d. 全厂供水管网，包括厂区供水泵房以及至全厂各车间（装置）的管网敷设。

e. 循环水工程，包括循环水设备、凉水塔或冷却水池以及循环管道。

f. 其他如消防水管道和消火栓等。

② 工业排水

a. 污水处理，包括分离池、排污泵房和排污池等。

b. 排污管道，包括排污管道敷设和污水井等。

③ 民用给排水。包括给水系统设备和管道安装，如水表及水嘴安装、水箱安装、室内卫生设备及其他零星构件安装；排水系统，如排水管道、化粪池和水泵设备安装等。

给排水施工图分为室内给排水和室外给排水两部分。室内部分表示一幢建筑物的给排水工程，包括平面图、立剖面图和详图。单独的构筑物如泵房、水塔和水池等，分别设计，按土建和设备安装编制预算。

根据设计和施工习惯，按室内和室外分别编制预算。

室内外给水管道以建筑物外墙皮或装置区的边界线外一米为分界，室内外排水管道以建筑物或装置区外的第一个检查井为分界。

给排水常用的材料、设备分为四类：管材、管件、阀门和卫生设备。

（2）给排水工程施工图预算书的编制依据

① 施工图纸。经过会审后的给排水工程施工图是计算给排水工程工程量的主要依据，也是编制施工图预算的基础资料之一。

② 预算定额。国家颁发的管道安装工程预算定额、机械设备安装工程预算定额、刷油保温防腐蚀工程预算定额等，是编制给排水工程施工图预算的主要依据。它确定了分项工程项目的划分、计量单位和规定了工程量计算规则等，为计算工程量和编制预算提供了重要依据。

③ 单位估价表和补充单位估价表。单位估价表和补充单位估价表为编制预算提供了各分项工程的单价资料，是计算直接费必不可少的基础资料。

④ 安装工程费用取费标准。建筑安装工程费用取费标准是计算间接费的依据，而直接费、间接费和法定利润则是计算工程造价的依据。

⑤ 材料预算价格表。材料预算价格表是编制施工图预算、进行材料价格换算的必需资料之一。

（3）给排水工程施工图预算书的编制步骤　给排水工程施工图预算书的编制步骤大体上与土建工程施工图预算书的编制步骤相同，大致如下。

① 熟悉和审核施工图。在编制给排水工程施工图预算时，首先要熟悉施工图纸，了解工程全貌。同时，要深入现场，了解管道沟开挖的断面和沟底工作面的大小、放坡的坡度和土壤类别等实际情况，在编制预算中加以充分考虑，使预算更加切合实际。

② 计算工程量。给排水工程工程量计算是否准确，将直接影响到给排水工程施工图预算的质量，因此必须要充分保证工程量计算的准确性。同时，要按预算定额所划分的分项工程项目、计量单位和工程量的计算规则等，并按照一定的顺序计算和汇总各分项工程的工程量。

③ 计算直接费。在计算和汇总工程量的基础上，按预算定额中分项工程的排列顺序依次选套相应的预算单价，并逐项计算出分项工程的价值，将所有的价值加起来便可得出直接工程费。要充分注意预算定额中的有关规定和说明，避免漏项。直接工程费可根据下式计算：

$$直接工程费＝\sum（预算单价×分项工程数量）$$

按相应取费标准计算措施费，就可得直接费。

④ 计算间接费和利润。在计算出总的直接费和人工工资总额的基础上，根据政府所颁发的间接费费用取费标准和法定利润等的规定，分别计算出间接费、利润和税金。计算方法同土建间接费、法定利润和税金的计算。

⑤ 计算工程预算造价。计算出总的直接费、间接费、法定利润和税金后，将它们进行加和，便可得出工程预算造价。

为了进行技术经济分析，还应该计算出技术经济指标，如将工程预算造价除以建筑面积，即可求出每平方米建筑面积的给排水工程造价等。

（4）给排水工程施工图预算书的组成　通常情况下给排水工程施工图预算书由以下几部分组成：①编制依据；②工程说明；③工程量计算表；④主要材料明细表；⑤工程预算表。

4.3.2.6　电气安装工程施工图预算的编制

（1）电气安装工程组成　电气安装工程可以包括整个电力系统或其中的一部分，其主要项目组成如下。

① 变配电设备。变配电设备是用来变换电源和分配电能的电气装置。变电所中的用电设备大多数是成套的定型设备，包括变压器、高低压开关设备、保护电器、测量仪表及连接母线等。

② 蓄电池及整流装置。工厂内所用蓄电池，可作为厂内的电话通信、开关操作、继电保护、信号控制、事故照明等的支流电源。整流装置是将交流电转换成直流电的电气装置。

③ 架空线路。电能远距离输送，一般采用架空电力外线。外线工程分高压和低压两种，由电杆和导线组成。

④ 电缆。将一根或数根绝缘导线综合而成的线芯，裹以相应的绝缘层以后，外面包上密闭的包布的导线，称为电缆。电缆分为电力电缆、控制电缆、电话电缆三种。

⑤ 防雷及接地装置。防雷及接地装置是指建筑物、构筑物的防雷接地、变配电系统接地和车间接地、设备接地以及避雷针的接地装置等，包括接地极、避雷针的制作安装，接地母线，避雷引下线和避雷网等。

⑥ 照明。照明包括灯具安装和线路敷设。

⑦ 配管配线。配管配线是指把供电线路和控制线路由配电箱接到用电器具上的管线安装，分为明配和暗配两种。

⑧ 动力安装。动力安装是指高低压电动机及动力配电设备的安装。

⑨ 起重设备电气装置。起重设备电气装置是指桥式起重机、电动葫芦等起重设备的电气装置的安装。

⑩ 电气设备试验调整。安装的电气设备在送电运行之前，要进行严格的运行试验和调整，一般在安装前进行单体试验，安装后进行系统试验调整。

（2）电气工程施工图预算书的编制依据和步骤　电气工程施工图预算书的编制依据和步骤与"给排水工程"施工图预算书的编制依据和步骤大体相同，可参考编制。另外，对于采暖、通风空调和通信工程等安装工程也可按照类似的编制方法编制。

4.3.2.7　工艺管道工程施工图预算的编制

（1）工艺管道定额的适用范围　工艺管道定额主要适用于工业与民用建筑的新建和扩建的安装工程项目，不适用于改建和修理工程项目及超高压管道工程，其主要内容和适用范围如下。

① 区范围内的车间、装置、站类、罐区及其相互之间输送各种生产用介质的管道。

② 区范围外距离在 10km 以内的各种生产用介质输送管道。

③ 场区内第一个连接点以内的生产用、生产和生活共用的给水、排水、蒸汽、煤气输送管道；民用建筑中的锅炉房、泵房、冷冻机房等的工艺管道。给水以第一个入口水表井为界，排水以厂围墙外第一个污水井为界；蒸汽和煤气以第一个计量表（阀门）为界，锅炉房、泵房、冷冻机房则以墙外 1.5m 为界。

（2）工艺管道工程量的计算　工艺管道工程量的计算主要包括：管道安装，管件的连接与制作，阀门安装，法兰安装，板卷管制作，管架、金属构件制作与安装，管道焊缝等内容。

4.3.2.8　单项工程综合预算的编制

综合预算是确定单项工程全部建设费用的综合性预算文件。它是根据构成该单项工程的各个单位工程预算以及其他工程和费用编制的，因此它包括了单项工程整个建造过程所需要的全部建设费用。

对于编制总概算的建设项目，其单项工程的综合预算不包括工程建设其他费用、预备费等。

（1）单项工程综合预算的作用　单项工程综合预算的作用主要体现在以下几个方面。

① 综合预算是确定设计方案经济合理性的依据。根据单项工程综合预算价值所确定的技术经济指标，不仅可以表达新建企业的单位生产能力的投资额大小，而且可以据此表达新建工程的单位服务能力的投资额大小。通过这些技术经济指标，就能够对设计方案进行技术经济评价，比较其合理性、先进性和可行性。

② 综合预算是建设单位编制主要材料申请计划和设备订货的依据。

③ 经过批准的单项工程综合预算是建设银行控制其贷款的依据。

④ 综合预算的准确性直接影响单项工程的投资数额及其经济效果。综合预算是以单项工程为对象编制的，编制的准确与否不仅影响该单项工程的建设费用和投资效果，而且对于编制总概算的建设项目，还将影响整个建设项目的建设费用和投资效果。

（2）综合预算的内容　综合预算的内容通常包括编制说明、综合预算表及其所附的单位工程预算表。对于编制总概算的建设项目，其单项工程综合预算可以不附编制说明。

① 编制说明。编制说明通常列于综合预算表的前面，其内容包括：

a. 主管机关的批示和规定、单项工程的设计文件、预算定额、材料预算价格、设备预算价格和有关的费用指标等各项编制依据。

b. 主要建筑材料的数量以及主要机械设备和电气设备的数量。

c. 其他有关问题。

② 综合预算表

a. 民用建设项目的单项工程

（a）建筑工程费用。建筑工程包括一般土建工程、采暖工程、给排水工程、通风工程和电气照明工程。

（b）工程建设其他费用。工程建设其他费用包括除了与工业生产项目有关的费用项目以外的一切工程建设其他费用。

（c）预备费。预备费包括与民用建筑项目有关的一些预备费用。

综合预算表内，所列的单位工程与其他工程和费用项目的多少，取决于工程的建设规模、性质、设计要求和建设的条件等各方面因素。

b. 工业建设的单项工程

（a）建筑工程费用。通常一般包括土建工程、采暖工程、给排水工程、通风工程、工业管道工程、电气照明工程和特殊构筑物工程的费用。

（b）设备及其安装工程费用。包括机械设备及其安装工程、电气设备及其安装工程的费用。

（c）设备购置费用。设备购置费用包括该单项工程所必需的全部机械设备和电气设备的购置费，该项费用通常列入设备及其安装工程费用之中。

（d）工器具及生产家具购置费用。工器具及生产家具购置费是新建项目为保证初期正常生产所必须购置的第一套不够固定资产标准的设备、仪器、工卡模具和器具等的费用，不包括备品备件的购置费。

（e）工程建设其他费用。工程建设其他费用包括除建筑安装工程费用和设备、工器具购置费以外的一些费用，如土地、青苗等的补偿费。

（f）预备费。预备费是指在初步设计和概算中难以预料的工程和费用，其中包括实行按施工图预算加系数包干的预算包干费用，其主要用途如：在进行技术设计、施工设计和施工过程中，在批准的初步设计和概算范围内所增加的工程和费用；由于一般自然灾害所造成的损失和预防自然灾害所采取的措施费用；设备和材料差价；在上级主管部门组织竣工验收时，验收委员会为鉴定工程质量，必须开挖和修复隐蔽工程的费用。

通常，预备费是以"单项工程费用"总计与工程建设其他费用之和，按照规定的预备费率计算；引进技术和进口设备项目，应按国内配套部分费用计算；施工图预算包干系数，以直接费与间接费之和为基础计算。

4.3.3 施工图预算的审查

4.3.3.1 审查工程预算的意义

工程预算根据的是工程设计图纸（施工图）、预算定额、费用标准计算的工程造价文件，审查工程预算就是对工程造价的确认。经审定的施工图预算是确定的工程预算造价，是签订建筑安装工程合同、办理工程拨款和结算的依据。

工程预算是确定工程造价的文件，它由施工企业编制。

在预算审查过程中，必须做好预算的定案工作。定案就是把审查中发现的问题，经过原编制单位和有关单位共同研究，得出一致的结论，然后据以修正原来的预算。做好审查预算的定案工作，是提高预算文件的质量、正确确定工程造价、巩固审查成果的重要环节。

4.3.3.2 土建工程施工图预算的审查

（1）审查的主要内容 环境工程造价是由直接费、间接费、利润和税金四部分费用组成的。其中直接费是预算所列各分部分项工程的工程量乘以相应的定额单价所得的积经累加而得的。间接费、利润和税金是以直接费或人工费或直接费加间接费或直接费加间接费加利润之和乘以一定的百分比而得的。因此，在工程预算中，工程量是确定工程造价的决定因素。工程量的大小，与直接费大小成正比，与工程造价成正比。审查环境工程预算，主要就是审查其工程量，审查其所用的定额单价，同时也要审查各项费用标准。

① 审查工程量。对工程预算中的工程量，可根据设计或施工单位编制的工程量计算表，并对照施工图纸尺寸进行审查。主要审查其工程量是否有漏项、重算和错算。审查工程量的项目时，要抓住那些占预算价值比例比较大的重点项目进行。例如对砖石工程、钢筋混凝土工程、金属工程、地面工程等分部工程，应做详细校对，其他分部工程可只做一般的审查。同时要注意各分部工程项目构配件的名称、规格、计量单位和数量是否与设计要求及施工规定相符合。为了审查工程量，要求审查人员必须熟悉设计图纸、预算定额和工程量计算规则。

a. 审查项目是否齐全，有否漏项或重复。综合预算定额是在预算定额基础上扩大、综合、简化而成的，因此要了解综合预算定额的工作内容，防止漏项或重复计算工程项目。如：桩承台基础已考虑了桩顶挖土、凿桩和焊接等工作内容，不能重复计算凿桩、桩顶挖土等项目，凿桩超过50cm的可另按截桩子目计算。凿桩、截桩、桩顶挖土等项目是专为非桩承台基础下有预制桩时设立的。

依附在框架内外墙内的混凝土柱、梁，其粉刷已在相应墙内计算，不得重复计算。

预制钢筋混凝土构件已包括预埋铁件，不得另立项计算；现浇钢筋混凝土构件未包括预埋铁件，如设计需要预埋铁件，可另立项计算。

屋面防潮层已包括伸缩缝和铸铁落水头子、水斗，不得重复计算；相反，若屋面采用两种不同材料的防潮层，则应扣除其中任一种防潮层中所含伸缩缝、铸铁落水头子、水斗的含量。

屋面"二毡三油"已包括刷冷底子油两遍，不能另行计算刷冷底子油费用。

b. 审查工程量，尤其是计算规则容易混淆的部位。综合预算定额的工程量计算规则已大大简化了，许多项目工程量是按建筑面积、投影面积计算，但也有部分项目工程量仍按净面积、实铺面积或展开面积计算的，一定要分清，不能混淆。如：平整场地、室内回填土、垫层、找平层、各种面层及楼板均按建筑面积计算；而楼地面防潮层按实铺面积计算；屋面防潮层按屋面水平投影面积计算（包括檐口部分）；屋面架空混凝土板隔热层按实铺面积计算；屋面板均按屋面水平投影面积计算，有挑檐者再乘以1.05的系数，坡屋面则再乘以坡度系数；檐口壁的高度超过40cm时，超过部分按实际面积套栏板定额计算。

② 审查定额单价

a. 审查预算书中单价是否正确。应着重审查预算书上所列的工程名称、种类、规格、计量单位与预算定额或单位估价表上所列的内容是否一致。如果一致时才能套用，否则套错单价，就会影响直接费的准确度。

b. 审查换算单价。《预算定额》规定允许换算部分的分项工程单价，应根据《预算定额》的分部分项说明、附注和有关规定进行换算；《预算定额》规定不允许换算部分的分项工程单价，则不得强调工程特殊或其他原因而任意加以换算。

c. 审查补充单价。目前各省市、自治区都有统一编制、经过审批的《地区单位估价表》，它是具有法令性的指标，这就无需再进行审查。但对于某些采用新结构、新技术、新材料的工程，在定额确实缺少这些项目尚需编制补充单位估价时，就应进行审查，审查分项项目和工程量是否属实，套用单价是否正确。

③ 审查直接费。决定直接费用的主要因素是各分部分项工程量及其预算定额（或单位估价表）单价，因此审查直接费也就是审查直接费部分的整个预算表，即根据已经过审查的分项工程量和预算定额单价审查单价套用是否准确、有否套错和应换算的单价是否已换算以及换算是否正确等，审查时应注意以下内容。

a. 预算表上所列的各分项工程的名称、内容、做法、规格及计量单位与单位估价表中所规定的内容是否相符。

b. 预算表中是否有错列已包括在定额中的项目从而出现重复多算的情况，或因漏列定额未包括的项目而少算直接费的情况。

④ 审查间接费及其他费用

a. 审查人工费补差和施工流动津贴。人工费补差与施工流动津贴是以定额工日数为基础计算的。随着工程费和定额单价的审查变动，定额工日数应做相应调整，此外要注意人工费补差和施工流动津贴的规定适用期与施工期是否一致。

b. 审查次要材料差价。审查次要材料差价的方法同于审查人工费补差，要注意的是次要材料差价的计费基础不是定额直接费，而是定额材料费。

c. 审查主要材料差价。审查主要材料差价应注意以下几点：主要材料应是《建筑工程主要材料一览表》中所列的材料；材料数量应是审核后预算的定额材料消耗量。

$$主要材料差价＝\sum[主要材料定额消耗量×(市场价－定额预算价)]$$

其中

$$市场价＝中准价×(1±浮动率)＋运费＋运耗$$

式中，中准价×(1±浮动率)按合同规定方法确定。

（2）审查的方法　根据施工工程的规模大小、繁简程度不同，所编工程预算的复杂程度和质量水平不同，采用的审查方法也应不同。

① 全面审查法。全面审查法就是对送审的工程预算逐项进行审查的一种方法。它适用于工程规模较小、结构简单、施工工艺较复杂和采用标准设计较多的工程，也适用于审查人员充足而任务不多的审查部门。

全面审查法的特点是全面、细致、质量高、效果好，但工作量大，耗费人力和时间较多。

② 重点抽项审查法。重点抽项审查法就是抓住对工程造价影响比较大的项目和容易发生差错的项目重点进行审查。它适用于土方、砌筑、钢筋混凝土、钢结构、木结构和高级装饰等工程量较大的建筑工程以及设备安装工程。

重点抽项审查法的特点是速度快、省时省力，但审查质量不如全面审查法的质量高。

审查的内容主要有以下几个方面。

a. 工程量大或费用较高的项目　如土建工程中的砌体工程、混凝土及钢筋混凝土工程、基础工程等分项工程的工程量是审查的重点。

b. 换算定额单价和补充定额单价。

c. 工程量计算规则。

d. 各项费用的计费基础及其费率标准。

e. 市场采购材料的差价。

在市场经济条件下，材料的市场采购价格浮动幅度较大，使材料差价在工程造价中占有较大比重。审查时，应根据各地区造价管理部门定期发布的市场采购材料的信息价格，严格审查市场采购材料的市场价格，准确计算材料差价。

③ 对比审查法。对比审查法是指采用标准施工图或复用施工图的单位工程，在一个地区或城市范围内，其预算造价基本相近，只因某些项目之间的施工条件、材料耗用等不同产生差异，将差异部分项目费用分解出来进行对比分析，确定预算准确率的方法。适用于采用标准施工图或复用施工图的工程项目。

对比审查法的特点是准确率较高，审查速度快。

④ 经验审查法。它是根据以往审查类似工程的经验，只审查容易出现错误的费用项目，采用经验指标进行类比。它适用于具有类似工程预算审查经验和资料的工程。

经验审查法的特点是速度快，但准确度一般。

⑤ 统筹审查法（分组计算审查法）。统筹审查法是指在长期工程预算审查工作中总结出来的，在预算编审规律基础上，运用统筹法审查的方法。它适用于所有工程预算审查，项目分组后一般与全面审查法结合运用，在编审人员充足的情况下，速度快、质量高。

4.3.3.3 设备安装工程预算的审查

设备安装工程预算的审查与一般土建工程类似，要对工程量、设备及主要安装材料价格、预算单价的套用、其他费用的计取等进行审查。

(1) 工程量的审查　对设备安装工程要分需要安装和不需要安装分别进行工程量统计。

① 设备安装工程。设备安装工程的审查，要注意设备的种类、规格、数量是否符合设计要求，有没有把不需要安装的设备也计算到安装工程中去。

② 电气照明工程。电气照明工程的审查，应注意灯具的种类、型号、数量以及吊风扇、排风扇等是否与设计图纸一致；线路的敷设方法、线材品种是否达到设计标准，线路长度计算是否准确；各种配件、零件有些是包括在预算定额内，如灯具、明暗开关、插销、按钮等预留线已综合在定额的有关项目内，有无重复计算的情况。

③ 给排水工程。给排水工程量的审查，应正确区分室内外给排水工程的界限，管道敷设的各种管材的品种、规格与长度计算是否准确；阀门等管件不应扣除的是否扣去；室内排水管路是否已扣除应扣除的卫生设备本身所带管路长度；用承插管的室内排水工程是否扣除异形管及检查口所占长度；对成组安装的卫生设备有无重算连接工料的现象等。

(2) 预算单价套用　审查设备安装工程预算单价是否正确，预算书所列分项工程名称、规格、计量单位、工作内容与预算定额是否一致。

非安装设备、安装设备、未计价材料的预算价格是否符合有关定额；材料设备原价是否符合规定；有无高估加工费用、多算材料消耗、多计运输费用等现象。

(3) 各种费用审查　主要审查各种费用的计取，即各种费用的列项、计算基础、取费标准是否符合要求。

4.3.4 施工图预算编制实例

4.3.4.1 土建工程施工图预算编制实例

(1) ××公司办公楼设计说明

结构工程：

① 本工程是根据批准的扩大初步设计及建设单位提出的使用要求或工艺条件进行设计的，建筑面积为 $153.47m^2$。

② 本工程抗震等级按三级考虑。

③ 本工程挑檐均挑出 450mm，厚度、配筋与楼板相同。

④ 构造柱（GZ-1）240mm×240mm，主筋 4Φ12，箍筋Φ6.5@200，C25～40。

工程项目统计见表4-11～表4-13，工程设计图见图4-4～图4-6。

表 4-11　图纸目录

序号	图别	图号	图名	备注
1	首页	1	设计说明、图纸目录、门窗统计表、标准图统计表	
2	建施	1	一层平面图、二层平面图①～⑥轴立面图、⑥～①轴立面图	
3	建施	2	1—1,2—2,3—3剖面图，屋面排水平面图A～E轴立面图	
4	结施	1	基础平面图	

表 4-12　门窗统计表

序号	设计编号	规格	数量	立面编号	立面页次	节点页次	备注
1	M-1	1300×2400	1				铝合金地弹门
2	M-2	900×2400	1				防盗门
3	M-3	900×2400	5	M1-8	3	23	有亮胶板门
4	M-4	800×2400	1	M1-5	3	23	胶合板门
5	M-5	1500×2400	1	M5-4	22	29	门连窗
6	M-6	1800×2400	1	M5-6	22	29	门连窗
7	M-7	1800×2400	1	M5-6	22	29	有亮胶板门
8	C-1	1800×1800	3				塑钢窗
9	C-2	1500×1800	4				塑钢窗
10	C-3	1000×1000	1				塑钢窗
11	C-4	1500×1200	1				塑钢窗
12	C-5	1000×1500	1				塑钢窗

表 4-13　装饰工程

地1	厕所、厨房地面	地2	其他房间地面
	1:1水泥砂浆黏结地面砖； 1:3水泥砂浆找平层20mm厚； 素水泥浆一道； C10混凝土80mm		1:1水泥砂浆黏结花岗石板（白水泥浆缝）； 1:3水泥砂浆找平层25mm厚； 素水泥浆一道； C10混凝土垫层80mm； 碎石灌M2.5混合砂浆100mm厚
楼1	贴花岗石板楼面	栏1	楼梯栏杆做法
	1:1水泥砂浆黏结花岗石板20mm厚（白水泥浆缝）； 1:3水泥砂浆找平层25mm厚； 素水泥浆一道		立柱采用φ32不锈钢管（直线型）；扶手及弯头均采用φ60不锈钢管
踢1	踢脚线做法（高度均为150mm）	梯1	楼梯做法
	各房间踢脚线使用的材料与地面相同		楼梯面层为贴花岗石板
墙1	卫生间墙面	墙2	其他房间墙面
	贴白色瓷砖152mm×152mm到顶		抹1:2:1混合砂浆，刮腻子，外刷仿瓷涂料
墙3	外墙面做法	棚1	天棚面做法
	设计室外地坪以上至1m高处贴凹凸麻砖；1m以上高处抹水泥砂浆20mm厚，再刷外墙多彩花纹涂料		抹1:2:1混合砂浆，刮腻子，外刷仿瓷涂料

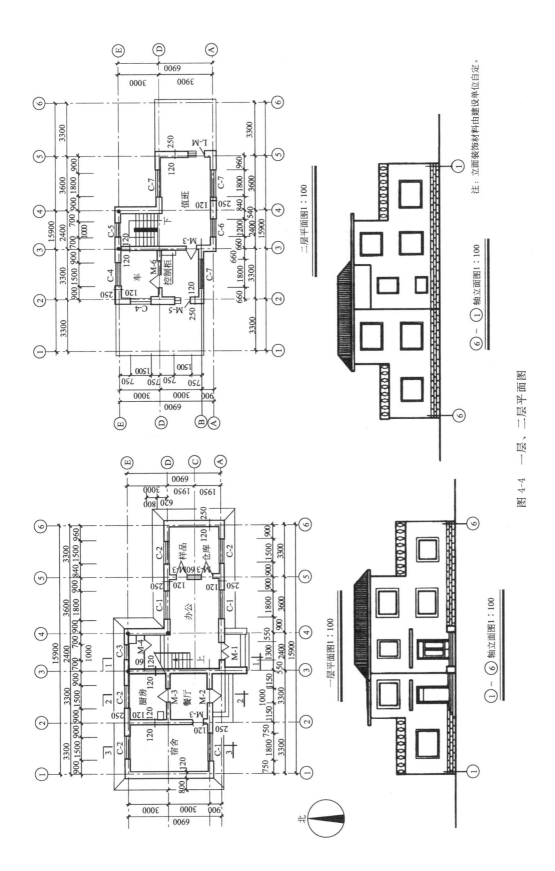

注：立面装饰材料由建设单位自定。

二层平面图1:100

⑥～① 轴立面图1:100

① ～⑥ 轴立面图1:100

一层平面图1:100

图4-4 一层、二层平面图

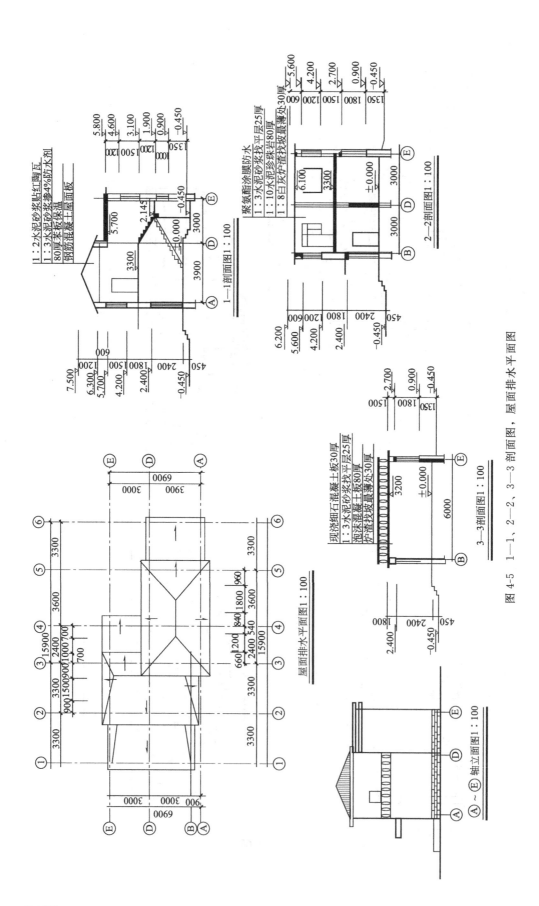

图 4-5 1—1、2—2、3—3 剖面图，屋面排水平面图

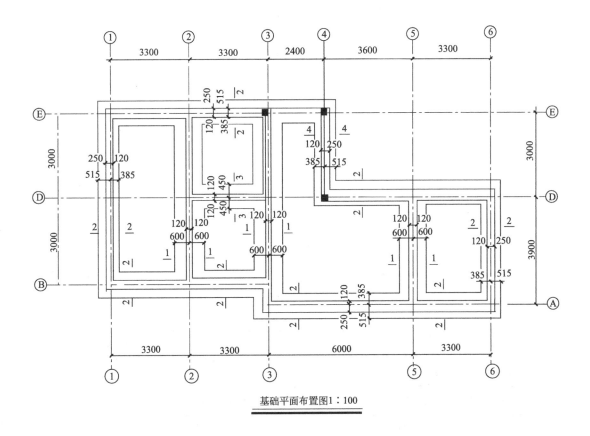

基础平面布置图1：100

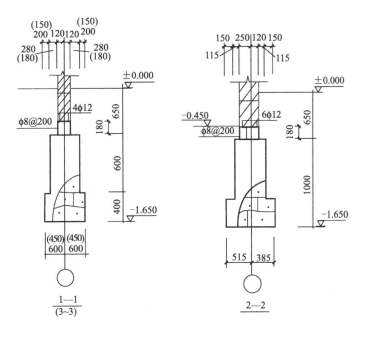

图 4-6　基础平面图

（2）施工图预算书 建筑工程预算封面见表 4-14；编制说明见表 4-15；建筑工程预算
费用计算表见表 4-16；工程预算书见表 4-17；工程量计算表见表 4-18；工料分析表见表 4-19；材料价差调整表见表 4-20。

表 4-14 建筑工程预算封面

建筑工程预算书

工程名称:××办公楼
建筑面积:153.47m²
结构类型:混合结构
预算价值:262620.53 元
单位面积造价:1711.22 元

建设单位:　　　　　　　　　　　　　　施工单位:
负责人:　　　　　　　　　　　　　　　　负责人:
审核:　　　　　　　　　　　　　　　　　审核:
经办(编制):　　　　　　　　　　　　　经办(编制):

××××年××月××日

表 4-15 编制说明

工程名称

　　本预算是依据××设计院设计的××服装厂办公楼施工图纸及设计说明,施工现场具体情况及现有施工条件,××省 2009 年建筑工程消耗量定额、建筑工程消耗量定额参考项目表、建筑工程混凝土与砂浆配合比、建设工程费用参考标准、×市 2009 年各项费用标准及相关规定编制的。
　　图中做法不详的分项工程,本预算均按××相关图集及习惯做法计算。
　　材料价差调整时,材料的市场价格见下表,表中未列材料价格均与定额价格相同。

序号	材料名称	规格型号	单位	单价/元
1	水泥	32.5MPa	t	320.00
2	中砂		m³	28.00
3	砾石		m³	25.00
4	毛石		m³	16.00
5	实心砖		千块	180.00
6	钢筋		t	3200.00
7	钢筋		t	3500.00

表 4-16 建筑工程预算费用计算表

工程名称:　　　　　　　　　　　　　　　　　　　　　　　　　　　　　　单价:元

序号	费用项目	计算方法
1	直接工程费	201493.90
2	措施项目费	11467.70
2.1	技术措施项目费	8445.29
2.2	其他措施项目费	3022.41
2.2.1	临时设施费	201493.90×1.5%＝3022.41
2.2.2	环境保护费	
2.2.3	文明施工费	

序号	费用项目	计算方法
2.2.4	安全施工费	
2.2.5	夜间施工增加费	
2.2.6	二次搬运费	
2.2.7	已完工程及设备保护费	
3	企业管理费	209939.19×7%=14695.74
4	利润	209939.19×4.5%=9447.26
5	价差	
5.1	人工价差	
5.2	材料价差	7556.61
5.3	机械价差	
6	其他项目费	
7	小计	201493.90+11467.70+14695.74+9447.26+7556.61=244661.20
8	规费	9370.52
8.1	工程排污费	
8.2	工程定额测定费	
8.3	社会保障费	
8.3.1	养老保险费	
8.3.2	失业保险费	244661.20×3.83%=9370.52
8.3.3	医疗保险费	
8.3.4	生育保险费	
8.4	住房公积金	
8.5	危险作业意外伤害保险	
9	合计(不含税工程造价)	244661.20+9370.52=254031.72
10	税金	254031.72×3.381%=8588.81
11	含税工程造价	254031.72+8588.81=262620.53

表 4-17 工程预算书

工程名称:

定额编号	项目名称	单位	工程量	单价/元	合价/元
	一、土石方工程				
25-1-57	人工平整场地	100m²	2.0592	94.50	194.59
15-1-5	人工挖地基槽	100m³	1.4235	979.20	1393.89
25-1-55	回填土	100m³	0.8922	1065.14	950.32
26-1-64	余土外运	100m³	0.2747	925.69	254.29
	小计				2793.09
	二、砌筑工程				
153-3-82	毛石基础	10m³	4.891	950.99	4651.29
132-3-1换	砖基础	10m³	1.008	1243.29	1253.24
133-3-11换	370砖外墙	10m³	7.074	1364.91	9655.37
133-3-10换	240砖外墙	10m³	1.587	1368.98	2172.57
133-3-7	1/4砖内墙	10m³	0.091	1728.87	157.33
	小计				17889.80

定额编号	项目名称	单位	工程量	单价/元	合价/元
	三、混凝土及钢筋混凝土工程				
187-4-44	圈梁	10m³	69.20	2170.81	150220.05
191-4-57换	现浇楼板	10m³	1.389	1875.97	2605.72
192-4-60换	挑檐	10m³	0.092	2297.18	211.34
186-4-39	构造柱	10m³	0.207	2196.79	454.74
185-4-33	楼梯索混凝土基础	10m³	0.075	1509.36	114.71
193-4-62换	现浇混凝土楼梯	10m²	0.78	578.18	450.98
192-4-61	现浇雨篷	10m³	0.0278	2184.94	60.74
187-4-45	现浇雨篷梁	10m³	0.024	2263.24	54.32
207-4-108	现场预制混凝土过梁	10m³	0.177	2048.90	362.66
194-4-66	混凝土台阶	10m³	0.283	1993.83	564.25
196-4-71	混凝土散水	100m²	0.3516	1559.23	548.23
178-4-3	粗砂垫层	10m³	1.891	374.58	708.33
180-4-12	碎石灌砂垫层	10m³	0.628	419.39	263.38
182-4-118	混凝土垫层	10m³	0.4323	1644.10	710.74
248-4-296	圆钢筋 φ6	kg	351.46	3.44408	1210.46
248-4-297	圆钢筋 φ8	kg	4351.44	3.17718	13825.30
248-4-300	圆钢筋 φ14	kg	26.10	3.02443	78.94
256-4-300	箍筋 φ6	kg	482.97	3.63421	1755.21
256-4-331	箍筋 φ8	kg	566.48	3.31626	1878.59
249-4-224	过梁安装	10m³	0.177	336.10	59.90
	小计				176138.60
	四、屋面及防水工程				
346-7-53	屋面改性沥青防水	100m²	0.7843	4082.17	3201.65
334-7-2	坡屋面红陶瓦	100m²	0.4385	1122.15	492.06
436-8-196	加气混凝土块保温	10m	0.472	2073.60	978.74
	小计				4672.45
	以上直接工程费小计				201493.90
	五、措施项目				
493-10-109	现浇楼板模板	100m²	1.243	3012.91	3745.05
497-10-121	现浇挑檐、雨篷模板	10m²	1.548	638.00	978.62
497-10-119	楼梯模板	10m²	0.78	746.57	582.32
487-10-77	现浇雨篷梁模板	100m²	0.0198	3699.74	73.25
484-10-59	构造柱模板	100m²	0.103	2643.29	272.26
503-10-141	现场预制混凝土过梁模板	10m²	0.177	1047.60	185.43
553-10-315	综合脚手架	100m²	1.5347	1131.78	1736.94
531-10-225	垂直运输	100m²	1.5347	566.98	870.14
545-10-286	预制过梁吊装机械	10m²	0.177	7.19	1.28
	小计				8445.29
	合计				209939.20

表 4-18　工程量计算表

工程名称：

序号	项目名称	单位	数量	计算公式
	一、土石方工程			
1	人工平整场地	m²	205.92	$S=S_底+L_外×2+16$ $S=94.72+2×47.6+16=205.92$
2	人工挖地基槽 V_{1-1} V_{1-2} V_{1-3}	m³	116.69	$V=L_中×断面+L_内×断面$ $V=(1.2+0.3×2)×1.2×13.59=29.35$ $V=(0.9+0.3×2)×1.2×46.12=83.02$ $V=(0.9+0.3×2)×1.2×2.4=4.32$
3	台阶等零星土方	m³	9.84	$V=2×2.9×0.8+(3.05+0.2)×2×0.8=9.84$
4	散水挖土方	m³	15.82	$V=0.8×0.45×[(47.6-6.85)+4×0.8]=15.82$
5	基础回填土	m³	63.49	$V=基础挖方量-基础埋设量$ $V=116.69-(48.91+3.86+0.43)=63.49$
6	室内回填土	m³	25.71	$V=[S_底-(L_中×墙厚+L_内×墙厚)]×填土厚$ $V=(94.72-46.12×0.365-18.42×0.24)×0.35=25.71$
7	余土外运	m³	27.47	$V=挖方量-填方量$ $V=116.69-(63.49+25.73)=27.47$
	二、砌筑工程			
1	砖基础	m³	10.08	$V=断面积×长度$ $V=0.47×0.37×46.12+0.47×0.24×18.24=10.08$
2	毛石基础 V_{1-1} V_{1-2} V_{1-3}	m³	48.19	$V=L_中×基础断面$ $V=0.96×[(6-0.235×2)×2+(3.9-0.235×2)]=13.91$ $V=0.72×46.12=33.20$ $V=0.72×(3.3-0.4×2)=1.8$
3	墙体 370外墙	m³	70.74	$V=0.365×(3.3×46.12+2.9×13.6+2.5×5.4+3.1×15.9+0.4×2.76+3.5×0.2+2.16×0.6)-(18.12+1.17+1.92+1.51)=71.27$
4	240外墙	m³	15.87	$V=0.24×(18.24×3.3+11.52+6.06+2.5×2.76)-(2.98+0.3+0.56+0.61)=15.87$
5	1/4砖内墙	m³	0.91	$V=(3.06×3.2+2.16×3.2-0.8×2)×0.06=0.91$
	三、混凝土及钢筋混凝土工程（略）			
	四、屋面及防水工程（略）			
	五、措施项目（略）			

表 4-19　工料分析表（汇总）

工程名称：

序号	定额编号	分部分项工程（材料）名称	计量单位	单价/元	工程量	单位定额	数量
		土建综合工日	工日	30			590.52
		综合工人	工日	40			8.86
		水泥 32.5MPa	kg	0.28			25608.86
		中粗砂	m³	17.00			42.23
		水	m³	2.40			95.87
		镀锌铁丝 22 #	kg	5.00			24.95

序号	定额编号	分部分项工程(材料)名称	计量单位	单价/元	工程量	单位定额	数量
		镀锌铁丝 8 #	kg	3.75			40.43
		钢管 φ48×3.5	kg	3.00			116.58
		钢筋 φ10 以内	t	2600.00			2.53
		钢筋 φ10 以上	t	2600.00			0.56
		零星卡具	kg	3.40			29.72
		垫木 60×60×60	块	0.30			3.82
		复合木模板	m²	25.00			2.39
		模板方材	m³	850.00			0.83
		木材	kg	0.31			0.14
		木脚手架	m³	1400.00			0.17
		支撑方木	m³	1200.00			1.54
		砖地膜	m²	20.86			0.28
		泡沫混凝土块	m³	180.00			2.60
		碎石	m³	11.00			6.81
		砾石 10mm	m³	11.00			0.74
		砾石 20mm	m³	11.00			4.13
		砾石 40mm	m³	11.00			23.00
		炉渣	m³	21.00			3.04
		毛石	m³	22.00			54.88
		普通黏土砖	千块	120.00			63.56
		生石灰	kg	0.12			223.55
		石渣	m³	46.00			0.12
		石灰炉渣 1:4	m³	46.86			2.55
		中砂(干净)	m³	18.00			47.32
		石灰膏	m³	120.00			3.23
		珍珠岩	m³	45.00			2.93
		电焊条	kg	5.00			3.95
		防锈漆	kg	10.00			10.05
		黏土脊瓦	块	1.20			12.48
		黏土瓦 380mm×240mm	千块	520.00			0.73
		嵌缝料	kg	2.30			6.76
		银龟防水粉(剂)	kg	6.90			35.89
		二甲苯	kg	3.30			4.87
		隔离剂	kg	3.30			21.53
		聚氨酯甲料	kg	25.00			40.74
		聚氨酯乙料	kg	25.00			63.32
		石油沥青 30#	kg	1.50			0.39
		油漆溶剂油	kg	6.60			1.14
		对接扣件	个	5.60			3.27
		回转扣件	个	5.60			0.94

序号	定额编号	分部分项工程（材料）名称	计量单位	单价/元	工程量	单位定额	数量
		钢丝绳8	kg	4.20			0.45
		铁钉	kg	3.50			53.98
		铁件	kg	4.10			4.67
		直角扣件	个	6.60			23.22
		组合钢模版	kg	3.60			1.07
		安全网	m²	8.00			6.60
		草板纸80♯	张	1.10			34.92
		草袋子	m²	2.37			40.90
		底座	个	5.00			0.48
		尼龙编织布	m²	4.20			37.12
		石浆搅拌机200L	台班	60.65			8.70
		电动打夯机	台班	22.95			7.70
		汽车式起重机5t	台班	342.54			0.10
		机动翻斗车1t	台班	95.46			0.11
		载重汽车6t	台班	297.71			1.03
		电动卷扬机单筒快速50kN以内	台班	81.93			0.95
		混凝土搅拌机400L	台班	169.22			2.24
		混凝土振捣器（插入式）	台班	12.12			3.76
		混凝土振捣器（平板式）	台班	14.17			1.00
		钢筋切断机φ40	台班	37.60			0.36
		钢筋弯曲机φ40	台班	22.09			1.09
		木工压刨床刨削宽度600mm	台班	33.23			0.01
		对焊机容量75kV·A	台班	102.08			0.05
		直流弧焊机功率32kW	台班	84.50			0.25
		手扶式拖拉机	台班	104.48			6.98
		电动卷扬机单筒快速10kN以内	台班	67.82			12.83

表4-20 材料价差调整表

工程名称：

序号	材料名称	型号	单位	数量	预算价格/元	信息价格/元	单价差/元	合价/元
1	水泥	32.5MPa	t	25.61	280.00	320.00	40.00	1024.40
2	中砂		m³	6.11	17.00	28.00	11.00	67.21
3	砾石		m³	34.68	11.00	25.00	14.00	485.52
4	毛石		m³	54.88	22.00	16.00	−6.00	−329.28
5	实心砖		千块	63.56	120.00	180.00	60.00	3813.60
6	钢筋	φ10以内	t	2.53	2600.00	3200.00	600.00	1518.00
		φ10以外	t	0.56	2600.00	3500.00	900.00	504.00
7	中砂	干净	m³	47.32	18.00	28.00	10.00	473.20
	合计							7556.65

4.3.4.2 给水排水工程安装工程预算编制实例

（1）某单位宿舍卫生间给水排水工程施工图预算

① 工程内容。建筑物内卫生间给水排水管道工程。该建筑物共有五层，给水由市政管网直接供水，采用下行上给方式，排水系统采用合流制。每层卫生间内有蹲便器 3 个，小便器 2 个，洗面盆 3 个，污水池 1 个。

图 4-7 为一层给水管道平面图，图 4-8 为二~五层给水管道平面图，图 4-9 为给水管道系统图，图 4-10 为一层排水管道平面图，图 4-11 为二~五层排水管道平面图，图 4-12 为排水管道系统图。

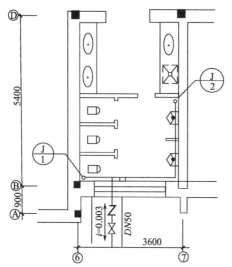

图 4-7　一层给水管道平面图

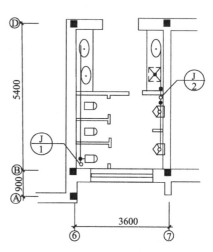

图 4-8　二~五层给水管道平面图

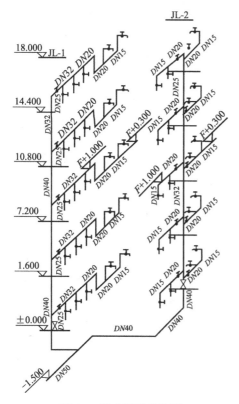

图 4-9　给水管道系统图

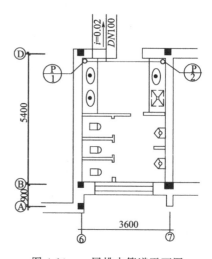

图 4-10　一层排水管道平面图

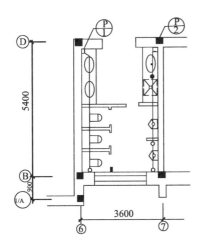

图 4-11 二～五层排水管道平面图

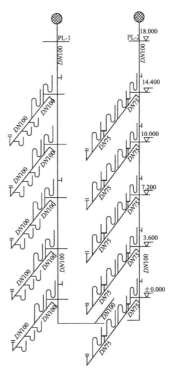

图 4-12 排水管道系统图

② 编制要求

a. 计算工程量。各种管道均以施工图所示中心长度以"m"为计量单位,不扣除阀门、管件所占的长度;各种阀门安装均以"个"为计量单位;卫生器具组成安装以"组"为计量单位。

b. 计算定额直接费。

③ 采用定额 2000 年《全国统一安装工程预算定额》第八册"给水排水、采暖、煤气工程"。价格采用 2000 年《全国统一安装工程预算定额》第六册"××省地区基价"。

④ 编制步骤第一步,按上述规则计算工程量,见表 4-21。

表 4-21　主要工程数量表

序号	分项工程	工程说明及格式	单位	数量
		一、管道敷设		
1	给水管 DN50	4.0	m	4.0
	给水管 DN40	$3.6 \times 3 + 2.5 \times 2 + 3.6 + 3.2 + 2.7$	m	25.3
	给水管 DN32	$2.7 \times 5 + 3.6 + 3.6 \times 2$	m	24.3
	给水管 DN25	$0.9 \times 3 \times 5 + 3.6$	m	17.1
	给水管 DN20	$(0.5 + 0.7 + 0.7 + 0.8 + 0.1) \times 5$	m	14
	给水管 DN15	$(0.8 + 2 \times 0.7 + 0.8 + 0.7 + 1.5 + 0.5 \times 2) \times 5$	m	31
	闸阀 DN40		个	2
	截止阀 DN32		个	5
	截止阀 DN20	2×5	个	10

序号	分项工程	工程说明及格式	单位	数量
		一、管道敷设		
2	排水管 DN50	0.3×6×5	m	9
	排水管 DN75	5.0×5	m	25
	排水管 DN100	5.0×5＋3.0＋4.0	m	32
		二、卫生器具		
1	水龙头 DN15	4×5	组	20
2	坐式大便器	3×5	组	15
3	洗面盆	3×5	组	15
4	小便器	2×5	组	10
5	污水池	1×5	组	5
6	自闭式冲洗阀 DN25	3×5	个	15
7	自闭式冲洗阀 DN15	2×5	个	10
8	P 形存水弯 DN100	3×5	个	15
9	S 形存水弯 DN50	6.0×5	个	30
10	检查口 DN100	3×2	个	6
11	清扫口 DN100	2×5	个	10
12	地漏	2×5	个	10

第二步，计算施工图预算，见表 4-22。

表 4-22 施工图预算表

工程名称：某单位宿舍

工程项目：卫生间管道及卫生器具安装

定额编号	名称及规格	单位	数量	设备费		主材费		安装费		其中：人工费	
				单价	合计	单价	合计	单价	合计	单价	合计
	管道安装										
8-92	给水管 DN50	m	4			18.48	73.92	12.57	50.28	5.74	22.96
8-91	给水管 DN40	m	25.3			13.76	384.13	13.12	331.94	5.61	141.93
8-90	给水管 DN32	m	24.3			11.33	275.32	12.52	304.24	4.71	114.45
8-89	给水管 DN25	m	17.1			8.73	149.28	12.49	213.58	4.71	80.54
8-88	给水管 DN20	m	18.5			6.03	111.56	12.49	231.07	3.92	72.52
8-87	给水管 DN15	m	31.0			4.34	134.54	13.08	405.48	3.92	121.52
8-155	排水管 DN50	m	9.0			15.18	136.62	6.03	54.27	3.28	29.52
8-156	排水管 DN75	m	25.0			27.9	697.50	10.33	258.25	4.45	111.25
8-157	排水管 DN100	m	32			41.25	1320	17.06	545.92	4.97	159.04
8-245	闸阀 DN40	个	2			38.41	76.82	15.07	30.14	5.35	10.70
8-244	截止阀 DN32	个	5			39.34	196.70	9.90	49.50	3.21	16.05
	截止阀 DN20	个	10			18.63	186.30	6.01	60.10	2.14	21.40

定额编号	名称及规格	单位	数量	设备费 单价	设备费 合计	主材费 单价	主材费 合计	安装费 单价	安装费 合计	其中:人工费 单价	其中:人工费 合计
	卫生器具安装										
	自闭式冲洗阀DN25	个	15			95.81	1437.15	7.66	114.90	2.57	38.55
	自闭式冲洗阀DN15	个	10			75.20	752.00	5.03	50.30	2.14	21.40
	水龙头DN15	组	20			9.47	189.40	0.70	14.00	0.60	12.00
	污水池	组	5			69.10	345.5	86.34	431.70	9.27	46.35
	P形存水弯DN100	个	15			18.63	279.45	10.21	153.15	4.07	61.05
	S形存水弯DN50	个	30			5.59	167.70	10.21	306.30	4.07	122.10
	坐式大便器	组	15			308.26	4623.9	45.82	687.30	17.19	257.85
	洗面盆	组	15			92.71	1390.65	172.48	2587.20	13.94	209.10
	地漏DN50	个	10			12.42	124.2	5.38	53.80	3.43	34.30
	检查口DN100	个	6			19.67	118.02	2.24	13.44	2.08	12.48
	清扫口	个	10			16.56	165.60	1.74	17.40	1.61	16.10
	地漏	个	10			12.42	124.20	5.38	53.80	3.43	34.30
	小便器	组	10			138.45	1384.5	39.59	396	7.19	71.90
	其他及零星工程费	元	3%				444.27		222.42		55.18
	小计						15289		7636		1895
	直接费						15289		8950		
	直接工程费								7636		1895
	技术措施费								673		
	临时设施费		15.00%						284		
	现场管理费		21.00%						389		
	其他措施费		33.81%						641		
	间接费								840.9		
	劳动保险基金		12.54%						238		
	工程定额测定费		0.15%						15.90		
	其他间接费		31.00%						587		
	价差调整								0.00		
	人工费调整		0.00%								
2	机械费调整		0.00%								
3	材料价差								0.00		
3.1	其中:一类材差										
3.2	二类材差		0.00%						0.00		
(四)	施工利润		43.00%						815		
(五)	税金		3.41%						361.95		
(六)	工程造价						15289		10976		

(2) 某单位办公楼室内消防系统安装工程施工图预算

① 工程内容。建筑物室内消防系统安装工程。该建筑物共有九层，消防给水由室外消防水池及消防水泵供水，消防管道布置成环状。建筑物每层设有3套消火栓装置。

② 编制要求

a. 计算工程量。管道安装按设计管道中心长度以"m"为计量单位，不扣除阀门、管件及各种组件所占长度；室内消火栓安装，区分单栓和双栓以"套"为计量单位；消防水泵结合器安装，区分不同安装方式和规格以"套"为计量单位。如设计要求用短管时，其本身价值可另行计算，其余不变。

b. 计算定额直接费。

③ 采用定额 2000 年《全国统一安装工程预算定额》第七册"消防及安全防范设备安装工程"。价格采用 2000 年《全国统一安装工程预算定额》第七册"某省地区基价"。

④ 编制步骤第一步，按上述规则计算工程量，见表4-23。

表 4-23　工程量计算表

序号	分项工程	工程说明及算式	单位	数量
		一、管道敷设		
1	消防管 DN100	28.8＋1.5＋2.4＋36.0＋3.4＋16.2	m	88.3
2	消防管 DN80	34.6×3＋7.2	m	111.0
		二、消防器具		
1	消火栓 DN65	3×9	套	27
2	消火栓箱	3×9	套	27
3	试验消火栓 DN65		个	1
4	15m³ 组合水箱		套	1
5	蝶阀 DN80	2×3	个	6
6	水泵结合器 DN100		套	1

第二步，计算施工图预算，见表4-24。

表 4-24　工程预算表

工程名称：某单位办公楼

工程项目：室内消防管道及安装

定额编号	名称及规格	单位	数量	设备费		主材费		安装费		其中：人工费	
				单价	合计	单价	合计	单价	合计	单价	合计
	管道安装										
7-73	消防管 DN100	m	88.3			35.52	3136.416	10.78	951.87	7.05	622.52
7-72	消防管 DN80	m	111.0			26.38	2928.18	10.89	1208.79	6.25	693.75
	消防器具安装										
7-105	消防栓 DN65	套	28			409.06	11453.68	29.63	829.64	20.13	563.64
	消火栓箱	套	27			556.27	15019.29				
8-555	15m³ 组合水箱	套	1			8590.47	8590.47	174.21	174.21	118.18	118.18
8-248	蝶阀 DN80	个	6			669.58	4017.48	47.35	284.10	10.71	64.26
7-121	水泵结合器 DN100	套	1			3002.82	3002.82	143.85	143.85	37.90	37.90
	其他及零星工程费	元	3%				1444.45		107.77		63.01
	小计						49593		3700		2163

定额编号	名称及规格	单位	数量	设备费 单价	设备费 合计	主材费 单价	主材费 合计	安装费 单价	安装费 合计	其中:人工费 单价	其中:人工费 合计
(一)	直接费								5210		
1	直接工程费						49593		3700		2163
2	技术措施费								779		
2.1	临时设施费		15.00%						324		
2.2	现场管理费		21.00%						454		
3	其他直接费		33.81%						731		
(二)	间接费								953		
1	劳动保险基金		12.54%						271		
2	工程定额测定费		0.15%						10.62		
3	其他间接费		31.00%						671		
(三)	价差调整								0.00		
1	人工费调整		0.00%								
2	机械费调整		0.00%								
3	材料价差								0.00		
3.1	其中:一类材差										
3.2	二类材差		0.00%						0.00		
(四)	施工利润		43.00%						930		
(五)	税金		3.41%						242		
(六)	工程造价						49593		7335		

4.4 施工预算的编制

4.4.1 施工预算概述

施工预算是施工企业在单位工程开工之前,根据施工图纸、施工定额、单位工程施工组织设计、降低工程成本的技术组织措施,并结合施工现场的实际情况,在施工图预算的控制下,以单位工程为对象而编制的技术经济文件。

通过编制施工预算,分析施工所需要的各种人工、材料和机械台班消耗的数量和费用,采取有效措施,使工程计划成本低于工程预算成本,确保施工单位获得良好的经济效益。

4.4.1.1 施工预算的作用

施工预算在企业内部有以下几个方面的作用:

① 施工预算是编制作业计划的依据。

② 施工预算是签发工程任务单和限额领料单的依据。

③ 施工预算是计算计件工资和超额奖励(贯彻按劳分配、体现多劳多得的分配原则)的依据。

④ 施工预算是"两算"对比,控制工程成本,开展经济活动分析的依据。

单位工程施工预算是施工企业内部加强管理,实行内部经济责任制,进行现场成本管理与成本核算,提高经济效益的有力工具,它是施工企业管理的一项重要措施和制度。

4.4.1.2 施工预算的内容

施工预算的主要内容包括工程量、工料分析、各类构件和外加工委托书等,由说明和表格两大部分组成。

（1）说明书部分

① 工程性质、范围及地点。

② 设计图纸和说明的审查意见及现场勘测的主要资料。

③ 施工部署及施工期限。

④ 在施工中采用的主要技术措施：新技术和先进经验的推广，冬、雨季施工中的技术和安全措施及施工中可能发生的困难及处理方法等。

⑤ 外加工的构件和部件，加工单位及期限等。

⑥ 施工中所采用的降低成本的其他措施。

⑦ 工程中尚未解决的其他问题。

（2）表格部分　为了清楚地表示出各分部分项工程的有关数字，减少计算上的重复劳动，编制施工预算一般采用表格方式进行。各地区经常采用的表格形式如下。

① 施工预算工料分析表。它是施工预算中最基本的表格，该表就是根据施工定额的项目划分方法而计算出的分项工程量乘以施工定额中的工料消耗定额而得到的一些数字编制的。但这里所指的工料分析与前述的施工图预算的工料分析是不同的，其区别就在于两者所使用的定额（施工图预算使用的是预算定额而施工预算使用的是施工定额）不同。因而在其项目划分的粗细，以及同一项目在劳、材、机耗用量的标准等方面，均有一定的差别。但两者的编制原理和编制方法基本是一致的。

② 劳动力汇总表。就是将施工预算表上的分部分项工程所需要的劳动力数量，按不同的工种分别汇总，并注明需用日期。

③ 材料汇总表。材料汇总表就是将施工预算表上的分部分项工程所需要的各种材料，按不同的类别、型号、规格、汇总在表格内，并注明需用日期。

④ 施工预算表。施工预算表主要反映单位工程资金的消耗数量。

⑤ "两算"对比表。就是将施工图预算与施工预算，分人工、材料、机械等三个项目费用进行对比，其结果应该是施工预算的总费用要低于施工图预算的总造价。

⑥ 工程量计算表和工程量汇总表。施工预算所用的工程量计算表和工程量汇总表同施工图预算。

4.4.2 施工预算的编制

施工预算的编制步骤与施工图预算基本一样。首先应熟悉所必需的基础资料，了解定额内容以及分项工程定额所包括的范围；为了便于施工图预算与施工预算对比，编制施工预算时，可不按照施工定额编号排列，而尽量与施工图预算的分部分项项目相对应；另一方面要特别注意施工定额所示的计量单位，计算工程量时所采用的计量单位一定要与定额的计量单位相适应。因此，有必要熟悉定额的内容，如表中的工作内容、计量单位、附注说明、定额规定的工料机具数量和工程量的计算规则等，然后根据已会审的图纸和说明书以及施工方案，按照下列步骤和方法进行。

（1）划分工程项目　施工预算的工程项目，应根据施工组织设计文件规定的施工方法，按施工定额项目划分，并按施工定额手册的项目顺序排列；但有时为了便于签发施工任务书，亦可按建筑物的施工程序排列。

在划分工程项目时，应注意"制作"及"运输"等工程项目，不要遗漏。

（2）填写与计算工程量　在复核施工图预算，并按施工预算项目要求填写工程量的基础上，除了新增项目需要补充计算工程量，或因施工图预算采用的预算定额与施工定额中的单位或项目不一致，需要重新计算工程量外，其他均可根据施工定额的项目划分和计量单位，将施工图预算书中与之相应项目的工程量填写在施工预算各分部分项工程的工料分析表格中。

（3）套用施工定额　按分项工程项目，套用施工定额中相应项目的工料消耗定额，并填写到施工预算各分部分项工程的工料分析表格中。

（4）人工、材料和机械消耗量分析　选套定额工作完成后，根据填在施工预算工料分析表中的工程量、各工种人工和各种材料的定额消耗量，分别计算其消耗的数量。其方法和施工图预算相同，只是所用定额不同而已。

（5）编制人工、材料和机械消耗费用汇总表　将各工程项目的人工和材料消耗数量，按其分部工程汇总，得出各分部工程的各种人工和材料的消耗总量。然后将各分部工程的人工和材料，按其相同项目汇总，即是单位工程人工和材料消耗量，填入施工预算汇总表。同时，钢筋消耗量还要填入钢筋明细表，脚手架和模板等周转材料的需用量填入周转材料需用量表。本企业附属加工厂或预制厂加工的成品和半成品的人工和材料的消耗量也要单独汇总。

在外单位加工的成品、半成品和配件，将其名称、规格、单位和数量，分别填入钢筋混凝土预制构件加工表、金属构件加工表、门窗加工表和五金明细表。

施工预算中工程项目的施工机械台班消耗数量和费用的计算有以下三种方法：

① 按施工预算的工程量和施工定额所规定的机械台班费编制。

② 按施工组织设计或施工方案规定的机械配备数量和台班费用计算编制。

③ 按施工图预算的机械台班费乘以 0.9～0.95，作为施工预算的机械台班费。

在编制施工机械台班费时，可根据具体情况选用其中一种方法。

将以上计算的各分项工程的人工、材料消耗的定额和数量以及定额基价和费用填入施工预算表中。

4.4.3　"施工图预算和施工预算"对比

施工预算与施工图预算相对比，简称为"两算"对比，它是施工企业为了防止工程成本超支而采取的一种手段。施工图预算确定的是工程预算成本，施工预算确定的是工程计划成本，它们是从不同角度计算的两本经济账，计划成本不应大于预算成本。通过"两算"对比分析，可以预先找出节约或超支的原因，研究解决措施，防止人工、材料和机械使用费的超支，避免发生成本亏损。

（1）"两算"对比的内容　"两算"对比以施工预算所包括的项目为准，即直接费项目中的人工费、材料费、机械台班使用费。

① 人工费。一般施工预算的工日数应低于施工图预算 10%～15%。因为施工预算基础与施工图预算不一样。例如，施工预算定额砌砖项目，砂子水平运输，按劳动定额平均考虑50m，而施工图预算的场内搬运平均考虑100m，另外，预算定额有 10% 的人工幅度差，因此，施工预算内所用的总工日数不大于施工图预算。预算定额中的人工是按综合平均等级考虑的（如安装定额人工等级综合为 4 级），为此对比时应将施工预算中的人工等级折算成预算定额的平均等级。

② 材料费。材料费占直接费的比重较大，施工预算的材料消耗量应严格控制在施工图预算材料消耗量范围以内。目前执行的地区预算定额材料消耗没有很大富余量，有些项目会出现施工预算材料的消耗量超过施工图预算材料消耗的情况。遇到这种情况，不能采用硬性压缩的办法强求材料节约指标，也不能随意加大用料，造成浪费。

③ 机械台班费。关于机械台班数量及台班费的"两算"对比存在着一定困难。施工预

算是根据施工方案规定的实际进场施工机械的种类、型号、工期来计算机械台班数量和费用的，而施工图预算是根据定额合理配备，综合考虑的，同实际发生的情况不一定相符合。因此，无法以台班数量对比。其次，中小型机械台班在预算定额中往往不列，而以占直接费的比率一次性计算，费用列入施工图预算。这样，只能以"两算"中的机械使用费的总和来对比，分析其节约或超支的原因。如果机械费大量超支，又没有特殊原因，可以调整施工图预算，改善机械合理调配，充分发挥有效作业台班，或者改变施工中的机械方案。

④ 脚手架。施工预算是根据施工方案的规定或实际需要搭设的脚手架内容来计算费用的，而施工图预算是按预算定额综合考虑的，根据不同层数按建筑面积计算脚手架费用。两者无法按实物量对比，只能按金额对比。

⑤ 其他直接费的"两算"以金额对比。

"两算"对比的具体内容结合各施工企业的具体情况考虑。

（2）"两算"对比方法

① 实物对比法。即以施工预算的人工、材料汇总数量与施工图预算的人工、材料汇总数量进行对比，也叫"工料对比"。对比时应先将施工预算中的人工等级折合为预算定额中的平均等级，将主要材料规格综合一种品种（如钢材），次要材料不作对比。

② 金额对比法。即以施工预算的人工、材料和机械数量进行套价汇总成人工费、材料费、机械费，与施工图预算的人工费、材料费和机械费相对比。

🔘 思考题

1. 什么是投资估算？投资估算常用的编制方法是什么？
2. 设计概算的作用是什么？设计概算编制的依据是什么？
3. 单位建筑工程设计概算一般有几种编制方法？各种方法的特点是什么？
4. 施工图预算包括哪些内容？
5. 施工图预算的编制方法是什么？
6. 工程概预算的审查方法有哪些？

第 5 章

环境工程招标

环境工程招标是指招标单位（即建设单位、项目法人、业主、发包人）开展招标活动的全过程，包括勘察设计、施工、监理、材料设备供应等内容，其中施工招标和材料采购招标最普遍。具备招标资格的招标单位或招标代理单位，就拟建工程编制招标文件和标底，发出招标通告，公开或非公开地邀请投标单位前来投标，经过评标、定标，最终与中标单位签订承包合同后，招标活动结束。本章主要介绍环境工程招标的相关基础知识。

5.1 环境工程招标概述

5.1.1 环境工程招标的形式

环境工程招标的形式有两种：一是代理招标；二是自主招标。根据我国《中华人民共和国招标投标法》及有关部门的相关规定，环境工程建设单位自行招标必须具备以下资质：

① 是法人或依法成立的其他组织。

② 有与招标工程相适应的经济、技术管理人员。

③ 有组织编制招标文件的能力。

④ 有审查投标单位资质的能力。

⑤ 有组织开标、评标、定标的能力。

不具备以上条件的，须委托具有相应资质的招标代理机构招标，与中介机构签订委托代理招标的协议后，报招标管理机构备案。任何单位和个人不得以任何方式为招标人指定招标代理机构，也不得强制招标人委托招标代理机构办理招标事宜。

具备以上条件同时具有从事同类工程建设项目招标的经验、设有专门的招标机构或拥有3名以上专职招标业务人员并且熟悉和掌握招标投标法及有关法规、规章的环境工程建设单位可自主招标，自行办理招标事宜的，应当向有关行政监督部门备案。

5.1.1.1 代理招标

代理招标是指不具备自主招标的招标单位委托招标代理机构办理招标事宜。招标代理机构是依法成立，从事招标代理业务并提供相关服务的社会中介组织，招标代理机构应具备以下条件：

① 有从事招标代理业务的营业场所和相应资金。

② 有能够编制招标文件和组织评标的相应专业力量。

③ 有符合条件的可作为评标委员会成员人选的专家库。

④ 从事工程建设项目招标代理业务的招标代理机构，还应具有国务院或省、自治区直

辖市政府建设行政主管部门认定的资格，并在其资格许可的范围内从事相应的工程招标代理业务。

代理招标的特点如下。

（1）代理招标具有更强的专业性 招标代理机构信息网络健全，信息来源广泛，集项目信息、投标单位信息、专家信息、业主信息、政府政策信息于一体。而业主自主招标往往只对所经营的主要部分的相关招标比较熟悉，而缺乏配套工程、服务系统等方面的信息和经验，需要付出大量时间进行调研。

此外，招标代理机构拥有强大的信息和专家支持系统，可根据项目的特征选择各行业知名专家，参与审核招标文件和审核投标文件，在技术、经济和法律等方面帮助把关，以保证招标过程的科学性、专业性。

（2）代理招标具有更强的规范性 招标过程是非常严谨和繁琐的过程，招标代理机构在程序操作上具有优势，并且更加规范。此外，招标代理机构都是在相应的领域内获得了政府部门授予的招标资质，依照法律法规履行中介机构的职责，能够根据招标项目的特征，编制出合适的招标文件，最大限度地保证业主的合法权益。

（3）代理招标具有更理想的招标效果 代理机构具有影响广泛、途径更多的招标公告系统，长期的代理招标服务吸收了大量潜在的投标人。因此，招标信息的公布效果更加理想。

因此，招标代理机构的专业性、规范性和经济性的优势能使招标过程更具竞争性，使业主得到在技术上、经济上最优的产品和服务。专职机构组织的整个招标过程都是业主授权范围内进行的，并不代替业主行使决策权。只要业主在法律法规的框架内，遵守招投标过程的基本要求和规范，就仍然掌握着决策权。

5.1.1.2 自主招标

环境工程建设单位具有自主招标条件的，可以自行办理招标事宜。任何单位和个人不得强制其委托招标代理机构办理招标事宜。

根据《中华人民共和国招标投标法》第 37 条，评标专家由招标人从国务院有关部门或者省、自治区、直辖市人民政府有关部门提供的专家名册或者招标代理机构的专家库内的相关专业的专家名单中确定。因此，实行自主招标的项目，在组建评标组委会时，同样应遵循这一规定。

5.1.2 环境工程招标承包范围

根据工程招标范围，环境工程项目招标可分为总承包招标、分包招标和单项工作内容招标三大类。

5.1.2.1 环境工程的总承包招标

环境工程的总承包招标是指总承企业受业主委托，按照合同约定对工程建设项目的设计、采购、施工、试运行等实行全过程或若干阶段的承包。即从项目的可行性研究到交付使用进行一次性招标，业主只需提供项目投资和使用要求及竣工、交付使用期限，其可行性研究、勘察设计、材料和设备采购、土建施工设备安装调试、生产准备和试运行、交付使用，均由一个总承包商负责承包，即所谓"交钥匙工程"。承揽"交钥匙工程"的承包商被称为总承包商，绝大多数情况下，总承包商要将工程部分阶段的实施任务分包出去。发包人将工程建设的全部任务发包给一个具备相应的总承包资质条件的承包人，由该承包人对工程建设的全过程向发包人负责，直至工程竣工。

该招标模式可以有效地加强项目的整体管理，缩短工期，降低总体项目成本，提高投资效益。全过程总承包管理在时间上涵盖了从建设项目咨询至竣工交付使用及保修服务的全过程，在范围上涵盖了参与项目建设各方及一切有关的管理活动，实施总承包管理既是高质高效完成工程建设的有效手段，也是涉及人、财、物等多种生产要素及服务对象的复杂的管理活动。

根据施工总承包企业资质等级标准中的市政公用工程施工总承包企业资质等级标准可将总承包企业分为特级、一级、二级和三级。

5.1.2.2　分包招标

分包是指总承包人将其所承包的建设工程施工中的专业工程或者劳务作业依法发包给其他承包人完成的活动，分为专业工程分包和劳务作业分包。专业工程分包是指总承包人将其所承包工程中的专业工程发包给具有相应专业承包资质的承包人完成的活动。劳务作业分包是指总承包企业或者专业承包企业将其承包工程中的劳务作业发包给具有相应资质的劳务作业分包人完成的活动。

环境工程施工总承包进行招标的，其施工分包达到下列规模标准的，应当进行招标：专业工程分包施工单项合同估算价在200万元人民币以上的；专业工程分包施工单项合同估算价在200万元人民币以下，但工程项目中政府投资或者融资在100万元人民币以上的；劳务作业分包施工单项合同估算价在50万元人民币以上的。任何单位和个人不得将应当进行施工分包招标的项目化整为零或者以其他任何方式规避招标。

分包招标是指中标的工程总承包人作为其中标范围内的工程任务的招标人，将其中标范围内的工程任务，通过招标投标的方式，分包给具有相应资质的分承包人，中标的分承包人只对招标的总承包人负责。

5.1.2.3　单项工作内容招标

单项工作内容招标是指对于工程规模大或工作内容复杂的环境工程项目，业主对不同阶段的工作、单项工程分别单独招标，将分解的工作内容直接发包给各种不同性质的单位实施，如环境影响评价招标、环境工程勘察设计招标、环境工程物资采购招标、环境工程土建工程招标、环境工程施工监理招标、环境工程特许经营权招标、安装工程招标等。

5.2　环境工程招标文件的编制

环境工程招标文件是环境工程招标投标活动中最重要的法律文件。它不仅规定了完整的招标程序，而且还提出了各项技术准备和交易条件，拟列了合同的主要条款。招标文件是评标委员会评审的依据，也是签订合同的基础，同时也是投标人编制投标文件的重要依据。

5.2.1　环境工程招标文件的组成

环境工程招标文件由正式文本、对正式文本的解释和对正式文本的修改三部分构成。

（1）正式文本　招标文件正式文本由四部分内容组成。第一部分包括投标须知、合同条件、合同协议条款及合同格式等；第二部分是技术规范；第三部分是对投标书格式的要求，包括投标书格式、投标保函的格式、履约担保的格式、工程量清单与报价表、辅助资料表等；第四部分是图纸。

（2）对正式文本的解释　投标人拿到招标文件正式文本之后，如果认为招标文件有问题需要解释，应在招标文件规定的时间内以书面形式向招标人提出，招标人也以书面形式，向所有投标人作出答复，其具体形式是招标文件答疑或投标预备会会议纪要等，这些也构成了招标文件的一部分。

（3）对正式文本的修改　在投标截止日前，招标人可以对已发出的招标文件进行修改、补充。这些修改补充也是招标文件的一部分，对投标人起约束作用。修改意见由招标人以书面形式发给所有获得招标文件的投标人，并且要保证这些修改和补充发出之日距投标截止日应有一段合理的时间。

5.2.2 环境工程招标文件正式文本的主要内容

环境工程招标文件正式文本的主要内容包括投标邀请书、投标须知、投标文件格式、合同条款、工程技术要求及工程规范、图纸等。

（1）投标邀请书 根据《中华人民共和国招标投标法》第十七条第二款规定即投标邀请书应当载明招标人的名称和地址、招标项目的性质、数量、实施地点和时间以及获取招标文件的办法等事项。

（2）投标须知 投标须知是投标人的投标指南，是招标投标活动应遵循的程序规则和对投标的要求，是传递关于编制、提交和评审投标文件所需要的信息和有关要求的文件。投标须知又包括投标须知前附表和投标须知正文两部分。

① 投标须知前附表。投标须知前附表是指把投标活动中的重要内容以列表的方式表示出来。其前附表的内容及格式见表5-1。

表 5-1 投标须知前附表

项号	条款号	内容规定
1		工程综合说明： 工程名称： 建设地点： 结构类型及层数： 建筑面积： 承包方式： 要求质量标准： 要求工期： 年 月 日开工， 年 月 日竣工，工期 天(日历日) 招标范围：
2		合同名称：
3		资金来源：
4		投标人资质等级：
5		投标有效期为 天(日历日)
6		投标保证金数额： ％ 或 元
7		投标预备会 时间： 地点：
8		投标文件副本份数为 份
9		投标文件递交至 单位： 地址：
10		投标截止日期 时间：
11		开标 时间： 地点：
12		评标办法

② 投标须知正文。投标须知正文主要包括总则、招标文件、投标文件及其提交、开标、评标、合同授予等几部分内容。

a. 总则。主要说明以下内容：工程概况（主要包括工程的名称、位置、合同名称）、招标范围、标段划分、工期要求、质量标准、资金来源（主要说明招标项目的资金来源和支付使用的限制条件）、资格审查条件（招标人对投标人参加投标进而被授予合同的资格要求，组成联合体投标的，按照资质等级较低的单位确定资质等级）、投标费用（投标人应承担其编制、递交投标文件所涉及的一切费用）。无论投标结果如何，招标人对投标人在投标过程中发生的一切费用，都不负任何责任。

b. 招标文件。这是投标须知对招标文件的组成、格式、解释、修改等问题所作的说明。投标人应认真审阅并领会此部分所有的内容，如果投标人的投标文件实质上不符合招标文件的要求，其投标将被拒绝。

c. 投标文件。投标须知中对投标文件的各项具体要求包括以下几个方面：一是投标文件的语言。即投标书中所使用的语言，投标人、招标人之间与投标有关的来往通知、函件和文件的语言均应使用一种官方主导语言（如中文或英文）；二是投标文件的组成。

d. 投标文件的提交。

e. 开标与评标。在投标须知中应当对开标时间、地点及开标过程作出明确的规定，对于资格后审的应当在评标前进行。对评标内容的保密、投标文件的澄清、投标文件的符合性鉴定、错误的修正、投标文件的评价与比较的方法和标准等内容也要在这一部分中作出规定。

f. 合同授予。投标须知中应对合同授予标准、中标通知书、合同的签署、履约担保等方面作出具体要求。

（a）合同授予标准。招标人将把合同授予其投标文件在实质上响应招标文件要求和按招标文件规定的评标方法评选出的中标人，即必须具有实施合同的能力和资源的投标人。

（b）中标通知书。确定出中标人后，招标人以书面形式通知中标的投标人。中标通知书中应包括中标合同价格、工期、质量和有关合同签订的日期、地点等内容。中标通知书将成为合同的组成部分。

（c）合同的签署。中标人按中标通知书中规定的时间和地点，由法定代表人或其授权代表前往与招标人代表进行合同签订。

（d）履约担保。中标人应按规定向招标人提交履约担保。履约担保可以是由在中国注册的银行出具的银行保函，也可以是由具有独立法人资格的经济实体出具的履约担保书，投标人应使用招标文件中提供的履约担保格式。如果中标人不按投标须知的规定执行，招标人将有充分的理由废除授标，并不退还其投标保证金。

（3）合同条款

① 合同条件与协议条款。招标文件中的合同条件，是招标人与中标人签订合同的基础，是对双方权利义务的约定。合同条件是否完善、公平，将影响合同内容的正常履行。为了方便招标人和中标人签订合同，目前国际工程承发包中广泛使用 FIDIC 合同条件，国内工程承发包则使用原建设部和国家工商行政管理局联合下发的《建设工程施工合同（示范文本）》（GF-1999-0201）中的合同条款等。该合同条款分为三部分：第一部分是协议书；第二部分是通用条款（或称标准条款），是运用于各类建设工程项目的具有普遍适应性的标准化的条件，其中凡双方未明确提出或者声明修改、补充或取消的条款，就是双方都要履行的；第三部分是专用条款，是针对某一特定工程项目，对通用条件的修改、补充或取消。

② 合同格式。合同格式是指招标人在招标文件中拟定好的合同具体格式，在定标后由招标人与中标人达成一致协议后签署。招标文件中的合同格式，主要有合同协议书格式、银行履约保函格式、履约担保书格式、预付款银行保函格式等。银行履约保函格式见表5-2。

表 5-2   银行履约保函格式

建设单位名称：_____

鉴于_____(下称"承包单位")已保证按_____(下称"建设单位")工程合同施工、竣工和保修该工程(下称"合同")。

鉴于你方在上述合同中要求承包单位向你方提交下述金额的银行开具的保函,作为承包单位履行本合同责任的保证金。

本银行同意为承包单位出具本保函。

本银行在此代表承包单位向你方承担支付人民币_____元的责任,承包单位在履行合同中,由于资金、技术、质量或非不可抗力等原因给你方造成经济损失时,在你方以书面提出要求得到上述金额内的任何付款时,本银行即予支付,不挑剔、不争辩、也不要求你方出具证明或说明背景、理由。

本银行放弃你方应先向承包单位要求赔偿上述金额然后再向本银行提出要求的权利。

本银行进一步同意在你方和承包单位之间的合同条件、合同项下的工程或合同发生变化、补充或修改后,本银行承担本保函的责任也不改变,有关上述变化、补充和修改也无须通知本银行。

本保函直至保修责任证书发出后 28 天内一直有效。

银行名称:(盖章)

银行法定代表人:(签字、盖章)

地址:

邮政编码:

日期: 年   月   日

（4）技术条款   招标文件中的技术条款,主要包括两个方面：根据工程现场的自然条件和施工条件应采取的工程施工技术要求和技术规范。

工程现场的自然条件主要包括现场环境、地形、地貌、地质、水文、地震烈度、气温、雨雪量、风向、风力等自然条件。施工条件主要包括工程范围,建设用地面积,建筑物占地面积,场地拆迁及平整情况,施工用水和用电,工地内外交通、环保、安全防护设施及有关勘探资料等施工条件。

对工程采用的技术规范,国家有关部门有一系列规定。招标文件要结合工程的具体环境和要求,写明选定的适用于本工程的技术规范,列出编制规范的部门和名称。技术规范是检验工程质量的标准和质量管理的依据,招标人应重视技术规范的选用。

（5）图纸   图纸是招标文件的重要组成部分,是投标人在拟定施工方案,确定施工方法,计算或校核工程量,计算投标报价不可缺少的资料。招标人应对其所提供的图纸资料的正确性负责。

（6）评标标准和方法   招标文件应当明确评标的标准和方法,如采用综合评估法时,应明确规定除价格以外的所有评标因素,以及如何将这些因素量化。

（7）辅助资料表   辅助资料表是招标人为了进一步了解投标人对工程施工人员、机械和各项工作的安排情况,以便于评标时进行比较,以及招标人在工程实施过程中安排资金计划,投标人必须按规定的格式或具体要求填写或说明。一般辅助资料表包括以下内容：

① 企业概况、项目经理简历及业绩表。

② 主要施工管理人员表。

③ 主要施工机械设备表。

④ 拟分包项目情况表。

⑤ 施工方案或施工组织设计。投标人应按要求提交完整的施工图或施工组织设计,主要包括工程完整施工方案、保证质量的措施、施工机械进场计划、工程材料进场计划、现场平面布置及施工道路平面图、冬季和雨季施工措施、地下管线及其他地上设施的加固措施、保证安全生产和文明施工的措施、降低环境污染和噪声的措施、保证工期的措施。

⑥ 计划开工、竣工日期和施工进度表。投标单位应提供初步的施工进度表,说明按招

标文件要求的工期进行施工的各个关键日期，可采用横道图或网络图表示，说明计划开工日期和各分项工程完工日期。施工进度计划与施工方案或组织设计相适应。

⑦ 临时设施布置及临时用地表。投标人应提供一份施工现场临时设施布置图表并附文字说明，内容有临时设施、加工车间、现场办公、仓储、供电、供水、卫生、生活等情况和布置。临时用地表中应详细填写全部临时用地面积和用途。

5.2.3　招标文件的编制

根据《招标投标法》和建设部有关规定，施工招标文件编制中还应遵循如下规定：

① 招标文件应当明确规定评标时除价格以外的所有评标因素，以及如何将这些因素量化或者据以进行评估。在评标过程中，不得改变招标文件中规定的评标标准、方法和中标条件。

② 招标人可以要求投标人在提交符合招标文件规定要求的投标文件外，提交备选投标方案，但应当在招标文件中作出说明，并提出相应的评审和比较方法。

③ 施工招标项目工期超过 12 个月的，招标文件中可以规定工程造价指数体系、价格调整因素和调整方法。

④ 招标文件规定的各项技术标准应符合国家强制性规定。招标文件中规定的各项技术标准均不得要求或标明某一特定的专利、商标、名称、设计、原产地或生产供应者，不得含有倾向或者排斥潜在投标人的其他内容。如果必须引用某一生产供应商的技术标准才能准确或清楚地说明拟招标项目的技术标准时，则应当在参照后面加上"或相当于"的字样。

⑤ 质量标准必须达到国家施工验收规范合格标准，对于要求质量超过合格标准的，应计取补偿费用，补偿费用的计算方法应按照国家或地方有关文件规定执行，并在招标文件中明确。

⑥ 施工招标项目需要计划分标段、确定工期的，招标人应当合理划分标段、确定工期，并在招标文件中载明。对工程技术上紧密相连、不可分割的单位工程不得分割标段。招标文件中的建设工期应当参照国家或地方颁发的工期定额来确定，如果要求的工期比工期定额缩短 20% 以上（含 20%）的，应计算赶工措施费。赶工措施费如何计取应在招标文件中明确。

⑦ 由于投标人原因造成不能按合同工期竣工时，计取赶工措施费的必须扣除，同时还应赔偿由于误工给招标人带来的损失。其损失费用的计算方法或规定应在招标文件中明确。如果招标人要求按合同工期提前竣工交付使用，应考虑计取提前工期奖，提前工期奖的计算方法应在招标文件中明确。

⑧ 招标人应当明确投标人编制投标文件所需要的时间，即明确投标准备时间，也就是从开始发放招标文件之日起，至投标人提交投标文件截止之日的期限。这一期限最短不得少于 20 天。

⑨ 招标文件应当规定一个适当的投标有效期，以保证招标人有足够时间完成评标与中标人签订合同。投标有效期从投标人提交投标文件截止之日起计算。在原投标有效期结束前，出现特殊情况的，招标人可以书面形式要求所有投标人延长投标有效期。投标人同意延长的，不得要求或被允许修改其投标文件的实质性内容，但应当延长其投标保证金的有效期；投标人拒绝延长的，其投标失效，但投标人有权收回其投标保证金。因延长投标有效期造成投标人损失的，招标人应当给予补偿，但因不可抗力需要延长投标有效期的除外。

⑩ 在招标文件中应明确投标保证金数额及支付方式。投标保证金除现金外，还可以是银行出具的银行保函、保兑支票、银行汇票或现金支票。投标保证金一般不得超过投标总价的 2%，且最高不得超过 80 万元人民币。投标保证金有效期应当超出投标有效期 30 天。

⑪ 中标单位应按规定向招标单位提交履约担保，履约担保可采用银行保函或履约担保书。履约担保比率为：银行出具的银行保函为合同价格的 5%；履约担保书为合同价格的 10%。

⑫ 材料或设备采购、运输、保管的责任应在招标文件中明确，如招标人提供材料或设

备，应列明材料或设备名称、品种或型号、数量以及提供日期和交货地点等，还应在招标文件中明确招标人提供的材料或设备计价和结算退款的方法。

⑬ 招标人可根据项目特点决定是否编制标底。编制标底的，标底编制过程和标底必须保密。任何单位和个人不得强制招标人编制或报审标底，或干预其确定标底。招标项目可以不设标底，进行无标底招标。

⑭ 对于潜在投标人在阅读招标文件和现场踏勘中提出的疑问，招标人可以书面形式或召开投标预备会的方式解答，但需同时将解答以书面方式通知所有购买招标文件的潜在投标人。该解答的内容为招标文件的组成部分。

5.3 环境工程招标标底的编制

5.3.1 标底的概念

标底是指招标人根据招标项目的具体情况编制的完成招标项目所需的全部费用，是根据国家规定的计价依据和计价办法计算出来的工程造价，是招标人对建设工程的期望价格。标底由成本、利润、税金等组成，一般应该控制在批准的总概算及投资包干限额内。

我国的《招标投标法》没有明确规定招标工程是否必须设置标底价格，招标人可根据工程的实际情况自己决定是否需要编制标底。如设标底，标底的主要作用如下：

① 标底价格是招标人控制建设工程投资，确定工程合同价格的参考依据。

② 标底价格是衡量、评审投标人投标报价是否合理的尺度和依据。

因此，标底必须以严肃认真的态度和科学合理的方法进行编制，应当实事求是，综合考虑和体现发包方和承包方的利益，编制切实可行的标底。一个工程只能编制一个标底。

5.3.2 标底编制原则和依据

5.3.2.1 编制标底的原则

标底是招标人控制投资、确定招标工程造价的重要手段，在计算时要求科学合理、计算准确。标底应当参考国务院和省、自治区、直辖市人民政府建设行政主管部门制定的工程造价计价办法和计价依据以及其他有关规定，根据市场价格信息，由招标单位或委托有相应资质的招标代理机构和工程造价咨询单位以及监理单位等中介组织进行编制。

在标底的编制过程中，应该遵循以下原则：

① 根据国家公布的统一工程项目划分、统一计量单位、统一计算规则以及施工图纸、招标文件，并参照国家、行业或地方批准发布的定额和国家、行业、地方规定的技术标准规范，以及要素市场价格确定的工程量编制标底。

② 按工程项目类别计价。

③ 标底作为建设单位的期望价格，应力求与市场的实际变化吻合，要有利于竞争和保证工程质量。

④ 标底应由直接工程费、间接费、利润、税金等组成，一般应控制在批准的总概算（或修正概算）及投资包干的限额内。

⑤ 标底应考虑人工、材料、设备、机械台班等价格变化因素，还应包括不可预见费（特殊情况）、预算包干费、措施费（赶工措施费、施工技术措施费）、现场因素费用、保险以及采用固定价格的工程的风险金等。工程要求优良的还应增加相应的费用。

⑥ 一个工程只能编制一个标底。

⑦ 标底编制完成后，直至开标时，所有接触过标底价格的人员均负有保密责任，不得泄漏。

5.3.2.2 编制标底的依据

招标项目编制标底的，应根据批准的初步设计、投资概算，依据有关计价办法，参照有关工程定额，结合市场供求状况，综合考虑投资、工期和质量等方面的因素合理确定。标底的编制主要需要以下基本资料和文件：

① 国家的有关法律、法规以及国务院和省、自治区、直辖市人民政府建设行政主管部门制定的有关工程造价的文件和规定。

② 工程招标文件中确定的计价依据和计价办法，招标文件的商务条款，包括合同条件中规定由工程承包方应承担义务而可能发生的费用，以及招标文件的澄清、答疑等补充文件和资料。在标底价格计算时，计算口径和取费内容必须与招标文件中有关取费等的要求一致。

③ 工程设计文件、图纸、技术说明及招标时的设计交底，按设计图纸确定的或招标人提供的工程量清单等相关基础资料。

④ 国家、行业、地方的工程建设标准，包括建设工程施工必须执行的建设技术标准、规范和规程。

⑤ 采用的施工组织设计、施工方案、施工技术措施等。

⑥ 工程施工现场地质、水文勘探资料，现场环境和条件及反映相应情况的有关资料。

⑦ 招标时的人工、材料、设备及施工机械台班等要素市场价格信息，以及国家或地方有关政策性调价文件的规定。

5.3.3 标底文件组成

① 标底的综合编制说明。

② 标底价格审定书、标底价格计算书、带有价格的工程量清单、现场因素、各种施工措施费的测算明细以及采用固定价格工程的风险系数测算明细等。

③ 主要人工、材料、机械设备用量表。

④ 标底附件。如各项交底纪要、各种材料及设备的价格来源、现场的地质、水文、地上情况的有关资料、编制标底价格所依据的施工方案或施工组织设计等。

⑤ 标底价格编制的有关表格。

5.3.4 标底编制程序

当招标文件中的商务条款一经确定，即可进入标底编制阶段。工程标底的编制程序如下。

(1) 确定标底的编制单位。标底由招标单位自行编制或委托经建设行政主管部门批准的具有编制标底资格和能力的中介机构代理编制。

(2) 收集编制资料

① 全套施工图纸及现场地质、水文、地上情况的有关资料。

② 招标文件。

③ 领取标底价格计算书、报审的有关表格。

(3) 参加交底会及现场勘察。标底编审人员均应参加施工图交底、施工方案交底以及现场勘察、招标预备会，便于标底的编审工作。

(4) 编制标底。编制人员应严格按照国家的有关政策、规定，科学公正地编制标底价格。

(5) 审核标底价格。

5.3.5 标底价格的编制方法

《建筑工程施工发包与承包计价管理办法》（中华人民共和国建设部第107号令）第五条中规定，施工图预算、招标标底、投标报价由成本、利润和税金构成。

我国目前建设工程施工招标标底的编制，主要采用定额计价法和工程量清单计价法来编制。

（1）定额计价法编制标底　定额计价法编制标底与概预算的编制方法基本相同，通常是根据施工图纸及技术说明，按照预算定额规定的分部分项子目，逐项计算出工程量，套用定额单价（或单位估价表）确定直接工程费，然后按规定的费率标准估计出措施费，得到相应的直接费，再按规定的费用定额确定间接费、利润和税金，加上材料调价系数和适当的不可预见费，汇总后即为标底的基础。

（2）工程量清单计价法编制标底

① 工程量清单标底的编制　工程量清单下的标底价必须严格按照"规范"进行编制，以工程量清单给出的工程数量和综合的工程内容，按市场价格计价。对工程量清单开列的工程数量和综合的工程内容不得随意更改、增减，必须保持与各投标单位计价口径的统一。

② 编制工程量清单标底应注意的问题

a. 应当遵循我国《招标投标法》规定的程序。在了解招标过程中计价形式和招标文件的组成及相应的评定标办法等条款的基础上，正确理解清单招标的实质，真正体现出工程量清单计价的优势。

b. 若编制工程量清单与编制招标标底不是同一单位，应注意招标人提供的工程量清单与编制标底的工程量清单在格式、内容、描述等各方面保持一致，避免由此而造成招标失败或评标的不公正。

c. 仔细区分清单中分部分项工程清单费、措施项目清单费、其他项目清单费和规费、税金等各项费用的组成，避免重复计算。

5.3.6 标底的审查

（1）工程量的审查　着重审查主要项目的工程量是否大致合理，各有关项目间的数量是否相称以及有无漏项等，如发现疑问再作重点深入的细审。

（2）单价的审查　着重审查套用定额是否正确，换算是否恰当，补充单价是否合理，采用的实际材料、设备价格是否有偏高、偏低情况。

（3）取费及调价的审查　主要审查取费及调价有无不当或遗漏之处。

（4）各种包干费用和主要材料指标的审查　主要审查包干费用是否合理，主要材料指标是否有偏高、偏低情况等。

（5）标底造价的审查　着重审查各单位工程造价是否合理，总造价是否符合实际等。审核时，若发现错误，应通知编制单位由编制人与审核人在审核现场进行修正。审核后的标底应在标底编制表上填写审核结论，并按规定密封送招标投标办事机构。标底的审定由招标投标办事机构负责，其主要职责是：审查标底编审的行为过程是否符合有关规定，控制建设项目投资概算。实行议标的工程，承包价由双方协商，报招标投标办事机构备案。

5.4　环境工程招标评标定标

评标定标是环境工程招标投标过程中的核心环节。我国《招标投标法》对评标作出了原则的规定。为了更为细致地规范整个评标过程，2001 年 7 月 5 日，国家计委、国家经贸委、建设部、铁道部、交通部、信息产业部、水利部联合发布了《评标委员会和评标方法暂行规定》，该规定适用于依法必须招标项目的评标活动。

5.4.1 环境工程评标定标的原则

评标活动应遵循公平、公正、科学、择优的原则。公平是指在评标定标过程中所涉及的一切活动对所有投标人都应当一视同仁，不得倾向某些投标人而排斥另外一些投标人；公正是指在对投标文件的评比中，应以客观内容为依据，不能以主观好恶为标准，不能带有成见；科学是指评标办法要科学合理；择优是评标的根本目的。

招标人应当采取必要的措施，保证评标在严格保密的情况下进行。评标是招标投标活动中一个十分重要的阶段，如果对评标过程不进行保密，则影响公正评标的不正当行为有可能发生。评标委员会成员名单一般应于开标前确定，而且该名单在中标结果确定前应当保密。评标委员会在评标过程中是独立的，任何单位和个人都不得非法干预、影响评标过程和结果。

5.4.2 环境工程招标的评标定标组织

环境工程招标的评标定标工作由评标定标组织完成，评标定标组织即评标委员会。

（1）评标委员会的组建　评标委员会是依法组建的，负责评标活动，向招标人推荐中标候选人或者根据招标人的授权直接确定中标人。评标委员会由招标人或其委托的招标代理机构熟悉相关业务的代表，以及有关技术、经济等方面的专家组成，成员人数为五人以上单数，其中技术、经济等方面的专家不得少于成员总数的三分之二。标委员会成员名单一般应于开标前确定。评标委员会成员名单在中标结果确定前应当保密。

评标委员会设负责人的，负责人由评标委员会成员推举产生或者由招标人确定，评标委员会负责人与评标委员会的其他成员有同等的表决权。

评标委员会的专家成员应当从省级以上人民政府有关部门提供的专家名册或者招标代理机构专家库内的相关专家名单中确定。确定评标专家，可以采取随机抽取或者直接确定的方式。一般项目，可以采取随机抽取的方式；技术特别复杂、专业性要求特别高或者国家有特殊要求的招标项目，采取随机抽取方式确定的专家难以胜任的，可以由招标人直接确定。

（2）对评标委员会成员的要求　评标委员会中的专家成员应符合下列条件。

① 从事相关专业领域工作满 8 年并具有高级职称或者同等专业水平。

② 熟悉有关招标投标的法律法规，并具有与招标项目相关的实践经验。

③ 能够认真、公正、诚实、廉洁地履行职责。

有下列情形之一的，不得担任评标委员会成员：

① 投标人或者投标人主要负责人的近亲属。

② 项目主管部门或者行政监督部门的人员。

③ 与投标人有经济利益关系，可能影响对投标公正评审的。曾因在招标、评标以及其他与招标投标有关活动中从事违法行为而受过行政处罚或刑事处罚的。

评标委员会成员有上述情形之一的，应当主动提出回避。

5.4.3 环境工程评标定标的程序

环境工程评标定标过程可分为评标的准备与初步评审、详细评审、编制评标报告、定标发中标通知书四个阶段。

（1）评标的准备与初步评审

① 评标的准备。评标委员会成员应当编制供评标使用的相应表格，认真研究招标文件，至少应了解和熟悉以下内容。

a. 招标的目标。

b. 招标项目的范围和性质。

c. 招标文件中规定的主要技术要求、标准和商务条款。

d. 招标文件规定的评标标准、评标方法和在评标过程中考虑的相关因素。

招标人或者其委托的招标代理机构应当向评标委员会提供评标所需的重要信息和数据。招标人设有标底的，标底应当保密，并在评标时作为参考，但不得作为评标的唯一依据。

评标委员会应当根据招标文件规定的评标标准和方法，对投标文件进行系统的评审和比较。招标文件中没有规定的标准和方法不得作为评标的依据。因此，评标委员会成员还应当了解招标文件规定的评标标准和方法，这也是评标的重要准备工作。

② 初步评审的内容。初步评审的内容包括对投标文件的符合性评审、技术性评审和商务性评审。

a. 投标文件的符合性评审。投标文件的符合性评审包括商务符合性和技术符合性鉴定。投标文件应实质上响应招标文件的所有条款、条件，无显著的差异或保留。所谓显著的差异或保留包括以下情况：对工程的范围、质量及使用性能产生实质性影响；偏离了招标文件的要求，而对合同中规定的招标人的权利或者投标人的义务造成实质性的限制；纠正这种差异或者保留将会对提交了实质性响应要求的投标书的其他投标人的竞争地位产生不公正影响。

b. 投标文件的技术性评审。投标文件的技术性评审包括方案可行性评估和关键工序评估；劳务、材料、机械设备、质量控制措施评估以及对施工现场周围环境污染的保护措施评估。

c. 投标文件的商务性评审。投标文件的商务性评审包括投标报价校核、审查全部报价数据计算的正确性、分析报价构成的合理性，并与标底价格进行对比分析。修正后的投标报价经投标人确认后对其起约束作用。

③ 投标文件的澄清、说明或补正。评标委员会可以书面方式要求投标人对投标文件中含义不明确的内容作必要的澄清、说明或补正，但是澄清、说明或补正不得超出投标文件的范围或者改变投标文件的实质性内容。对招标文件的相关内容作出澄清、说明或补正，其目的是有利于评标委员会对投标文件的审查、评审和比较。澄清、说明或补正包括投标文件中含义不明确、对同类问题表述不一致或者有明显文字和计算错误的内容，但评标委员会不得向投标人提出带有暗示性或诱导性的问题，或向其明确投标文件中的遗漏和错误。

投标文件不响应招标文件的实质性要求和条件的，招标人应当拒绝，并不允许投标人通过修正或撤销其不符合要求的差异或保留，使之成为具有响应性的投标。

评标委员会在对实质上响应招标文件要求的投标进行报价评估时，除招标文件另有约定外，应当按下列原则进行修正：

a. 投标文件中用数字表示的数额与用文字表示的数额不一致时，以文字数额为准。

b. 单价与工程量的乘积与总价之间不一致时，以单价为准；若单价有明显的小数点错位，应以总价为准，并修改单价。

c. 对不同文字文本投标文件的解释发生异议的，以中文文本为准。

按照上述规定调整后的报价经投标人确认后产生约束力。

④ 应当作为废标处理的情况。根据《工程建设项目施工招标投标办法》和《评标委员会和评标方法暂行规定》，投标文件有下列情形之一的，由评标委员会初审后按废标处理：

a. 评标过程中，评标委员会发现投标人以他人的名义投标、串通投标、以行贿手段谋取中标或者以其他弄虚作假方式投标的。

b. 评标委员会发现投标人的报价明显低于其他投标报价或者在设有标底时明显低于标底，使得其投标报价可能低于其个别成本的，应当要求该投标人作出书面说明并提供相关证明材料。投标人不能合理说明或者不能提供相关证明材料的，由评标委员会认定该投标人以低于成本报价竞标，其投标应作废标处理。

c. 投标文件无单位盖章并无法定代表人或法定代表人授权的代理人签字或盖章的。

d. 投标文件未按规定的格式填写，内容不全或关键字迹模糊、无法辨认的。

e. 投标人递交两份或多份内容不同的投标文件，或在一份投标文件中对同一招标项目报有两个或多个报价，且未声明哪一个有效。按招标文件规定提交备选投标方案的除外。

f. 投标人名称或组织结构与资格预审时不一致的。

g. 未按招标文件要求提交投标保证金的。

h. 联合体投标未附联合体各方共同投标协议的。

i. 未能在实质上响应的投标。评标委员会应当审查每一投标文件是否对招标文件提出的所有实质性要求和条件作出响应。未能在实质上响应的投标，应作废标处理。

⑤ 投标偏差。评标委员会应当根据招标文件，审查并逐项列出投标文件的全部投标偏差。投标偏差分为重大偏差和细微偏差。

下列情况属于重大偏差：

a. 没有按照招标文件要求提供投标担保或者所提供的投标担保有瑕疵。

b. 投标文件没有投标人授权代表签字和加盖公章。

c. 投标文件载明的招标项目完成期限超过招标文件规定的期限。

d. 明显不符合技术规格、技术标准的要求。

e. 投标文件载明的货物包装方式、检验标准和方法等不符合招标文件的要求。

f. 投标文件附有招标人不能接受的条件。

g. 不符合招标文件中规定的其他实质性要求。

细微偏差是指投标文件在实质上响应招标文件要求，但在个别地方存在漏项或者提供了不完整的技术信息和数据等情况，并且补正这些遗漏或者不完整不会对其他投标人造成不公平的结果。细微偏差不影响投标文件的有效性。

评标委员会应当书面要求存在细微偏差的投标人在评标结束前予以补正。拒不补正的，在详细评审时可以对细微偏差作不利于该投标人的量化，量化标准应当在招标文件中列明。

(2) 详细评审 经初步评审合格的投标文件，评标委员会应当根据招标文件确定的评标标准和方法，对其技术部分和商务部分做进一步的评审、比较。

① 技术性评审。技术性评审主要包括对投标人所报的施工方案组织设计、关键工序、进度计划、人员和机械设备的配套、技术能力、质量控制措施、安全措施、文明施工方案、临时设施的布置、临时用地情况、施工现场周围环境污染的保护措施等进行评审。

② 商务性评审。商务性评审是指对投标文件中的报价进行评审，包括对投标报价进行校核，审查全部报价数据是否有计算上或累计上的算术错误，分析报价构成的合理性等。

设有标底的招标项目，评标委员会在评标时应当参考标底。

(3) 编制评标报告 评标委员会经过对投标人的投标文件进行初审和终审以后，应当向招标人提出书面评标报告，并推荐合格的中标候选人，同时抄送有关行政监督部门。招标人根据评标委员会提出的书面评标报告和推荐的中标候选人确定中标人，投标人也可以授权评标委员会直接确定中标人。评标只对有效投标进行评审。

评标报告应当如实记载以下内容：

① 基本情况和数据表。

② 评标委员会成员名单。

③ 开标记录。

④ 符合要求的投标一览表。

⑤ 废标情况说明。

⑥ 评标标准、评标方法或者评标因素一览表。

⑦ 经评审的价格或者评分比较一览表。

⑧ 经评审的投标人排序。

⑨ 推荐的中标候选人名单与签订合同前要处理的事宜。

⑩ 澄清、说明或补正事项纪要。

评标报告由评标委员会全体成员签字。对评标结论持有异议的评标委员会成员可以书面方式阐述其不同意见和理由。评标委员会成员拒绝在评标报告上签字且不陈述其不同意见和理由的，视为同意评标结论。评标委员会应当对此作出书面说明并记录在案。

（4）定标

① 中标候选人的确定。经过评标后，就可确定出中标候选人或中标单位，评标委员会推荐的中标候选人应当限定在 1～3 人，并标明排列顺序。

中标人的投标应当满足以下条件：能够最大限度满足招标文件中规定的各项综合评价标准；或能够满足招标文件的实质性要求，并且经评审的投标价格最低（投标价格低于成本的除外）。

对使用国有资金投资或者国家融资的项目，招标人应当确定排名第一的中标候选人为中标人。排名第一的中标候选人放弃中标、因不可抗力提出不能履行合同，或者招标文件规定应当提交履约保证金而在规定的期限内未能提交的，招标人可以确定排名第二的中标候选人为中标人。招标人也可授权评标委员会直接确定中标人。

招标人不得向中标人提出压低报价、增加工作量、缩短工期或其他违背中标人意愿的要求，以此作为发出中标通知书和签订合同的条件。

评标委员会提出书面评标报告后，招标人一般应当在 15 日内确定中标人，最迟也应当在投标有效期结束日 30 个工作日前确定。依法必须进行施工招标的工程，招标人应当自发出中标通知书之日起 15 日内，向有关行政监督部门提交施工招标投标情况的书面报告。书面报告中至少应包括下列内容：

a. 招标范围。

b. 招标方式和发布招标公告的媒介。

c. 招标文件中投标人须知、技术条款、评标标准和方法、合同主要条款等内容。

d. 评标委员会的组成和评标报告。

e. 中标结果。

② 发出中标通知书并订立书面合同。中标人确定后，招标人应当向中标人发出中标通知书，并同时将中标结果通知所有未中标的投标人。中标通知书对招标人和中标人具有法律效力。中标通知书发出后，招标人改变中标结果，或者中标人放弃中标项目的，应当依法承担法律责任。

招标人和中标人应当自中标通知书发出之日起 30 日内，按照招标文件和中标人的投标文件订立书面合同。招标文件要求中标人提交履约保证金的，中标人应当提交。招标人应当同时向中标人提供工程款支付担保。

招标人与中标人签订合同后 5 个工作日内，应当向中标人和未中标的投标人退还投标保证金。

中标人应当按照合同约定履行义务，完成中标项目。中标人不得向他人转让中标项目，也不得将中标项目肢解后分别向他人转让。中标人按照合同约定或者经招标人同意，可以将中标项目的部分非主体、非关键性工程分包给他人完成。接受分包的人应当具备相应的资格条件，并不能再次分包。中标人应当就分包项目向招标人负责，接受分包的人就分包项目承担连带责任。

5.5　环境影响评价招标

环境影响评价是我国环境保护法律制度中的一项重要制度。所谓环境影响评价是对可能影响环境的工程建设和开发活动，预先进行调查、预测和评价，提出环境影响及防治方案的报告，经主管部门批准后才能进行建设的法律制度。环境影响评价不是一般的预测评价，它要求可能对环境有影响的建设开发者，必须事先通过调查、预测和评价，对项目的选址、对周围环境产生的影响以及应采取的防范措施等提出建设项目环境影响报告书，经过审查批准后，才能进行开发和建设。因此建设单位需选择持有相应资质的评价单位。

（1）环境影响评价招标条件　根据《工程建设项目招标范围和规模标准规定》中的规定，环境影响评价单项合同估算价在 50 万元人民币以上的，必须进行招标来选择评价单位。

（2）资格审查　投标人资格审查标准应按照《建设项目环境影响评价资格证书管理办法》和《环境影响评价工程师职业资格制度暂行规定》的规定执行。

《建设项目环境影响评价资格证书管理办法》规定，凡从事建设项目环境影响评价工作的单位，必须按照该办法的规定取得国家环境保护行政主管部门颁发的《建设项目环境影响评价资格证书》，并按照评价证书规定的等级和范围，从事环境影响评价工作。评价证书分为甲级和乙级两个等级，并根据持证单位的专业特长和工作能力，按行业和环境要素划定业务范围。持有甲级评价证书的单位，可以按照评价证书规定的业务范围，承担各级环境保护部门负责审批的建设项目环境影响评价工作，编制环境影响报告书或环境影响报告表；取得乙级资质的单位，只可承担规定类别省级以下环境保护行政主管部门负责审批的环境影响报告书的编制工作。

招标单位对潜在的投标人进行资格审查时，应认真审查投标人的单位资格和拟参加招标项目环境影响评价的工程师资质和专业类别是否符合招标要求。

（3）环境影响评价招标文件内容　目前，环境影响评价的招标工作尚处于起步阶段，环境保护主管部门还没有制订正式的规章制度，也没有行业指引遵循。因此，环境影响评价招标文件还没有可供使用的范本。环境影响评价招标文件中的技术规范应参考《环境影响评价技术导则—总纲》（HJ 2.1—2011）、《环境影响评价技术导则—大气环境》（HJ 2.2—2008）、《环境影响评价技术导则—地下水环境》（HJ 610—2011）、《环境影响评价技术导则—地面水环境》（HJ/T 2.3—93）、《环境影响评价技术导则—声环境》（HJ 2.4—2009）、《环境影响评价技术导则—非污染生态影响》（HJ 19—2011）、《规划环境影响评价技术导则（试行）》（HJ/T 130—2003）和《开发区区域环境影响评价技术导则》（HJ/T 131—2003）等规范编写。

5.6　环境工程勘察设计招标

为规范工程建设项目勘察设计招标投标活动，提高投资效益，保证工程质量，根据《中华人民共和国招标投标法》、《中华人民共和国招标投标法实施条例》制定《工程建设项目勘察设计招标投标办法》，规定在中华人民共和国境内进行工程建设项目勘察设计招标投标活动，均适用本办法。因此环境工程勘察设计招标必须依照本办法实行。

（1）环境工程勘察设计招标的条件　环境工程勘察设计的内容包括自然条件观测、地形图测绘、资源探测、岩土工程勘察、地震安全性评价、工程水文地质勘察、环境评价和环境基底观测、模型试验和科研等。进行勘察设计招标的环境工程建设项目，在招标时应当具备下列条件：

① 招标人已经依法成立。

② 按照国家有关规定需要履行项目审批、核准或者备案手续的，已经审批、核准或者备案。

③ 勘察设计有相应资金或者资金来源已经落实。

④ 所必需的勘察设计基础资料已经收集完成。

⑤ 法律法规规定的其他条件。

（2）对投标人的资格审查　对投标人实行资格预审的，资格预审必须由专业人员评审。资格预审不采用打分的方式评审，只有"通过"和"未通过"之分。如果通过资格预审投标人的数量不足 3 家，招标人应修订并公布新的资格预审条件，重新进行资格预审，直至 3 家或 3 家以上投标人通过资格预审为止。特殊情况下，招标人不能重新制定新的资格预审条件的，必须依据国家相关法律、法规规定执行。

① 资质审查。该项工作主要审查投标人所持有的勘察、设计证书资质等级是否与拟建环境工程的级别相一致，不允许无资格证书单位或低资格单位越级承接工程设计任务。审查的内容包括资质证书的种类、证书的级别、证书允许承接设计工作的范围三个方面。

a. 证书的种类。国家和地方对工程勘察设计资格颁发的证书分为"工程勘察证书"和"工程设计证书"两种。如果勘察任务合并在设计招标中，投标申请人除拥有工程设计证书外，还需有工程勘察证书，缺一不可。但允许仅有工程设计证书的单位以分包的方式，在总承包后将勘察任务分包给其他具有工程勘察证书单位实施。

b. 证书的级别。我国工程勘察和工程设计资格各分为甲、乙、丙三级，不允许低资质单位承接高等级工程的勘察设计任务。甲级工程设计单位承担相应行业建设项目的工程设计范围和地区不受限制。乙级工程设计单位可承担相应行业的中、小型建设项目的工程设计任务，承担工程设计任务的地区不受限制。丙级工程设计单位可承担相应行业的小型建设项目的工程设计任务。

c. 证书规定允许承接任务的范围。尽管投标申请单位的证书级别与建设项目的工程级别相适应，因为很多工程有较强的专业要求，所以还需审查委托设计的环境工程是否在投标申请单位证书规定的范围内。工程设计资格按归口部门分为电力行业、轻工行业、建筑工程等 28 类行业；工程勘察资格又分为地质勘察、岩土工程、水文地质勘察和工程测量 4 个专业。

申请投标单位所持证书在以上的三个方面都应符合招标的环境工程相适应，否则将不能通过资质审查。

② 能力审查。能力审查包括勘察设计人员的技术力量和主要技术设备两方面。人员的技术力量主要考虑主要负责人的资质能力和各专业设计人员的专业覆盖面、人员数量、各级职称人员所占比例等是否能满足完成工程设计任务的需要。技术设备能力主要审查测量、制图、钻探设备的器材种类、数量和设备目前的使用情况等，能否适应开展设计工作的需要。

③ 经验审查。审查该设计单位最近几年所完成的工程业绩，包括工程名称、规模、标准、结构形式、质量评定等级、设计工期等内容。偏重于考虑已完成过的设计与招标环境工

程在规模、性质、形式上是否相适应。

（3）环境工程勘察设计招标文件的内容

① 投标须知。

② 投标文件格式及主要合同条款。

③ 项目说明书，包括资金来源情况。

④ 勘察设计范围，对勘察设计进度、阶段和深度的要求。

⑤ 勘察设计基础资料。

⑥ 勘察设计费用支付方式，对未中标人是否给予补偿及补偿标准。

⑦ 投标报价要求。

⑧ 对投标人资格审查的标准。

⑨ 评标标准和方法。

⑩ 投标有效期。投标有效期从提交投标文件截止日起计算。

5.7 环境工程施工招标

环境工程施工是以环境工程设计方案为蓝本，利用各种工程技术方法和管理手段将环境工程的工程决策和设计方案转化为具体的环境保护工程设施的实施过程。

（1）施工招标的条件 依法必须招标的工程建设项目，应当具备下列条件才能进行施工招标。

① 招标人已经依法成立。

② 初步设计及概算应当履行审批手续的，已经批准。

③ 招标范围、招标方式和招标组织形式等应当履行核准手续的，已经核准。

④ 有相应资金或资金来源已经落实。

⑤ 有招标所需的设计图纸及技术资料。

有下列情形之一的，经批准可以进行邀请招标：

① 项目技术复杂或有特殊要求，只有少量几家潜在投标人可供选择的。

② 受自然地域环境限制的。

③ 涉及国家安全、国家秘密或者抢险救灾，适宜招标但不宜公开招标的。

④ 拟公开招标的费用与项目的价值相比，不值得的。

⑤ 法律、法规规定不宜公开招标的。

需要审批的工程建设项目，有下列情形之一的，由审批部门批准，可以不进行施工招标：

① 涉及国家安全、国家秘密或者抢险救灾而不适宜招标的。

② 属于利用扶贫资金实行以工代赈需要使用农民工的。

③ 施工主要技术采用特定的专利或者专有技术的。

④ 施工企业自建自用的工程，且该施工企业资质等级符合工程要求的。

⑤ 在建工程追加的附属小型工程或者主体加层工程，原中标人仍具备承包能力的。

⑥ 法律、行政法规规定的其他情形。

（2）施工招标公告内容

① 招标人的名称和地址。

② 招标项目的内容、规模、资金来源。

③ 招标项目的实施地点和工期。

④ 获取招标文件或者资格预审文件的地点和时间。

⑤ 对招标文件或者资格预审文件收取的费用。

⑥ 对招标人的资质等级的要求。

招标人应当按招标公告或者投标邀请书规定的时间、地点出售招标文件或资格预审文件。自招标文件或者资格预审文件出售之日起至停止出售之日止，最短不得少于 5 个工作日。

施工招标公告见表 5-3。

表 5-3　施工招标公告

_____(项目名称)　标段施工招标公告

1. 招标条件

本招标项目_____(项目名称)已由_____(项目审批、核准或备案机关名称)以(批文名称及编号)批准建设,项目业主为_____,建设资金来自_____(资金来源),项目出资比例为_____,招标人为_____。项目已具备招标条件,现对该项目的施工进行公开招标。

2. 项目概况与招标范围

_____(说明本次招标项目的建设地点、规模、计划工期、招标范围、标段划分等)。

3. 投标人资格要求

3.1　本次招标要求投标人须具备_____资质,_____业绩,并在人员、设备、资金等方面具有相应的施工能力。

3.2　本次招标_____(接受或不接受)联合体投标。联合体投标的,应满足下列要求:_____。

3.3　各投标人均可就上述标段中的_____(具体数量)个标段投标。

4. 招标文件的获取

4.1　凡有意参加投标者,请于____年____月____日至____年____月____日(法定公休日、法定节假日除外),每日上午____时至____时,下午____时至____时(北京时间,下同),在_____(详细地址)持单位介绍信购买招标文件。

4.2　招标文件每套售价_____元,售后不退。图纸押金_____元,在退还图纸时退还(不计利息)。

4.3　邮购招标文件的,需另加手续费(含邮费)_____元。招标人在收到单位介绍信和邮购款(含手续费)后_____日内寄送。

5. 投标文件的递交

5.1　投标文件递交的截止时间(投标截止时间,下同)为____年____月____日____时____分,地点为_____。

5.2　逾期送达的或者未送达指定地点的投标文件,招标人不予受理。

6. 发布公告的媒介

本次招标公告同时在_____(发布公告的媒介名称)上发布。

7. 联系方式

招　标　人:_____	招标代理机构:_____
地　　　址:_____	地　　　址:_____
邮　　　编:_____	邮　　　编:_____
联　系　人:_____	联　系　人:_____
电　　　话:_____	电　　　话:_____
传　　　真:_____	传　　　真:_____
电子邮件:_____	电子邮件:_____
网　　　址:_____	网　　　址:_____
开户银行:_____	开户银行:_____
账　　　号:_____	账　　　号:_____

_____年_____月_____日

（3）环境工程施工招标文件内容　招标人应根据施工招标项目的特点和需要编制招标文件，在招标文件中规定实质性要求和条件，并用醒目的方式标明招标文件的组成。

招标文件包括：

① 招标公告（或投标邀请书）。

② 投标人须知。

③ 评标办法。

④ 合同条款及格式。

⑤ 工程量清单。

⑥ 图纸。

⑦ 技术标准和要求。

⑧ 投标文件格式。

⑨ 投标人须知前附表规定的其他材料。

5.8　环境工程施工监理招标

环境工程监理是指具有相应资质的监理单位受工程项目建设单位的委托，依据国家有关工程建设的法律、法规，经建设主管部门批准的工程项目建设文件、建设工程委托监理合同及其他建设工程合同，对工程建设实施的专业化监督管理。实行监理的环境工程，建设单位应当委托具有相应资质等级的工程监理单位进行监理，也可以委托具有工程监理相应资质等级并与被监理工程的施工承包单位没有隶属关系或者其他利害关系的该工程的设计单位进行监理。招标人可以将整个环境工程项目的施工监理作为一个标一次招标，也可以按不同专业、不同阶段分标段进行招标，但是，标段划分应当充分考虑有利于对招标项目实施有效管理和监理企业合理投入等因素。

（1）施工监理招标条件

① 初步设计文件应当履行审批手续的，已经批准。

② 建设资金已经落实。

③ 项目法人或者承担项目管理的机构已经依法成立。

（2）资格审查　工程监理企业资质分为综合资质、专业资质和事务所资质。其中，专业资质按照工程性质和技术特点划分为若干工程类别。综合资质、事务所资质不分级别。专业资质分为甲级、乙级，其中包含环境工程在内的市政公用工程专业资质可设立丙级。各级资质可监理的工程级别如下。

① 综合资质。可以承担所有专业工程类别建设工程项目的工程监理业务。

② 专业资质。专业资质分甲级、乙级和丙级三个级别。

a. 专业甲级资质。可承担相应专业工程类别建设工程项目的工程监理业务。

b. 专业乙级资质。可承担相应专业工程类别二级以下（含二级）建设工程项目的工程监理业务。

c. 专业丙级资质。可承担相应专业工程类别三级建设工程项目的工程监理业务。

③ 事务所资质。事务所可承担三级建设工程项目的工程监理业务，但是，国家规定必须实行强制监理的工程除外。

工程监理企业可以开展相应类别建设工程的项目管理、技术咨询等业务。因此，环境工程的施工监理招标应根据监理企业的资质级别和专业类别进行资格审查。审查内容一般包括：投标人营业执照、资质等级证书及法人证书等企业证件，近 3 年涉及的经济诉讼情况，审计过的财务报表和银行提供的信誉证，同类工程的监理业绩和履行情况，投标人的组织机构、公司业绩、人员配备及拟执行该招标工程监理合同的主要人员简况以及推荐的关键人员履历表，拟用于该招标工程的设备、仪器，近年监理过的工程项目质量与安全情况及相应的证明文件材料等。参加投标的监理单位必须与设计、施工、设备材料供应单位和设备安装、运行、调试的承包人为非同体关系或隶属关系。其相应工程类别和等级见表 5-4。

表 5-4　市政公用工程监理类别和等级表

序号	工程类别	一　级	二　级	三　级
1	给水排水工程	100000t/d 以上的给水厂；50000t/d 以上污水处理工程；3m³/s 以上的给水、污水泵站；15m³/s 以上的雨泵站；直径 2.5m 以上的给排水管道	20000～100000t/d 的给水厂；10000～50000t/d 污水处理工程；1～3m³/s 的给水、污水泵站；5～15m³/s 的雨泵站；直径 1～2.5m 的给水管道；直径 1.5～2.5m 的排水管道	20000t/d 以下的给水厂；10000t/d 以下污水处理工程；1m³/s 以下的给水、污水泵站；5m³/s 以下的雨泵站；直径 1m 以下的给水管道；直径 1.5m 以下的排水管道
2	垃圾处理工程	1200t/d 以上的垃圾焚烧和填埋工程	500～1200t/d 的垃圾及焚烧填埋工程	50t/d 以下的垃圾焚烧及填埋工程
3	风景园林工程	总投资 3000 万元以上	总投资 1000 万～3000 万元	总投资 1000 万元以下

注：表中的"以上"含本数，"以下"不含本数。

（3）环境工程施工监理招标文件内容

① 投标邀请书。

② 投标须知（包括工程概况和必要的工程设计图纸，提交投标文件的起止时间、地点和方式，开标的时间和地点等）。

③ 资格审查要求及资格审查文件格式。

④ 环境工程施工监理合同条款。

⑤ 招标项目适用的标准、规范、规程。

⑥ 对投标监理企业的业务能力、资质等级及办公设施的要求。

⑦ 根据招标对象是总监理机构还是驻地监理机构，提出对投标人投入现场的监理人员、监理设备的最低要求。

⑧ 是否接受联合体投标。

⑨ 各级监理机构的职责分工。

⑩ 投标文件格式，包括商务文件格式、技术建议书格式、财务建议书格式等。

⑪ 评标标准和办法。评标标准应当考虑投标人的业绩或者处罚记录等诚信因素，评标办法应当注重人员素质和技术方案。

5.9　环境工程物资采购招标

根据环境工程的特点和要求，物资采购的内容包括建筑材料、工艺设备、电气设备、仪表和监控设备、分析化验设备、热水器和空调等。环保设备和项目建设过程中所需物资的采购是招标工作的内容之一。采购物资质量的好坏和价格的高低，对环境工程的质量和经济效益都有着直接而重大的影响。

（1）招标文件　招标文件一般包括招标公告、投标人须知、投标文件格式、评标方法、合同条款、技术规范和图纸等内容。

（2）资格审查　招标人可以根据招标货物的特点和需要，对潜在投标人或者投标人进行资格审查，包括投标人资质的合格性审查和所提供货物的合格性审查两个方面。

① 对投标人资质的审查。投标人填报的"资格证明文件"应能表明其有资格参加投标和一旦中标后有履行合同的能力。如果投标人是生产厂家，他必须具有履行合同所必需的财务、技术和生产能力；若投标人按合同提供的货物不是自己制造或生产的，则应提供货物制造商正式授权同意提供该货物的证明资料。要求投标人提交供审查的证明资格的文件，包括营业执照的复印件、法人代表的授权书或制造商的授权信、银行出具的资信证明、产品鉴定书、生产许可证、产品荣获国优（部优）的荣誉证书和制造商的资格证明等。

除了厂家的名称、地址、注册或成立的时间、主管部门等情况外，还应有以下内容：

a. 职工情况调查，主要指技术工人、管理人员的数量调查。

b. 近期资产负债表。

c. 生产能力调查。

d. 近年该货物主要销售给国内外单位的情况。

e. 近年的年营业额。

f. 易损件的供应条件。

g. 审定资格时需提供的其他证明材料。

② 对所提交货物的合格性审查。投标人应提交根据招标要求提供的所有货物及其辅助服务的合格性证明文件，这些文件可以是手册、图纸和资料说明等。证明资料应说明下列情况。

a. 表明货物的主要技术指标和操作性能。

b. 为使货物正常、连续使用，应提供货物使用 1～3 年内（具体时间由招标文件规定）所需的备品备件清单，并进行报价。设备随机的备品备件和专用工具以套计，价格包含在投标总价中。备品备件指设备调试和运行所必需的可以替换的易损件和必备附件、专用工具、润滑油、密封与填料、化学药品和消耗性材料。

c. 资格预审文件或招标文件中指出的工艺、材料、设备、参照的商标或样本目录号码仅作为基本要求的说明，并不作为严格的限制条件。投标人可以在标书说明文件中选用替代标准，但替代标准必须优于或相当于技术规范所要求的标准。

5.10　环境工程特许经营权招标

环境工程设施运营是指专门从事污染物处理、处置的社会化有偿服务或者以营利为目的，根据双方签订的合同承担环境污染治理设施运营管理的活动。2002 年 12 月 27 日，建设部下发了《关于加快市政公用行业市场化进程的意见》，明确提出城市供水、供气、污水处理、垃圾处理等经营性市政公用设施的建设应公开向社会招标，以特许经营的方式选择投资主体，并允许跨地区、跨行业参与市政公用企业的经营。

环境工程特许经营权的招标方式中 BOT（Build-Operate-Transfer，建设-经营-转让）模式在我国现阶段应用最广泛。环境工程 BOT 招标是对法律允许的环境工程项目，政府通过契约授予社会资本以一定期限的特许经营权，许可其融资建设和经营该环境工程设施。承包人在特许期内负责该环境工程的设计、融资、建设和运营，并回收成本、偿还债务、赚取利润，在特许期限届满时，把该工程无偿移交给政府。

（1）环境污染治理特许经营权招标依据　根据建设部令第 126 号《市政公用事业特许经营管理办法》第 2 条的规定，污水处理、垃圾处理等环境保护行业，可依法实施特许经营，竞标者按照有关法律、法规规定，通过市场竞争机制成为环境保护事业的投资者或者经营者，在一定期限和范围内经营环境工程。

《中华人民共和国固体废物污染环境防治法（2004年修订）》第57条规定，从事收集、储存、处置危险废物经营活动的单位，必须向县级以上人民政府环境保护行政主管部门申请领取经营许可证；从事利用危险废物经营活动的单位，必须向国务院环境保护行政主管部门或者省、自治区、直辖市人民政府环境保护行政主管部门申请领取经营许可证。

《中华人民共和国大气污染防治法（2000年修订）》、《中华人民共和国水污染防治法》、《中华人民共和国环境噪声污染防治法》、《排污费征收标准管理办法》、《危险废物经营许可证管理办法》等法规的相关规定，均为环境污染治理特许经营权招标投标提供了法律保障。

（2）资质审查　国家环境保护总局2004年第23号令《环境污染治理设施运营资质许可管理办法》规定，国家对环境污染治理设施运营活动实行运营资质许可制度。从事环境污染治理设施运营的单位，必须按照该办法的规定申请获得环境污染治理设施运营资质证书，并按照资质证书的规定从事环境污染治理设施运营活动。未获得资质证书的单位，不得从事环境污染治理设施运营活动。各级环境污染治理设施运营资质分为生活污水、工业废水、除尘脱硫、工业废气、工业固体废物（危险废物除外）、生活垃圾、自动连续监测等专业类别。

资质证书按照运营业务范围和污染物处理处置规模分为《甲级环境污染治理设施运营资质证书》、《乙级环境污染治理设施运营资质证书》，甲、乙级资质证书各分为正式证书和临时证书两种。正式证书有效期为3年，临时证书有效期为1年。

（3）环境污染治理特许经营期限　特许经营期限根据环境工程特点、规模、经营方式等因素确定，最长不得超过30年，特许经营期限届满前1年，行政主管部门应当重新组织招标确定特许经营者。在同等条件下，原特许经营者优先获得特许经营权。

特许经营期限内，特许经营者有下列情形之一的，可提前终止特许经营协议，收回特许经营权，并可以实施临时接管。

① 擅自转让、出租、质押特许经营权，或者超越特许经营权确定的区域、范围从事经营活动的；擅自将所经营的财产进行处置或者抵押的。

② 因管理不善，发生重大质量、生产安全事故的。

③ 因经营管理不善，财务状况严重恶化，致使无法履行特许经营协议的。

④ 擅自停业、歇业，影响社会公共利益的；法律、法规规定的其他情形。

（4）环境工程特许经营权项目招标程序

① 提出环境工程特许经营项目，报直辖市、市、县人民政府批准后，向社会公开发布招标条件，受理投标。

② 根据招标条件，对特许经营权的投标人进行资格审查和方案预审，推荐出符合条件的投标候选人。

③ 组织评审委员会依法进行评审，并经过咨询和公开答辩，择优选择特许经营权授予对象。

④ 向社会公示中标结果，公示时间不少于20天。

⑤ 公示期满，对中标人没有异议的，经直辖市、市、县人民政府批准，与中标人签订特许经营协议。

（5）招标文件的内容

① 资格预审合格通知书。

② 投标人须知前附表。

③ 投标人须知。

④ 投融资方案及财务评价编制要点。

⑤ 技术及建设方案编制要点。

⑥ 附件、附表。

⑦《特许经营协议（草案）》。

（6）环境工程特许经营权招标实例　以下介绍始兴县污水处理厂（现有1万吨/天）有偿支付转让－改造－运营－移交及二期BOT（建设－运营－移交）特许经营权项目招标。

始兴县污水处理厂工程位于始兴县太平镇狮石下村建滔西侧，厂区占地面积为32.96亩，现有1万吨/天污水处理项目采用MIAOS工艺，已于2006年年底建成并投产，目前处理系统需进行优化改造处理。

韶关市建韶工程造价咨询有限公司受始兴县环境保护局的委托，通过招标方式选择投资运营商，中标的投资运营商成立项目公司，在特许经营期内负责：对始兴县污水处理厂现有1万吨/天污水处理项目设施进行有偿支付转让－改造达标后进行运营及二期BOT 1万吨/天污水处理（二期项目估算总投资为1507万元），并按中标合同收取污水处理服务费。有偿支付是指：始兴县污水处理厂现有设施由始兴县环境保护局委托具有资产评估资质的单位进行资产评估确定资产价值，目前根据《始兴县污水处理厂固定资产转让资产评估报告》（韶中一评字［2011］第C068号），一期工程现有资产的评估值为人民币伍佰柒拾叁万贰仟贰佰捌拾贰元整（￥5，732，282.00元)(不含土地购置费用)。中标的运营商按照约定有偿支付进行收购，具体内容届时由中标投资运营商与始兴县人民政府签订的正式特许经营协议规定。特许经营期满后，项目公司将始兴县污水处理厂的全部资产完好、无偿地移交给始兴县人民政府（或始兴县人民政府指定的部门）。

本项目招标的主要标的为始兴县污水处理特许经营权。

中标人以有偿支付转让—改造—运营—移交形式完成始兴县环境保护局现有1万吨/天污水处理项目及以BOT的形式负责完成始兴县环境保护局二期（1万吨）建设—运营—移交工程。具体实施时间由招标人根据始兴县人民政府具体要求另行决定，以0.80～0.84元/m³的经营成本，经营年限至项目特许经营期期限（30年）为止。

思考题

1. 环境工程招标的概念是什么？

2. 环境工程招标形式有哪些？

3. 环境工程招标文件正式文本的主要内容有哪些？

4. 标底编制原则是什么？

5. 标底的编制程序是什么？

6. 简述环境工程评标定标过程。

7. 评标委员会中的专家成员应符合哪些条件？

8. 某建设单位经相关主管部门批准，组织某建设项目全过程总承包（即EPC模式）的公开招标工作。根据实际情况和建设单位要求，该工程工期定为两年，考虑到各种因素的影响，决定该工程在基本方案确定后即开始招标，确定的招标程序如下：①成立该工程招标领导机构；②委托招标代理机构代理招标；③发出投标邀请书；④对报名参加投标者进行资格预审，并将结果通知合格的申请投标者；⑤向所有获得投标资格投标者发售招标文件；⑥召开投标预备会；⑦招标文件的澄清与修改；⑧建立评标组织，制定标底和评标、定标办法；⑨召开开标会议，审查投标书；⑩组织评标；⑪与合格的投标者进行质疑澄清；⑫决定中标单位；⑬发出中标通知书；⑭建设单位与中标单位签订承发包合同。

问题：（1）指出上述招标程序中的不妥和不完善之处。

（2）该工程共有 7 家投标人投标，在开标过程中，出现如下情况：①其中 1 家投标人的投标书没有按照招标文件的要求进行密封和加盖企业法人印章，经招标监督机构认定，该投标作无效投标处理；②其中 1 家投标人提供的企业法定代表人委托书是复印件，经招标监督机构认定，该投标作无效投标处理；③开标人发现剩余的 5 家投标人中，有 1 家的投标报价与标底价格相差较大，经现场商议，也作为无效投标处理。指明以上处理是否正确，并说明原因。

9. 清华同方（哈尔滨）水务有限公司承建的哈尔滨市太平污水处理厂工程项目已由黑龙江省发改委批准。该工程建设规模为日处理能力 32.5 万立方米二级处理，总造价约为 3.3 亿元，其中土建工程约为 2.0 亿元。工程资金来源为：35% 自有资金；65% 银行贷款。中化建国际招标有限责任公司受工程总承包单位清华同方股份有限公司委托，就该工程部分土建工程的第五标段、第六标段、第七标段、第八标段、第九标段、第十标段进行国内竞争性公开招标，选定承包人。现邀请合格的潜在的土建工程施工投标人参加本工程的投标。要求投标申请人须具备承担招标工程项目的能力和建设行政主管部门核发的市政公用工程施工总承包一级资质，地基与基础工程专业承包三级或以上资质的施工单位，并在近两年承担过 2 座以上（含 2 座）10 万立方米以上污水处理厂主体施工工程。同时作为联合体的桩基施工单位应具有三级或以上桩基施工资质，近两年相关工程业绩良好。

问题：

（1）建设工程招标的方式有哪几种？各有何特点？

（2）哪些工程建设项目必须通过招标进行发包？什么样的项目必须要公开招标？《工程建设项目招标范围和规模标准规定》中关于招标范围又做了具体限定，请问是如何规定的？

第 6 章

环境工程投标

环境工程投标是指投标人利用报价的经济手段销售自己的商品或提供交易的服务行为。投标人按照招标文件中所提出的条件和要求的前提下，对招标文件提供的项目估计自己的报价，在规定的日期内填写标书并递交给招标人，参加竞争以及争取中标的过程。投标是国内外普遍应用的、有组织的市场交易行为。本章主要介绍环境工程投标的程序、投标文件的编制；理解投标报价的构成和编制方法以及环境工程投标决策的内容、基本策略和技巧的运用。

6.1 环境工程投标概述

6.1.1 投标人

《招标投标法》第二十五条规定，投标人是响应招标、参加投标竞争的法人或者其他组织。依法招标的科研项目允许个人参加投标的，投标的个人适用本法有关投标人的规定。招标公告或者投标邀请书发出后，所有对招标公告或投标邀请书感兴趣的并有可能参加投标的人，称为潜在投标人。那些响应招标并购买招标文件，参加投标的潜在投标人称为投标人。这些投标人必须是法人或者其他组织。

投标人相互串通投标或者与招标人串通投标的，投标人以向招标人或者评标委员会成员行贿的手段谋取中标的，中标无效，处中标项目金额 5‰以上 10‰以下的罚款，对单位直接负责的主管人员和其他直接责任人员处单位罚款数额 5%以上 10%以下的罚款。有违法所得的，并处没收违法所得；情节严重的，取消其 1～2 年内参加依法必须进行招标的项目的投标资格，并予以公告，直至由工商行政管理机关吊销营业执照；构成犯罪的，依法追究刑事责任；给他人造成损失的，依法承担赔偿责任。

投标人以他人名义投标或者以其他方式弄虚作假，骗取中标的，中标无效，给招标人造成损失的，依法承担赔偿责任；构成犯罪的，依法追究刑事责任。依法必须进行招标的项目的投标人有上述所列行为尚未构成犯罪的，处中标项目金额 5%以上 10%以下的罚款，对单位直接负责的主管人员和其他直接责任人员处单位罚款数额 5%以上 10%以下的罚款；有违法所得的，并处没收违法所得；情节严重的，取消其 1～3 年内参加依法必须进行招标的项目的投标资格并予以公告，直至由工商行政管理机关吊销营业执照。

在环境工程项目的招标投标中，投标人具有如下的法律责任：

① 投标人不得相互串通投标报价，不得排挤其他投标人的公平竞争，损害招标人或者其他投标人的合法权益。

② 投标人不得与招标人串通投标，损害国家利益、社会公共利益或者他人的合法权益。

③ 禁止投标人以向招标人或者评标委员会成员行贿的手段谋取中标。投标人以行贿手段谋取中标的法律后果是中标无效，有关责任人和单位应当承担相应的行政责任或刑事责任，给他人造成损失的，还应当承担民事赔偿责任。

④ 投标人不得以低于成本的报价竞标，也不得以他人名义投标或者以其他方式弄虚作假，骗取中标。这里的成本应指投标人的个别成本。投标人的报价一般由成本、利润和税金三部分组成。当报价为成本价时，企业利润为零。如果投标人以低于成本的报价竞标，就很难保证工程的质量，各种偷工减料、以次充好等现象也随之产生。因此，投标人以低于成本的报价竞标的手段是法律所不允许的。

⑤ 投标人不得以非法手段骗取中标。投标人不得以他人名义投标或者以其他方式弄虚作假，骗取中标。在工程实践中，投标人以非法手段骗取中标的现象主要表现在：非法挂靠或借用其他企业的资质证书参加投标；投标文件中故意在商务上和技术上采用模糊的语言骗取中标，中标后提供低档劣质货物、工程或服务；投标时递交假业绩证明、资格文件；假冒法定代表人签名，私刻公章，递交假的委托书等。

此外，投标人有下列行为之一的，均应记入不良行为档案：

a. 在投标有效期内放弃中标，并给招标人带来不良影响的。

b. 中标通知书发出以后，放弃中标或无正当理由不与招标人签订合同的。

c. 中标后将中标项目转包他人或违法分包的。

d. 其他违反法律、法规、规章、规范性文件及不守诚信行为。

串标是指招标人与投标人之间或者投标人与投标人之间采用不正当手段，对招标投标事项进行串通，以排挤竞争对手或者损害招投标者利益的行为。如某污水管网顶管施工工程就是典型的串标行为，共有 7 家投标单位参与了该工程的投标。评标办法规定投标报价低于并最接近所有投标人报价平均价的投标人中标。由于 5 个投标人进行了串标，报价非常接近，因此，串标单位轻而易举地成为中标人。

6.1.2　投标文件

环境工程投标人应按照招标文件的要求编制投标文件。我国《招标投标法》规定："投标文件应当对招标文件提出的实质性要求和条件作出响应。"所谓实质性要求和条件，是指招标项目的价格、项目进度计划、技术规范、合同的主要条款等，投标文件必须对之作出响应，不得遗漏、回避，更不能对招标文件进行修改或提出任何附带条件。但投标人拟在中标后将中标项目的部分非主体、非关键性工作进行分包的应在投标文件中载明。

投标文件是衡量一个施工企业的资历、质量和技术水平、管理水平的综合文件，也是评标和决标的主要依据。承包商作出投标决策之后，就应着手按照招标文件的要求编制标书，对招标文件提出的实质性要求和文件作出响应。一般来说，投标文件由投标书、商务标书、技术标书等三个部分组成。

6.1.3　投标程序

环境工程投标时环境工程招标投标活动中，投标人的一项重要活动，也是投标企业取得承包合同的主要途径。任何一个环境工程项目的投标都是一项系统工程，必须遵循从申请投标，到递送正式投标文件，进行投标澄清的全部过程。环境工程投标程序如图 6-1 所示。

（1）投标的前期工作　投标的前期工作包括获取招标信息和前期投标决策两项内容。

① 获取招标信息。我国《招投标法》规定，招标的方式有两种：公开招标和邀请招标。因此投标人获取招标纤细的方式也有两种，一是通过大众媒体所发布的招标公告获取；二是

投标人在依法制定的媒介上查看招标信息	获取投标信息
1.提交投标报名信息表；2.交纳投标报名费；3.按招标公告提交报名资料	前期投标决策
招标人按招标公告的方式确定正式投标人	投标资格确认
投标人向招标人领取或购买招标文件及有关资料,并随招标人踏勘招标工程现场	招标会
1.招标人按招标文件的规定向招标人提出需解答的问题；2.领取书面答疑纪要	招标答疑
1.投标人按招标文件规定投标截止时间及地点递交投标文件；2.封标：投标文件须封存在交易中心指定的封标地点,并有投标人代表在封条上签字	投标文件递送与封存
1.投标人的法定代表人或委托人凭有效证件按招标文件规定的时间、地点参加开标会；2.检查投标文件的密封性；3.对唱标结果签字确认	开标
评标期间投标人按评标委员会的要求进行澄清（答辩）,并在规定的时间内以书面形式对澄清（答辩）的内容确认	澄清（答辩）
投标人查看中标公示	中标公示
公示结束后,如无投诉,中标人按规定向交易中心交纳交易服务费	缴费
中标人向招标人领取经交易中心确认的《中标通知书》	领取中标通知书

图 6-1　环境工程投标程序

收到招标人发出的投标邀请书。

② 前期投标决策。即投标人进行是否参加投标的决策。投标人必须深入细致地了解分析招标项目内部、外部各方面情况,综合权衡后正确做出投标决策,以减少工程实施过程中的风险。

(2) 资格预审　资格预审是招标人在正式招标前,对已获得招标信息愿意参加投的标报名者进行通过对申请单位填报的资格预审文件和资料进行评比和分析,按程序确定出潜在的投标人名单,并向其发出资格预审合格通知书,通知其规定的时间领取招标文件、图纸及有关资料。

资格预审主要审查潜在投标人是否符合下列条件：

① 具有独立签订合同的能力。

② 具有履行合同的能力,包括专业、技术资格和能力,资金、设备和其他物质设施状况,管理能力,经验、信誉和相应的从业人员。

③ 没有处于被责令停业、投标资格被取消及财产被接管、冻结、破产的状态。

④ 近三年没有骗取中标、严重违约及重大工程质量问题。

⑤ 法律、行政法规规定的其他条件。

资格预审的内容包括：企业要概况；财务状况；拟投入的主要管理人员情况；目前剩余劳动力和施工设备情况；近 3 年承建工程情况；目前正在承建的工程情况；2 年来涉及的诉

讼案件情况以及其他资料（各种奖励和处罚情况）。

（3）购买和分析招标文件

（4）收集资料、准备投标

招标文件购买后，投标人就应进行具体的投标准备工作，投标准备工作包括以下内容。

① 组建投标班子

投标班子一般应包括下列三类人员：

a. 经营管理类人员。这类人员一般是从事工程承包经营管理的行家里手，熟悉工程投标活动的筹划和安排，具有相当的决策水平。

b. 专业技术类人员。这类人员是从事各类专业工程技术的人员，如结构工程师、建造师、造价工程师等。

c. 商务金融类人员。这类人员是从事有关金融、贸易、财税、保险、会计、采购、合同、索赔等项工作的人员。

此外，还可以雇投标代理人。投标代理人的一般职责主要是：

a. 向投标人传递并帮助分析招标信息，协助投标人办理、通过招标文件所要求的资格审查。

b. 以投标人名义参加招标人组织的有关活动，传递投标人与招标人之间的对话。

c. 提供当地物资、劳动力、市场行情及商业活动经验，提供当地有关政策法规咨询服务，协助投标人做好投标书的编制工作，帮助递交投标文件。

d. 在投标人中标时，协助投标人办理各种证件申领手续，做好有关承包工程的准备工作。

② 参加现场踏勘。投标人在去现场踏勘之前，应先仔细研究招标文件有关概念的含义和各项要求，特别是招标文件中的工作范围、专用条款以及设计图纸和说明等，然后有针对性地拟订出踏勘提纲，确定重点。投标人参加现场踏勘的费用，由投标人自己承担。

③ 参加投标预备会。

④ 计算或复核工程量。现阶段，我国进行工程施工投标时，工程量有两种情况：一种是招标人提供工程量清单供投标人报价时使用。这种情况下，投标人应根据图纸等资料对给出的工程量进行复核，如果发现有较大的出入或遗漏，应以书面形式向招标人提出，要求招标人给予更正或补充。另一种情况是招标人不给出具体的工程量清单，只提供图纸，这时投标人应根据图纸，结合工程量计算规则自行计算工程量。

投标人是否复核招标文件中的工程量清单或复核得是否准确，直接影响到投标报价和中标机会，因此，投标人应认真对待。通过认真复核工程量，投标人大体确定了工程总报价之后，估计某些项目工程量可能增加或减少的，就可以相应地提高或降低单价。如发现工程量有重大出入的，特别是漏项的，可以找招标人核对，要求招标人认可，并给予书面确认。这对于总价固定合同来说，尤其重要。

⑤ 询价及市场调查。在编制投标文件时，投标报价是一个很重要的环节，为了能够准确确定投标报价，投标时应认真调查报价相关的市场信息，为准确报价提供依据。

⑥ 确定方案。

6.2 环境工程投标文件的编制

6.2.1 环境工程投标文件的组成

环境工程投标文件具体包括以下内容。

（1）投标书　投标书是承包人根据合同的各项约定，为工程的实施、完成和修补缺陷，向发包人提出并为中标通知书接受的报价书及其附属文件。投标书格式见表 6-1。

表 6-1　投标书

致：_____(招标人名称)

1. 根据你方招标项目编号为_____的_____工程招标文件,遵照及有关建设工程招标投标管理规定,经踏勘项目现场和研究上述招标文件的投标须知、合同条款、图纸、技术规范和工程量清单及其他有关文件后,我方愿以_____元的总价,并按上述图纸、合同条款、技术规范、工程量清单的条件承包上述工程的施工、竣工任务,并承担任何质量缺陷保修责任。

2. 我方已详细审核全部招标文件,包括修改文件(如有时)及有关附件。

3. 我方承认投标函附录是我方投标函的组成部分。

4. 一旦我方中标,我方保证在_____年_____月_____日开工,_____年_____月_____日竣工,即在_____天(日历日)内完成并移交全部工程。

5. 如果我方中标,我方将按照规定提交上述总价的____%银行保函或上述总价的____%由具有担保资格和能力的担保机构出具的履行担保书作为履约担保。

6. 我方同意所提交的投标文件在"投标申请人须知"第15条规定的投标有效期内有效,在此期间内如果中标,我方将受此约束。

7. 除非另外达成协议并生效,你方的中标通知书和本投标文件将成为约束双方的合同文件的组成部分。

8. 我方将与本投标函一起,提交_____元的投标保证金作为投标担保。

投标人：(盖章)

单位地址：

法定代表人：(签字、盖章)

邮政编码：

电　话：

传　真：

开户银行名称：

开户银行账号：

开户银行地址：

开户银行电话：

日期：_____年_____月_____日

（2）投标函附录　投标函附录一般是确定合同专用条款中比较重要的条款，具体内容还是由招标文件确定的。投标书附录格式见表 6-2。

表 6-2　投标书附录

序号	项目内容	合同条款号	约定内容	备注
1	履约保证金		合同价款的( )%	
	银行保函		合同价款的( )%	
2	施工准备时间		签订合同后的( )天	
3	误期违约金额		( )元/天	
4	误期赔偿费限额		合同价款的( )%	
5	提前工期奖		( )元/天	
6	施工总工期		( )日历天	
7	质量标准			
8	工程质量		( )元	
9	预付款金额		合同价款的( )%	
10	预付款保函金额		合同价款的( )%	
11	进度款付款时间		签发月付款凭证后( )天	
12	竣工结算及付款时间		签发竣工结算付款凭证后( )天	
13	保修期		依据保修书约定的期限	

（3）工程量清单与报价表　　工程量清单是指表达拟建工程的分部分项工程项目、措施项目、其他项目名称和相应数量的明细清单。工程量清单计价是一种国际上通行的工程造价计价方式。采用工程量清单进行施工招标，是指由招标单位提供统一招标文件（包括工程量清单），投标单位以此为基础，根据招标文件中的工程量清单和有关要求，施工现场实际情况及拟定的施工组织设计，按企业定额或参照建设行政主管部门发布的现行消耗量定额以及造价管理机构发布的市场价格信息进行投标报价，招标单位择优选定中标人的过程。

招标人应在招标文件中，按国家颁布的"统一项目编码、统一项目名称、统一计量单位和统一的工程量计算规则"，根据施工图纸计算工程量，给出工程量清单，作为投标人投标报价的基础。工程量清单中工程量项目应是施工的全部项目，并且要按一定的格式编写，见表 6-3。工程量清单所列工程量系按招标单位估算和临时作为投标单位共同报价的基础而用的，付款以实际完成的工程量为依据，实际完成工程量由承包单位计量，并由监理工程师核准。

表 6-3　分部分项工程量清单

工程名称：　　　　　　　　　　　　　　　　　　　　　　　　　　　第　页、共　页

序号	项目编码	项目名称	计量单位	工程数量
1				
⋮	⋮	⋮	⋮	⋮

工程量清单报价表是招标人在招标文件中提供给投标人，供投标人进行投标报价的表格。一般包括报价汇总表、部分分项工程量清单报价表、设备清单报价表、措施项目报价表、其他项目报价表等表格。

投标人按招标人提供的工程量清单中的清单项目填报分部分项工程量清单表，即根据工程量清单中项目名称中的工作内容，结合本企业自身情况，报出每项的综合单价，与清单工程量相乘汇总计算分部分项工程费用；再把措施项目费用、其他项目费用、规费和税金等单列计算分别填报各相应表格；最后按逐项的价格汇总成整个工程的投标报价，填报投标报价汇总表。

综合单价通常应包括人工费、材料费、机械费、管理费、利润、税金以及采用固定价格的工程所测算的风险等全部费用。而目前我国的投标报价模式采用的是综合基价法，是由工料单价法过渡到综合单价法的一种方法，综合基价中包含了形成工程实体的人工费、材料费、机械费、管理费和利润及所测算的风险。

工程量清单总说明包括以下几个方面：工程概况，如建设单位、工程名称、工程范围、建设地点、建筑面积、层高层数、建筑高度、结构形式、主要装饰标准等；编制工程清单的依据和有关资料；主要材料设备的特殊说明；现场条件说明；对工程量的确认、工程变更、变更单价的说明；其他说明。

（4）投标保证金　　投标保证金是为了防止投标人在投标过程中擅自撤回投标书或中标之后不愿与招标人签订合同而设立的一种保证措施。投标保证金可以是现金、支票、银行汇票，也可以是在中国注册的银行出具的银行保函。对于未能按要求提交投标保证金的投标，招标人将予以拒绝。未中标的投标人的投标保证金应尽快退还（无息），中标人的投标保证金，按要求提交履约保证金并签署合同协议后，予以退还（无息）。投标人有下列情形之一的，投标保证金不予退还，即投标人在投标有效期内撤回其投标文件的；中标人未能在规定期限内提交履约保证金（或履约担保书）或签署合同协议的。

（5）法定代表人资格证明书　法定代表人资格证明书是由公司开具，证明某人是该公司法定代表人并加盖公章的证明。格式如表6-4。

表6-4　法定代表人身份证明书

单位名称：_____　单位性质：_____
地　　址：_____
成立时间：_____年_____月_____日　经营期限：_____
姓　　名：_____性别：____年龄：_____职务：_____系_____（投标人单位名称）的法定代表人。为施工、竣工和保修_____的工程,签署上述工程的投标文件、进行合同谈判、签署合同以及处理与之有关的一切事务。特此证明。
投标单位：____（盖章）_____　主管部门：____（盖章）____
日　　期：___年___月___日　日　期：___年___月___日

（6）法定代表人不到场情况下出具的法定代表人授权书，见表6-5。

表6-5　授权委托书

本委托书声明：我__（姓名）__系__（授权人名称）__的法定代表人,现授权委托(本单位名称)的(姓名)为我公司签署本工程的投标文件的法定代表人授权委托代理人,我承认代理人全权代表我所签署的本工程的投标文件的内容。
代理人无转委托权,特此委托。
代理人：签字　性别：_____年龄：_____
身份证号码：_____　职务：_____
投标人：_____（盖章）

（7）辅助资料表　包括企业营业执照和资质证书；自有资金情况；全体职工人数，包括技术人员数量及平均技术等级等；企业自有的主要施工技术设备一览表；近3年承建的主要工程及其质量情况；现有主要施工任务，包括在建和尚未开工工程一览表等。

（8）资格审查表（资格预审的不采用）。

（9）对招标文件中的合同协议条款内容的确认和响应。

（10）施工组织设计或施工方案。

（11）招标文件要求提交的其他内容。

6.2.2　环境工程投标文件的编制步骤

领取环境工程招标文件后，投标人就着手投标文件的编制工作。编制投标文件的一般步骤是：

（1）编制投标文件的准备工作　包括以下几方面。

① 熟悉招标文件、图纸、资料。对图纸、资料有不清楚、不理解的地方，包括招标人提供的工程量清单，如复核工程项目和工程量发现有误时，均可以用书面形式向招标人询问、澄清。如果投标人的投标文件不符合招标文件的要求，责任由投标人自负。

② 参加招标人组织的施工现场踏勘和投标预备会。

③ 收集各种相关资料，包括收集现行定额标准、取费标准及各类标准图集；收集掌握有关法律法规文件；调查当地材料供应和价格情况。

④ 了解拟建工程项目的交通运输条件和有关事项。

（2）实质性响应条款的编制　包括对合同主要条款的响应、对提供资质证明的响应、对采用的技术规范的响应等。

（3）编制施工组织设计，确定施工方案　投标人应依据招标文件和工程技术规范要求，并根据施工现场情况来编制。

（4）投标报价的编制　投标人在复核、计算工程量的基础上，按照招标文件要求并结合本企业自身情况，计算投标报价。

（5）响应招标文件的其他投标文　投标人根据招标文件载明的项目实际情况，拟在中标后将中标项目的部分非主体、非关键性工作进行分包的，应当在投标文件中载明。

（6）装订成册　在编制投标文件的过程中应注意以下事项。

① 投标人编制投标文件时必须使用招标文件提供的投标文件表格格式。填写表格时，凡要求填写的空格都必须填写，否则，即被视为放弃该项要求。重要的项目或数字，如工期、质量等级、价格等未填写的，将被作为无效或作废的投标文件处理。

② 编制的投标文件"正本"仅一份，"副本"则按照招标文件中要求的份数提供，同时要明确标明"投标文件正本"和"投标文件副本"字样。投标文件正本和副本如有不一致之处，以正本为准。

③ 投标文件正本与副本均应使用不能擦去的墨水打印或书写。投标文件的书写要字迹清晰、整洁、美观。

④ 所有投标文件均由投标人的法定代表人签署，并加盖法人单位公章。其中投标报价应由造价工程师签字，加盖执业专用章和单位公章。

⑤ 填报的投标报价应反复校核，保证分项和汇总计算均无错误。全套投标文件均无涂改和行间插字，除非这些删改是根据招标人的要求进行的，或者是投标人造成的必须修改的错误。修改处应由投标文件签字人签字证明并加盖印章。

⑥ 如招标文件规定投标保证金为合同总价的某百分比时，开具投标保函不要太早，以防泄漏报价。但有时投标人也可以提前开出并故意加大保函金额，以麻痹竞争对手。

⑦ 投标文件应严格按照招标文件的要求进行包封，避免由于包封不合格造成废标。

⑧ 如果是联合体投标，应提供联合体投标协议书，否则，视为无效标书。

⑨ 认真对待招标文件中关于废标的条件，以免被判为无效标而前功尽弃。

⑩ 投标书的补充、修改或撤回。我国相关法律规定，投标文件送交后，投标人可以进行补充、修改或撤回，但必须以书面形式通知招标人。并且补充、修改或撤回通知，也必须密封，并在规定的投标文件的截止日期前送达至规定地点。补充或修改的材料是投标文件的组成部分，招标人不得以此为理由拒收补充或修改材料。

6.2.3　投标文件的提交

投标须知中对投标文件提交的各项要求主要包括以下几个方面。

（1）投标文件的密封与标志　投标人应将投标文件的正本和每份副本分别密封在内层包封，再密封在一个外层包封中，并在内包封上正确标明"投标文件正本"和"投标文件副本"。内层包封和外层包封都应写明招标人名称和地址、合同名称、工程名称、招标编号，并注明开标时间以前不得开封。在内层包封上还应写明投标人的名称与地址、邮政编码，以便投标出现逾期送达时能原封退回。

（2）投标截止期　投标截止期是指招标人在招标文件中规定的最晚提交投标文件的时间工程招标标底的编制和日期。投标人应在规定的日期及时间内将投标文件递交给招标人。招标人在投标截止期以后收到的投标文件，将原封退给投标人。

（3）投标文件的修改与撤回　投标人可以在递交投标文件以后，在规定的投标截止时间之前，采用书面形式向招标人递交补充、修改或撤回其投标文件的通知。在投标截止日期以后，不能更改投标文件。投标人的补充、修改或撤回通知，应按规定编制、密封、加写标志和提交，并在内层包封标明"补充"、"修改"或"撤回"字样。在投标截止时间与招标文件中规定的投标有效期终止日之间的这段时间内，投标人不能撤回投标文件，否则其投标保证金将不予退还。

6.2.4 投标报价

投标报价是承包商采取投标方式承揽工程项目时，计算和确定承包该项工程的投标总价格。业主把承包商的报价作为主要标准来选择中标者，同时也是业主和承包商就工程标价进行承包合同谈判的基础，直接关系到承包商投标的成败。报价是进行工程投标的核心。报价过高会失去承包机会，而报价过低虽然得了标，但会给工程带来亏本的风险。因此，标价过高或过低都不可取，如何做出合适的投标报价，是投标者能否中标的最关键的问题。投标报价要根据具体情况，充分进行调查研究，内外结合，逐项确定各种定价依据，切实掌握本企业的成本，力求做到报价对外有一定的竞争力，对内又有盈利，工程完工后又非常接近实际水平。这样就必须采取合理措施，提高管理水平，更要讲究投标策略，运用报价技巧，在全企业范围内开动脑筋，才能作出合理的标价。投标报价模式见表6-6。

表 6-6 投标报价模式

招标模式\编标办法	工程量清单报价模式		
	直接费单价法	全费用单价法	综合单价法
单价法	套分项单价 计算直接费 计算取费 汇总报价	套分项单价 计算直接费 计算分摊费用 分摊管理费和利润 得到分项综合单价 计算其他费用 汇总报价	套分项单价 计算直接费 计算所有分摊费用 分摊费用 汇总报价
实物量法	计算各分项资源消耗量 套用市场价格 计算直接费 按实计算其他费用 汇总报价	计算各分项资源消耗量 套用市场价格 计算直接费 按实计算分摊费用 分摊管理费和利润 得到分项综合单价 计算其他费用 汇总报价	计算各分项资源消耗量 套用市场价格 计算直接费 核实计算分摊费用 分摊费用 汇总报价

6.2.4.1 投标报价的策略及技巧

所谓投标报价策略，是指投标单位在合法竞争条件下，依据自身的实力和条件，确定的投标目标、竞争对策和报价技巧，即决定投标报价行为的决策思维和行动，包含投标报价目标、对策、技巧三要素。对投标单位来说，在掌握了竞争对手的信息动态和有关资料之后，一般是在对投标报价策略因素综合分析的基础上，决定是否参加投标报价；决定参加投标报价后确定什么样的投标目标；在竞争中采取什么对策，以战胜竞争对手，达到中标的目的。这种研究分析，就是制定投标报价策略的具体过程。

（1）投标报价目标选择的策略 投标报价目标是投标单位以特定的投标经营方式，利用自身的经营条件和优势，通过竞争的手段所力求达到的利益目标。这种利益目标是投标单位经营指导思想的具体体现，也是投标报价策略的核心要素和选择竞争对策、报价技巧的依据。研究投标报价策略要从分析投标报价目标开始，研究有关竞争对策，恰当使用报价技巧，形成一套完整的投标报价策略，实现中标的目的。

① 投标报价的选择目标。由于投标单位的经营能力和条件不同，出于不同目的需要，对同一招标项目，可以有不同投标报价目标的选择。

a. 生存型。投标报价是以克服企业生存危机为目标，争取中标可以不考虑种种利益原则。

b. 补偿型。投标报价是以补偿企业任务不足，以追求边际效益为目标。对工程设备投标表现较大热情，以亏损为代价的低报价，具有很强的竞争力。但受生产能力的限制，只宜在较小的招标项目考虑。

c. 开发型。投标报价是以开拓市场，积累经验，向后续投标项目发展为目标。投标带有开发性，以资金、技术投入手段，进行技术经验储备，树立新的市场形象，以便争得后续投标的效益。其特点是不着眼一次投标效益，用低报价吸引投标单位。

d. 竞争型。投标报价是以竞争为手段，以低盈利为目标，报价是在精确计算报价成本基础上，充分估价各个竞争对手的报价目标，以有竞争力的报价达到中标的目的。对工程设备投标报价表现出积极的参与意识。

e. 盈利型。投标投价充分发挥自身优势，以实现最佳盈利为目标，投标单位对效益无吸引力的项目热情不高，对盈利大的项目充满自信，也不太注重对竞争对手的动机分析和对策研究。

不同投标报价目标的选择是依据一定的条件进行分析决定的。竞争性投标报价目标是投标单位追求的普遍形式。

② 决定选择投标报价目标的因素。确定什么样的投标报价目标不是随心所欲、任意选择的。首先要研究招标项目在技术、经济、商务等诸多方面的要求，其次是剖析自身的技术、经济、管理诸多方面的优势和不足，然后将自身条件同投标项目要求逐一进行对照，确定自身在投标报价中的竞争位置，制定有利的投标报价目标。这种分析和对照主要考虑以下因素。

a. 技术装备能力和工人技术操作水平。投标项目的技术条件，给投标单位提出了相应技术装备能力和工人技术操作水平的要求。如果不能适应，就需要更新或新置技术设备，对工人进行技术培训，或是转包和在外组织采购，因此投标单位有无能力或由此引起的报价成本的变化，都直接影响着投标目标的选择。反之，具有较高技术装备和操作能力的投标单位去承担技术水平较低的工程项目，效益选择同样有较大局限性。

b. 设计能力。工程设计往往是投标项目组成部分，在综合性的招标项目中，设计工作要求和工作量占有更重要的地位，投标单位的设计能力能否适应招标项目的要求，直接决定着投标的方式和投标目标的选择，适应招标工程的设计能力，可以充分发挥投标单位的优势，立于竞争的主动地位。

c. 对招标项目的熟悉程序。所谓熟悉程度是投标单位对此工程项目过去是否承建过，积累有什么经验，预测风险的能力有多大等。项目熟悉就可以增强信心，减轻风险损失，尽可能扩大投标的竞争能力。项目不熟悉，就要充分考虑不可预见的风险因素，提供保障措施和设计应变能力。这就意味着间接投入的增多，在投标目标选择上就有一定的困难。

d. 投标项目可带来的随后机会。所谓随后机会，就是投标单位在争取中标后，可能给今后连续性投标带来中标机遇，或是在今后对类似项目在投标时中标占有有利位置。如果随后机会较多，对投标单位树立形象和扩大市场有利，那么对这一招标项目在经济利益上做某些让步达到中标目的也是有利的。如果随后机会不多，那么对投标的经济效益要着重考虑。

e. 投标项目可能带来的出口机会。扩大国际市场，争取在国际投标中有位置是投标单位追求的重要目标，对能够给国际投标取胜带来较大机会的投标项目，无疑是投标单位应首先考虑的问题。它决定着对这一投标项目现实效益的低水平选择。

f. 投标项目可能带来的生产质量提高。投标项目一方面需要相适应的生产装备和劳动技能，另一方面也可能给投标单位带来技术的进步、管理水平的加强和工作质量的提高，这种质量提高的程度，无疑是投标单位感兴趣的，直接影响其投标盈利目标的决策。

g. 投标项目可能带来的成本降低机会。投标单位在争取中标后，在履约过程中，一般来说，各项管理提高的综合成果会直接反映在成本降低的机会和程度上，投标项目的完成能为以后承包经营带来成本降低的机遇，也会影响到投标单位投标盈利目标的决策。

h. 投标项目的竞争程度。所谓竞争程度是指参与投标的单位的数量和各竞争投标者投标的动机和目标。它是从外部制约着投标单位效益目标选择的分寸。投标的竞争性决定了投标单位在投标时必须以内部条件为基础，以市场竞争为导向，制定正确的投标目标。

除此之外，对于不同投标单位来说，诸如承包工程交货条件、付款方式、历史经验、风险性等都是影响到投标目标选择的因素，从而对选择投标目标的决策起重要作用。

③ 决定投标目标因素的量化分析。决定投标目标的因素一般不是孤立发生作用的，对不同投标单位来说，各个不同投标项目的决定因素影响程度和作用方向也是不同的。必须加以全面平衡，综合考虑。在这里，一个很重要的技术问题是把不可比较的诸现象因素，经过分析转化为可以比较的量化因素，用计算投标机会总分值的方法，具体确定投标目标的选择。其程序如下。

a. 根据投标单位情况，具体确定参与量化分析的基本因素。量化分析因素的选择，要根据投标项目的不同情况决定，能反映生产、经营、技术、质量各个侧面，并抓住主要环节。

b. 对选定的量化分析因素，衡量它在企业生产经营中相对重要程度，分别确定加权数，权数累计为100。

c. 用打分法衡量投标项目对量化分析因素的满足程度，确定其相对分值。将各量化因素划分为高（10分）、中（5分）、低（0分）三档打分，便于比较。例如，投标单位现有技术装备能力和工人操作水平对完成投标项目有较大可能，则可将该因素的相对分值判为"高"，定为10分。

d. 把各项因素的权数与判定满足程度的等级相对分值相乘，求出每项因素的得分；将各项因素得分相加，得出此工程设备项目投标机会的总分值。

e. 将该工程设备项目投标机会总分值825分同投标单位事先确定的可接受最低报价分值进行比较，确定是否参与投标报价和怎样报价（即依据什么样的目标报价）。一般来说，投标机会总分值低于预定最低报价分值时，可以选择放弃投标报价机会；投标机会总分高于预定最低报价分数时，可以决定参与投标报价。

在投标机会总分高出预定最低报价分数的区间里，是选择投标报价的理想目标。通常区间愈大，选择的机会愈多，范围愈大；区间愈小，选择的机会愈少，范围愈小。

（2）投标报价方法选择　投标目标确定以后，对投标单位来说，运用正确的策略和方法就是十分重要的工作。从生产经营的基本目的出发，一般来说，投标单位贯于坚持的是盈利原则，即以盈利为主要目标的投标选择，而对其他目标选择只是暂时的、局部的，其长远目标也离不开以实现最大经济效益为最终目的。我们讲投标报价策略和方法，重点就是阐述在激烈竞争条件下，实现最理想效益的投标报价策略和方法。

① 具体对手法。当某投标单位已经知道哪些厂商是他的投标竞争对手，并且了解他们过去投标的情况，就可用这种方法判断自己应如何报价和如此报价的中标概率如何。现分几

种情况分析如下。

a. 只有一个对手竞争的情况。投标单位的竞争对手只有甲一个，为了能够中标，报价必须低于甲的报价。这就需要判断自己的报价低于甲的报价的概率。

b. 有 n 个对手竞争的情况。当投标单位投标时，要与 1，2，…，i，…，n 个对手竞争，并且已掌握这些对手的过去投标信息，那么便可用上述方法分别求出自己的报价低于每个对手报价的概率 P_1，P_2，…，P_i，…，P_n。由于每个对手的投标报价是互不相关的独立事件，根据概率论可知，它们同时发生的概率 P 等于它们各自概率的乘积，即

$$P = P_1 \cdot P_2 \cdots P_i \cdots P_n$$

已知 P_0 则按只有一个对手的情况。根据预期利润确定报价决策。例如：投标单位在某项工程主投标中要与甲、乙和丙对手竞争（$n=3$），根据他掌握的资料，分析得出他对这三个对手投标取胜的概率 P_1、P_2 和 P_3。

② 平均对手法

a. 竞争者数目已知，但不知是哪些厂商，这时不能直接利用上述方法，因为没有准确的资料作依据。在这种情况下，投标单位可以假设这些竞争者中有一个代表者，称为"平均对手"。例如用所收集到的某一有代表性的厂商的资料（也许并不确知此厂商是否参加这次投标）。这样投标单位就可按前述方法求出能取胜平均对手的投标概率 P_1，知道了能取胜"平均对手"的概率 P_1，又知道竞争对手的厂商数目 n，就可确定最好的投标策略，即令报价低于 n 个对手的概率 P，等于 n 个平均对手的概率 P_1 的乘积 $P=(P_1)^n$。

b. 参加投标单位数目不能确知的情况。这时必须估计最多可能有几个对手，设之为 n，以便估计不同数目的对手参加投标的可能性（即概率）。

（3）投标报价形式选择　项目投标报价的形式取决于其承包的方式，即取决于投标与招标双方之间的经济关系形式，不同的承包方式决定了不同的报价形式。工程设备项目承包方式主要有总包、分包、转包（转让）、联合承包（分项承包）四种。由四种承包方式相应产生了总包价格、分包价格、转包价格、联合承包价格四种不同的价格形式。

① 总包价格。总包合同即对工程设备项目进行全部一揽子承包。采用这种承包方式的招标单位只要提出技术要求和交货时间，投标单位中标后，即可按照有关招标文件要求进行生产施工，总包价格按中标后的合同价格执行。对于大型成套工程设备，招标单位一般都提供设计图纸，如招标单位委托承包单位代设计，在总包价格中还应增加设计软件价格部分。

② 分包价格。分包是相对总包而言，分包的单项工程设备价格由总包人统一向招标单位报价和结算。而总包与分包之间对单项工程设备价格需另外通过协商或招标方式来确定，分包者一般不与招标单位发生直接关系，但总包人在选择分包人时应征得招标单位同意；并有义务使用招标单位指定的分包人。如分包人拒绝与总包人签订合同时，即便指定的分包人，总包人也可不予接受。

③ 转包价格。转包是指承包人把从投标单位那里承包的成套工程设备项目或部分单项工程设备再转让给其他承包人，转包价格是在原合同相应项目价格基础上，加收一定的管理费。一般情况下，多属全部转包，部分单项工程设备的转包情况较少。只有在总包人分项目多次签订合同时，才会发生部分转包的情况。

转包与分包从形式到内容都有所不同，接受转包的承包者必须按照原合同相应项目的价格和条款执行。转包只是承包人的更换，对原合同条款无任何改变。

④ 联合承包价格。联合承包又叫分项承包，它是招标单位把一些大型成套工程设备分项承包给若干个承包人，由各个承包人联合起来完成全部工程设备项目的生产施工。它与转包中把部分单项工程设备转包给其他承包人的主客体不同，转包是总承包人与接受转包的承

包人之间的经济关系，而联合承包是招标单位与各承包者的直接经济关系。

对于在单项工程设备制造上技术力量雄厚、技术装备较好的公司（企业），采用联合承包方式比采用总承包方式中标的概率要大得多。同时可以扬长避短，减少如采用总承包时可能带来的风险。联合承包价格按各承包者中标后的合同价格执行。

（4）投标报价技巧　技巧是操作的技术和窍门，是实现中标目标不可缺少的艺术。投标单位有了投标取胜的实力还不行，还必须有将这种实力变为投标实现的技巧。它的作用在于：一是使实力较强的投标单位取得满意的投标成果；二是使实力一般的投标单位争得投标报价的主动地位；三是当报价出现某些失误时，可以得到某些弥补。因此，对投标单位来讲，必须十分重视对投标报价技巧的研究和使用。

① 研究招标项目的特点。投标时，既要考虑自己公司的优势和劣势，也要分析投标项目的整体特点，按照工程的类别，施工条件等考虑报价策略。

a. 一般说来下列情况报价可高一些：施工条件差（如场地狭窄、地处闹市）的工程；专业要求高的技术密集型工程，而本公司这方面有专长，声望也高时；总价低的小工程，以及自己不愿做而被邀请投标时，不便于不投标的工程；特殊的工程，如港口码头工程、地下开挖工程等；业主对工期要求急的工程；投标对手少的工程；支付条件不理想的工程。

b. 下述情况报价应低一些：施工条件好的工程，工作简单、工程量大而一般公司都可以做的工程，如大量的土方工程，一般房建工程等；本公司目前急于打入某一市场、某一地区，以及虽已在某地区经营多年，但即将面临没有工程的情况（某些国家规定，在该国注册公司一年内没有经营项目时，就撤销营业执照），机械设备等无工地转移时；附近有工程而本项目可以利用该项工程的设备、劳务或有条件短期内突击完成的；投标对手多，竞争力激烈时；非急需工程；支付条件好，如现汇支付。

② 具体报价方法技能

a. 不平稳报价法。不平衡报价法（Unbalanced Bids）也叫前重后轻法（Front Loaded）。不平衡报价是指一个工程项目的投标报价，在总价基本确定后，如何调整内部各个项目的报价，以期既不提高总价，不影响中标，又能在结算时得到更理想的经济效益。一般可以在以下几个方面考虑采用不平衡报价法。

（a）能够早日结账收款的项目（如开办费、土石方工程、基础工程等）可以报得高一些，以利资金周转，后期工程项目（如机电设备安装工程，装饰工程等）可适当降低。

（b）经过工程量核算，预计今后工程量会增加的项目，单价适当提高，这样在最终结算时可多赚钱，而将工程量可能减少的项目单价降低，工程结算时损失不大。

但是上述两点要统筹考虑，针对工程量有错误的早期工程，如果不可能完成工程量表中的数量，则不能盲目抬高报价，要具体分析后再定。

（c）设计图纸不明确，估计修改后工程量要增加的，可以提高单价，而工程内容说不清的，则可降低一些单价。

（d）暂定项目（Optional Items）。暂定项目又叫任意项目或选的项目，对这类项目要具体分析，因这一类项目要开工后再由业主研究决定是否实施，由哪一家承包商实施。如果工程不分标，只由一家承包商施工，则其中肯定要做的单价可高一些，不一定做的则应低一些。如果工程分标，该暂定项目也可能由其他承包商实施时，则不宜报高价，以免抬高总包价。

（e）在单价包干混合制合同中，有些项目业主要求采用包干报价时，宜报高价。一则这类项目多半有风险，二则这类项目在完成后可全部按报价结账，即可以全部结算回来，而其余单价项目则可适当降低。

但是不平衡报价一定要建立在对工程量表中工程量仔细核对分析的基础上，特别是对报低单价的项目，如工程量执行时增多将造成承包商的重大损失，同时一定要控制在合理幅度内（一般可以在10％左右），以免引起业主反对，甚至导致废标。如果不注意这一点，有时业主会挑选出报价过高的项目，要求投标者进行单价分析，而围绕单价分析中过高的内容压价，以致承包商得不偿失。

b. 计日工的报价。如果是单纯报计日工的报价，可以报高一些，以便在日后业主用工或使用机械时可以多盈利。但如果招标文件中有一个假定的"名义工程量"时，则需要具体分析是否报高价。总之，要分析业主在开工后可能使用的计日工数量确定报价方针。

c. 多方案报价法。对一些招标文件，如果发现工程范围不很明确，条款不清楚或很不公正，或技术规范要求过于苛刻时，只要在充分估计投标风险的基础上，按多方案报价法处理。即是按原招标文件报一个价，然后再提出："如某条款（如某规范规定）作某些变动，报价可降低多少……"，报一个较低的价。这样可以降低总价，吸引业主。或是对某些部分工程提出按"成本补偿合同"方式处理，其余部分报一个总价。

d. 增加建议方案。有时招标文件中规定，可以提出建议方案（Alternatives），即是可以修改原设计方案，提出投标者的方案。投标者这时应组织一批有经验的设计和施工工程师，对原招标文件的设计和施工方案仔细研究，提出更合理的方案以吸引业主，促成自己方案中标。这种新的建议方案可以降低总造价或提前竣工或使工程运用更合理。但要注意的是对原招标方案一定要标价，以供业主比较。增加建议方案时，不要将方案写得太具体，保留方案的技术关键，防止业主将此方案交给其他承包商，同时要强调的是，建议方案一定要比较成熟，或过去有这方面的实践经验。因为投标时间不长，如果仅为中标而匆忙提出一些没有把握的建议方案，可能引起很多后患。

e. 突然降价法。报价是一件保密性很强的工作，但是对手往往通过各种渠道、手段来刺探情况，因此在报价时可以采取迷惑对方的手法。即选按一般情况报价或表现出自己对该式程兴趣不大，到快投标截止时，再突然降价。如鲁布革水电站引水系统工程招标中日本大成公司突然降低报价至8460万元，取得最低标，为以后中标打下基础。采用这种方法时，一定要在准备投标报价的过程中考虑好降价的幅度，在临近投标截止日期前，根据情报信息与分析判断，再作最后决策。如果由于采用突然降价法而中标，因为开标只降总价，在签订合同后可采用不平衡报价的思想调整工程量表内的各项单价或价格，以期取得更高的效益。

f. 先亏后盈法。有的承包商，为了打进某一地区，依靠国家、某财团和自身的雄厚资本实力而采取一种不惜代价、只求中标的低价报价方案。应用这种手法的承包商必须有较好的资信条件，并且提出的施工方案也先进可行，同时要加强对公司情况的宣传，否则即使标价低，业主也不一定选中。如果其他承包商遇到这种情况，不一定和这类承包商硬拼，而努力争第二、第三标，再依靠自己的经验和信誉争取中标。

g. 联合保标法。在竞争对手众多的情况下，可以采取几家实力雄厚的承包商联合起来控制标价，一家出面争取中标，再将其中部分项目转让给其他承包商分包，或轮流相互保标。在国际上这种做法很常见，但是如被业主发现，极有可能被取消投标资格。

③ 报价决策。投标报价决策是投标报价工作中的重要一环。是指投标人召集算标人员和本公司有关领导或高级咨询人员共同研究，就标价计算结果进行静态、动态分析和讨论，作出有关调整标价和最终报价金额的决定。标价的静态分析，是在假定初步测算出了暂时标价是合适的情况下，分析标价各项组成及其合理性，通过对明显不够合理的标价构成部分进行细致的分析检查，通过提高工效，改变施工方案，压低供应商的材料设备价格和节约管理费等措施，来修订暂时标价，形成另一低标方案，再结合计算利润以及承包商能够承受的风

险，从而可以测算出最低标价方案，将原暂定标价方案、较低标价方案和最低标价方案对比分析，把对比分析资料整理后提交给有关决策人员进行决策，作为决策人进行决策依据。标价的动态分析，是通过假定某些因素的变化，来测算标价的变化幅度，特别是这些变化对工程计划利润的影响，通过动态分析，向决策人员提供准确的动态分析资料，以便使决策人员了解某些因素的变化所造成的影响，诸如工期延误、物价和工资上涨以及外汇汇率变化，对工程标价和工程利润的影响，以供决策人员进行正确的决策。

（5）揭标（报价启封揭晓）后报价在竞标中的竞争策略　真正决定能否中标的时候是开标后的评标，因此，当标书启封开标后，竞标是十分重要的。开标后的竞争是投标者在投标报价后争取中标活动的继续，而这种竞争主要又体现在价格上。这是因为，其一，开标后尽管不能对报价进行修订，但可以对一些含糊不清的进行澄清说明；其二，评标工作不仅是对各份标书做中标价值的文字分析和说明，而且还需要对标书不同报价因素综合考虑，将不可比较的异量因素通过科学的方法化解为可以比较的招标价，使评标价格最低的招标书具有中标的资格，因而，竞争仍表现为价格因素。

① 开标后的竞争策略。开标后的竞争是投标单位在投标报价后争取中标的活动的继续。投标单位能否取得竞争的有利地位，固然取决于在报价时是否了解标书中对开标、评标的具体规定和要求，并以此作为投标报价时的重要参考。然而投标单位只重视招标单位的规定和要求，忽视对开标、评标条件的分析，甚至认为开标、评标是招标单位的事，同投标单位关系不大，把投标同开标、评标分割开来，在开标、评标方面无所作为，往往会给开标后的竞争带来不利影响。

但是，更重要的是在开标、评标阶段不可放松争取中标的任何努力。它要求投标单位积极同招标单位配合，寻求标书中的某些灵活原则和可变更因素采取相应对策，使用策略性手段，使不完善的招标书更加完善，使较为完善的招标书具有更强的竞争力。

按照招标投标的有关规定，在公开开标以后，投标单位对报价不可作任何实质性的修改，招标单位也不能以任何理由要求投标单位对报价作实质性的修改。这表明投标单位在招标投标中的主动地位已经转化。但是在开标、评标过程中，允许投标单位对标书中含糊不清之处给予澄清和说明，招标单位也可以要求投标单位对报价书中的不足部分给予澄清和说明，从而为投标单位在开标后争得中标的有利地位提供了机会。投标单位绝不可在开标后消极等待，应该有自己的决策手段和方法。

a. 开标后的决定选择。公开开标后，投标单位已经明确了的报价高低的位置，也看清了竞争对手的报价排列顺序和允诺报价条件的优劣。这时，投标单位就该果断地决定其进退策略。

（a）报价在前两名的投标单位，应不放过任何竞争手段，争取中标。在这种情况下，两者共处于竞争中的有利地位，尽管报价条件又大体相近，但各有长短。这时，对于决标者，难以作出倾向性的决定。关键问题是谁的说明有吸引力，谁的信誉显赫，那么谁就有中标的可能性。

（b）报价在第三、第四名的投标单位，应调整竞争策略，争取得到报价答辩的机会。特别是对投标单位经营影响较大的项目，更应通过报价答辩，发挥报价条件中的独有专长，要增强自信心，争取跻身前茅，提高中标概率。

（c）报价明显高于竞争对手的投标单位，如果报价条件无明显优势，或者投标项目无太大吸引力，就应毅然放弃，以减少投标费用支出。但也需通过报价总结其失利原因，积累报价经验；同时，要摸清竞争对手的实力和竞争手段，以便为今后的报价竞争做好准备。

b. 报价答辩的内容。公开开标后，招标单位为了选择更理想的中标者，要对有价值的标书全面认真地进行评估。报价低的标书在竞争中占据有利地位；而报价稍高、接近标底的标书，如果报价条件占有明显优势，对招标单位同样具有较大的吸引力。为了捕捉一个理想的标书，给投标单位以弥补疏漏的机会，招标单位往往组织报价前几名（一般为1～4名）的投标单位进行报价答辩。报价答辩不是简单地说明，不是对标书的重复申述，而是以技术、商务条件为重点，深层次地对质疑问题进行分析论证。报价答辩需说明的主要内容是：

（a）论证提供设计、技术的先进性、适用性和可靠性。

（b）论证生产技术的诀窍，独创的生产技能和专利。

（c）论证工程设备的综合经济效益和实施经济效益的可行性。

（d）交代提供图纸的详细程度、份数和掌握要领。

（e）说明报价包括的范围、包装、运输、交货等有利条件。

（f）对结算条款的某些让步和修正。

（g）对自身优势条件的说明。

（h）对承包工程自信心的表白。

在报价答辩时，为其论证的内容、水平、指标以及有关说明，要做到实事求是，注重科学性。已经答辩的主要内容，在中标后签订经济合同时，要作为合同条款给予保证。

c. 报价答辩的准备。报价答辩主要是为了争取中标的机会，但也有力图通过报价答辩来实现其他目的。其答辩准备主要包括以下方面。

（a）策略准备。报价答辩要达到什么目的，可以有以下选择：修正报价条件，增加承包费用，力争中标；修正报价条件，保证中标，同时适当降低承包费用，取得更好的经济效益；修正报价条件，使其失去中标机会，体面退出投标活动；修正报价条件，不以中标为目的，而是借机宣扬自身的形象和实力，为以后招标投标活动创造良好印象。

选择什么样的策略，要根据投标单位的经营目的来决定，借报价答辩的机会去实现。

（b）费用评估。对报价条件的修正和补充是经常发生的事情，但是不论是技术上的或是商务上的，都会引起投标单位承包费用的增加或减少，在报价不变的情况下，投标单位的经济效益会受到影响。因此，任何投标单位在修改报价条件时，必须要做好费用评估工作，并以费用变动对其经济效益的影响来衡量其得失，决定修改报价条件的范围和程度。

（c）风险分析。通过修正技术、商务条件，争取中标的有利地位，减少招标单位的风险；但却相对增加了投标单位的风险。因此，要采取可行应急措施，分析采取这些措施需增加多少费用，增加费用的支出和风险损失哪个大，风险损失是否会带来合同、法律等其他纠纷，自身的承受能力有多大等，都要请技术、经济、法律等方面的专家进行论证分析。

（d）拟定报价答辩书。通过以上工作后，投标单位编制报价答辩书。报价答辩书论证要有理有据，措施要现实可得，数据要切实可靠，必要时要附上有关分析的详细说明。报价答辩书要经投标单位负责人签字，连同投标书一起作为评标决标的法律依据。

在招标投标的全过程中，开标评标处于中界点的位置。投标单位必须以工程设备的招标书为始点，严格按照报价要求、程序和规范进行各种报价工作；同时要重视开标、评标的后续工作，遵循开标、评标的惯例，对投标书中的缺陷相应做好其补救工作，以实现投标工程设备中标为终结。

② 评标价格的作用和确定方法

a. 评标价格的作用。评标是一个集技术、价格、效益、服务为一体的综合选择，是以最佳效益为中心的多方位评估工程。而确定评标价格是评标程序最为重要的过程。标书的可使用价值最终表现在评标价格上。

所谓评标价格，是指对标书中所允诺的技术、经济、服务诸因素，经科学计算、衡量比较所求得的标书价格。决定评标价格的因素有两个方面：一是直接价格因素，或称一次价格，它直观表现为标书中的报价；二是间接价格因素，亦称二次价格，它表现为标书中所承诺的工程技术、质量、进度、服务等条件，这需要评标人根据理想的招标目标，使用不同的权数，将其化解为用货币表现的价格符号。

使用评标价格选择理想的中标单位，是评标工作惯用的做法。譬如，在《国际复兴开发银行贷款及国际开发协会信贷项目采购指南》中规定，除了用以确定费用评估最低标价的因素以外，其他因素应尽可能折成货币来表达，或在招标文件的评审条款中规定如何给予相应的加权计算；在《世界银行贷款项目国内竞争性招标指南》中也明确规定，除投标的报价外，用以确定评标价格最低投标的其他因素尽可能折成货币来表示，或在招标文件的评标条款中规定相应的加权数；在《亚洲开发银行贷款项目下的采购指南》中写道，除投标的报价外，在决定最低评估价时，应根据招标文件规定的办法，尽可能地将设备效能、施工方法、完工期或交货期、售后服务和零配件提供、管理费用等因素一起进行综合考虑。由此可见：

(a) 对评标价格进行比较分析，以确定中标者，是国际、国内招标投标的惯例，投标单位应予以重视。

(b) 计算评标价格要考虑报价以外的其他技术、经济、商务因素。投标单位除慎重报价外，还要重视发挥技术、经济、商务方面的优势。

(c) 对评标价格的评估确定方法都有明确规定，投标单位应对这些规定予以考虑。

(d) 中标合同授予的对象是评标价格最低的投标单位。

b. 评标价格的确定方法。确定评标价格是评标的关键工作，评标价格是以量的形式为选择中标单位提供最终依据。

(a) 标书报价是估量评标价格的基础。标书报价是影响评标价格高低的主要因素，这表现在：标书报价是换算评标价格的基本组成部分，技术、经济、商务因素是换算评标价格的从属部分；在报价因素大体相似的情况下，决定评标价格的是标书报价；工程项目愈简单，风险程度愈小，标书报价对评标价格的决定程度愈大。

(b) 对标书报价的评估。对标书报价评估是为了确定标书价格在评标价格量的位置，方法有两种：一是标底比价法。是指将各个合格标书的报价同标底比较，一般应将超过标底10%和低于标底10%的标书报价予以排除，暂不考虑；以标底价格作为评标价格的基础，标书报价为评标价格的70%为最高限，剩余30%部分是其他报价因素换算评价格量的界限。这种比价法适用于较为复杂的工程设备项目。二是"平均标价"比价法。是指在所有标书的报价中取出两个标价最低的投标，计算其平均数即"平均标价"；然后将超过平均标价20%及其以上的投标予以排除，暂不考虑；以"平均标价"作为评标价格的基础，标书报价为评标价格的80%为最高限，剩余20%部分是其他报价因素换算评标价格的量的界限。这种比价法适用于较为简单的工程设备项目。

无论采用上述哪一种方法去评估报价在评标价格量的位置，都是要对项目的复杂程度、招标风险大小进行分析后来确定。一般来说，对复杂的、风险大的项目，报价占评标价格的比重应小；简单的、风险小的项目，报价占评标价格的比重应大。其量的大小应根据具体项目去确定。

③ 报价要素的衡量比较。确定了报价占评标价格的比重后，其剩余部分便是各报价因素影响评标价格高低的最大比例限量。在这个比例限量内对各个报价因素进行评估计量。其方法是：

a. 选择影响评标价格的报价因素。影响评标价格的报价因素很多，上面已经作了全面介绍。但是，在估量评标价格时并不是简单地将诸因素罗列排队，而是在评估分析基础上的精选衡量，需要注意的是：选择对影响评标价格有重要作用的报价因素时，对不同工程设备有不同的要求；在技术、经济、商务上都需要考虑，注意选择报价的多方位因素；应选择可直接衡量费用的总成本，作为定量计算报价的因素，防止分析的随意性；选择报价因素的多少，应依据工程项目的复杂程度。

b. 确定计量评标价格报价因素的权数。计量评标价格的报价因素确定后，要依据报价因素，确定对工程设备项目相对重要程度的权数。影响评标价格位置重要的，权数相对高，反之则相对低。

c. 确定计量评标价格报价因素的相对值。将计量评标价格的报价因素同招标条件作比较，依据影响工程总费用的高低确定其相对值，即影响评估费用指数。一般来说，如果报价因素同招标要求相符，则其相对值为0；如果报价因素优于招标要求，影响总费用减少，则其相对值为负（负值视费用减少程度）；如果报价因素低于招标要求，影响总费用增加，则其相对值为正（正值视费用增加程度）。

d. 计算调整评标价格系数。将报价因素的权数与报价因素相对值（影响评估费用指数）相乘，便可将该报价因素影响评标价格的系数计算出来。

e. 计算调整评标价格系数平均值。将各影响评标价格系数相加除以报价因素值，求其平均数，计算出影响评标价格的平均价格系数，其公式是：

$$\sum N = (N_1 + N_2 + \cdots + N_n) \times 100\%$$

式中　　N_n——某报价因素影响评标价格的系数。

④ 确定评标价格修正系数和计算评标价格。凡可以用定量换标的评标价格的报价因素，均应用加权方法换算为用货币表现的价格，以此对标书进行定量评估；但是对某些不可换算的报价因素，则应对其评标价格作某些修正，以便更全面地评价标书的中标价值。评标价格修正系数的确定主要应考虑投标单位的资信情况，譬如资本、劳动技能、生产装备、合作伙伴、信守合同等状况，资信好的投标单位，作为有利于中标的因素加以修正。

在依次进行上述工作后，便可以定量计算评标价格。评标价格的计算公式是：

$$P = (P_1 \times m) + [P_1 \times (1-m) \times (1+\sum N) \times (1+W)]$$

式中　　P——评标价格；

　　P_1——标书报价；

　　m——标书报价占评标价格的比例；

　　$\sum N$——报价因素影响评标价格系数的平均值；

　　W——评标价格修正系数。

6.2.4.2 投标人报价风险的防范

风险与利润并存，风险的存在具有客观性和不确定性。在投标过程中要做好风险分析，采用科学合理的风险管理方法，有效地规避风险和控制风险。工程项目风险主要来源于投标报价价格、工程量风险、合同风险等。这些风险与投资控制、进度控制、质量控制、合同管理、信息管理组织协调并形成一个独立的组成部分，且只能依靠项目管理人员分析预测。

（1）投标报价价格风险　价格风险包括工程施工过程中由于物价和劳动力费用上涨所带来的风险，以及报价计算错误风险。承包商在投标报价时，应当进行科学严密的风险分析，对建筑材料市场价格进行认真调查研究，了解供销渠道，收集价格信息，对建材市场价格要有比较准确的预测、判断。简言之，价格风险包括：

① 因设计不完整、说明不详、节点不清楚给施工及投标报价带来风险。

② 工程承包范围不清，承包内容意思表达模糊，不够明白无误，增加了项目风险。特别是某些材料供应要约定明确，暂定价的计取方法应当表述清楚。

③ 对固定总价包干的合同，由于承包商对环境因素的忽略，施工方案中存在空洞，诸如对水文、地质等工程条件的论证不充分，对施工图以外可能发生的费用诸如文明施工措施费、施工技术措施费、优良工程费、赶工措施费等考虑不周全，都可能带来不必要的风险。

(2) 投标报价工程量风险　业主发出的招标文件中一般附有工程量清单，而实行工程量清单报价是招投标工作发展的方向，因此工程量计算准确与否至关重要。根据《中华人民共和国合同法》的有关规定，招标人通过发布招标公告，潜在投标人发出投标意思表示。在这种情况下，因承包商对工程量清单未作复核或计算有误而产生的风险只能由承包商承担，招标人对工程量清单中的数量并不承担责任。实施办法中也标明"承包商在规定时间内未对工程量清单提出异议的，中标后招标人不再对工程量清单的项目和数量进行校对调整。投标人必须按其报价完成招标文件规定范围的施工设计图纸规定的所有工程项目。"承包商对此应有足够的认识，尽可能减少因工程量不清带来的风险。

(3) 合同条款风险　工程合同既是项目管理的法律文件，也是项目全面风险管理的主要依据。其中一些风险条款和一些具有明显的或隐含的对承包商不利的条款。承包商在审阅合同文件时应从风险分析与风险管理的角度研究合同的每一个条款，对项目可能遇到的风险因素有全面深刻的了解。承包合同带来的风险主要表现在以下几个方面。

① 合同中应明确规定承包商应承担的风险。如合同中规定，工程变更在5％的合同金额内，承包商得不到任何补偿，则在这个范围内工程量的增加是承包商的风险。

② 合同条文不全面，不完整，合同双方责权利关系不清楚，承包合同在执行过程中会导致双方发生分歧，最终导致承包商的损失。

③ 业主为转移风险单方面提出过于苛刻、责权利不平衡的合同条款。如合同中规定"业主对由于第三方干扰造成的工程拖延不负责任"，这实际上把第三方干扰造成的工程拖延的风险转嫁给了承包商。

④ 合同计价类型与工程项目内容不一致，以及合同潜在的变化等增加了项目风险。

目前，国内承包商在合同管理中最大的差距在于：一是没有做或不会做合同履行分析，出现问题才去查找原始合同文件；二是没有做或没有能力做合同交底，没有形成以合同为中心的技术交底，合同的责任无法在工程施工活动中体现出来；三是合同履行认识不清，认为履行合同是经营部门的事。

(4) 其他风险　工程项目面临的风险除了以上描述的之外，还包括业主财力不足，支付能力差；水文气候，地基等外界条件；材料和设备供应及运输问题等引起的风险。

对于一个工程项目来说，承包商承担的风险更大，要避免风险和减轻风险，就需要在投标和经营过程中，分析风险，正确估算风险大小，认真研究风险防范措施。

(5) 风险的防范措施　投标人应该增强法律意识，进行风险分析，约定风险范围，加强风险管理意识，对招标文件中发现的可能导致的风险问题（如外部条件不足而产生的风险）应明确具体责任人。风险的防范应该从递交投标文件、合同谈判阶段开始，直到工程施工完成，主要从以下几个方面入手。

① 认真研究招标文件，了解对手情况，规避风险。在进行工程投标工作的前期，首先要详细了解招标单位的情况、有无出资方、合作方等，摸查其资金到位情况、资金投入计划和管理层状况等，进行可行性分析，以保证项目的投资渠道畅通。同时，研究招标文件是否过于苛刻，如场地小根本无法同时进入多台设备而工期又特别紧，否则逾期一天罚款多少钱等，都要仔细研究并向业主提出疑问。如：某公司承建的广东省废物处理中心边坡治理工

程，中标金额 1780 万元，由于招标阶段对合同条款仔细研究商讨，投标工作准备充分，取得较好的管理业绩。

对于通过认真研究，可以规避的风险，争取在合同谈判阶段经修改补充相关合同条款来解决。风险回避的策略主要有：

a. 以科学的风险管理理念来分析、评估、控制、评价风险。加强风险意识，有效地防范投标过程中各种风险的出现，积极地应对风险损失，树立全民风险意识。

b. 建立风险预控机制。从项目信息收集风险预控机制到项目跟踪风险预控机制、资格预审风险预控机制、编制投标文件风险预控机制、递送标书风险预控机制以及贯穿始终的公共关系风险预控机制，每一个环节的事故易发点都要做到事前控制。

c. 为做到分工协作，上下贯通，全面布控，以更有效地控制风险和提高企业竞争力，从项目的跟踪到定位，需要建立一套完整的经营责任机制，树立现场市场观念。做好在建工程，生产出成批量精品，才有广阔的市场，才能在投标过程中依靠信誉战胜对手夺标。

d. 坚定市场信念，以变应变，变中求发展。市场的变化，需要业主敏锐洞察，适时做出改变，使标书与时俱进，符合市场要求、业主要求、招标文件要求。

② 风险的转移、分散。风险的转移主要指向保险公司投保，以转移大部分风险，付出少量的保险费，避免大的风险。一般业主在招标文件中都规定了保险的要求和范围，如整个工程保险、第三方责任险、设备险等。此外还有承包商根据自身情况进行的其他方面的保险，如人身意外险、货物运输险等。风险的分散主要指把风险转移和分散给其他单位，如联营体的合伙人、工程分包商、设备供应商等。例如，分包工程时，可以将风险比较大的部分分包出去，将业主规定的各项赔偿如数订入分包合同，将这项风险转移给分包商。通常也要求联营体的合伙人、工程分包商、设备材料供应商等接受业主合同文件中的各项合同条款，使他们分担一部分风险。

③ 风险损失的控制。对于发现的问题及时采取措施，控制风险损失。如在对广东台山电厂桩基础项目投标中，清单工程量大大超过了实际工程量，中标后迟迟不能提供详细准确的施工图纸，延误了工程施工，但根据合同条款，工程延期承包商要支付延期误工费，且在此期间材料大幅度涨价，存在巨大的造成亏损的风险隐患，公司为控制因此带来的风险损失，最终放弃中标。

6.3 投标文件中的商务标书

投标书的商务标主要说明投标报价的费用组成，是建设工程投标内容中重要的组成部分。投标文件商务标的编制是整个建设工程投标活动的核心环节，报价的高低直接影响着能否中标和中标后的经济效益。商务标是投标文件的重要组成部分，也是工程合同价款确定、调整、结算等的重要依据，决定了招、投标效果。因此，商务标直接影响着投资人的投资效益。

6.3.1 投标报价的编制原则和计算依据

6.3.1.1 投标报价的编制原则

投标报价的编制主要是投标单位对承建招标工程所要发生的各种费用的计算。报价是投标的关键性工作，报价是否合理直接关系到投标的成败。

① 以招标文件中设定的承发包双方责任划分，作为考虑投标报价费用项目和费用计算的基础；根据工程承发包模式考虑投标报价的费用内容和计算深度。

② 以施工方案、技术措施等作为投标报价计算的基本条件。

③ 以反映企业技术和管理水平的企业定额作为计算人工、材料和机械台班消耗量的基本依据。

④ 充分利用现场考察、市场价格信息和行情资料，编制综合单价，确定调价方法。

⑤ 报价计算方法要科学严谨、简明适用。

6.3.1.2　投标报价的计算依据

① 招标人提供的招标文件及有关资料，包括施工图纸、工程量清单及有关的技术说明书等。

② 国家及地区颁发的现行工程预算定额或单位估价表及与之相配套执行的各种费用定额标准等。

③ 其他与投标报价计算有关的各项政策、规定及调整系数等。

④ 地方现行材料和设备预算价格及采购地点及供应方式等。

⑤ 因招标文件及设计图纸等不明确，经咨询后由招标单位书面答复的有关资料。

⑥ 企业内部制定的有关取费、价格等规定、标准。

⑦ 施工方案及有关技术资料。

6.3.2　投标报价的编制程序

不论采用何种投标报价体系，一般计算过程如下。

(1) 复核或计算工程量　工程招标文件中若提供有工程量清单，投标价格计算之前，要对工程量进行校核；若招标文件没有提供工程量清单，则必须根据图纸计算全部工程量；如招标文件对工程量的计算方法有规定，应按照规定的方法进行计算。

(2) 确定单价，计算合价　在复核或计算全部清单项目工程量以后，就需要确定每个分部分项工程的单价，并按照招标文件中工程量表的格式填写报价，一般是按照分部分项工程量内容和项目名称填写单价与合价。计算单价时，应将构成分部分项工程的所有费用项目都归入其中。

(3) 确定分包工程费　来自分包人的分包工程费是投标价格的一个重要组成部分，有时总承包人投标价格中的相当部分来自于分包工程费。因此，在编制投标价格时需要有一个合适的价格来衡量分包人的分包工程价格，需要熟悉分包工程的范围，对分包人的能力进行评估。

(4) 确定利润　利润指的是承包人的预期利润。确定利润取值的目标是考虑既可以获得最大的可能利润，又要保证投标价格具有一定的竞争性。投标报价时承包人应根据市场竞争情况确定在该工程上的利润率。

(5) 确定风险费　风险费对承包商来说是一个未知数，如果预计的风险没有全部发生，则可能预计的风险费有剩余，这部分剩余和计划利润加在一起就是盈余；如果风险费估计不足，则由盈利来补贴。

在投标时应该根据该工程规模及工程所在地的实际情况，由有经验的专业人员对可能的风险因素进行逐项分析后，确定一个比较合理的费用比率。

(6) 确定投标价格　在确定上述各项费用之后，再计算项目规费和应上交的税金，最后全部进行汇总后就可以得到工程的总报价。但是这样计算的工程总报价还不能作为投标价格，因为计算出来的价格可能重复也可能会漏算，也有可能某些费用的预估有偏差等，因而必须对计算出来的工程总报价作某些必要的调整。调整投标价格应当建立在对工程盈亏分析的基础上，盈亏预测应用多种方法从多角度进行，找出计算中的问题以及分析可以通过采取哪些措施降低成本、增加盈利，确定最后的投标报价。图 6-2 为工程投标报价编制的一般程序。

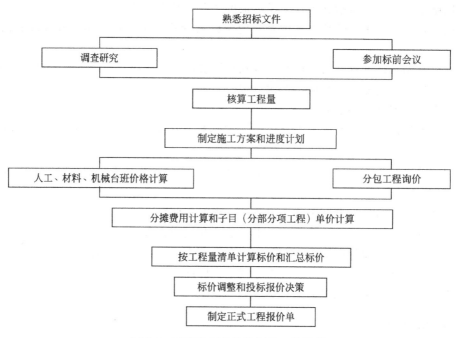

图 6-2 工程投标报价编制的一般程序

6.3.3 商务标书废标有关条款

① 主要内容违反有关法律、法规规定。

② 全部内容未按要求正规打印；或未按规定的格式填写，内容不全或字迹模糊、辨认不清的；或主要内容有明显错误或与招标文件要求不相符。

③ 封面未加盖投标人公章和法定代表人印鉴；档案袋未密封或密封处未加盖投标人公章及法定代表人印鉴；或投标人名称或组织结构与资格预审时不一致的。

④ 报价封面未加注册造价师资格印鉴或工程造价专业人员资格印鉴（椭圆形印鉴）。

⑤ 投标人法定代表人或委托代表人未参加开标会议的；或参加开标会议未提供法定代表人证明或法定代表人委托书及身份证的。

⑥ 未提供投标报名时的项目经理资质证书副本原件或提供的项目经理名称（姓名及工作单位）不一致，或项目经理未参加开标会议。

⑦ 投标报价高于公布的预算控制价的；或投标人递交两份或多份内容不同的投标文件；或在一份投标文件中对同一招标项目报有两个或多个报价，且未声明哪一个有效的。

⑧ 未在招标文件规定的开标日期前有效送达。

⑨ 投标人未按照招标文件要求缴纳投标保证金的。

⑩ 在本投标文件中存在多处错误或与其他企业的投标文件有雷同者。

⑪ 所提供有关证书、证明原件涂改、转让或提供虚假材料的。

⑫ 组成联合体投标的，投标文件未附联合体各方共同投标协议并未明确主投标人的。

⑬ 商务投标文件存在多处错误及类同者或加盖同一个注册造价师、工程造价专业人员业务水平等级印鉴者将作为串标行为处理。

6.3.4 商务标书编制技巧

具体作价时虽然贯彻总的报价策略，如整个投标，工程采用"低利政策"，则利润率要定得较低或很低，甚至管理费率也要定得较低。但是作价还是有它自己的技巧，两者必须相辅相成、互相渗透。

（1）掌握工程量核对的技巧　在核对工程量时，如果发现工程量清单存在错误或者漏项，投标单位不宜自己更改或补充项目，以防止招标单位在评标时不便统一掌握而失去可比性。工程量清单上的错误或漏项问题，应留待中标后签订施工承包合同时提出来加以纠正，或留待工程竣工结算时作为调整承包价格处理，但必须是非固定总价包死合同形式。

（2）不平衡单价的运用技巧　所谓不平衡单价，就是在不影响总标价水平的前提下，某些项目的单价可定的比正常水平高些，而另外一些项目的单价则可以比正常水平低些，但要注意避免显而易见的畸高畸低，以免导致降低中标概率或成为废标。施工企业通常采用的"不平衡报价法"有下列几种。

① 对先拿到的项目（如开办费、土方、基本工程等）的单价可定高一些，有利于资金周转，对后期项目（如桥面工程等）单价可适当降低。

② 估计到以后会增加工程量的项目，其单价可提高，工程量会减小的项目单价可降低。

③ 图纸不明确或有错误，估计今后会修改的项目单价可以提高，工程内容说明不清楚的单价可降低，这样做有利于以后索赔和调价。

④ 没有工程量、只填单价的项目，其单价宜高，这样做既不影响商务标的竞争力，以后发生时也可多获利。

⑤ 对暂定数额（或工程），分析以后做的可能性大，价格可定高些，估计不一定发生的价格可定低些。

⑥ 零星用工（计日工）一般可高于工程单价中的工资单价，因它不属于承包总价的范围，发生时实报实销，也可多获利。

⑦ 对于允许价格调整的工程，后期材料的用量较大，且上涨幅度不大，又能保障供应的工程部分，单价宜报高些，以利于后来的调价。

技术标和商务标的编制人员应密切配合，集中办公，随时互通信息，保持一致，以免各自为政、自相矛盾，并积极响应招标文件的要求，制定出满足要求的具体可行的措施。此外对于甲方提出的诸如提供三大材等特殊要求，也要积极予以配合。为向对方表示投标诚意，不妨在投标书中增加一节"工程节约措施及让利优惠"的内容，通过技术革新、挖掘企业内部潜力、开源节流、合理加快速度等措施入手，节省费用，可以明言将此"让利"给业主，使业主觉得这样的"让利"不是盲目的，是可靠的，不至于影响工程进展的速度和质量，而对工程施工顺利进行抱有信心。

6.4　投标文件中的技术标书

投标竞争不仅表现在价格上，而且表现在投标人技术力量、经验、管理水平等各方面，其中组织管理能力、质量保证、安全施工措施也是投标竞争的重要内容。技术标文件由施工组织设计或施工方案、项目管理机构配备情况和拟分包项目情况三部分组成。

6.4.1　技术标书的主要内容

（1）施工组织设计或施工方案　投标人可按照招标文件要求的详细程度，编制施工组织设计或施工方案，应当按照招标文件和施工技术规范的要求，结合施工现场和工程情况进行编制，做到内容全面、详细，清楚地阐述各分部分项专业工程的施工方法，使施工组织设计或施工方案科学合理、切实可行。

① 施工组织设计的内容

a. 主要施工方法。施工方法要兼顾工艺的先进性和经济的合理性。除了正常施工外，还应包括冬季、雨季的施工措施和拟投入的主要工具性材料，超大件设备安装施工的方案等。

b. 确保工程质量的技术组织措施。工程质量是投标竞争中的一个非常重要的内容，应从投入的人力、物力和施工机械设备、施工工艺、竣工验收等方面提出有力的质量保证措施。

c. 安全生产的技术组织措施。施工现场是多工种的立体作业，由于人员密集，设备和材料集中，故应提出严密、周到的安全生产技术组织措施，其中包括施工安全责任制、安全规程的贯彻措施、安全检查措施、安全防护措施等。

d. 文明施工的技术组织措施。建设工程大多在露天作业，对周围环境影响很大。文明施工的技术组织措施包括现场施工保持整洁有序，现场周围设立防护措施，控制施工现场的各种粉尘、废气、废水、固体废弃物对环境污染的措施，控制施工噪声扰民的措施等。

e. 保证工期的施工计划。按照招标文件的要求编制工程施工网络计划或横道计划，并进行优化；说明计划开工日期、分项工程各阶段的里程碑工期和各阶段的完工日期。

f. 拟投入的主要施工机械设备和人员计划。保证工程按计划实施的基础，是投入项目施工的设备和人员。选择施工设备时，应使主导机械性能既能满足施工的需要，又能发挥其效能；对于辅助机械的性能应与主导机械设备相适应，以充分发挥施工机械设备的工作效率。编制劳动力计划应按施工阶段，区分不同工种并配合进度计划分别填写。

g. 现场总体布置（施工总平面图）。用施工总平面图并辅以文字说明将施工现场的主要布局描述出来，除了主要施工作业面外，还需合理布置临时设施。临时设施包括为施工建立的临时工程、加工场所、临时办公用房、设备和仓储、供电、供水、卫生、生活设施等。

h. 临时用地计划。在狭小场地施工时，往往需要占用总平面布置图以外的地点堆放材料、设备和进行现场管理等，故应按招标文件要求提出临时用地计划，并说明临时用地面积、时间，以便招标人向有关部门办理申请用地手续。

② 施工组织设计的图表及格式。施工组织设计除采用文字表述外，还应附有：拟投入的主要施工机械设备表（表6-7）、劳动力计划表（表6-8）、临时用地表（表6-9），计划开工、竣工日期和施工进度计划图（略）等图表。

表6-7 拟投入的主要施工机械设备表

（工程项目名称）工程

序号	机械或设备名称	型号规格	数量	国别产地	制造年份	额定功率/kW	生产能力	用于施工部位	备注
1									
2									
...									

表6-8 劳动力计划表

（工程项目名称）工程

工种	按工程施工阶段投入劳动力情况						
1							
2							
...							

表 6-9　临时用地表

（工程项目名称）工程

用途	面积/m²	位置	需用时间

投标人提交的施工进度，应说明按招标文件要求的工期进行施工的各个关键日期。中标的投标人还应按合同条款的要求提交详细的施工进度计划。施工进度计划可采用网络图（或横道图）表示，说明计划开工日期和各分项工程各阶段的完工日期和分包合同签订的日期。

施工进度计划应与施工组织设计相适应。

投标人应提交一份施工总平面图，绘出现场临时设施布置图表并附文字说明，说明临时设施、加工车间、现场办公、设备及仓储、供电、供水、卫生、生活等设施的布置情况。

（2）项目管理机构配备情况　本部分是编制派驻项目的组织机构，以及填写拟担任项目经理的人选和主要技术负责人的情况，是招标人确信投标人有强有力的组织，能够保证合同的顺利履行，并完成工程任务的依据。其主要内容见表 6-10～表 6-13。

表 6-10　项目管理机构配备情况表

职务	姓名	职称	执业或职业资格证明					已承担在建工程情况	
			证书名称	级别	证号	专业	原服务单位	项目数	主要项目名称
…	…	…	…	…	…	…	…	…	…

一旦我单位中标,将实行项目经理负责制,并配备上述项目管理机构。我方保证上述填报内容真实,若不真实,愿按有关规定接受处理。项目管理班子机构设置、职责分工登情况另附资料说明。

表 6-11　项目经理简历表

（工程项目名称）工程

姓名		性别		年龄	
职务		职称		学历	
参加工作时间		担任项目经理年限			
资格证书编号					
省份证号					

在建和已完成工程项目情况

建设单位	项目名称	建设规模	开竣工日期	在建或已完成	工程质量

表 6-12 项目技术负责人简历表

(工程项目名称) 工程

姓名		性别		年龄	
职务		职称		学历	
参加工作时间			担任项目经理年限		
资格证书编号					
省份证号					
在建和已完成工程项目情况					
建设单位	项目名称	建设规模	开竣工日期	在建或已完成	工程质量

表 6-13 项目管理机构配备情况辅助说明材料

(工程项目名称) 工程

注:1. 辅助说明资料主要包括管理机构的机构设置、职责分工、有关复印证明资料以及投标人认为有必要提供的资料。辅助说明资料格式不作统一规定,由投标人自行设计。

2. 项目管理班子配备情况辅助说明资料另附(与本投标文件一起装订)。

(3) 项目拟分包情况 如果中标后计划将部分非主体和非关键工程交与分包商实施,应详细填报分包商的有关资料(表 6-14),以说明分包商的资质和能力与所承担的工作要求相适应。

表 6-14 项目拟分包情况表

(工程项目名称) 工程

分包人名称		地址			
法定代表人		营业执照号码		资质等级证书号码	
拟分包的工程项目	主要内容		预计造价/万元	已做过的类似工程	

(4) 替代方案和报价 招标人在投标须知内允许投标申请人提交投标文件替代方案时,投标申请人应按投标须知的要求编制替代方案,并就替代方案进行报价。替代方案应采用与原方案相同的形式进行编制和报价。

6.4.2 技术标书的封装

技术标书内容不得出现在商务标书中,标书中不得出现任何有关投标单位的资料及可以识别的记号,技术标书一式 6 份,不分正副本,封面不得加盖正本、副本标志。

6.4.3 技术标书有关废标的条款

① 未利用提供的技术标书封面或再进行其他任何形式的封面包装。
② 未按要求正规打印。
③ 未按要求制作装订。
④ 分正副本。
⑤ 内容中有单位名称、人员名单、施工工程名称等能够辨认出投标人的内容。
⑥ 未按规定的格式填写，内容不全或字迹模糊、辨认不清。
⑦ 投标文件存在多处错误或与其他企业的投标文件类同者。

6.5 合同谈判

当一项工程，经过激烈的竞争终于获得中标资格后，接下来便是极为艰苦的合同谈判阶段。许多在招标、投标时不想说清或无法定量的内容和价格，都要在合同谈判时准确陈述。因此工程承包合同的谈判，预算的核对谈判，是企业取得理想经济效益的关键一环。

6.5.1 谈判的准备工作

开始谈判之前，一定要做好各方面的谈判准备工作。对于一个工程承包合同而言，一般都具有投资数额大，实施时间长，而合同内容涉及技术、经济、管理、法律等广阔的领域。因此在开始谈判之前，必须细致地做好以下几方面的准备工作。

（1）谈判的组织准备 要根据谈判各阶段的需要确定合适人选组成谈判小组，充分发挥每一个成员的作用，使每个成员的专业知识面组合在一起能满足谈判要求。对商务条款和技术条款的讨论，应以工程师和经济师为主；涉及合同条款以及准备合同的谈判，则应安排律师和合同专家参加。谈判组长应由具备较强的业务能力、应变能力和丰富的合同谈判经验的项目经理担任。

（2）谈判的方案准备和思想准备 谈判前要对谈判时自己一方想解决的问题和解决问题的方案做好准备，确定对谈判组长的授权范围，要整理好谈判大纲，将希望解决的问题按轻重缓急排队，对要解决的主要问题和次要问题拟定要达到的目标。对谈判组的成员要进行训练，要分析双方的有利和不利条件，制定谈判策略等。

（3）谈判的资料准备 谈判前要准备好自己一方谈判使用的各种参考资料，准备提交给对方的文件资料以及计划向对方索取的各种文件资料清单。准备提供给对方的资料一定要经谈判组长审查，以防与谈判时的口径不一致，造成被动。

6.5.2 谈判的内容

合同谈判的内容因项目情况和合同性质、原招标文件规定、发包人的要求而异。一般来讲合同谈判会涉及合同的商务、技术所有条款。主要内容分为以下两个方面：关于工程内容和范围的确认和关于技术要求、技术规范和施工技术方案。具体包括以下内容。

（1）工程范围 承包人所承担的工作范围，包括施工、设备采购、安装和调试等，在签订合同时要做到明确具体，范围清楚，责任分明，否则将导致报价漏项。如有的合同条件规定："土建工程的报价中应包括一切相关工作的材料、劳力、机械及其他伴随服务的费用"等。可见该规定的外延可以是无限的，在合同的实施过程中会导致承包人处于被动的局面。中标人应争取在合同中写明"未列入本合同中的工程量表和价格清单的工程内容，不包括在合同总价内"。

（2）合同文件 合同文本应该使用严谨、周密的法律语言，不能使用日常通俗语言或工程语言，以防一旦发生争端而影响合同的履行。尽管采用的是标准合同文本，但是，中标人在签字前应全面检查合同文本，对于关键词语和数字要反复核对，不得有任何差错。必要时，最后的合同文件应请律师或咨询机构咨询，使其正确无误。

（3）劳务 为提高工效和缩短工期，应争取业主同意允许加班。至少对于非隐蔽工程允许加班，由于加班而应额外增加的工资可按当地劳工法的规定，由承包人支付。

（4）检验和试验 对于应向监理工程师提供的现场测量和试验的仪器设备，应在合同中列出清单，写明型号、规格、数量等。如果超出清单内容，则应由业主承担超出的费用。争取在合同中写明材料化验和试验的权威机构，以防止对化验结果的权威性产生争执。

（5）工程的开工和工期 应明确规定保证开工的措施，如果由于业主的原因导致承包人不能如期开工，则工期应顺延。业主向承包人提交的现场，应包括施工临时用地，并写明期限，占用土地的一切补偿费用均由业主承担，应规定现场移交的时间和移交的内容。施工中，如因变更设计造成工程量增加或修改原设计方案，或工程师不能按时验收工程，承包人有权要求延长工期。工程竣工后，必须要求业主按时验收工程，以免拖延付款、影响承包人的资金周转，同时影响工期。

对于单项工程较多的环境工程，应争取分批竣工，并提交监理工程师验收，发给竣工证明。工程全部具备验收条件而业主无故拖延检验时，应规定业主向承包人支付工程看管费用。

凡已竣工验收的部分工程，其维修费应从出具该部分工程竣工证书之日算起。应规定工程延期竣工的违约金的最高限额，如有部分工程已获竣工证书，则违约金应按比例削减。

（6）工程维修 应当明确维修工程的范围和维修责任，工程维修期届满应退还维修保证金。承包人应争取以维修保函替代工程价款的保证金。因为维修保函具有保函有效期的规定，可以保障承包人在维修期满时自行撤销其维修责任。

（7）工程的变更和增减 工程量变更应有一个合适的限额，如国际工程承包合同中一般规定为15%。超过限额，承包人有权修改单价。对于单项工程的大幅度变更，应在工程施工初期提出，并争取规定限期。超过限期大幅度增加单项工程，由业主承担材料、工资价格上涨而引起的额外费用；大幅度减少单项工程，业主应承担因材料业已订货而造成的损失。

（8）付款 付款有预付款、工程进度付款、最终付款和退还保留金4种，承包人应尽量争取更高比例的预付款。对于工程进度付款，支付周期越短越好，以月支付为佳，避免按季度支付。工程竣工后，承包人有权取得全部工程的合同价款一切尚未付清的款项。在商谈最终付款时，承包人应争取将工程竣工结算和维修责任分别处理，可以用维修保函来担保自己的维修责任，并争取早日得到全部工程价款。关于退还保证金问题，承包人争取降低扣留金额的数额，使之不超过合同总价的5%；并争取工程竣工验收合格后全部退回，或者用维修保函代替扣留的应付工程款；对于分批竣工的工程，应在每批工程交工时退还该批工程的全部保证金或部分保证金。

6.6 投标文件编制实例

以下是湖北×××高速公路综合生活污水处理设备采购安装招标实例。投标文件封面和图表文件目录如图6-3和图6-4所示。

湖北×××高速公路

综合生活污水处理设备采购安装招标

投 标 文 件

投 标 人：×××环保设备有限公司

投标日期：2008 年 10 月 13 日

图 6-3　投标文件封面

目　录

图 6-4　投标文件目录

投标文件相关内容如下。

壹、投标书

致：湖北×××高速公路有限责任公司

在研究了湖北×××高速公路综合生活污水处理设备采购招标文件后，我们愿意以人民币（大写）壹佰叁拾叁万陆仟元整（￥1336000元）的投标总价，遵照招标文件的要求生产（或提供）所招标的设备、完成设备安装和提供规定的服务。

我们在此声明：

1. 如果贵单位接受我们的投标，我们将严格按招标文件规定的时间提供交付的设备、完成设备安装和调试，并提供招标文件规定的服务。

2. 我们愿意提供贵方可能要求的与本报价有关的任何资料。

3. 我们完全理解贵方不一定接受收到的任何报价。

4. 我们此次递交的投标文件及有关文件的内容完整、真实、有效、准确，如某些方面与事实不符，贵单位有权取消我们的中标资格。

投标人名称：江苏×××环保设备有限公司
法定代表人或其授权代理人：_____
地址：江苏省宜兴市××路62号
邮编：××××××

贰、法人代表授权书

致：湖北×××高速公路有限责任公司

本授权书宣告：江苏××环保设备有限公司总经理×××合法地代表我单位，授权江苏××环保设备有限公司的×××为我单位的合法代理人，该代理人有权在大庆至广州高速公路湖北省××至××段工程项目综合生活污水处理设备采购的投标活动中，以我单位的名义签署投标书和其他的投标文件、与贵公司协商、签订合同协议书以及执行一切与此有关的事项。

各方在此分别签字，以兹证明。

本授权书于2008年10月13日签字生效，特此声明。

投标人：江苏××环保设备有限公司
授权人：
身份证号码：3202231962O7080675
被授权的代理人：
身份证号码：3202231957l0200393

叁、法定代表人身份证明

申请人名称：江苏×××环保设备有限公司
单位性质：有限责任公司
成立时间：2000年04月17日
经营期限：2000年4月17日至2020年4月16日
姓名：×××   性别：男
身份证号码：32022319620708××××   职务：总经理
系江苏××环保设备有限公司（申请人名称）的法定代表人。
特此声明

肆、投标保证金

湖北×××高速公路有限责任公司：

　　我单位接受贵单位的邀请，参加湖北×××高速公路综合生活污水处理设备采购投标，根据招标文件的要求，我单位现递交投标保证金<u>××××</u>元（大写：<u>××××</u>整）

　　本保证义务的条件是：

　　1. 如果投标人在投标书中规定的投标书有效期内撤回标书；

　　2. 如果投标人在投标书有效期内接到建设单位所发的中标通知书后，却：

　　1）未能或拒绝根据投标须知的规定，按要求签署合同协议书；

　　2）未能或拒绝按投标须知的规定，提供履约保证金。

　　3. 违反相关招标法规有关废标的规定。

　　招标人有权没收投标人的保证金。

　　当投标人落标时，可退还招标文件及所附图纸等资料，同时招标人向其退还投标押金（无息）。

　　投标单位：（公章）

　　投标单位法定代表人：（签字、盖章）

　　日期：2008 年 ＿＿＿×× 月 ＿×× 日

伍、报价表

序号	安装地（收费站名称）	规格型号	数量（套）	单价（元）	合价（元）	备注
1	乘马岗收费站	WSZ-A-3	1	81600	81600	
2	麻城收费站	WSZ-A-2	1	72000	72000	
3	铁门收费站	WSZ-A-2	1	72000	72000	
4	新州收费站	WSZ-A-2	1	72000	72000	
5	团风收费站	WSZ-A-2	1	72000	72000	
6	黄州收费站	WSZ-A-2	1	72000	72000	
7	巴驿收费站	WSZ-A-2	1	72000	72000	
8	兰溪收费站	WSZ-A-2	1	72000	72000	
9	临时收费站	WSZ-A-2	1	72000	72000	
10	罗辅收费站	WSZ-A-2	2	72000	144000	
11	新州服务区	WSZ-A-5	2	92800	185600	
12	淋山河停车区	WSZ-A-3	2	81600	163200	
13	浠水服务区	WSZ-A-5	2	92800	185600	
	合计		17		1336000	

　　投标总价为人民币（大写）：壹佰叁拾叁万陆仟元整。

　　注：1. 报价表所列每套污水处理设备主要包括控制箱、镀水管、闸阀、风机、格栅、污水提升泵和地埋式污水处理设备，为使整套设备正常运行的其他配件不单独报价，含在该报价表中。

　　2. 报价包括通过设备安装地的环保验收发生的费用、设备运输、卸车费、安装费、调试费、保险费、技术服务费、为甲方人员培训费及相关税费等本表未计列的其他这完成本项目所有工作的一切费用。

陆、生产和安装技术建议书

一、施工组织设计

（一）施工准备

1. 落实技术资料

该工程属构物中较为复杂的工程，涉及的施工队伍、各种专业、技术问题较多。开工前应组织好图纸会审，尽量将需要变动的设计资料落实解决，针对该工程结构复杂，工作量大，施工难度大，工期短，又处于冬季施工的特点，要认真、周密地做好施工准备；制定合理的技术措施，精心施工，以确保优质高效、顺利地完成施工任务。

2．组织加工订货

根据该工程混凝土量大、工期短的特点，现场施工人员、预算员、翻样员等要认真熟悉图纸，编制工程预算，作好材料分析，提出所需的材料用量和其它施工所必需的机具设备及周转材料用量，采保组要及时加工订货，以免因材料短缺而影响施工进度。

3．管理机构设置

由于该工程的特殊性和重要性，公司要在成立项目经理部的同时，以全面质量管理为中心，配备强有力的领导班子和高素质的管理人员。对比较尖端的技术难题，由公司总工程师、施工现场技术负责人以及施工人员、质检员等组成技术质量攻关小组，提前制订出切实可行的防范措施，将有关的质量问题、安全隐患消灭在萌芽状态。同时，劳动力组织根据不同施工阶段及分项工程的特点，采用不同的劳动力组合形式。

4．现场生产准备

① 进场后首先应按施工总平面布置图的要求修建临时设施，安装机械设备及供水、供电线路，并试水试电，修好临时排水沟。

② 平整场地，修通现场的临时道路，尽量利用正式道路路基。

③ 组织现场施工员学习，审查施工图纸，进行设计要求及施工技术交底，对模板、钢筋等进行放样。

④ 按设计总图作好测量控制后设置基准点，按设计位置进行工程定位放线。

（二）供货保证措施

设备制造流程：工程的实施分两个阶段进行，第一阶段为设备的设计、制造及检验；第二阶段为设备的安装、调试、验收及培训。现对每一阶段的具体施工过程简述如下：

1．设备的设计

…

2．原辅材料的采购

…

3．设备的制造

…

4．设备质量承诺

…

（三）设备安装方案

1．施工现场平面布置

在现场设集中材料棚、安装工具棚各一座，一体化处理设备在工厂加工、机电设备直接采购，用汽车运到现场安装。现场设工地办公室、工人临时住房、现场食堂等活动工棚。

2．施工顺序

…

（四）施工进度计划安排

本工程计划工期为 2008 年 11 月 30 日前，其中土建施工工期为 10 天，设备制造为 15 天（与土建施工同时进行），设备运输就位 3 天，设备安装 7 天，设备调试 5 天，培训 3 天，用户验收 2 天（调试、培训及验收同时进行）。

基坑上方开挖→地基处理→地下管道安装→池底垫层、地砖模池底板钢筋绑扎及埋件安装→池底板混凝土浇灌→池壁外模安装、钢筋绑扎、预埋套管、内模安装→浇灌池壁混凝土→池盖板及池走台板模安装→钢筋绑扎及埋件安装→混凝土浇灌、楼梯栏杆及其他构件安装→池壁内外粉刷。

工程施工进度计划表

时间进程	10天	10天	10天
土建施工	▬▬▬▬		
设备制造	▬▬▬▬▬▬▬▬▬▬		
运输、就位		▬▬	
设备安装		▬▬▬▬▬	
设备调试			▬▬▬
培训			▬▬▬
验收			▬▬▬

二、售后服务承诺

1. 设计阶段

...

2. 售后服务

① 工程保修期为二年，即通过安装地的环保验收之日起二年内。电器部分按国家标准为一年。

② 质保期内，在接到用户保修通知后48小时内售后服务人员赶到现场，并无条件的免费提供备件、配件及重要成套设备。及时解决设备在运行中出现的问题。

③ 质保期外，在接到用户保修通知后72小时内售后服务人员赶到现场，维修费用优惠，配件只收成本费。

④ 质保期后，定期对工程进行回访，提供技术咨询服务。

⑤ 为加强与用户联系，及时反馈用户信息，我公司在全国设有多家办事机构，及时为用户解决设备在运行中发生的问题。

提供各类环保咨询服务及协助环保验收和办理相关手续。

三、技术方案

1. 工程概况

高速公路停车区、服务区、收费站的污水，其主要为生活污水，有机物浓度较高。生活污水的 BOD 和 COD 的比值较高，可生化性好。污水中含有大量的有毒病菌，如这部分污水不经处理直接排入附近河泊，将会造成湖泊的富营养化，使水质变坏、发臭，严重破坏周围的生态环境。根据环保部门的规定，须对该污水进行综合处理，达到国家《污水综合排放标准》（GB 8978—1996）一级标准。

2. 设计原则

3. 设计参数

(1) 污水性质：生活污水。

(2) 污水水量：$2m^3/h$、$3m^3/h$、$5m^3/h$。

(3) 进出水水质：出水达到国家《污水综合排放标准》（GB 8978—1996）一级标准。

序号	污染物	原水水质指标	本工程执行标准
1	pH	6~9	6~9
2	COD_{Cr}	250~400	100
3	BOD_5	150~250	20
4	SS	200~400	70
5	NH_3-N	50	15
6	油	40	10

(4) 控制方式：自动/手动任意切换。

(5) 放置方位：埋于地下，设备上可覆土绿化。

(6) 处理方法：低能耗污水处理装置。

4. 设计范围

(1) 污水处理　调查研究污水的水质水量变化情况，选择技术成熟、经济合理、运行灵活、管理方便、处理效果稳定的方案。

污水处理站范围内的污水处理设备的工艺、电气、仪表的设计，具体指从调节池出水口至消毒池出水口外1m的范围内，该范围内的设备主体、风机、进出水管和阀门、控制柜、水位浮球开关、潜污泵及相关电路连接等全部设备部件等所有配套设施。

(2) 污泥处理与处置　通常小型的污水处理站污泥只作浓缩处理，为防止污水处理过程中产生的污泥对环境造成二次污染，污泥须由环卫粪车定期抽吸外运处理。

污水处理站供配电线路、进出水管线（网）及土建部分（设备基础及挖坑）不在设计范围之内。

5. 处理工艺流程、说明及工作原理

(1) 工艺流程

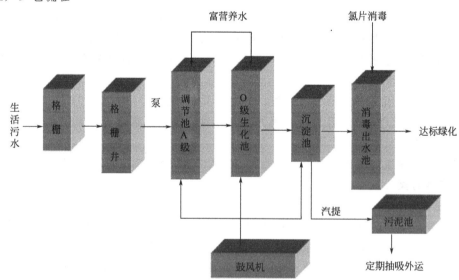

(2) 工艺说明　本项目污水属于一般生活有机污水，从上述水质情况看，污水中COD、BOD、SS色度均大量超标，因此采用水解酸化＋好氧接触氧化＋滤池＋消毒一系列工艺。其核心技术为好氧接触氧化和吸附滤池，该法属于生物膜法，工艺配以新型的弹性立体填料，具有负荷高、不产生污泥膨胀、设施体积小、运行稳定可靠、管理方便、处理效果好等优点，能确保污水经处理后各项指标全面达标。所选用的弹性填料维修更换方便，使用寿命可达10年以上。一般适用于小型污水处理站。

(3) 污水处理设备工作原理　经过上述工艺比较与选择，本污水主要工艺过程设计如下：生活污水经过粗格栅，去除水中较大的漂浮物，以保证后续处理构筑物的正常运行及有效减轻处理负荷，为系统的长期正常运行提供保证。由于各时的水质、水量均不一样，一般高峰流量为平均处理量的2~8倍，因此为使污水处理系统连续稳定地运行，同时调节水量和均化水质，设置一调节池，经过拦截后的污水自流入调节池。调节池的污水采用泵入方式进入O级生化池，调节池设置预曝气作为水解酸化池（A级），进行水解酸化处理。本工程污水中有机成分较高，$BOD_5/COD_{Cr}=0.5$，可生化性较好，因此采用生物处理方法大幅度降低污水中有机物含量是最经济的。由于污水中氨氮及有机物含量较高，特别是有机氮，在生物降解有机物时，有机氮会以氨氮形式表现出来，由于氨氮也是一个污染控制指标，因此污水处理采用缺氧好氧A/O生物接触氧化工艺，即生化池需分为A级池和O级池两部分。在A级池内，由于污水有机物浓度较高，微生物处于缺氧状态，此时微生物为兼性微生物，它们将污水中有机氮转化为氨氮，同时利用有机碳源作为电子供体，将亚硝酸盐氮（NO_2-N）、硝酸盐氮（NO_3-N）转化为N_2，而且还利用部分有机碳源和氨氮合成新的细胞物质。所以A级池不仅具有一定的有机物去除功能，减轻后续O级生化池的有机负荷，以利于硝化作用进行，而且依靠污水中的高浓度有机物，完成反硝化作用，最终消除氮的富营养化污染。经过A级池的生化作用，污水中仍有一定量的有机物和较高的氨氮存在，为使有机物进一步氧化分解，同时在碳化作用趋于完全的情况下，硝化作用能顺利进行，特设置O级生化池，O级生化池的处理依靠自养型细菌（硝化菌）完成，它们利用有机物分解产生的无机碳源或空气中的二氧化碳作为营养源，将污水的氨氮转化为NO_2-N、NO_3-N。O级池出水一部分进入沉淀池进行沉淀，另一部分回流至调节池进行内循环，以达到反硝化的目的。在O级生化池中安装有填料，整个生化处理过程是依赖于附着在填料上的多种微生物来完成的。在A级生化池内溶解氧控制在0.5mg/L左右；在O级生化池内溶解氧控制在3mg/L以上，气水比15∶1。

接触氧化池出水流入二沉池，进一步降低污水中的COD、BOD、SS，经二沉池后的出水进入消毒出水池进行消毒，然后达标排放。

6. 工艺设备技术参数

（1）WSZ-A-2型埋地式污水处理设备（单套）

① 格栅。本污水处理工艺设计中，应考虑生活污水的拦污设备。故需设置粗格栅一道，材质为钢制结构，规格为600mm×1000mm。格栅的栅渣由人工定期清理即可。

② 调节池。进入调节池的污水，由于污水来水不均匀，水质、水量波动很大，因此只有足够的调节容量才能保证进入生化处理的水质、水量稳定。

调节池内设置预曝气装置，通过水解、酸化反应，将污水中的有机固体及不易生物降解的有机物分解为小分子溶解性有机物并把大分子有机物降解为小分子有机物，并对污泥进行酸化，酸化段主要起到调节BOD/COD的比值的作用。

池内设置2台（1用1备）中外合资浙江浪奇潜水泵，其型号规格为40WQ7-10-0.75，性能参数为：$Q=7m^3/h$，$H=10m$，$N=0.75kW$。

调节池规格为5000mm×2500mm×2200mm，材质采用钢筋混凝土结构，有效停留时间为12.5h。

③ WSZ-A-2型一体化组合式埋地装置。WSZ型一体化组合式埋地装置包括接触氧化池及填料曝气装置、沉淀池、消毒出水池、污泥池等。

为提供生物接触氧化池微生物所需要的氧气，气水比为15∶1。生物接触氧化池填料规格为YTD-200，材质为PP，曝气装置选用穿孔曝气；接触氧化池内水中含有大量悬浮固体（生物脱膜），为了使出水COD、BOD、SS达到排放标准，我们采用竖流式沉淀池来进一步处理；消毒出水池内采用氯片消毒装置消毒达到本工程执行标准后排放。沉淀池内产生的污泥通过汽提设备提至污泥池，污泥池内设置曝气管及溢液管，曝气管曝气，可防止污泥发酵，并使微生物自身氧化，从而减少污泥量。溢流管可保证污泥不溢出地面。浓缩后的污泥由吸粪车定期抽吸外运。

型号：WSZ-A-2 型

规格：6000mm×1500mm×1800mm

材质：8mm 钢板

数量：1 套

风机型号：HC-301S 其性能参数为 $Q=0.39\text{m}^3/\text{min}$，$H=0.4\text{kg/cm}^2$，$N=0.75\text{kW}$。

风机房规格：2200mm×2000mm×2000mm，1 座，材质为彩钢板制作。

控制柜型号：HDK-2，PLC 采用台湾台达产品，1 只，电器元件采用施耐德产品。

（2）WSZ-A-3 型地埋式污水处理设备（单套）

① 格栅。本污水处理工艺设计中，应考虑生活污水的拦污设备。故需设置粗格栅一道，材质为钢制结构，规格为 600mm×1000mm。格栅的栅渣由人工定期清理即可。

② 调节池。进入调节池的污水，由于污水来水不均匀，水质、水量波动很大，因此只有足够的调节容量才能保证进入生化处理的水质、水量稳定。

调节池内设置预曝气装置，通过水解、酸化反应，将污水中的有机固体及不易生物降解的有机物分解为小分子溶解性有机物并把大分子有机物降解为小分子有机物，并对污泥进行酸化，酸化段主要起到调节 BOD/COD 的比值的作用。

池内设置 2 台（1 用 1 备）中外合资浙江浪奇潜水泵，其型号规格为 40WQ7-10-0.75，性能参数为：$Q=7\text{m}^3/\text{h}$，$H=10\text{m}$，$N=0.75\text{kW}$。

调节池规格为 5000mm×3000mm×2200mm，材质采用钢筋混凝土结构，有效停留时间为 10h。

③ WSZ-A-3 型一体化组合式埋地装置。WSZ 型一体化组合式埋地装置包括接触氧化池及填料曝气装置、沉淀池、消毒出水池、污泥池等。

为提供生物接触氧化池微生物所需要的氧气，气水比为 15∶1。生物接触氧化池填料规格为 YTD-200，材质为 PP，曝气装置选用穿孔曝气；接触氧化池内水中含有大量悬浮固体（生物脱膜），为了使出水 COD、BOD、SS 达到排放标准，我们采用竖流式沉淀池来进一步处理；消毒出水池内采用氯片消毒装置消毒后达到本工程执行标准后，达标排放。沉淀池内产生的污泥通过汽提设备提至污泥池，污泥池内设置曝气管及溢液管，曝气管曝气，可防止污泥发酵，并使微生物自身氧化，从而减少污泥量。溢流管可保证污泥不溢出地面。浓缩后的污泥由吸粪车定期抽吸外运。

型号：WSZ-A-3 型

规格：7000mm×1800mm×1800mm

材质：8mm 钢板

数量：1 套

风机型号：HC-40S 其性能参数为 $Q=0.61\text{m}^3/\text{min}$，$H=0.4\text{kg/cm}^2$，$N=0.75\text{kW}$。

风机房规格：2200mm×2000mm×2000mm，1 座，材质为彩钢板制作。

控制柜型号：HDK-3，PLC 采用中国台湾台达产品，1 只，电器元件采用施耐德产品。

（3）WSZ-A-5 型地埋式污水处理设备（单套）

① 格栅。本污水处理工艺设计中，应考虑生活污水的拦污设备。故需设置粗格栅一道，材质为钢制结构，规格为 600mm×1000mm。格栅的栅渣由人工定期清理即可。

② 调节池。进入调节池的污水，由于污水来水不均匀，水质、水量波动很大，因此只有足够的调节容量才能保证进入生化处理的水质、水量稳定。

调节池内设置预曝气装置，通过水解、酸化反应，将污水中的有机固体及不易生物降解的有机物分解为小分子溶解性有机物并把大分子有机物降解为小分子有机物，并对污泥进行酸化，酸化段主要起到调节 BOD/COD 的比值的作用。

池内设置 2 台（1 用 1 备）中外合资浙江浪奇潜水泵，其型号规格为 40WQ7-10-0.75，性能参数为：$Q=7m^3/h$，$H=10m$，$N=0.75kW$。

调节池规格为 7000mm×3000mm×2200mm，材质采用钢筋混凝土结构，有效停留时间为 8.4h。

③ WSZ-A-5 型一体化组合式埋地装置。WSZ 型一体化组合式埋地装置包括接触氧化池及填料曝气装置、沉淀池、消毒出水池、污泥池等。

为提供生物接触氧化池微生物所需要的氧气，气水比为 15∶1。生物接触氧化池填料规格为 YTD-200，材质为 PP，曝气装置选用穿孔曝气；接触氧化池内水中含有大量悬浮固体（生物脱膜），为了使出水 COD、BOD、SS 达到排放标准，采用竖流式沉淀池来进一步处理；消毒出水池内采用氯片消毒装置消毒后达到本工程执行标准后，达标排放。沉淀池内产生的污泥通过汽提设备提至污泥池，污泥池内设置曝气管及溢液管，曝气管曝气，可防止污泥发酵，并使微生物自身氧化，从而减少污泥量。溢流管可保证污泥不溢出地面。浓缩后的污泥由吸粪车定期抽吸外运。

型号：WSZ-A-5 型

规格：9000mm×2000mm×2000mm

材质：8mm 钢板

数量：1 套

风机型号：HC-50S 其性能参数为 $Q=1.06m^3/min$，$H=0.4kg/cm^2$，$N=1.5kW$。

风机房规格：2200mm×2000mm×2000mm，1 座，材质为彩钢板制作。

控制柜型号：HDK-5，PLC 采用台湾台达产品，1 只，电器元件采用施耐德产品。

7. WSZ-A 型设备一览表（单套）

编号	设备名称	型　　号	数量	材质	备注
一		WSZ-A-2 型			
1	粗格栅	600mm×1000mm	1 套	钢制	江苏惠友
2	潜水泵	40WQ7-10-0.75	2 台	组件	中外合资浙江浪奇
3	一体化组合式埋地装置	WSZ-A-2 6000mm×1500mm×1800mm	1 套	钢制	含接触氧化池及曝气系统、二沉池、消毒出水池、污泥池 江苏惠友
4	回转式风机	HC-301S	2 台	组件	日本百事德
5	弹性填料	YTD-200	10.8m³	PP	江苏惠友
6	自动控制柜	HDK-2	1 套	组件	江苏惠友,PLC 为中国台湾台达产品
7	液位控制仪	HK-2	3 套	组件	无锡惠正
8	管道、阀门	DN40～DN80	1 套	镀锌	调节池出水至设备出口 1m 内
9	电线、电缆		1 套	组件	江苏远东
10	风机房	2200mm×2000mm×2000mm	1 座	彩钢板	江苏惠友

续表

编号	设备名称	型号	数量	材质	备注
二		WSZ-A-3 型			
1	粗格栅	600mm×1000mm	1套	钢制	江苏惠友
2	潜水泵	40WQ7-10-0.75	2台	组件	中外合资浙江浪奇
3	一体化组合式埋地装置	WSZ-A-3 7000mm×1800mm×1800mm	1套	钢制	含接触氧化池及曝气系统、二沉池、消毒出水池、污泥池 江苏惠友
4	回转式风机	HC-40S	2台	组件	日本百事德
5	弹性填料	YTD-200	16.2m³	PP	江苏惠友
6	自动控制柜	HDK-3	1套	组件	江苏惠友,PLC为中国台湾台达产品
7	液位控制仪	HK-3	3套	组件	无锡惠正
8	管道、阀门	DN40～DN80	1套	镀锌	调节池出水至设备出口1m内
9	电线、电缆		1套	组件	江苏远东
10	风机房	2200mm×2000mm×2000mm	1座	彩钢板	江苏惠友
三		WSZ-A-5 型			
1	粗格栅	600mm×1000mm	1套	钢制	江苏惠友
2	潜水泵	40WQ7-10-0.75	2台	组件	中外合资浙江浪奇
3	一体化组合式埋地装置	WSZ-A-5 9000mm×2000mm×2000mm	1套	钢制	含接触氧化池及曝气系统、二沉池、消毒出水池、污泥池 江苏惠友
4	回转式风机	HC-50S	2台	组件	日本百事德
5	弹性填料	YTD-200	24m³	PP	江苏惠友
6	自动控制柜	HDK-5	1套	组件	江苏惠友,PLC为中国台湾台达产品
7	液位控制仪	HK-5	3套	组件	无锡惠正
8	管道、阀门	DN40～DN80	1套	镀锌	调节池出水至设备出口1米内
9	电线、电缆		1套	组件	江苏远东
10	风机房	2200mm×2000mm×2000mm	1座	彩钢板	江苏惠友

8. 单套设备机电能耗表

单位：kW

序号	名称	型号规格	数量	单台功率	总功率	每天运行耗电/kW·h
			WSZ-A-2 污水处理设备			
1	提升泵	40WQ7-10-0.75	2台	0.75	1.50	0.75×20×80%＝12.0
2	风机	HC-301S	2台	0.75	1.50	0.75×20×80%＝12.0
	装机总功率:3.0kW			合计(每天运行总耗电):24.0kW·h		
			WSZ-A-3 污水处理设备			
1	提升泵	40WQ7-10-0.75	2台	0.75	1.50	0.75×20×80%＝12.0
2	风机	HC-40S	2台	0.75	1.50	0.75×20×80%＝12.0
	装机总功率:3.0kW			合计(每天运行总耗电):24.0kW·h		
			WSZ-A-5 污水处理设备			
1	提升泵	40WQ7-10-0.75	2台	0.75	1.50	0.75×20×80%＝12.0
2	风机	HC-50S	2台	1.5	3.0	1.5×20×80%＝24.0
	装机总功率:4.5kW			合计(每天运行总耗电):36.0kW·h		

9. 运行费用分析

由于我公司污水处理系统采用 PLC 机自动控制，整套污水处理设备只需要配备一名兼职管理工作人员即可。其污水处理成本为一名兼职管理人员工资、污水处理电费、污水处理加药费用三部分组成。

工资可不计；电费 0.50 元/度；加药费用按 0.15 元/ppm 计。

单套运行费用明细表　　　　　　　　　　　　单位：元

型号	电费	加药费	吨水费用	日运行费用	年运行费用
WSZ-A-2	0.20	0.014	0.214	10.272	3697.92
WSZ-A-3	0.22	0.015	0.235	16.92	6091.2
WSZ-A-5	0.25	0.016	0.266	31.92	11491.2

10. 处理效果分析表

处理单元	指标	COD_{Cr}	BOD_5	SS	$NH_3—N$	油	大肠菌数
格栅 调节池 （A 级）	进水/(mg/L)	400	250	400	50	40	
	出水/(mg/L)	280	200	200	40	40	
	去除率/%	30	20	50	20	—	
生物接触氧化池 （O 级）	进水/(mg/L)	280	200	200	40	24	
	出水/(mg/L)	56	20	100	15	9.6	
	去除率/%	80	90	50	62.5	60	
二沉池	进水/(mg/L)	56	20	100	15	9.6	
	出水/(mg/L)	50.4	18	40	9	9.6	
	去除率/%	10	10	60	40	—	
消毒出水池	进水/(mg/L)				9	9.6	
	出水/(mg/L)	50.4	18	40	9	9.6	500 个/L
	去除率/%	—	—	—	—	—	
总去除效率/%		≥87.4	≥92.8	≥90	≥82	≥76	
出水指标		100	20	70	20	10	500 个/L

11. 环境影响分析

经过本污水处理站可有效地改变排放水质，大量削减污染物，减少对环境的危害，其主要污染指标年削减量为（水量按满负荷 $2m^3/h$、$3m^3/h$、$5m^3/h$ 计，系统运行按 360 天/年）：

WSZ-A-2 污水处理设备	
COD_{Cr}	$(400-100)×2×24×360/(1000×1000)=5.184t/年$
BOD_5	$(250-20)×2×24×360/(1000×1000)=3.9744t/年$
SS	$(400-70)×2×24×360/(1000×1000)=5.7024t/年$
WSZ-A-3 污水处理设备	
COD_{Cr}	$(400-100)×3×24×360/(1000×1000)=7.776t/年$
BOD_5	$(250-20)×3×24×360/(1000×1000)=5.9616t/年$
SS	$(400-70)×3×24×360/(1000×1000)=8.5536t/年$
WSZ-A-5 污水处理设备	
COD_{Cr}	$(400-100)×5×24×360/(1000×1000)=12.96t/年$
BOD_5	$(250-20)×5×24×360/(1000×1000)=9.936t/年$
SS	$(400-70)×5×24×360/(1000×1000)=14.256t/年$

12. 微机控制操作设计

该污水处理系统采用进口 PLC 作为中央控制器，主要控制污水提升泵的启闭、风机的相互切换、沉淀池提泥，能使污水处理设备在 24h 内全自动运行。

13. 设备结构材料说明

（1）设备本体　箱体采用 8mm 钢板制作而成，设备本体使用寿命长达 30 年以上。

（2）管道　采用镀锌管，具有耐腐蚀、抗老化、使用寿命长等特点。

（3）水泵　选用 WQ 型系列抗堵塞、撕裂型潜污泵，具有质量轻、使用寿命长等特点。

（4）风机　HC 系列回转式鼓风机，主机为日本 TOHIN 公司原装进口。

风机置于特制风机房内，风机装备有消声器及减震装置，其噪声低于 50dB。

（5）防腐

① 小口径管道（管径≤DN150mm）以下均采用镀锌管。

② 大口径管道（管径＞DN150mm）以上采用无缝钢管或焊管，并管壁外涂三道、内壁涂两道环氧煤沥青加强防腐。

③ 所采用的阀门外涂二道环氧树脂漆以加强防腐。

（6）自控

① 自动控制两台水泵的开、停，当超警戒水位时，设置溢流直排管，低于起动液位自动停泵。

② 两台风机交替运行，当污水断流时，风机自动间歇运行。

③ 控制电磁阀定时气提沉淀池内的污泥至沉砂沉淀池。

该控制柜主机 PLC 机采用中国台湾台达公司产品，交流接触器、热继电器采用施耐德系列产品，该控制柜有过流、缺相、过压、欠压等故障的自动报警功能，同时具有"五防"功能。

（7）弹性填料　填料采用弹性填料，材质为聚丙烯材料，它具有价格低、挂膜快、脱膜容易、耐冲击负荷、充氧性能好、重量轻、高强、物理和化学性能稳定、运输方便、组装容易等优点。

14. 附图

（1）工艺流程图

（2）平面及基础布置图

柒、投标人相关资料（略）

🔵 思考题

1. 简述投标活动的一般程序。

2. 简述环境工程投标文件中包含的文件。

3. 简述投标文件编制的一般要求。

4. 简述投标报价计算的步骤。

5. 简述影响投标决策的客观因素。

6. 论述投标技巧。

7. 某工程采用公开招标方式，有 A、B、C、D、E、F 6 家承包商参加投标，经资格预审该 6 家承包商均满足业主要求。该工程采用两阶段评标法评标，评标委员会由 7 名委员组成，评标的具体规定如下。

（1）第一阶段评技术标　技术标共计 40 分，其中施工方案 15 分，总工期 8 分，工程质量 6 分，项目班子 6 分，企业信誉 5 分。

技术标各项内容的得分，为各评委评分去除一个最高分和一个最低分后的算术平均数。技术标合计得分不满 28 分者，不再评其商务标。

表 1 为各评委对 6 家承包商施工方案评分的汇总表。

表 1　评委评分汇总表

投标单位＼评委	一	二	三	四	五	六	七
A	13.0	11.5	12.0	11.0	11.0	12.5	12.5
B	14.5	13.5	14.5	13.0	13.5	14.5	14.5
C	12.0	10.0	11.5	11.0	10.5	11.5	11.5
D	14.0	13.5	13.5	13.0	13.5	14.0	14.5
E	12.5	11.5	12.0	11.0	11.5	12.5	12.5
F	10.5	10.5	10.5	10.0	9.5	11.0	10.5

表 2 为各承包商总工期、工程质量、项目班子、企业信誉得分汇总表。

表 2　承包商得分汇总表

投标单位	总工期	工程质量	项目班子	企业信誉
A	6.5	5.5	4.5	4.5
B	6.0	5.0	5.0	4.5
C	5.0	4.5	3.5	3.0
D	7.0	5.5	5.0	4.5
E	7.5	5.0	4.0	4.0
F	8.0	4.5	4.0	3.5

（2）第二阶段评商务标　商务标共计 60 分。以标底的 50% 与承包商报价算术平均数的 50% 之和为基准价，但最高（或最低）报价高于（或低于）次高（或次低）报价的 15% 者，在计算承包商报价算术平均数时不予考虑，且商务标得分为 15 分。

以基准价为满分（60 分），报价比基准价每下降 1%，扣 1 分，最多扣 10 分；报价比基准价每增加 1%，扣 2 分，扣分不保底。

表 3 为标底和各承包商的报价汇总表。

表 3　标底和报价汇总表　　　　　　　　单位：万元

投标单位	A	B	C	D	E	F	标底
报价	13656	11108	14303	13098	13241	14125	13790

（3）计算结果保留二位小数。

问题：① 请按综合得分最高者中标的原则确定中标单位。

② 若该工程未编制标底，以各承包商报价的算术平均数作为基准价，其余评标规定不变，试按原定标原则确定中标单位。

8. 某施工招标文件的合同条款中规定：预付款额为合同价的 30%，开工后三日内支付，主体结构工程完成一半时一次性全额扣回，工程款按季度支付。

某承包商通过资格预审后对该项目投标，经造价工程师估算，总价为 9000 万元，总工期为 24 个月，其中：基础工程估价为 1200 万元，工期为 6 个月；主体结构工程估价为 4800 万元，工期为 12 个月；装饰和安装工程估价为 3000 万元，工期为 6 个月。该承包商为了既不影响中标，又能在中标后取得较好的收益，决定采用不平衡报价法对造价工程师的原估价作适当调整：基础工程调整为1300万元，主体结构工程调整为5000万元，装饰和安装工程调整为2700万元。

另外，该承包商还考虑到，该工程虽然有预付款，但平时工程款按季度支付不利于资金周转，决定除按上述调整后的数额报价外，还建议业主将支付条件改为：预付款为合同价的5%，工程款按月支付，其余条款不变。该承包商将技术标和商务标分别封装，在封口处加盖本单位公章和法定代表人签字后，在投标截止日期前一天上午将投标文件报送业主。次日下午，在规定的开标时间前1小时，该承包商又递交了一份补充材料，其中声明将原报价降低4%。但是，招标单位的有关工作人员认为，一个承包商不得递交两份投标文件，因而拒收承包商的补充材料。

开标会由市招标办的工作人员主持，市公证处有关人员到会，各投标单位代表均到场。开标前，市公证处人员对各投标单位的资格进行审查，并对所有投标文件进行审查，确认所有投标文件均有效后，正式开标。主持人宣读投标单位名称、投标价格、投标工期和有关投标文件的重要说明。

问题：（1）该承包商所运用的不平衡报价法是否恰当？为什么？

（2）除了不平衡报价法，该承包商还运用了哪些报价技巧？运用是否恰当？

（3）从所介绍的背景资料来看，在该项目招标程序中存在哪些问题？请分别作简单说明。

第 7 章
国际工程招标投标

随着全球经济一体化的迅猛发展，越来越多的国际工程承包、成套设备出口及劳务输出将采用国际招投标这种比较成熟、高级和规范化的国际贸易方式运作。中国加入 WTO 之后，将进一步融入国际市场，国内很多环保公司也走出国门，占领国际环境工程市场。因此研究国内公司如何成功运用国际招投标参与国际竞争显得尤为重要。本章主要介绍国际工程招投标相关内容和投标策略与技巧。

7.1 国际工程招标投标概述

7.1.1 国际工程招标投标相关概念

国际工程是指一个工程项目从咨询、融资、采购、承包、管理以及培训等各个阶段的参与者来自不止一个国家，而且按照国际上通用的工程项目管理模式进行管理的工程。国际工程既包括中国公司去海外参与投资和实施的各项工程，又包括国际组织和国外的公司到中国来投资和实施的工程。

国际工程招标是一项有组织的国际购买活动，由买方在国际相适应的领域范围内公开货物、工程或服务采购的条件和要求，向世界各国公开提出交易条件，并按照规定程序从中选择交易对象的一种市场交易行为。

国际工程投标是对国际工程招标的响应，是投标商为了得到某一国际工程合同（含工程建设、技术设备、劳务等）或其合同的一部分而向另一国业主发出的实盘。

7.1.2 国际招标投标与国内招投标的区别

国际招标投标与国内招投标的区别主要体现在以下几方面。

(1) 资格审查　国内的资格审查既有资质条件也有资格条件，而且资质条件比资格条件重要。而国际资格审查只有资格条件，无资质条件。

(2) 编制招标文件　国际招标专用条件是结合招标项目所在国、所在地和项目本身的情况，对通用条件（标准合同条件）某款进行说明、修正、补充和删减。通用和专用条件合在一起，即为特定国家、地区和具体项目的完整的合同条件。虽然我国合同条件也是这样构成的，但是，各部委标准的通用条件只有在专用条件有条目的才允许说明、修正、补充和删减，以防止把合同条件修改为不平等的合同条件，即把应由招标人承担风险推给中标人承担。

(3) 投标截止和开标时间　一般情况下国际招标的投标截止时间与开标时间有一天的时

间间隔；而国内招标（《招标投标法》规定）投标截止的时间就是开标的时间，以防止竞争对手剽窃投标的标底。

（4）投标人人数的规定　国际招标投标人数不限，只有一家投标人投标也是有效的，只要投标报价合理，是不能重新招标的。国内招标投标人少于三家，不能开标，投标文件不能开启，原封退回，重新招标。

（5）评标机构　国际招标有业主组织评标机构，是由业主和业主聘请各类专家组成，不强调必须组织评标委员会。国内招标必须由招标人通过法律规定的方法选定评标委员会的成员，并对评标委员有资质和资格的要求。

（6）评标　国际招标，投标人超过三家，在评标过程中只有一家或两家响应招标文件要求，只要投标价格合理，应从中选择中标人，不能按废标处理。而国内招标评标时有效投标不足三家，按废标处理，重新招标。

（7）授予合同的条件　无论工程或货物的国际招标授予合同的条件是应在投标有效期内将合同授予满足适当能力和资源标准的投标人，而且其投标已被确定为：①实质性响应了招标文件的要求；②提供了最低评标价。不应要求投标人承担未在招标文件中规定的工作责任或修改其原提交的投标书，并将此作为授予合同的条件。而我国《招标投标法》规定，中标人的投标应当符合下列条件之一：①能够最大限度地满足招标文件中规定的各项综合评价标准；②能够满足招标文件实质性要求，并且经评审的投标价格最低，但是投标价格低于成本的除外。

以上可以看出国际和国内授予合同的条件的最大区别是国际只有一个条件而国内有两个授予合同的条件，以及国际上无投标价格低于"成本"的限制；共同点是只有一个符合授予合同条件的投标人，也就是唯一性。

（8）确定中标人　国际招标的中标人只由业主确定；国内招标由上级主管部门或招标人或评标委员会确定中标人。国际金融组织贷款的招标项目选定中标人后向贷款单位备案；国内招标项目选定中标人后向行政监督部门备案。

7.1.3　国际招标投标的基本特征

国际招标投标是一种综合性的较高级的交易方式，其主要特征如下。

（1）标的物的复杂性、批量性　国际招标的标的物大致可以分为3大类：国际工程承包招标；设备与材料的招标采购；技术和咨询合同的国际招标。国际招标的过程是多目标系统选优的过程，招标标的物的复杂性和批量性，决定其目标具有非单一性。

（2）国际招标行为的有组织性和计划性　为了减少和避免交易的风险，国际招标往往有组织、有计划地进行，主要表现在：国际招标有固定的规则和条件、一系列的时间和程序表、固定的招标组织人和必要的技术专家、固定的场所。

（3）国际招标具有公开、公平、公正的特征　国际招标通过公开发布公告，公开邀请投标人，公开开标宣读投标人名称、国别、投标报价、降价申明、交货期或工期、交货方式或移交方式，使得所有合格投标者机会均等。

（4）国际投标标的一次性和保密性　参加国际投标时，投标人只能应邀进行一次性报价。

7.1.4　国际工程招标投标的特点

国际工程招标投标受国际工程市场的影响，具有以下特点。

（1）合同主体的多样性　签约方各属不同国别，可能涉及各国的不同建设工程法律制度的制约。对于大型的和复杂的国际工程项目，其承包方可能涉及许多国家，有多个不同的合同和协议来规定他们之间的法律关系，使国际工程承包的法律关系变得极为复杂和难以处理。

（2）货币支付方式的多样性　国际工程承包要使用的货币在合同中有约定。一般来说，承包商要使用部分国内货币来支付其国内应缴纳的费用和总部开支，还要使用工程所在国的货币支付当地各项费用，可能要使用不同外汇用以支付不同来源的材料、设备采购费用等。国际工程承包的支付方式除了现金和支票支付手段外，还有银行信用证、国际脱收、银行汇付等不同方式。

（3）国际政治、经济影响因素的权重明显增大　国际工程项目可能受到国际政治和经济形势变化的影响。例如某些国家对于承包商实行地区和国别的限制或者歧视性政策，还有一些国家的项目受到国际资金来源的制约，可能因为制裁、禁运等国际政治形势变动影响而中止，还会因工程所在国的内乱、战争、派别斗争等政治形势变化而使工程中断。

（4）规范标准庞杂、差异很大　国际工程都要采用在国际上被广泛接受的技术标准、规范和各种规程，承包商进入国际工程市场就必须熟悉国际标准、规范和有关惯例的要求。

7.1.5　国际工程招标投标的作用

随着工业生产日益国际化，各国经济相互依赖加强，越来越多的国家将国际招标投标看做是改善本国进出口贸易的有效手段，它可以优化进口，扩大出口，促进本国生产力水平的提高。

（1）国际招标能引进先进技术和管理经验　通过国际竞争性招标，发展中国家不仅可节约大量外汇，还可以引进发达国家的一些先进技术和管理经验，从而推动本国工程建设管理和改革。

（2）提高进口产品质量　国际招标是按广泛征募、择优录取的原则进行的，为买方提供了广泛选择的便利。招标人可以从世界各国不同产品中进行选择，从而保证了进口产品的最佳质量。

（3）国际招标可节省进口资金　降低采购成本的有效方法是实施经济采购原则，即最大限度地集中购买，扩大订货量，减少订货次数。而国际招标采购就是把需要零星采购的物品大批量地集中在同一时间、同一地点完成，金额高，减少了采购过程中的时间、精力、通信费用的消耗，其经济效益就更加明显。

（4）国际投标是促进扩大出口、占领国际市场的重要手段　一般国际投标涉及的金额巨大，一旦中标，国家可以得到大量的外汇收入，一项承包工程包括建筑、劳动力的投入和设备、材料的提供，为出口提供宝贵的机会；而且国际投标可以带动本行业和相关行业、部门的发展。比如，国际承包工程的投标需要调动国内金融信贷机构、对外运输、对外保险行业为其提供相应的服务，还会牵动国内一连串相应的生产、加工和服务行业。因此，世界许多国家将国际投标看成促进本国经济发展、增加就业的手段，给予高度重视。

（5）参加国际投标，有利于提高本国生产企业的经营和管理水平　国际投标表面上市激烈的价格竞争，而实际上是各国企业在经营水平、劳动效率和生产质量方面的竞争。为了争取最低价格，生产企业就必须用最科学的方法组织生产和流通各个环节的经营活动；企业必然要进行自我调整，优化生产和经营方式，不断采用新技术、新的管理办法来降低生产成本，从而促使企业素质的提高。

7.1.6　国际工程招标的适用范围

一般，只要买方需要的、批量较大的物品，都可通过国际招标购进。只要相同产品的卖方数量在三个以上，都会有国际投标的竞争。概括起来，国际招标投标可适用于国际工程的承包和物资采购两个方面。

(1) 国际工程的承包　国际工程承包是指主体不同或者一国的承包人自己组织人力、物力、资金和技术，在外国承包兴建发包人所委托的工程建设项目，从而获得酬金的一种国际经济合作活动。

国际工程承包按其承包内容可分为：国际工程或项目的整体承包、国际工程或项目的分包和劳务承包三方面。

① 国际工程或项目的整体承包。这类承包涉及工程项目的勘察、设计、机器和建筑材料的采购，制定施工图、施工、安装和试车等一系列任务，如公路、铁路或桥梁的建设，大型水电站、发电厂的建设，工厂的设计、建筑、设备的提供、安装、投产和调试等一系列项目，农场、渔场的建设，海港河港码头或泊位的建造，农业灌溉项目或系统的兴修，各种建筑物的设计和施工等。对以上工程或项目的承包意味着企业负担施工中一切建设责任，因此风险相对较大。特别是上述许多项目的招标中往往包含提供高水平的技术和设计以及全套人员的培训，这样，技术水平和经营能力有限的企业不可能对整个项目进行投标。

② 国际工程或项目的分包。当一项工程或项目过于庞大，一家承包企业无力完成时；或由于技术、生产上的原因，需要不同专业的企业共同完成某项时，项目以分包的形式落实，承包企业可针对其中一部分投标。例如，一个大的工程可分为地质勘探、设计、挖掘、建筑、安装设备、装配管道等几个部分，每一部分都有完成工期的要求。企业投标承包其中一部分，全部工程由数家企业分别承包。由于这种承包金额相对较小，因而成本估算的误差也比较小；特别是这类承包工期较短，所以单项分包对投标企业风险较小。

③ 劳务承包。工程或项目的承包还涉及劳务问题，即对劳务人员的需要量进行计算，得出所需劳动力的种类及数量。劳务承包就是提供相应的劳动力并进行投标报价，以满足项目对劳务的需要量。最常见的有通过投标提供大批量熟练技工和一般壮工。当企业在短时间内，需要大量的某种专门劳动力完成某项工作时，也常使用国际招标的方法，签订劳务承包合同。

(2) 国际物资采购　采用国际招标物资采购的范围包括以下几个方面。

① 成套机械、设备。这类项目国际招标的特点是金额大、技术要求高。提供设备的同时，还要负责安装、检测等一系列服务。如水电站使用的发电机组、工业生产流水线、全套通信设备、电话系统、数据处理设备。

② 技术引进。包括单项技术的引进与配套技术的引进，往往涉及世界尖端、最先进或比较特殊的技术，单项技术引进如：资源的勘探；工程项目的可行性研究；本国无力解决的工艺、技术难题；对企业或其他民用事业的承包管理等。通过国际招标，输入本国最需要、国际最先进的技术手段和经营手段，而招标人只为此付出最低廉的代价。

其中配套技术引进是指与设备的采购与工程建设相联系的技术输入。例如，某国通过国际招标建设生产皮鞋的厂，同时进行优质皮鞋生产工艺和专利的招标进口。通过这种方法使该国皮鞋生产的"硬件"和"软件"都成为世界一流水平。

③ 国家政府和企、事业单位所需物资。在这类招标项目中，各种汽车和办公设备较为多见。不少国家购买进口汽车是由政府统一管理。由各地方部门向政府指定的采购代理发订单，提出购买的数量、型号及技术要求；采购代理人将所有汽车订单汇总，对不同需求进行

归类、协调，使不同类型尽可能统一、数量达到一定规模。然后组织国际招标，一次性完成进口采购。此外，办公设备等购买批量大、用途和要求单一的物资，基本上都是用国际招标进行统一采购。例如，奥地利政府 1990 年 1 月组织国际招标，购买 225 台微型计算机及 200 台激光印字机；其他国家运用国际招标采购打字机、复印机、纸张等用品。

④ 教育、医疗设施。由于教育、医疗资金来源的特殊性，国际招标已成为这类物资采购的通行办法。

教育、医疗资金来源于国内的纳税、捐赠和国外的贷款、捐款。国内外纳税人、捐款人和贷款人为保证其款项的经济、合理使用，要求采购过程和结果全部公开，因此各种教育用品、医疗设备、教学试验仪器及各种辅助设备，新学期开始时中小学所需教材、课本等通常适用招标采购。世界银行曾向中国原国家教委提供一笔 200 万美元贷款，为全国 60 所高等学校购买高档微机。原国家教委即根据世界银行的要求，用国际招标的方式完成采购。

7.2 国际工程招标

7.2.1 国际工程招标的方式

国际工程招标的方式，按性质分为三种。

(1) 国际竞争性招标（ICB） 国际竞争性招标又可分为国际公开招标和邀请招标。

① 国际公开招标，又称无限竞争性公开招标，是指招标人通过在国内外主要报纸及其他宣传媒介发布招标信息，使世界各地合格的承包商都有机会按通告中的地址领取或购买资料和资格预审表，互相竞争投标取得授标。其优点是：承包商的竞争机会是平等的；业主可以选择比较理想的承包商；增加招标透明度，防止或减少不法现象的发生。其缺点是：时间长、文件较繁琐、可能会增加设备规格多样化，影响标准化和维修。

适用范围：由世界银行及其附属组织国际开发协会和国际金融公司提供优惠贷款的工程项目；由联合国经济援助的项目；由国际财团或多家金融机构投资的工程项目；需要承包商带资承包或延期付款的工程项目；实行保护主义的国家的大型土木工程或施工难度大、发包国在技术和人力方面均无实施能力的工程。注意：如采用这种方式，业主要加强资格预审，认真评标，防止一些投机商故意压低报价以挤掉其他态度认真且报价合理的承包商，这些投机商很可能在中标后，在某一施工阶段以各种借口要挟业主。

② 邀请招标，又称限制性招标，它一般不在报刊上刊登广告，而是根据招标人自己积累的经验、相关资料介绍或由咨询公司提供的承包商名单，向若干被认为最有能力和信誉的承包商发出邀请。经过对应邀人进行资格预审后，通知其提出报价，递交投标书。邀请招标一般 5～8 家为宜，但不能少于 3 家，因为投标者太少则缺乏竞争力。其优点是邀请的承包商大都有经验，信誉可靠；而缺点是可能漏掉一些在技术上、报价上有竞争力的后起之秀。

适用范围：工程量不大，投标商数目有限或其他不宜进行国际公开招标的项目；某些大而复杂的专业性又很强的工程项目，可能投标者不多，但准备招标的成本很高，为了节省时间费用，及时获取较好的报价，招标可以限制在几家合格的承包商中进行，从而使每个承包商都有争取合同的机会；由于工期紧迫或出于军事保密要求或其他各方面原因不宜公开招标的项目；工程规模太大，中小型公司不能胜任，只好邀请若干家大公司投标的项目；工程项目招标通告发出后，无人投标或投标商的数目不足法定人数（至少三家），招标人可通过选择性招标再选择几家公司投标。如为国际邀请招标，国内承包商不享受优惠。

(2) 两阶段招标 两阶段招标又称两阶段竞争性招标。它是无限竞争性招标和有限竞争性招标结合使用的一种招标方式。第一阶段按公开招标方式进行，经开标、评价后再邀请其中报价较低、最有资格的数家承包商（一般为三四家）进行第二阶段报价。由于第二阶段投标人较少，一般采取谈判报价或秘密报价方式。对交钥匙合同以及某些大型复杂的合同，事先要求准备好完整的技术规格是不现实的，此时可采用两阶段招标。

具体做法是：

① 先邀请投标人根据概念设计或性能要求提交不带报价的建议书，并要求投标人应遵守其他招标要求。

在业主方对技术建议书进行仔细评审后，指出其中的不足，并与投标人一同讨论和研究，允许投标人对技术方案进行改进以更好地符合业主的要求。凡同意改进技术方案的投标人均被同意参加第二阶段投标。

② 提交最终的技术建议书和带报价的投标书。业主据此进行评标。

世行、亚行的采购指南中均允许采用两阶段招标。

（3）议标 议标又称谈判招标或指定招标，是招标人直接选定一个或少数几家公司谈判承包条件及标价。没有资格预审、开标等过程，通过直接谈判即可授标。无须出具投标保函，也无须在一定期限内对其报价负责。由于竞争对手少，缔约成交的可能性大。其优点是节约时间，可以较快地达成协议，开展工作；而缺点是无法获得有竞争力的报价。

适用范围：执行政府协议缔结的承包合同；由于技术方面的特定需要只能委托给特定的承包商或制造商实施的合同；属于国防需要的工程或秘密工程；项目已公开招标，但无中标者或没有理想的承包商，通过议标，另行委托承包商实施工程；业主提出合同外新增工程。

7.2.2 影响国际工程招标适用的因素

尽管国际招标运用广泛，但在运用的过程中，仍受一些具体环境、条件的限制。限制国际招标的因素如下。

（1）采购金额的限制 由于国际招标所需的时间相对较长，而且需要专门的机构和人员进行一系列招标、资格审查、评审标书等工作，因此开支较大。

国际招标的采购成本＝全部招标过程所需人力、物力和时间的消耗总和
－国际招标所带来的成本的节约

如果采购物资的金额较小，运用招标所能节省的资金有限，不能抵偿国际招标人力、物力消耗的巨大开支，因此不宜使用国际招标方式。

（2）采购品种的限制 有些物品不适宜公开招标的形式采购。一种情况是，买方所需的物资品种、型号或有关其他条件比较特殊，能够生产和供货的企业很少。此时，买方在事先估计到若采用国际招标的方式响应投标的人不会太多时，应放弃国际招标。另一种情况是，采买的物资属保密和军用项目，运用国际招标显然对买主不利，因此，也不采用国际招标的方式。

（3）采购时间的限制 组织国际招标须通过一系列具体的筹划、安排、分阶段进行，往往需要较长的时间，最简单的国际物资采购一般也需 20 天左右。假若采购一些急需的物资，必须在短时间内完成，那就不宜使用国际招标方法。

（4）工作能力和效率限制 国际招标是一种比较复杂的采购方式。其进行过程是否顺利，完全取决于招标机构的工作能力和工作效率。若组织不严密，工作拖沓，国际招标的优越性不但不能显示，反而带来更大采购成本的支出，使国际招标变成一种时间冗长、效率缓慢、代价巨大的采购方式。因此，在运用国际招标前要仔细审视自己或自己代理人进行国际招标的工作效能。若不具备开展此种业务的较高水平则不宜采用。

7.2.3 国际工程招标的组织机构

任何企业、部门都可以运用国际招标采购。但国际招标法定为固定的贸易方式仅见于集体性组织，如国际组织或机构、国际金融机构、各政府部门、各国公用事业部门、国有企业等，现对其作简要介绍。

7.2.3.1 国际组织或机构

最大的国际组织是联合国主要机构和各种附属组织。联合国主要机构包括联合国大会、安全理事会、经济及社会理事会、托管理事会、国际法院和秘书。联合国系统主要专门的或独立的组织有国际原子能机构，国际劳工组织，联合国粮食及农业组织，联合国教育、科学及文化组织，世界卫生组织，国际民用航空组织，万国邮政联盟，国际电信联盟，国际气象组织，国际货币基金组织，关税及贸易总协定等。

联合国除每年在总部举行3000~4000次会议以外，还要主持在总部及世界各地的各种日常工作。因此，其各项活动经费开支金额巨大。联合国活动经费主要来自各会员国分摊交纳的会费，这些费用的使用要合理、公开并受到公众的监督。所以，当联合国机构及有关组织采购必需的物资时，必须使用国际招标。

比如，世界卫生组织经常进行大批量医用设备采购招标。任何世界卫生组织的成员国企业都可以参加这种国际投标。在该组织举办的第二届医用电冰箱国际招标采购中，中国青岛生产的"琴岛利勃海尔"电冰箱也参加了投标竞争，一举中标，成功地向该组织出口了大批产品。

又如，联合国一机构在1986年2月为采购牙膏进行世界范围的招标。美国和日本等许多名牌牙膏企业参加竞争，我国的美加净牙膏参加这次投标尝试，结果，我国产品因物美价廉而获胜，向联合国机构售出288万支牙膏。

其他较大的国际组织还有欧洲共同体、经济合作与发展组织、关税合作理事会、77国集团等，这些组织都是国际招标的主要应用者。

7.2.3.2 国际金融机构

国际金融机构包括世界性金融机构和地区性金融机构。主要有世界银行（即国际复兴开发银行）和国际开发协会、国际金融公司、国际农业发展组织、亚洲开发投资银行、非洲开发银行、泛美开发银行、加勒比海开发银行、欧洲投资银行、国际投资银行等。

国际金融机构作为世界或地区的大银行，专门组织进行国家间金融互助活动。它向各国发放贷款不为营利，而是通过贷款促进一国经济的发展。因此，各国际金融机构不但要对贷款的使用实行监督，并且要求采用最节省、合理的方式购物。这样，国际招标就成为这些机构要求的、必需的采购方式。以下为几个对我国影响较大的国际金融机构及国际招标作法。

（1）世界银行和国际开发协会　世界银行又称国际复兴开发银行，属于联合国专门机构。截至1985年，共有148个会员国，我国现在是其会员国之一。该行规定，它只能为生产目的提供贷款。贷款要用于世界银行批准的借款国的特定项目。世界银行要求确保贷款使用的"经济性和有效性"，使用贷款要达到以下目标：

① 保证建设项目和物资与劳务采购的经济和效率。

② 向全体成员提供承包建设项目和供应货物或劳务的竞争机会。

③ 鼓励借款国当地建筑承包商业和制造业的发展。

在一般情况下，只有国际竞争性招标能较好地达到以上目的。如果借款国认为情况特殊，打算采用国际招标以外的其他方式采购须经过国际复兴开发银行的同意。

国际开发协会是银行的附属机构。但它有它自己的资金来源，是在法律上独立的单位。

它于 1960 年成立，专向欠发达的世界银行成员国提供较世界银行更为变通的贷款。1980 年，我国恢复在国际开发协会的代表权。

世界银行与国际开发协会对贷款的使用要求一致。它们对借款国开展国际招标的程序订有详细规则。例如，要求招标公告要传达到世界银行和国际开发协会各成员国；必要时，国际招标文件在向投标者发出之前提交银行审查；明确规定国际招标中各阶段时间规定的效力；开标、议标和授予合同的标准；国际招标优惠给予等。

（2）国际农业发展基金组织 国际农业发展组织是联合国的一个专门机构，成立于 1977 年 12 月 31 日。其主要职能是筹集资金，以优惠条件援助成员国的发展中国家发展农业。我国于 1980 年加入该组织。

其成员国分为三类：工业发达国家、石油输出国组织成员国（这两类国家的义务是向该组织捐助资金）、援助的国家（也可以向该组织捐助部分资金）。

国际农业发展基金组织以优惠贷款向发展中国家，特别是缺粮国提供优惠贷款和赠款。其中贷款占绝大多数，分为以下三种形式。

① 特别贷款，免付利息，只交 1％ 的手续费。

② 中等期限贷款，利率 4％，期限 20 年。

③ 普通期限贷款，利率 8％，期限 15～18 年。

（3）亚洲开发银行 亚洲开发银行是一个区域性的国家金融机构，于 1966 年 11 月成立。至 1986 年 2 月止，共有成员国 46 个。我国 1986 年正式加入该银行。亚洲开发银行的成员国并不限于亚洲地区国家，联合国成员也可以参加。因此，该银行中还包括英国、德国、法国、意大利等 15 个发达国家。

该行的宗旨是，促进亚洲和太平洋地区的经济和合作，并协助本地区的发展中成员国加速经济发展。亚行以贷款和技术援助两种形式进行资助活动，其借款对象包括政府所属机构、国营、私营企业以及开发本地区有关的国际机构和地区性机构。

亚行规定，使用贷款采购设备、材料和货物，其金额在 30 万美元以上的，或土建工程的采购金融在 50 万美元以上的，均应采用国际招标方式。亚洲开发银行的成员国都可以参加投标竞争。

（4）欧洲投资银行 欧洲投资银行是欧洲共同体的金融机构。其宗旨是为了欧共体的利益，利用国际资本市场和共同体自有资本建立欧洲开发基金，平衡发展共同市场的经济。其贷款同样是非营利性的，资助的对象不仅包括共同体以内的国家和地区，而且包括成员国的海外属地，以及参加"洛美协定"的非洲、加勒比及太平洋地区间国家以及与共同体有联系的或有合作协定的地中海地区国家。

"洛美协定"全称为"非洲、加勒比海、太平洋国家和欧洲经济共同体之间的洛美协定"。该协定中一项内容是对非、加、太地区提供财政援助，资助的项目有交通、工业、能源、健康和教育、农村开发等。按照欧洲投资银行的要求，资金的使用以公开的国际招标方式。由于外界对这项资助计划了解不多，所以至今为止，参加投标的大多数企业都是当地供货商或承包商。

7.2.3.3 各国政府及公用事业部门

许多资本主义国家的政府早有法令或条令规定，政府各部门和公用事业部门（也包括国有企业）所需物资、服务、工程的采购，都应用公开招标的方式，但基本限于国内。

1980 年 1 月 1 日，关税和贸易总协定东京回合的关于政府采购须用国际竞争性招标的协议通过以后，国际招标才成为这些国家的主要方式。

关税和贸易总协定的《政府采购协议》规定，各成员国政府采购应保证更大范围的国际竞争。因此，若政府采购合同金额在 150000 特别提款权（约合 197000 美元，1987 年改为13 万特别提款权）以上者，都须运用国际招标采购，接受投标和授予合同时，对国外供应商和承包商应与国内供应商和承包商一视同仁。

受关贸总协定《政府采购协议》的约束，协约国各政府应将自己的关于招标的法律、规定、条款及管理方法按照协议的规定在指定刊物上发表，或采取适当行动使上述内容被其他国知晓。并且，协约国应准备向其他协约国解释自己的采购程序，同时，应准备为其他协约国提供咨询。

7.2.4 国际工程招标的程序

国际工程招标程序，一般包括招标的准备阶段、招标的实施、开标、评标和签订合同等几个阶段。

7.2.4.1 招标的准备阶段

在正式对外招标前，招标单位先要做一些准备工作，包括：成立国际招标机构、确定项目策略、编制招标文件、确定标底。

（1）成立国际招标机构　成立的国际招标机构要全权负责整个招标活动。其主要职责是：审定招标项目，编制招标文件，组织投标、开标、评标和决标，组织签订合同。招标机构由各方面人员组成，具体人员应根据采购项目的性质和要求而定。国际工程的承办人可自建国际招标机构，也可以委托国际招标机构代为承办国际招标。

（2）确定项目策略（Establishment of Project Strategy）

① 确定采购方式：主要指采用何种项目管理模式，从而才能确定采购方式。

也只有项目管理模式确定后，参与项目各方所扮演的角色就明确了，从而才能确定合同方式、各方的权利、义务和风险分担等，从而确定出采购方式。

② 确定招标方式：采购方式确定后，就可以确定出哪些采购工作需要招标，以什么方式招标，从而可以确定出招标方式。

③ 项目实施的日程表：采购方式与招标方式的确定就可以确定出整个项目的招标、设计、施工、验收等工作的里程碑日期，同时也就规定招标工程的日程表，即项目实施的日程表得以确定。

注意：项目的安排在开始实施前要得到上级机关的审查批准，如果是国际金融机构贷款，还需要得到该组织的审查批准。在安排日程表时，要充分估计审查批准的时间。

（3）编制招标文件　世界银行的招标文件标准文本是国际上通用的项目管理模式招标文本中高水平、权威性、有代表性的文本，掌握了这些文本有助于理解亚行、非行和各国经常使用的通用项目管理模式的各种招标文件。

世界银行贷款项目工程采购标准招标文件（Standard Bidding Documents for Works，SBDW）最新版本为 1995 年 1 月编制。我国财政部根据这个标准文本改编出版了适用于中国境内世行贷款项目招标文件范本（Model Bidding Documents，MBD）。

招标文件应包括下述文件，以及业主以补遗方式发布的对招标文件的修改：

第一章　投标邀请书

第二章　投标人须知

第三章　招标资料表

第四章　合同条件第一部分——合同通用条件

第五章　合同条件第二部分——合同专用条件

第六章　技术规范

第七章　投标书、投标书附件和投标保证格式

第八章　工程量表

第九章　协议书格式、履约保证格式与预付款保函格式

第十章　图纸

第十一章　说明性注解

第十二章　资格后审

第十三章　争端解决程序

a. 招标文件的澄清

b. 招标文件的修改

（4）确定标底　确定标底是招标的一项重要的准备工作。按照惯例，对招标项目，招标人应在正式招标前制定出标底。标底的确定要依据招标文件中规定的各种技术、质量和商务要求，其主要作用是招标人审核投标报价、评标和确定中标人的重要依据。标底在开标前必须严格保密，不得泄露。

7.2.4.2 招标实施

招标实施的过程主要包括发布招标通告、投标资格预审、发布投标邀请书并出售招标文件等。

（1）发布招标通告　发布招标通告是招标实施过程的开始，其主要目的是将采购信息通知所有可能参加投标的人，为所有有资格的潜在投标人提供均等机会。招标通告主要通过刊登招标广告和发出招标通知两个途径。

招标消息的公布可利用报纸、广播等。按照国际惯例，作为国际招标的公告应至少在一国（招标国家）普遍发行的报纸上刊登。比如使用世界银行贷款的国际招标消息发布在《联合国发展论坛报》商业版的"一般采购通知"栏内，泛美协定对非-加-太-国家的项目融资计划项目发布在免费发行的双周刊《Courier》（邮寄报）上，中国香港的国际招标信息发布在《香港政府公报》上，加拿大发布在《加拿大公报》上，西班牙发布在《国家官方日报》上，而我国一般发布在《人民日报》上。

（2）投标资格预审　资格预审是国际工程招标中的一个重要程序。是为了挑选出一批确有经验、有能力和具备必要的资源以保证能顺利完成项目的公司的获得投标的资格审定工作。一般允许通过资格预审的公司不宜太多，也不宜太少，通常以 6～10 家为宜。

资格预审的主要目的是：

a. 选择在财务、技术、施工经验等方面优秀的投标人参加投标。

b. 淘汰不合格的投标人。

c. 减少评审阶段的工作时间，减少评审费用。

d. 为不合格的投标人节约购买招标文件、现场考察及投标等费用。

e. 减少将合同授予没有经过资格预审的投标人的风险，为业主选择一个较理想的承包商打下良好的基础。

① 资格预审的程序

a. 编制资格预审文件。由业主委托设计单位或咨询公司编制资格预审文件。其主要内容包括：

（a）工程项目简介。

（b）对投标人的要求。

（c）各种附表（资格预审申请表、公司一般情况表、财务状况表等）。

资格预审文件编好后要报上级批准。如果是利用世行或亚行贷款的项目，要报该组织审

查批准后，才能进行下一步的工作。

b. 刊登资格预审广告。应刊登在国内外有影响的、发行面比较广的报纸或刊物上。

广告的内容包括工程项目名称、资金来源、工程规模、工程量、工程分包情况、投标人的合格条件、购买资格预审文件的日期、地点和价格、递交资格预审文件的日期、时间和地点。

c. 出售资格预审文件。在指定的时间、地点出售资格预审文件。

d. 对资格预审文件的答疑。对资格预审文件中的存在问题，由投标人通过书面形式提出各种质询，业主将以书面文件回答并通知所有购买资格预审文件的投标人，而不涉及这种问题是由哪一家投标人提出的。

e. 报送资格预审文件。投标人应在规定的资格预审截止时间之前报送资格预审文件。

f. 澄清资格预审文件。业主在接受投标人报送的资格预审文件后，可以找投标人澄清资格预审文件中的各种疑点，投标人应按实际情况回答，但不允许投标人修改资格预审文件的实质内容。

g. 评审资格预审文件。由招标单位负责组成的评审委员会，对投标人提交的资格预审文件进行评审。

h. 向投标人通知评审结果。招标单位以书面形式向所有参加资格预审者通知评审结果，在规定的日期、地点向通过资格预审的承包商出售招标文件。

② 资格预审文件的内容

a. 工程项目总体描述

（a）工程内容介绍：工程的性质、数量、质量、开工和竣工时间等。

（b）资金来源：是政府投资、投资人投资还是贷款；落实程度如何。

（c）工程项目的当地自然条件：当地气候、雨水、温度、风力、水文地质情况等。

（d）工程合同类型：是单价合同还是总价合同，还是其他，是否允许分包等。

b. 简要合同规定

（a）投标人的合格条件。

（b）进口材料和设备的关税。

（c）当地材料和劳务。

（d）投标保证和履约保证。

（e）支付外汇的限制。

（f）优惠条件。

（g）联营体的资格预审。

（h）仲裁条款。

联营体的资格预审应遵循下述条件。

ⅰ. 资格预审的申请可以由各公司单独提交，或两个或多个公司作为合伙人联合提交，但应符合下述 c. 款的要求。若联合申请，但不符合联合条件，其申请将被拒绝。

ⅱ. 任何公司可以单独，同时又以联营体的一个合伙人的名义，申请资格预审。

ⅲ. 联营体所递交的申请必须满足下述要求：联营体的每一方必须递交自身资格预审的完整文件。资格申请中必须确认联营体各方对合同的所有方面所承担的连带的和各自的义务，必须包括有关联营体各方所拟承包的工程及其义务的说明。申请中要指定一个合伙人为负责方，由他代表联营体与业主联系。

ⅳ. 资格预审后联营体的任何变化都必须在投标截止日之前得到业主的书面批准，后组建的或有变化的联营体如果由业主判定将导致下述情况之一者，将不予批准和认可。

（ⅰ）从实质上削弱了竞争。

（ⅱ）其中一个公司没有预先经过资格预审。

（ⅲ）该联营体的资格经审查低于资格预审文件中规定的可以接受的最低标准。

c. 资格预审文件的说明

（a）准备申请资格预审的投标人必须回答资格预审文件所附的全部提问，并按资格预审文件提供的格式填写。

（b）业主将投标人提供的资格预审申请文件依据财务状况、施工经验与过去履约情况、人员情况和施工设备四个方面来判断投标的资格能力。

（c）资格预审的评审前提和标准。

投标人要对自己所填写的内容负责。

d. 要求投标人填报的各种报表。投标人需填报的报表包括：资格预审申请表、公司一般情况表、年营业数据表、目前在建合同/工程一览表、财务状况表、联营体情况表、类似工程合同经验、类似现场条件合同经验、拟派往本工程的人员表、拟派往本工程的关键人员的经验简历、拟用于本工程的施工方法和机构设备、现场组织计划、拟定分包人、其他资格表和宣誓表（即对填写情况真实性的确认）。

③ 资格预审的评审

a. 评审委员会的组成。一般是由招标单位负责组织。参加的人员有业主方面的代表、招标单位、财务经济方面的专家、技术方面的专家、上级领导单位、资金提供部门、设计咨询等部门。

根据工程项目的规模，评审委员会一般由 7～13 人组成，评审委员会上设商务组、技术组等。

b. 评审标准。评审项目包括财务方面、施工经验、人员、设备等。此外，还要求投标人守合同、有良好信誉，才能被业主认为是资格预审合格。

各项分值及最低分见表 7-1。

表 7-1　资格预审评分表

项目名称	满分	最低分数线
财务状况	30	15
施工经验/过去履历情况	40	20
人员	10	5
设备	20	10
总计	100	60

注：每个项目均达到最低分数线（最低分数线的选定是根据参加资格预审的投标人的数量来决定的）；四项累积分数不少于 60 分。

c. 评审方法

（a）首先看接收到的资格预审文件是否满足要求。

（b）采用评分法进行资格预审。

d. 资格预审评审报告。资格预审评审委员会对评审结果要写出书面报告，评审报告的主要内容包括：工程项目概要；资格预审简介；评审标准；评审程序；评审结果、委员会名单及附件；评分汇总表；分项评分表等。若为世行或亚行等贷款项目还要将评审结果报告送该组织批准。

④ 资格后审

a. 资格预审与资格后审的区别。对于开工期要求比较早、工程不算复杂的中小型工程项目，为了争取早日开工，可不进行资格预审，而进行资格后审。

资格后审是指在招标文件中加入资格审查的内容，投标人在报送投标书的同时报送资格预审资料，评标委员会在正式评标前先对投标人进行资格审查。

审查合格再进行评标，不合格者不对其进行评标。

b. 资格后审的内容。资格后审的内容包括：投标的组织机构，即公司情况表；财务状况表；拟派往项目工作的人员情况表；工程经验表；设备情况表；其他情况。

（3）发布招标邀请书和出售国际招标文件

① 发布招标邀请书。经资格预审确定合格投标人后，应尽快通知合格投标人，并要求他们及时购买招标文件。按照国际惯例，招标人在资格预审结束后，通常以书信方式发出投标邀请书，同时要在报刊上公布这一通知，但不应公布获得投标资格的投标人名单，以防他们相互串通舞弊。

世界银行的投标邀请书格式如下：

投标邀请书

日期：（发出邀请日期）

贷款号：

邀请书号：

一、中华人民共和国从世界银行申请获得贷款，用于支付＿＿＿＿＿＿＿＿项目的费用。部分贷款将用于支付工程建筑、＿＿＿＿＿＿＿＿等各种合同。所有依世界银行指导原则具有资格的国家，都可参加招标。

二、中国＿＿＿＿＿＿＿＿公司（以下简称 A 公司）邀请具有资格的投标者提供密封的标书，提供完成合同工程所需的劳力、材料、设备和服务。

三、具有资格的投标者可从以下地址获得更多的信息，或参看招标文件：

中国 A 公司

（地址）

四、第一位具有资格的投标者在交纳＿＿＿＿＿＿＿＿美元（或人民币），并提交书面申请后，均可从上述地址获得招标文件。

五、每一份标书都要附一份投标保证书，且应不迟于＿＿＿＿＿＿＿＿（时间）提交给 A 公司。

六、所有标书将在＿＿＿＿＿＿＿＿（时间）当着投标者代表的面开标。

七、如果具有资格的国外投标者希望与一位中国国内的承包人组建合资公司，需在投标截止日期前 30 天提出要求。业主有权决定是否同意选定的国内承包人。

八、标前会议将在＿＿＿＿＿＿＿＿（时间）＿＿＿＿＿＿＿＿（地址）召开。

② 出售国际招标文件。国际招标文件可以用邮寄的方式发售，也可让投标人或其驻本国的代理人前来购买，招标文件只售给获得投标资格的投标人。招标文件的正本盖有招标机构的印鉴，投标人须以此作为投标书正本交回。

7.2.4.3 开标

开标指在规定的正式开标日期和时间，业主方在正式的开标会议上启封每一个投标人的投标书，业主方在开标会上只是宣读投标人名称、投标价格、备选方案价格和检查是否提交了投标保证。同时也宣读因迟到等原因而被取消投标资格的投标人的名称。

一般开标应采取公开开标，也可采取限制性开标，只邀请投标人和有关单位参加。

7.2.4.4 评标

评标包括以下几部分工作：

（1）评审投标书　主要工作是审查每份投标书是否符合招标文件的规定和要求，也包括核算标报价有无运算方面的错误，如果有，则要求投标人来一同核算并确认改正后的报价。

如果投标文件有原则性的违背招标文件或投标人不确认其投标书报价运算中的错误，则投标书应被拒绝并退还投标人，投标保证金将被没收。

（2）包含有偏差的投标书　偏差指的是投标书总体符合要求，但个别地方有不合理的要求。也就是说偏差较少的这些标书，业主方可以接受，但在评标时由业主方将此偏差的资金价值采用"折价"方式计入投标价。偏差较大者，退还投标人。

（3）对投标书的裁定　也就是决标，指业主方在综合考虑了投标书的报价、技术方案以及商务方面的情况后，最后决定选中哪一家承包商中标。

如果是世行、亚行等贷款项目，则要在贷款方对业主选中的承包商进行认真严格的审查后才能正式决标。

（4）废标　指由于某种原因而宣布此次招标作废，取消所有投标。原因可能是：

① 每个投标人的报价都大大高于业主的标底。

② 每一份投标书都不符合招标文件有要求。

③ 收到的投标书太少，一般不多于3份。

出现这种情况，业主应通知所有的投标人，并退还他们的投标保证金。

7.2.4.5 授予合同

（1）签发中标函　在经过决标确定中标人之后，业主要与中标人进行深入的谈判，将谈判中达到的一致意见写成一份谅解备忘录（Memorandum of Understanding，MOU），此备忘录经双方签字确认后，业主即可向此投标人发出中标函。

如果谈判达不成一致，则业主即与评标价第二低的投标人谈判。

MOU 将构成合同协议书的文件之一，并优先于其他合同文件。

（2）履约保证　是指投标人在签订合同协议书时或在规定的时间内，按招标文件规定的格式和金额，向业主提交的一份保证承包商在合同期间认真履约的担保性文件。

如果投标人未能按时提交履约保证，则投标保证将被没收，业主再与第二个标人谈判签约。

（3）编制合同协议书　一般均要求业主与承包商正式签订一份合同协议书，业主方应准备此协议书。协议书中除规定双方基本的权利、义务以外，还应列出所有的合同文件。

（4）通知未中标的投标人　只在承包商与业主签订合同协议书并提交了履约保证后，业主者将投标保证退还给中标和未中标的承包商。

7.2.5　国际工程招标文件范本

招标文件

Section 1. Instructions to Bidders（投标人须知）

……………

Section 2. General Conditions of Contract（合同通用条款）

……………

Section 3. Contract Form（合同格式）

……………

Section 4. Schedule of Requirements and Technical Specification（货物需求及技术规格）

··········

Section 5. Formats of Bids（投标文件格式）：

Bid Form

Date：×××××

To：（*Name of Tendering Agent*）

In compliance with your IFB No. _____ for（*Goods to be supplied*）for the Project，the undersigned representative（*full name and title*）duly authorized to act in the name and for the account of the Bidder（*name and address of the Bidder*）hereby submit the following in one original and _____ copies：

1. Summary Sheet for Bid Opening；

2. Brief Descriptions of the Goods；

3. Responsiveness/Deviation Form for Technical Specifications；

4. Responsiveness/Deviation Form for Commercial Terms

5. All other documents required in response to Instructions To Bidders and Technical Specifications；

6. Qualification Documents；

7. Bid Security in the amount of _____ issued by（*name of issuing bank*）.

By this letter，the undersigned representative hereby declares and agrees：

1. That the Bidder will take full responsibility for performance of the Contract in accordance with all provisions of the Bidding Documents.

2. That the Bidder has examined in detail all the documents including amendments（if any）and all information furnished for reference as well as relevant attachments and that he is perfectly aware that he must renounce all right of invoking ambiguities or misunderstandings in this respect.

3. That his bid is valid for a period of _____ calendar days from the date of bid opening.

4. That，pursuant to ITB Clause 15. 7，its Bid Security may be forfeited.

5. That，pursuant to ITB Clause 2，he declares that，he is not associated with a firm or any its affiliates which have been engaged by the Tendering Agent/the Purchaser to provide consulting services for this Project，and we are not a dependent agency of the Purchaser.

6. That he agrees to furnish any other data or information pertinent to its Bid that might be requested by（*the Tendering Agent*）and that he understands that you are nor bound to accept the lowest or any bid you may receive.

7. That all official correspondence pertinent to this bid shall be addressed to：

Address：_____ Fax：_____

Telephone：_____ E-mail：_____

Name of representative：_____

Name of the Bidder：_____

Official Seal：_____

附中文翻译：

投　标　书

致：(招标机构)

根据贵方为(项目名称) 项目招标采购货物及服务的投标邀请(招标编号)，签字代表(姓名、职务) 经正式授权并代表投标人(投标人名称、地址) 提交下述文件正本一份及副本×份：

1. 开标一览表
2. 货物说明一览表
3. 技术规格响应/偏离表
4. 商务条款响应/偏离表
5. 按招标文件投标人须知和技术规格要求提供的其他有关文件
6. 资格证明文件
7. 由(银行名称) 出具的投标保证金保函。

在此，签字代表宣布同意如下：

1. 投标人将按招标文件的规定履行合同责任和义务。
2. 投标人已详细审查全部招标文件，包括(补遗文件)(如果有的话)。我们完全理解并同意放弃对这方面有不明及误解的权力。
3. 本投标有效期为自开标日起(有效期日数) 日历日。
4. 投标人同意投标人须知中第15.7条关于没收投标保证金的规定。
5. 根据投标人须知第2条规定，我方承诺，与买方聘请的为此项目提供咨询服务的公司及任何附属机构均无关联，我方不是买方的附属机构。
6. 投标人同意提供贵方可能要求的与其投标有关的一切数据或资料。投标人完全理解贵方不一定接受最低价的投标或收到的任何投标。
7. 与本投标有关的一切正式信函请寄：

地址：_____　　传　　真：_____

电话：_____　　电子函件：_____

投标人代表签字：_____

投标人名称：_____

公　章：_____

日　期：_____

7.3　国际工程投标

7.3.1　国际工程投标人的合格条件

① 投标人必须来自采购指南规定的合格成员国；合同执行过程中所使用是所有材料、施工机械和服务均应来自合格的成员国。

② 投标人不允许与为本项目业主服务的咨询公司和监理单位组成联营体。

③ 必须通过业主方的资格预审或资格后审。

④ 如被世行公布有过腐败和欺诈行为的公司，不允许参加投标。

7.3.2　国际工程投标决策

投标人通过投标取得项目，是市场经济条件下的必然。然而，对于投标人来说，并不是每标必投，因为投标人要想在投标中获胜，然后又要从承包工程中盈利，就要研究投标决策的问题。投标决策的正确与否关系到能否中标和中标后的效益，关系到企业的经济利益和发展前景，所以企业的决策班子必须充分认识到投标决策的重要意义。

所谓投标决策，包含三个方面的内容：①针对项目招标，是投标还是不投；②倘若去投标，是投什么性质的标（如是风险标、保险标、盈利标，还是保本标）；③投标中如何采用以长制短、以优胜劣的策略和技巧。

7.3.2.1 投标决策班子的组成和要求

① 熟悉了解有关外文招标文件。

② 对该国有关经济合同方面的法律和法规有一定的了解。

③ 有丰富的施工经验和施工技术的工程师，还要具有设计经验的工程师参加。

④ 熟悉物资采购的人员参加。

⑤ 有精通工程报价的经济师或会计师参加。

⑥ 有较高的外语水平。

7.3.2.2 投标决策前的调研工作

在进行投标决策前要进行前期调研工作，包括以下几方面。

（1）政治方面

① 项目所在国的国内情况。

② 项目所在国与邻国的情况。

③ 项目所在国与我国的情况。

（2）法律方面

① 项目所在国的民法规定。

② 项目所在国的经济法规。

③ 项目所在国有关各涉外法律的规定。

④ 项目所在国的其他具体规定。

（3）市场方面

① 当地施工用料供应情况和市场价格。

② 当地机、电设备采购条件、租赁费用、零配件供应和机械修理能力等。

③ 当地生活用品供应情况，食品供应及价格水平。

④ 当地劳务的技术水平、劳动态度、雇用价格及雇用当地劳务的手续、途径等。

⑤ 当地运输情况，车辆租赁价格，汽车零配件供应情况，油料价格及供应情况，公路、桥梁管理的有关规定，当地司机水平、雇用价格等。

⑥ 有关海关、航空港及铁路的装卸能力、费用以及管理的有关规定。

⑦ 当地近三年的物价指数变化情况等。

（4）金融情况

（5）收集其他公司过去的投标报价资料

（6）了解该国或相关项目业主的情况

7.3.2.3 投标决策的影响因素

（1）主观因素

① 投标单位技术方面的实力。主要指有无精通本行业的工程师、会计师和管理方面的专家，有无解决技术难度大和工程施工中各类技术难题的能力，有无与招标项目同类型工程的施工经验，有无一定技术实力的合作伙伴，如实力较强的分包商等。

② 投标单位经济方面的实力。是否具有垫付资金的能力，是否具有一定的固定资产和

机具设备，是否具有支付各种担保的能力，是否具有支付各种纳税和保险的能力，是否能承担不可抗力带来的风险等。

③ 投标单位管理和信誉方面的实力。即承包商必须能够严格控制成本，向管理要效益、同时遵守法律、行政法规，按市场惯例办事，建立良好的信誉。

（2）客观因素

① 业主和监理工程师的情况。把握业主的合法地位、支付能力、履约能力，监理工程师处理问题的公正性、合理性等。

② 竞争对手和竞争形势的分析。是否投标，必须考虑竞争对手的能力、优势及投标环境的优劣等情况。另外，竞争对手的在建工程情况也十分重要，对整体投标报价的影响甚大。

③ 法律、法规以及风险的情况。对于国内工程的投标，要适用我国的法律法规，并且法制环境基本相同，工程风险相对要小一些；但如果是国际工程投标，则有一个法律适用的问题，同时工程风险要大得多。

④ 所投工程项目的效益性。投标人应广泛深入地调查研究，系统积累相关资料，全面进行分析，对工程项目的成本、利润进行预测和掌握，以供决策之用。

7.3.2.4 投标决策的分析方法

决策理论有许多分析方法，下面介绍根据竞争性投标理论进行投标决策时比较适用的分析方法——专家评分比较法。它一般可根据管理的条件、工作的条件、设计人员条件、机械设备条件、工程项目条件、同类工程的经验、业主的资金条件、合同条件、竞争对手的情况、今后的机会10项指标来判断是否应该参加投标。

决策步骤如下。

第一步：按照10项指标各自对企业完成该招标项目的相对重要性分别确定权数。

第二步：用10项指标对项目进行权衡，按照模糊数学概念，将各标准划分为好、较好、一般、较差、差五个等级，各等级赋予定量数值，如可按1、0.8、0.6、0.4、0.2打分。

第三步：将每项指标权数与等级分相乘，求出该指标得分。10项指标之和即为此工程投标机会总分。

第四步：将总得分与过去其他投标情况进行比较或和公司事先确定的准备接受的最低分类相比较，来决策是否参加投标。

投标决策分析表见表7-2。

表7-2　投标决策分析表

投标考虑的指标	权数 W	等级 C					得分 WC
		好 1.0	较好 0.8	一般 0.6	较差 0.4	差 0.2	
1. 管理的条件	0.15	√					0.15
2. 工人的条件	0.10		√				0.08
3. 设计人员的条件	0.05	√					0.05
4. 机械设备的条件	0.10			√			0.06
5. 工程项目条件	0.15				√		0.03
6. 同类工程经验	0.05		√				0.04
7. 业主资金条件	0.15			√			0.09
8. 合同条件	0.10		√				0.08
9. 竞争对手情况	0.10				√		0.04
10. 今后机会	0.05	√					0.05
合　　计	1.00						0.67

7.3.3 国际工程投标程序

国际工程投标是指供货人或承包商按照招标机构的要求报价并提交投标文件。其程序包括投标前的准备、投标询价、投标报价、投标文件的制作和竞标五个步骤。

7.3.3.1 投标前的准备

从国际惯例看，国际工程投标前准备包括在招标人所在国注册、选聘代理人、筹措资金。

在国际工程投标中，多数国家要求外国承包商在招标人所在国申请注册，经该国政府部门核准后颁发营业执照，以取得工程承包经营权。多数国家要求外国承包商投标前注册，也有的国家允许外国承包商先进行投标，待中标后再办理注册手续。

国际工程招标与投标中通行代理制度，即外国承包商进入工程项目所在国，必须通过合法的代理人开展业务活动。代理人实际上是为外国承包商提供综合服务的咨询机构，为外国商人提供注册、投标、咨询、调解矛盾等多项业务服务。

在国际招投标中，资金筹措是投标人申请资格预审的重要条件，也是将来顺利履行合同的重要保证。筹措资金的主要渠道有自有资金和银行贷款，也可通过与其他公司联营的方式来筹措资金。

7.3.3.2 国际投标询价

国际投标的询价指投标人为购买某种商品，向供货人发出有关交易条件的询问。投标人通过询价，了解并确定承包工程所需物资价格，以核算成本，只有在询价的基础上才能正确报价。对外投标的询价主要集中在交货价、运费、保险费和分包价等方面，询价的对象主要有生产企业、经销商、中间商、分包人。注意在询价时，要尽可能将有关询价物资的细节和要求明确在询价单中。

7.3.3.3 国际投标报价

投标报价是国际工程承包过程中的一个决定性环节，直接关系到承包商投标的成败，因此国际承包商把报价放在工程投标的第一重要位置上。国际承包工程的报价原则，总体来讲，必须以盈利创汇为目的，保证企业的经济利益，适度考虑社会效益，遵循"守约、保质、薄利、重义"的原则，以求得生存与发展。国际工程报价程序、单价计算方法及策略将在后面章节详细介绍。

7.3.3.4 国际投标文件的编制

在编制投标文件前，要对国际招标文件充分研究。投标文件除提供有报价的工程量表以外，承包商还应按招标文件中的要求格式，附上投标函和填写必要的数据和签字。

如果承包商认为需要时，可写一封详细的致函，对自己的投标报价作必要的说明。

如果招标文件允许备选方案，且承包商以制定了备选文案，可以说明备选方案的技术和价格优点，明确如果采用备选方案，可能降低或增加的标价。还应包括比较重要的一点即说明愿意在评标时，同业主进行进一步讨论，使价格更为合理。

投标时还要注意以下问题：

① 投标文件中的每一要求填写的空格必须填写，不能空着不填。

② 填报文件应当反复校对，保证分项和汇总计算均无错误。

③ 递交的全部文件每面均需签字，如填写中有错误而不得不进行修改，应在修改处签字。

④ 最好是用打字方式填写投标文件，或者用钢笔书写。

⑤ 投标文件应当保持整洁、纸张统一，字迹清楚，装订美观大方，不要给评审人员一

种"该公司不重视质量"的印象。

⑥ 应当按规定对投标文件进行分类和密封，按规定的日期和时间，在检查投标文件的完整性后一次递交。使用邮寄时，应考虑邮件在途时间，确保其在截止时间之前到达。

7.3.3.5 竞标

开标后，中标人成为投标人竞争的目标，称为竞标。在国际投标中，投标人通过开标程序可以得知众多投标的报价。然而低报价并非中标的主要的决定性因素。在竞标过程中，如果投标人能利用这一时机施展竞争手段，充分展现自己的优势，使招标机构对其产生好的印象，从而在招标机构进行综合评比时取得优势，增强获胜机会。

从国际投标多年的实践看，中标候选人可通过以下方法达到目的：缩短交货期或工期、提出新的技术设计及方案、补充其他投标优惠条件、降低投标价格。

7.3.4 国际工程投标原则

投标原则是投标人在投标中必须遵守的规则，由于投标是基于业主给定的工期、施工环境和施工条件的前提下，又由于投标是一个系统工程，参加投标的人员众多，涉及不同专业、不同工序，为了计算口径统一、费用划分清楚，必须确定投标原则。

（1）货币及汇率的确定　由于一个国际工程项目的成本费用涉及项目所在国、中国和其他第三国发生的成本和费用，因此涉及的货币也就至少为三种，即当地币、人民币和外汇，而投标书中的投标价格一般为当地币，那么当地币与外汇的汇率、人民币与外汇的汇率就成为投标时要解决的问题。

一般国际工程项目在招标时会确定一个当地币与外汇的汇率，通常为投标截止日前28天当天项目所在国中央银行的外汇牌价的中间价，这个汇率在整个项目实施期间不变，无论今后汇率发生何种变化。

而人民币与外汇的汇率，则需要投标人自己确定，一般可以按投标人的经验来确定。没有经验的投标人要在咨询业内人员后确定。

需要提请投标人注意的是，由于当地币与外汇的汇率不断变化，又由于人民币对外汇尤其是美元的汇率不断变动，因此，汇率是项目投标乃至实施时的一个重要风险。汇率确定得不准确，要么无意中抬高了标价使投标人落标，要么中标后出现亏损。汇率的确定是重要的投标原则。

（2）当地货币与外汇的比例　通常，国际工程项目允许投标人提出支付一定比例外汇的要求，无论资金来源于当地政府还是国际金融机构，当地政府都希望该项目能在当地多取用一些生产要素和资源，而投标人的标价中当地币比例的高低是投标人准备使用多少当地资源的标志，因此当地货币的比例大小是评分标准之一。外汇比例高时，表明投标人对当地货币信心不足，可能导致业主不悦，会影响评标时的得分率；外汇比例低时，又会增加承包商的风险，尤其在外汇管制国家，用当地币兑换外币时会受到严格限制，外汇出境外更困难。因此，合适的外汇比例是非常重要的投标原则。

通常的做法是，分别计算出需要在当地支出的成本及费用（当地币），以及需要在中国和第三国支出的成本费用（外汇），不可预见费可按一半外汇一半当地币计，预期利润按外汇计，再考虑当地货币的汇率变动（一些非洲国家尤其要充分考虑），这时可以确定当地币和外汇的比例。通常，在外汇管制国家可以把当地币比例确定得相对低一些，即使有些不足，也可以用外汇来换取当地币。

由于外汇作为硬通货的坚挺性，而当地货币（尤其在一些非洲国家）相对疲软，每年都存在一定程度的通货膨胀，导致当地币币值下降。当合同规定有价格调整条款时，适当提高当地货币的比例，能够获得相当丰厚的价格上涨的补偿，这时不妨把当地币比例确定得相对高一些。如果没有价格调整条款，则应把外汇比例确定得相对高一些。

（3）当地工人和中国工人的比例　对外籍劳工没有限制的国家，可以不必考虑使用当地工人，这样也就不必考虑当地工人和中国工人的比例问题。

绝大多数国家，出于保护本国劳动力市场的考虑，往往制定法律法令，规定每签发一个外籍劳工的工作许可，承包商必须雇用一定数量的当地工人，并会有劳动局的官员定期到承包商的工地检查。对这样的国家，投标人必须考虑当地工人和中国工人的比例问题。

在另外一种情况下，由于当地工人的工费低廉，雇用当地工人可以降低工费，从而降低标价，提高投标人的竞争力，增加项目利润。对这样的国家，投标人也需要确定当地工人和中国工人的比例。

随着中国劳动力成本不断提高，人民币不断升值，出国劳务人员的工资水涨船高，承包商必须善于利用当地市场劳动力资源，保持和提高自己的竞争能力。使用当地劳动力，能给当地人民带来实惠，也是承包商融入当地社会、实现可持续发展的重要手段。

使用多少当地工人，依赖于中国工长的水平，也取决于工种的技术复杂程度。在非洲，一个中国工长可带 5～20 个当地工人。管理水平比较高的工长，可把当地工人分成小班组，他只需要管理带班的当地人。

由于历史、文化及生活习惯的差异，当地工人的工效往往不能和中国工人相比，使用当地工人要考虑一定的工效折减系数，而且还需要对他们进行培训。

（4）材料费中的几个百分比　根据施工组织中的材料计划表，可以确定项目主要材料的数量，如砂、石、水泥、钢筋、木材等，但不是所有材料的数量在投标阶段都必须罗列清楚，这样既不可能做到，又没有必要。根据"二八理论"，投标人只需要把主要材料考虑清楚，其他零星材料只考虑一个百分数即可，根据这个百分数确定零星材料的总价，从而获得整个项目材料的价格，这个百分数即投标原则。

海运费的计算很复杂，它包括启运港口的仓储费、装卸费、短途运输费、商检费、保险费、海运费，抵达港的清关代理费、港口费、滞港费（如发生），抵达港到工地的运费等。除海运费以外，其他都难以一一准确计算，这时可以根据材料总价确定一个百分数，作为这些运杂费的总和。在不同的国家，由于运距的长短不一，定期班轮的密疏不一，运费是不同的，因此百分数的确定，既要依据调查数据，更依赖投标人的经验。

（5）机械折旧率　机械折旧率也是一个需要确定的投标原则。机械原值包括购置费、运费、关税、增值税等，机械原值是按折旧率逐步进入项目成本的。在国际工程项目中，由于国际经营的特点，机械的折旧面临两个问题需要确定：一是投标人打算长期在项目所在国经营，还是一个项目结束后，很难保证后续项目，从而无法考虑长期经营的问题；二是通用机械和专用机械的折旧率是不一样的。

如果在该国能够长期经营，机械折旧率的确定要容易得多。但如果只有一个项目，并不知道是否有后续项目时，这时机械折旧就很难确定。

如果是通用机械，由于在工程结束后很容易转移到另一个项目上去使用，或很容易在二手机械市场上销售出去，这时折旧的年限可以长一些，从而降低项目成本，提高投标人的竞争力。而专用设备，由于不知是否有新的后续项目，且难以在二手设备市场出售给其他人，这时应考虑提足折旧甚至一次性进入项目成本，而不管项目工期多长，从而降低投标人的风险。

由于不同的承包商对不同机械的折旧率的规定是不一样的，而各国会计制度中对机械折旧率的规定也是不一样的。当承包商内部确定的机械折旧率和当地规定的机械折旧率不一致时，可以通过财务账目的处理，使其达到满足所在国规定的会计记账要求。

（6）价格调整条款中工料机的权重　对于有价格调整条款的项目，要确定价格指数的来源和工料机的权重。

指数来源一般取自政府公告，业主和承包商只需取得并遵守。

而工料机的权重，投标人在投标时事先要确认并在中标后签约谈判时再次和业主确认。由于权重决定承包商获得额外补偿支付的多少，投标人如能把预期涨价的生产要素权重确定得高一些，那么当这种生产要素涨价时，就能获得更多的补偿。如果反之，投标人将遭受损失。但权重的设置也不能太不平衡，太不平衡时，在签约谈判中，业主会调整过来。为了正确地确定权重，详细周密的市场调查是十分必要的，要摒弃赌博心理，科学确定权重，尤其要避免物价上涨快的生产要素权重确定过低。

由于权重确定的重要性，因此投标人要把权重的确定作为重要的投标原则，慎重处理。

（7）风险费　即使投标人在投标阶段对所有可能发生的费用作出了正确的估算，但由于工程项目受环境、施工条件、人为因素等的影响，预测可能要发生的事往往没有发生，完全没有预料到的事却出乎意料地碰上了。

意外事故属于偶然发生的，而且每项工程情况可能都不一样，无法事先估计出它可能出现或肯定不出现，也难以列表说明各种意外事故。不考虑这些意外事故发生导致的额外费用是不明智的，全部考虑这些事故发生，必然导致高价失标。因此，投标人必须考虑一笔风险费用并打入投标总价中。

根据经验，应在报价时考虑风险费用，用于不可预见的意外事项发生时的额外支出。

（8）利润率　从事国际工程项目实施的目的是为了追逐利润，投标人根据投标策略、能力以及预期，可以确定项目利润率。过去有人曾提出"低报价中标，索赔赚钱"，在这个观念影响下，为了尽快实现"走出去"的目标，有些投标人以零利润报价，这种做法不可取，因为风险太大，也违背了"走出去"的目的。

每个国际工程项目都应当在投标前确定一个利润率。

7.3.5　国际工程投标报价程序

本文所探讨的国际工程投标报价仅限于中国公司去海外参与施工的各项工程。投标报价一般包括以下六步骤：调查研究、研究招标文件、复核工程量、制定总体施工规划、计算单价、确定投标价格。

投标在于报价，报价前的准备工作是报好价的关键。要使报价合理，又具有竞争性，就必须建立一个既要有善于分析形势、作出决策的领导人，又要有熟悉各专业施工技术等方面的工程师、估价师的投标报价班子，做好调查研究，熟悉招标文件，并进行承包工程项目的可行性研究。

7.3.5.1　调查研究、收集资料

在承包工程市场中，调查研究、收集资料成了开发企业，开拓市场提高经济效益的基础工作，是国际承包事业成功的条件之一。因此必须视野广阔，实事求是，广泛地收集资料、调查研究。

（1）国情调查

① 政治形势。了解工程所在国的政治制度、政治势力，分析近期执政党更换、政变、军变、内乱乃至发生内战或暴乱的可能性，并分析政局对工程实施可能产生的影响。

了解工程所在国与我国、邻国之间的关系，分析近期可能发生的冲突、战争或与我国中断关系、对我方进行阻挠威胁等因素，避免由此产生对工程的影响及不必要的经济损失。

② 经济形势。了解工程所在国经济发展状况，政府财政是否赤字，外债支付、外汇收入和储备等情况，同时还应了解政府对以往的承包商支付工程款的具体情况。

了解其交通情况，包括海运、航空、公路、铁路等运输条件，调查以往建筑企业所采用的运输方式，分析交通运输对工程产生的影响。

了解建筑行业情况及相应的工业、技术、金融的水平。如当地建筑企业在市场中的竞争能力、占有率及经营管理情况；当地建筑材料生产、设备维修情况；当地换汇限制、汇率及主要银行的各种利率、管理制度情况。

③ 了解当地与工程有关的法律和条例。如招投标法、经济合同法、公司法、劳动法、移民法、社会保险条例、税收法、投资法、金融法及外汇管理条例等。

（2）工程项目的现场考察

① 工程场址情况。工程所在的地理位置、地形、地貌、水文地质、气候条件、气象资料、自然灾害情况及上述情况对工程产生的影响。

② 施工条件

a. 场地四周情况、规划设计、布置临时设施情况。

b. 三通一平情况。

c. 主要建筑材料的供应及价格情况。

d. 交通运输情况及主要运输工具购置和租赁情况。

e. 施工机具的购置及租赁价格。

f. 当地劳动资源情况。

g. 编制报价的有关规定。有关费率、取费标准、人工工资及附加费用、临建工程的标准和收费、材料及机械设备价格的变动、运输费税率变动。

h. 与承包工程有关的条法和施工惯例做法。

③ 其他条件

a. 了解当地生活水平、文化娱乐情况、邮电通信业务。

b. 了解当地办理账户和存取情况。

c. 了解当地的其他服务设施情况。

（3）对工程业主和竞争对手的调查

① 调查工程业主的资金来源及支付的可靠性，了解其资金供应是否列入国家已批准的预算计划，是否有自有资金或银行保证贷款证明，并对业主的资信进行调查了解。

② 调查对手公司的名称、国别及其与当地合作公司的名称；了解对手在市场中的竞争能力、管理水平、技术装备、近几年的业绩及现阶段的财务状况。强手相争，智者胜，这就要求了解对手，将对手的情况基本掌握，做到知己知彼，百战百胜。

7.3.5.2 研究招标文件

招标文件内容很广泛，承包商必须全面消化标书内容，不放过任何一个细节，以下问题应特别给予重视。

① 关于合同条件方面，以下注意事项可以直接从相应的合同条款中查询到。

工期：包括开工日期和动员准备期及施工期限等，是否有分段分批交付的要求。工期对施工方案、施工机具设备的配备、高峰期劳务人员数量均有影响；误期赔偿金额是否有赔偿的最高限额规定，这对施工计划的安排和误期的风险大小有影响。

缺陷责任期长短和缺陷责任期间的担保金额：可确定何时收回工程尾款，确定承包商在缺陷责任期的维护费用。对承包商的资金利息和保函费用计算有影响。

保函的要求：包括投标保函、履约保函、预付款保函、施工机械临时进口再出口保函和维修期质量保证金保函等。保函值的要求，允许开保函的银行限制，保函有效期的规定，是转开保函还是转递保函等。这对承包商计算保函手续费用和用于银行开保函所需抵押金的占用有重要关系。

付款条件：是否有预付款及其扣回方式如何，材料设备到达现场并检验合格后是否可以获得部分材料设备预付款；中期付款方法，付款币种，保留金比例，保留金最高限额等，退回保留金的时间和方法，拖延付款如何支付利息，中期付款有无最小金额限制，每次付款的时间规定等，这些是影响承包商计算流动资金及其利息费用的重要因素。

税收及关税：是否免税或部分免税，免哪种或哪几种税收，要分清 tax 与 duty 所表示含义不同，这些将严重影响材料设备的价格计算。

保险：保险的种类（例如工程一切险、第三方责任险、施工机械险、现场人员的人身事故险、设计险、海事险等）和最低保险金额，对保险公司有无限制，这与计算保险手续费有关系。

货币：外汇兑换和汇款规定，是否有外汇管制。

索赔：相应的索赔条款，是否有明确的索赔费用计算方法。

分包：对工程分包有何具体规定，对非土建类的工程是否属于指定分包，总承包商对指定分包商应提供何种条件，承担何种责任，如何对指定分包商计价。

② 关于材料、设备和施工技术要求方面。

采用何种施工规范：特别应注意该施工规范与中国规范的差异，因为我们报价套用的企业定额采用的是中国规范。如混凝土强度，中国规范用的是圆柱体强度，而美国规范用的是立方体强度，因此同样是 C20 级混凝土，美国规范等级要比中国规范高。

特殊的施工要求：要列全技术规范对施工方案、机具设备和施工时间等的特殊要求，如桥梁钻孔桩钢筋笼分几节吊装、单桩钻孔时间、桩混凝土灌注时间的限制等均属于特殊的施工要求；特殊材料、特殊设备（plant）的技术要求。

摘出每种须进行国外询价的材料设备，编出细目表，说明规格、型号、技术数据、技术标准并估算出需要量，以便及时向外询价。

项目及单项工程试运行、对业主相关人员培训的要求。

③ 关于工程范围和报价要求方面。

认真研究报价合同：是总价合同、单价合同还是成本补偿合同，不同合同形式对于承包商的风险不一样。

仔细研究招标文件中工程量清单的组成内容，结合规范、图纸及其他合同文件认真考虑工程量的分类方法及每一项工程的具体含义和内容，在单价合同中尤为重要。

永久性工程之外的项目的报价要求：工程师现场费用（住宿、办公、家具、车辆、水电、实验仪器、测量仪器、服务设施和杂务费用）、进出场费用、施工设计费用、勘察、临时工程、进场道路、水电供应是否单独列入工程量清单，若未单独列入工程量清单，则需将上述费用分摊到正式工程中。

是否还有特殊项目的报价要求，防止漏项：对于在不发达地区施工的国际工程项目，永久工程有关供水、供电部分，招标文件中往往指明产品品牌，而且一般要求承包商在施工结束时为项目提供三到五年的配件，这些要求都直接影响承包商的报价。

④ 承包商可能获得补偿的权利。一般惯例，由于恶劣气候或工期变更而增加工程量，承包商可以要求延长工期，而获得补偿。如招标合同文件未写明，应心里有数，增大不可预见费用，同时承包商也承担着违约罚款、损坏赔偿、因质量不好而降价等责任。因此，承包商必须把好质量关，避免风险。

7.3.5.3　复核工程量

招标文件中通常均附有工程量表，投标人应根据图纸仔细核算工程量，当发现相差较大时，投标人不能随便改动工程量，应致函或直接找业主澄清。对于总价固定合同要特别引起重视，如果投标前业主方不予更正，而且是对投标人不利的情况，投标人在投标时要附上声明：工程量表中某工程量有错误，施工结算应按实际完成量计算。有时可按不平衡报价的思路报价。有时招标文件中没有工程量表，需要投标人根据设计图纸自行计算，按国际承包工程中的惯例形式分项目列出工程量表。

7.3.5.4　制定总体施工规划

（1）工程进度计划　在投标阶段，编制的工程进度计划不是工程施工计划，可以粗略一些，一般用横道图做计划即可，但应考虑和满足以下要求：

① 总工期符合招标文件的要求。

② 表示各项主要工程的开始和结束时间。

③ 合理安排主要工序，体现出相互衔接。

④ 有利于合理均衡安排劳动力。

⑤ 有利于充分有效地利用机械设备，减少机械设备占用周期。

⑥ 制定的计划要便于编制资金流动计划，有利于降低流动资金占用量，节省贷款资金利息。

编制施工进度表时应考虑施工准备工作、尾工的复杂性、工期中应包括竣工验收时间等事项。

（2）施工方案　制定施工方案要服从工期要求、技术可能性、保证质量、保证安全、降低成本等方面的综合考虑。

① 根据分类汇总的工程数量，工程进度计划中该类工程的施工周期、技术规范要求以及施工条件和其他情况，选择和确定每项工程的主要施工方法。

② 根据上述各类工程的施工方法，选择相应的机具设备，并计算所需数量和使用周期；研究确定是采购新设备或调进现有设备或在当地租赁设备。

③ 研究确定哪些工程由自己组织施工，哪些分包，提出要求分包的条件设想，以便询价。

④ 用概略指标估算直接参与生产的劳务数量，考虑其来源及进场时间安排。

⑤ 用概略指标估算主要和大宗的建筑材料的需用量，考虑其来源和分批进场的时间安排，从而可以估算现场用于存储、加工的临时设备。

⑥ 根据现场设备、高峰人数和一切生产和生活方面的需要，估计现场用人、用电量，确定临时供水、供电、排水设备。

⑦ 考虑外部和内部材料供应的运输方式，估计运输和交通车辆的需要和来源。

⑧ 考虑其他临时工程的需要和建设方案。

⑨ 提出某些特殊条件下保证正常施工的措施。

⑩ 其他必需的临时设施安排。

7.3.5.5　计算单价

每一个工程项目的单价组成如下。

人工费——分项工程中每一个分项工程的用量（以工日计）×工日基础单价

材料费——分项工程中每一个分项工程的材料消耗费×材料单位基础价格

施工机械设备——分项工程中每一个分项工程的所需机械设备台班数×台班单价

各种管理费和一切间接费用——分别摊入每一分项工程工程单价中

风险费和利润——根据承包商的实际情况，确定其风险费和计划利润，分别计入每个分项工程工程的单价中。

（1）基本价格　即人工、材料、施工机具的价格。

① 人工单价。是指工人每个工作日的平均工资。

② 材料和工程设备的基价。是指材料和工程设备到达施工现场的价格作为算标的基价，并将基价列表备用。对一些零星材料，可以不必详列，而在进行工程单价计算时，根据经验加入一定百分比（1%～5%）即可。

③ 施工机具台班单价。施工机具设备费用以何种方式计处工程报价中，取决于招标文件的规定。有些招标文件规定，应当列出该工程的施工机具设备费总数，业主甚至可以在工程初期验证承包商的机具设备确定进入现场后，即可支付一定比例的该项费用。大多数招标文件不单列施工机具设备费栏目，这时，投标人应当将这笔费用分摊到各个分项工程单价中。

（2）工程定额的选用　是指人工定额、材料消耗定额、施工机械台班定额的选用。

① 影响工程定额的因素

a. 施工人员的技术水平和管理水平、机械化程度，施工技术条件，施工中各方的协调和配合。

b. 材料和半成品的加工性和装配性，自然条件对施工的影响等。

在没有现有的国外工程定额可供使用的情况下，可以利用国内的工程定额，并考虑国外工程种有利和不利因素的影响而适当加以修正。

② 调高工程定额应考虑的因素

a. 一般来说，从国内派往国外的施工人员的劳动效率都高于国内工程。如果雇用当地工人施工，因雇用的人员素质差别大，则需进行具体分析。

b. 国外工程施工的机械化程度一般都较高，特别是大中型工程，不可能大量使用人工劳动力，应尽可能提高机械化程度，以提高劳动生产率。

c. 国外工程使用的材料，可以要求供货商所供材料货物达到直接用于工程的状态，从而可以减少再加工和辅助劳动。

d. 国外施工的组织管理比较严密，监理比较严格。

（3）国外工程妨碍工效的因素

a. 我国工人初到国外时，对国外的技术标准、规范、材料性能和施工要求不熟悉，一时难以适应。

b. 国外工程的监理制度极为严格，工序之间的质量检查频繁，有些项目的每道工序都必须监理工程师的检查认可，才可进行下一道工序。

c. 自然条件和气候恶劣，也可能影响工效。

（4）间接费　国际承包工程间接费一般约占整个报价的 20%～30%，对投标价格的高低影响很大，间接费的计算详见下节。

7.3.5.6　确定投标价格

将工程项目的工程分项单价乘以工程量，再加上工程量表中单列的包干项目费用，即可得出工程总价，但是，这样汇总起来的工程总价还不能作为投标价格，需要作出某些必要的调整。调整投标总价应当建立在对工程的盈亏预测的基础上。盈亏预测应当用多种方法从多种角度进行，坚持"既能够中标、又有利可图"的原则。

投标价编好后，是否合理，有无可能中标，要采用某一两种宏观审核方法来校核，如果发现相差较远需重新全面检查，看是否有漏投或重投的部分并及时纠正。

7.3.6 投标报价的各项费用计算

7.3.6.1 人工单价的计算

这是指国内派出工人和当地雇用工人（包括外籍和当地工人）平均工资单价的计算。一般地说，在分别计算出这两类工人的工资单价后，再考虑工效和其他一些有关因素，就可以原则上确定在工程总用量中这两类工人完成工日所占的比重。进而用加权平均的方法算出平均工资单价：

$$A_1 = G_1 \times B_1 + G_2 \times B_2$$

式中　A_1——平均工资单价；

　　　G_1——国内派出工人工资单价；

　　　B_1——国内派出工人工日占总工日的百分比；

　　　G_2——当地雇用工人工资单价；

　　　B_2——当地工人工日总工日的百分比。

如果当在雇用工人的工效很低，而当地政府又规定承包商必须雇用部分当地工人时，用下公式计算：

$$A_2 = G_1 \times B_1 + G_2 \times B_2 / C_2$$

式中　A_2——考虑工效的平均工资单价；

　　　C_2——工效比（当地雇用工人的工效与国内派出工人的工效的比值），其他符号同上。

（1）国内派出工人工资单价的计算

国内派出工人工资单价＝一个工人出国期间的费用/出国工作天数

出国期间的费用应当包括从工人出国准备到回国休整结束后的全部费用，主要包括以下几项。

① 国内工资：标准工资一般可按建安工人平均 4.5 级计算。

② 派出工人的企业收取的管理费：双方商定。

③ 置装费：按热带、温带、寒带等不同地区标准发放。

④ 国内旅费：包括工人出国和回国时往返于国内工作地点与集中地点之间的旅费。

⑤ 国际旅费：包括开工前出国、完工后回国及中国回国探亲所开支的旅费。

⑥ 国外零用费：按外经贸部现行规定计算。

⑦ 国外伙食费：按我国驻当地使馆规定计算。

⑧ 人身意外保险费和税金：不同保险公司收取的费用不同。如业主没有规定投保公司时，应争取在国内办理保险。发生在个人身上的税收一般即个人所得税，按当地规定计算。

上述费用中，有些是一次性发生的，有些是逐月发生的。因此，需要预先估算出国工作期限才能得出一个工人出国期间的费用。

目前，中国一些对外承包公司已经或正在开始对工人实行国外工资制，从而简化人工费的计算。

（2）当地雇用工人工资单价　当地雇用工人工资单价包括：

① 日基本工资。

② 带薪法定假日、带薪休假日工资。

③ 夜间施工或加班应增加的工资。

④ 按规定应由雇主支付的税金、保险等。

⑤ 招募费和解雇时须支付的解雇费。

⑥ 上下班交通费。

经过上述计算，得出的国内与当地雇用工人工资单价可能相差甚远，还应当进行综合考虑和调整。

如果国内派出工人工资单价低于当地雇用工人工资单价时，固然是竞争有利因素，但若采用比较低的工资单价，就会减少收益，从长远考虑更是不利，因为以后通过单价分析报价时不便提高人工费，故应向上调整。调整后的工资单价以低于当地的 5%～10% 为宜。

如果国内派出工人工资单价高于当地工人时，则需要具体分析。假如在考虑了当地工人的工效、技术水平等因素后，国内派出工人工资单价仍有竞争力，就无须调整；反之应向下调，调整的幅度可根据具体情况而确定。但如果调整后国内派出人的工资单价较贵，就考虑不派或基本不派国内工人。

7.3.6.2 材料、工程设备单价的计算

（1）当地采购的材料、工程设备的单价计算

① 当地材料商供货到现场，可直接用材料商的报价加上现场保管费作为材料或工程设备单价。

② 如果是自行采购，则用下列公式计算

$$材料（设备）单价 = 市场价 + 运杂费 + 运输保管损耗的费用$$

（2）国内和第三国采购材料、设备单价计算

$$材料（设备）单价 = 到岸价 + 海关税 + 港口费 + 运杂费 + 保管费$$
$$+ 运输保管损耗的费用 + 其他费用$$

7.3.6.3 施工机械台班单价计算

（1）施工机械租赁　如果施工机械是租赁来的，台班单价就可以根据事先调查的市场和租赁价格来确定。

（2）自行调遣和购买机械的合作费用构成

① 基本折旧费。

② 安装拆卸费。

③ 维修费。

④ 机械保险费。

⑤ 燃料动力费。

⑥ 机上人工费。

以上几种费用中，前四项可按实际采用的设备总数计算，后两项则按台班计算。

在实际计算中，我们应该先算出台班单价，然后根据分项工程使用机械的实际情况分摊机械使用费。台班计算公式如下：

$$台班单价 = （基本折旧费 + 安装拆卸费 + 维修费 + 机械保险费）/总台班数$$
$$+ 机上人工费 + 燃料动力费$$
$$基本折旧费 = （机械原值 - 余值）\times 折旧率$$

如果是轮胎式施工机械，机械原值中应包括在施工期间可能损耗的轮胎数量及其价值。

总台班数，即折旧期限内机械工作总台班数，根据不同机械可按每年 200～250 台班计算。

7.3.6.4 分项工程的直接费

有了人工、材料、设备和机械台班的基本单价，根据施工技术、人工、施工机械工效水平和材料消耗水平确定单位分项工程中工、料、机的消耗定额，就可计算出分项工程的直接费。

计算分项工程的直接费，还需要注意以下几点：

① 要注意把业主在工程量表中未列出的工作内容及其单价考虑进去，不可漏算。

② 分项工程单价受到市场价格波动影响，并随不同的施工工艺而变化。

有了分项工程的直接费就可计算出整个工程的直接费用。

7.3.6.5 间接费

（1）投标期间开支的费用

① 购买招标文件费。

② 投标期间差旅费。

③ 投标文件编制费。

（2）保函手续费　除了投标保函以外，承包工程出具的还有履约保函、预付款保函、维修保函等。银行在为承包商出具这些保函时，都要以保函金额的 2‰～5‰ 收取手续费，不足一年按一年计。确定了投保银行后，按照业主要求的保函金额和保函期，就可算出保函手续费。

（3）保险费

① 工程保险。

② 第三方责任险。

（4）税金　不同的国家对外国承包企业课税的项目和税率很不相同。常见的课税项目有合同税、利润所得税、营业税、买卖税、产业税、地方政府开征的特种税、社会福利税、社会安全税、养路和车辆牌照税等。其中以利润所得税、营业税的税率较高，有的国家分别达到 10% 和 30% 以上。

（5）业务费

① 监理工程师费。

② 代理费。

③ 法律顾问费。

（6）临时设施费　临时设施包括全部生产、生活、办公设施，施工区内的道路、围墙及水、电、通信设施等。

临时设施费约点到直接费的 5%～8%，对于大型或特殊项目，最好按施工组织设计的要求一一列项计算。

有的招标文件中要求将临时设施作为一个独立的工程项目计处总价，这对承包商是有利的，因为在临时设施使用完毕后可部分收回费用。

（7）贷款利息　承包商支付贷款利息有两种情况：一是承包商本身资金不足，要用银行贷款组织施工；二是业主一时缺乏资金，要求承包商先垫付部分或全部工程款，在工程完工后的若干年内由业主逐步还清。

由承包商垫付的工程款，业主也应付给承包商一比银行贷款利息低一定的利息，承包商在作价时就要把这个利息差额考虑进去。在垫付部分或全部工程款时，还应要求业主方给承包商开具支付保函。

（8）施工管理费

① 管理人员和后勤人员工资。

② 办公费。

③ 计算管理费。

④ 差旅交通费。

⑤ 医疗费。

⑥ 劳动保护费。

⑦ 生活用品购置费。

⑧ 固定资产使用费。

⑨ 公关交际费。

（9）其他

7.3.6.6 分包费

分包费对业主单位是不需要单列的，但对承包商来说，在投标报价时，有的将分包商的报价直接列入直接费中，也就是说考虑间接费时包含对分包的管理费。另一种方式是将分包费和直接费平行，单列一项，这样承包商估算的直接费和间接费就仅仅是自己施工部分的工程总成本，在估算分包费时适当加入对分包商的管理费即可。总之，工程报价的总成本中应包括分包费用。

7.3.6.7 上级单管理费、利润和风险

是指上级管理部门或公司总部对现场施工单位收取的管理费，但不包括工地现场管理费。视工程大小，一般为工程报价的 3%～5%。

7.3.6.8 暂定金额

有时也叫待定金额或备用金。这是业主在招标文件中明确规定了数额的一笔金额，实际上是业主在筹集资金时考虑的一笔备用金，每个承包商在投标报价时均应将此暂定金额数计入工程总报价，因而在签订合同后，合同金额包含暂定金额，但承包商无权做主使用此金额。暂定金额可用于规定的开支或其他意外开支，但均需按照工程理由的指令，也就是说只有工程师才有权决定这笔款项在何种情况下全部或部分动用，也可以完全不用。

7.3.6.9 确定工程单价

有了各个分项工程的直接费，然后相加汇总得出整个工程项目的直接费，再根据前面计算出的整个工程项目的间接费，从而可以确定该项目间接费与直接费的比率。这个比率确定后，再进行单价分析，把间接管理费按分项工程摊入。最后就可确定每个分项工程单价，填入工程量表，再计算出每个分部工程价格和整个工程项目的总价。

7.3.7 单价分析

7.3.7.1 单价分析的步骤和方法

单价分析也可称为单价分解，就是对工程量表上所列分项工程的单价进行分析、计算和确定，或者说是研究如何计算不同分项工程的直接费用和分摊其间接费利润和风险费等之后得出每个分项工程的单价。

（1）直接费 A

① 人工费 a_1：有时分为普工、技术工和工长三项，有时也可不分。根据人工定额即出完成此所需总的工时数，乘以每工时的单价即可得到人工费总计。

② 材料费 a_2：根据技术规范和施工要求，可以确定所需材料品种及材料消耗定额，再根据每一种材料的单价即可求出每种材料的总价及全部材料的总价。

③ 工程设备费 a_3：根据招标文件中对有关工程设备的套数、规格等要求，同时要计入运输、安装、调试以及备件等费用。

④ 施工机械费 a_4：列出所需的各种施工机械，并参照本公司的施工机械使用定额即可求出总的机械台时数，再分别乘以机械台时单价，即可得到每种机械的总价和全部施工机械的总价。

$$直接费 A = a_1 + a_2 + a_3 + a_4$$

与工程设备有关的项目如每套水轮发电机组（包含采购、安装、调试）的单价分析，直接费中包括 a_3。而绝大多数与永久设备无关的项目，如每立方米土方开挖单价，每立方米混凝土浇注单价，则不含 a_3。

（2）间接费 B。间接费的详细计算应按一个工程项目全部间接管理费项目的总和 $\sum I$，与所有分部工程的直接费（每个分部工程的直接费由其全部分项工程的直接费构成）总和 $\sum$

A 相比，先得出间接费比率系数 b。

$$b=\sum I/\sum A$$

如果是一个十分有经验的公司，也可以根据本公司过去在某一国家或地区承包工程的经验，直接确定一个间接费比率 b。然后用 b 乘以直接费来求出间接费。

$$B=A\times b$$

（3）每个分项工程的总成本 W。可按下式计算：

$$W=A+B$$

（4）利润、风险费和上级管理费之和 M。

设利润、风险费以及上级管理费三者之和 M 为工程总成本 W 的一个百分数 $m\%$，则

$$M=W\times m\%$$

这个费率 $m\%$ 的变化范围很大，利润和风险是根据公司本身的管理水平、承包市场战略、地区政治经济形式、竞争对手、工程难易程度等许多因素来确定的，利润、风险费再加上级管理费三者之和大体上可在工程总成本的 $10\%\sim18\%$ 间考虑。

（5）每个分项工程的单价 U。

$$U=(W+M)/该分项工程的工程量$$

按照上述计算方法的单价分析案例见表 7-3。

表 7-3　单价分析计算一览表

分项工程	挡土墙		混凝土浇筑		总工程量 21860m³	
费用说明		单位	数量	单价(D)	合价(D)	定 额
人工	综合	工时	120230	1.5	180345	5.5 工时/m³
材料	水泥	t	6798.46	42	285535	0.311 t/m³
	砂	m³	13553.2	10	135532	0.62m³/m³
	碎石	m³	16613.6	11	182750	0.76m³/m³
	水	m³	3410.16	0.01	34	0.156m³/m³
机械装置	混凝土搅拌站	h	364.33	30.22	11010	60m³/h
	混凝土运输车	h	910.83	15.2	13845	24m³/h
	混凝土泵车	h	728.67	40	29147	30m³/h
	其他设备费				15325	

直接费 A　853523
间接费 $B=A\times25\%$　213381
工程总成本 $W=A+B$　1066904
上级管理费、风险费及利润 $M=W\times12\%$　128028
总报价 $T=W+M$　1194932

挡土墙混凝土浇注单价 $U=1194932/21860=54.63D/m^3$

注：D 为某国货币单位，定额中的 m³ 代表每立方米混凝土，h 代表小时。

7.3.7.2　关于确定间接费的比率系数 b 的讨论

根据前面介绍可知，分项工程总成本为：

$$W=A+B，而 B=A\times b，所以 W=(1+b)A$$

对于国外工程，比率系数 b 没有任何确定，由承包商自己在考虑到工程项目本身特点及其所在国的经济、法律、物价、税收、银行、海关、港口、运输、水电、保险、气候以及本公司的素质、施工组织能力等情况的基础上，进行认真地分析研究才确定的。

7.3.8　国际工程投标策略和技巧

投标策略就是研究在激烈的竞争中，如何为项目投标制订正确的指导方针，如何采用正确的谋略，用有限的资源取得最大的经济效果。投标策略是投标人投标成功或失败的关键因素。

工程项目投标的实质是各个投标人之间实力、资质、信誉、效用观点之间的较量，主要涉及不同投标人所制定的投标决策、所运用的投标策略和投标技巧之间的博弈。投标人只要严格按照投标步骤进行，同时结合恰当的投标策略和技巧，在工程项目的投标中取胜并不难。

投标策略和投标原则是有区别的。投标原则是每个投标项目必须遵守的规则，而投标策略是五花八门的，在不同的项目上可采用不同的策略。常用的投标策略和技巧如下。

（1）增加比选方案　国际工程项目招标时，经常会在"技术规范"中规定或推荐一种施工方案，称为正选方案，这是业主或咨询工程师在面临多个投标人投标的情况下，为了在同一基础上评价投标人的投标价格。因此，投标人必须按招标文件中规定的施工方案进行施工组织设计和标价计算。

在许多情况下，由于一个工程的实施有多种施工方案可以选择，招标文件中规定或推荐的方案不一定是投标人认为的最佳方案，业主或咨询工程师有时也会建议投标人提出他自己认为的最佳的施工方案，作为比选方案。而投标人在研究了标书、对现场进行了调查后，也可以主动提出比选方案，展示自己的实力。

比选方案的提出，一定要基于：

① 比正选方案能缩短工期。

② 比正选方案能降低造价。

③ 比正选方案既缩短工期又降低造价。

如果不是上述情况，投标人不宜提出比选方案。是否在投标书中提出比选方案，是投标人的投标策略。增加比选方案，不要将方案写得太具体，要保留方案的技术关键，以防止业主将此方案交给其他承包商实施。同时要强调的是，比选方案一定要比较成熟，或过去有这方面的实践经验。

（2）联合体投标　联合体是指合营体（JV-Joint Venture）或合包集团（Consortium）。但合营体和合包集团在具体运作上，尤其是在各成员的责权利上是有区别的。合营体侧重共同承担履约责任，各成员相互之间的关系更密切。合包集团强调各负其责，各成员相互之间首先承担各自责任，然后才是连带责任。

以联合体参加国际工程项目资审及投标，主要是为了以下目的：

① 为了享受当地优惠，通常当地公司参加投标时，享受7.5%的价格优惠，有些国家更高，甚至能达到15%。

② 受到投标人自身资源的限制，在一家公司参加资审及投标不能满足条件时，或一家公司参加投标、实施项目很困难时。

③ 为了降低投标或实施项目的风险。

④ 减少竞争对手。

⑤ 强强联合、优势互补，提高投标人的竞争能力。

投标人在组成联合体时，可以选择国际上的承包商作为合作伙伴或分包商，也可以选择国内的承包商作为合作伙伴或分包商，还可以选择当地的承包商作为合作伙伴或分包商。无论选择何种合作伙伴，必须符合招标文件中规定的要求，签订相应的协议。一般地，在资格审查阶段，应签订联合体备忘录（MOU）；在投标阶段，要签订联合体协议（Agreement）；在项目中标后，要确定联合体章程。在这些文件中，最主要的要明确联合体各成员的股份比例、谁是牵头方、各成员的分工、各成员的责任权利义务，以及项目追踪期间各种费用的分担。

联合体可以以一个新的名称对外，也可以以牵头方的名称对外，有时以联合体当地合作伙伴的名义对外，以增强联合体的亲和力。

(3) 有条件投标　一般来说，招标文件中合同条件等文件是不能改动的，面对投标人不能接受的合同条件时，投标人除了放弃投标这一极端行为外，还可采用有条件投标的策略。

如合同中通常会有"甲方在招标文件中提供的详细初步设计图，不能减少承包商的责任，承包商不能凭借图纸中的某些错误或遗漏来追究业主的责任。"投标人读到类似文字时，自然会想到业主或咨询工程师企图利用这样不公正的合同条件，将本应由业主或咨询工程师负责并承担费用的责任强加到承包商头上。

面对类似的情况，投标人采取的应对措施就是提出一个有条件的报价。有条件报价主要指下列两种做法：一是按正常情况作价，用文字说明附带一些条件。二是在正常报价的情况下，外加 15%～20% 的成本和费用，用这笔费用来应付可能出现的不测事件带来的损失，并说明，如果业主或咨询工程师同意修改合同条款或删除一些承包商不愿意接受的条件的话，投标人可以考虑降价。

这样，投标人可以在规定的时间前把标投出去，获得参与竞争的机会。又由于在投标文件中事先设立了条件，可以使自己免除或降低中标后项目实施的风险。

在评标阶段，投标人如能获得优先中标人（Prefered Bider or Prefered Candidate）资格的话，就有机会和业主及咨询工程师就合同签约进行谈判，也就有了讨价还价的机会。譬如，如能对合同条件进行一些修改，标价可降低。很少有这样的业主或咨询工程师，当他得知为了一些明显不合理的条款或苛刻条款，要付出高昂的代价时，仍然坚持保留这些条款的。

(4) 不平衡报价　不平衡报价法是指一个工程项目的投标报价，在总价基本确定后，如何调整内部各个子项目的报价，以期既不提高总价，不影响中标，又能在结算时得到更理想的经济效益。

一般可以在以下几个方面考虑采用不平衡报价法：

① 能够早日结账收款的子项目可以报得较高，以利资金周转，后期工程子项目可适当降低。

② 经过工程量核算，预计今后工程量会增加的子项目，单价适当提高，这样的最终结算时可多赚钱，而将工程量完不成的子项目单价降低，工程结算时损失不大。

③ 设计图纸不明确，估计修改后工程量要增加的，可以提高单价，而工程内容说不清楚的，则可降低一些单价。

④ 暂定项目。暂定项目又叫任意项目或选择项目，对这类项目要具体分析，因这一类子项目要开工后再由业主研究决策是否实施，由哪一定承包商实施。如果工程不分标，只由一家承包商施工，则其中肯定要做的暂定项目单价可高些，不一定做的则应低些。如果分标，该暂定项目也可能由其他承包商施工，则不宜报高价，以免抬高总报价。

⑤ 在单价包干混合式合同中，有某些子项目业主要求采包干报价时，宜报高价。

但不平衡报价一定要建立在对工程量仔细核对分析的基础上，特别是对于单价报得太低的子项目。不平衡报价一定要控制在合理幅度内（一般可在 10% 左右），以免引起业主反对，甚至导致废标。如果不注意，有时业主会挑出报价过高的项目，要求投标人进行单价分析，而仍围绕单价分析中过高的内容压价，以致承包商得不偿失。

(5) 多个标段项目的投标策略　多个标段的大型项目有两种情况，一种是若干标段同时招标，如一个大型水电站项目中按专业不同分为大坝土建、电力设备安装、输变电、道路等多个标段。另一种是由于业主资金筹措的原因和各标段设计完成时间原因，若干标段要在不同时间分别招标，如一条国家级公路项目，在数年之内分段招标实施。

在前一种情况下，业主和咨询工程师把一个大项目切成几个标段招标，是为了降低对投标人的要求，从而吸引更多的投标人参加投标，通过激励竞争达到降低造价的目的，同时也是为了找到更专业的承包商实施相应的项目。这时投标人要对工程项目的情况进行分析，尤其是对其他投标人的情况作出仔细分析，避免和真正的对手面对面竞争，找到一个或数个最有利的标段投标。业主和咨询工程师把数个标段授给同一个承包商的可能性极小。

对于后一种情况，中标第一段的承包商是最有利的，后面各段的标价往往会越来越低，这时投标人要有清醒的认识，对后续标段要么接受低价，要么不投标。因为这时投出高价是很难被业主接受的，而且会面临已在现场的承包商的竞争。当然，如果中标第一个标段的承包商实施失利，则对后来的投标人来说是绝好的机会，因为这时业主和咨询工程师可能会意识到是第一个标段的标价过低才导致承包商实施失利，业主可能会在下个标段接受较高的价格。

（6）高价竞标　很难说高价竞标是一个投标策略，但投标人在下列情况下使用高价竞标，能使投标人保持自己的声誉，保持和业主工程师的关系，或许真的能钓到一条大鱼。

① 项目是本地区很重要的项目，是投标人的特长，不参与这个项目的投标会引起业主对投标人的不当猜疑。

② 业主极力邀请投标人参加，投标人不参加时，将得罪业主，不利于以后拿标。

③ 投标人在当地已获得类似项目，资源一时调配不开，不愿意再中标新的工程，而又不能不参加投标时。

（7）先亏后盈法　有的承包商，为了打进某一地区，依靠国家、某财团或自身的雄厚资本实力，而采取一种不惜代价只求中标的低价投标方案。

应用这种方案的承包商必须有较好的资信条件，并且提出的施工方案也先进可行，同时要加强对公司情况的宣传，否则即使报价再低，业主也不一定选定。

如果其他承包商遇到这种情况，不一定和这类承包商硬拼，而力争第二、第三标，再依靠自己的经验和信誉争取中标。

（8）关于材料和设备　材料、设备在工程造价中常常占一半以上，对报价影响很大，因而在报价阶段对材料设备供应要十分谨慎。

① 询价时最好直接找生产厂家或直接受委托的代理。

② 国际市场各国货币币值在不断变化，要注意选择货币贬值国家的机械设备。

③ 建筑材料价格波动很大，因而在报价时不能只看眼前的建筑材料价格，而应调查了解和分析过去二三年内建材价格变化的趋势，决策采取几年平均单价或当时单价，以减少未来可能的价格波动引导起的损失。

（9）如何填"单价分析表"　有的招标文件要求投标人对工程量大的项目报"单价分析表"。投标时可将单价分析表中的人工费及机械设备费报得较高，而材料费算得较低。这主要是为了在今后补充项目报价时可以参考选用的已填报过的"单价分析表"中较高的人工费或机械设备费，而材料则往往采用市场价，因而可以获得较高的收益。

（10）联合保标法　在竞争对手众多的情况下，可采取几家实力雄厚的承包商联合起来控制标价，一家出面争取中标，再将其中部分转让其他承包商分包，或轮流相互保标。在国际上这种做法很常见，但是一旦被业主发现，极有可能被取消投标资格。

7.4　国际工程投标实例

本案例主要介绍投标报价的步骤和方法。

（1）工程简介　××年 CHBE 公司在 A 国首都近郊承包修建两个容积为 750 万加仑的

钢筋混凝土蓄水池，包括阀室、计量台、2km 长的铸铁管线以及水池库区内的市政工程、围墙工程等。钢筋均为环氧树脂涂层，水池底板、顶板和外墙的施工缝和伸缩缝采用橡胶止水带、止水帽及密封膏，工期为 20 个月。

（2）投标文件概要　政府投资，国际公开招标，采用 FIDIC《土木工程施工合同条件》（1987 年第 4 版）和英国 BS 技术规范。现场监理为英国咨询工程师。

（3）现场调查　该国政治稳定，其经济主要依靠石油业，比较富裕，硬通货币，可自由兑换；气候干燥，位于沙漠地带，地下水位高；海洋性气候，空气中含碱和氯，混凝土易被腐蚀。

（4）复核施工规划　对照图纸复核招标文件工程量表中的工程量，无出入。

（5）制定施工规划

① 主要是钢筋混凝土工程量，共 $3.5 \times 10^4 m^3$ 混凝土量，且钢筋带涂层。钢筋混凝土底板尺寸 5m×5m×1m，共计 704 块，水池尺寸长 110m，宽 82m。因此平面底板的吊装是个关键问题，为了降低报价，采用了凹字形倒退安装方案，只租赁一段时间的 50t 汽车吊车就可解决，避免了长期租用或购买大型塔吊而可能花费比较昂贵的费用。

② 水池周边的钢筋混凝土底板下部有三根斜桩、三根直桩，桩均为钢筋混凝土灌注桩，考虑地质较硬，桩数不多，调用国内打桩队伍不经济，决定分包给当地公司。

③ 鉴于地下水位较高，水池基础开挖的降水也分包给当地公司。

④ 由于该国商品混凝土工业比较发达，且价格较低，采用购买混凝土方式，可省去建立搅拌站和雇佣一部分管理和操作人员的费用。

⑤ 考虑市场上各种施工机械设备都能买到或租到，工期较短，大型设备采用当地租赁方式。

⑥ 市场上外籍劳工比较充裕，且适应当地情况，能吃苦，技术熟练程度比较高，价格低，基本考虑在当地雇佣工人。

（6）计算工、料、机单价

① 人工单价。全部采用当地外籍劳工，当地一般熟练工月工资为 250 美元，施工机械司机工资为 350 美元（计入施工机械台班费）。考虑到施工期间（20 个月）工资上升系数 10% 以及招募费、保险费、各类规定的附加费和津贴、劳动保护等，增加一个 15% 的系数，故工日基价为：一般熟练工 250×1.25÷25＝12.5 美元/工日，按照施工进度计划和劳务用工计算出用工总数，折成熟练工 154560 工日。

② 材料单价。根据考察，钢筋、防水材料、铸铁管需要进口，其他建材都可从当地市场采购。不论什么来源，统一折算为施工现场价格，并分项列出各种材料单价表。

③ 施工机械台班单价。项目大部分设备，如反铲、装载机、25t 汽车吊、叉车、切割机、弯曲机等是从本公司其他工地转过来的二手设备，考虑到都是用过多年的设备，决定一次摊销机械设备的台班费，计算公式为：

台班单价＝（基本折旧费＋安装拆卸费＋维修费＋机械保险费）/总台班数
　　　　　＋机上人工费＋燃料动力费

台班中各项参数取值，各公司均有自己的定额和取值数。

本例中：

基本折旧费＝（二手机械设备值－余值）×折旧率

由于考虑一次摊销完，余值为零，则折旧率 100%，因此

基本折旧费＝二手机械设备值

安装拆卸费按从本公司其他工地调遣过来所需要花费的实际费用计算，如装卸费、运输费等。

维修费＝二手机械设备值×年维修金比率×工期/12，年维修金比率 10%

机械保险费＝二手机械设备值×机械投保比例×年保险费率×保险期限（按年计），机械投保比例取 50%，年保险费率为 1%

机上人工费＝定员×月劳务费÷每月工作班数＝定员×350×1.25÷每月工作班数，本项目每天工作一班，应除以 25.5

燃料动力费＝设备额定功率×每台班工作小时数×燃料额定值×油耗利用系数×燃料油单价，油耗利用系数 0.5

总台班数：一年 12 个月每月按 25.5 天计，每天工作一班，机械利用率为 80%，则有：12×25.5×1×0.8＝244.8 天，按 250 台班/每年计。

本项目工期 20 个月，总台班数为 250×20÷12＝416.7。台班有些短期使用的大型吊车、推土机等当地租赁设备，台班费应适当增加管理费（如 5%）。

（7）计算分项工程直接费　算出了人工、材料、设备单价后，根据当地施工经验，参照国内相关定额调高 30%（30% 是个经验数，具体项目还要按照本公司及本项目施工队伍管理水平、技术水平具体分析），然后按照招标文件中工程量表分子项计算，汇总得出自己施工项目直接费。

（8）分包价格计算　根据当地情况和经验，部分专业施工项目分包给当地承包公司比较合适。本案例中有以下项目分包，价格使用实际分包商报价乘以管理费系数 1.1：①打桩工程——钢筋混凝土灌注桩；②仓库装修工程；③无线电工程；④临时道路；⑤市政工程。

（9）计算间接费

根据当地情况和间接费内容分项一一计算。

① 投标开支费用。包括：购买招标文件费，实际开支 1200 美元；投标差旅费，投标时国内派出 10 人次共三个星期在当地考察做标，按每人开支 1000 美元，1000×10 人＝10000 美元；投标文件编制费，实际计算开支 2000 美元。合计 13200 美元。

② 保函手续费。招标文件规定，投标保函为投标价的 2%；履约保函为合同价的 10%（两年）；维修保函为合同价的 5%（一年）；招标文件规定没有预付款。A 国为自由海关，临时进口设备，关税保函只交少量手续费 2000 美元，初步估算合同总值为 1800 万美元，银行开保函的手续费按 0.35% 计。保函手续费总值为：18000000×（2%＋10%＋5%）×0.35%＋2000＝12710 美元。

③ 保险费。招标文件要求承包商要投保工程一切险，要求第三方责任保险的投保金额为 100 万美元，当地保险费率为 0.24%。

$$（18000000＋100000）×0.24%＝45600 美元$$

④ 税金。根据当地税收要求合同税金 18000000×3.3%＝594000 美元

⑤ 经营业务费。包括以下内容：

a. 代理佣金，按合同中的代理合同条款规定，支付合同总价的 1.5%，应支付 18000000×1.5%＝27000 美元。

b. 业主和咨询工程师费用：现场人员 4 名，平均每人每月需开支 3000 美元（包括加班费、办公费、水、汽油等）。3000×4×20＝240000 美元。

c. 法律顾问费。本公司当地办事处常年雇用一名律师，每月支付 800 美元，考虑诉讼

不会太多，出庭另按标准付费。由于办事处有三个项目，每个项目按 1/3 分摊 800×1/3×20＝5333 美元；预计出庭费 5000 美元，合计支付法律顾问费 10333 美元。

⑥ 临时设施费。临时设施包括住房、办公室、食堂会议室等，共需 20 栋活动房屋，平均每栋 2000 美元，折旧 50%，使用费为 1000 美元。仓库、车间等 $1×10^4\text{m}^3$，按每平方米 5 美元计算共计 5 万美元。

⑦ 贷款利息。周转资金向总部借贷 250 万美元，年利率 12%，贷款期限 20 个月，贷款利息为：2500000×12%÷12×20＝500000 美元。

（10）施工管理费

① 管理人员和后勤人员共 26 人，每人按 20 个月计算。

国内工资为每人每月 26.137 美元

国内工资 26.137×26×20＝13591 美元

置装费，每人 117 美元 117×26＝3042 美元

往返机票，每人 1726 美元 1726×26＝44876 美元

国外固定工资（公司采用国外工资制，分 A、B、C…共六个级别）A 级 1 人，250×1＝250 美元/月；B 级 3 人，235×3＝705 美元/月；C 级 10 人，225×10＝2250 美元/月；D 级 9 人，205×9＝1845 美元/月；E 级 1 人，200×1＝200 美元/月；F 级 2 人，130×2＝260 美元/月，合计 26 人 5510×20＝110200 美元。

国外加班费，平均每人每月 40 美元，40×26×20＝20800 美元

现场津贴，每人每天 2 美元，2×25.5×26×20＝26520 美元

奖金，每人每月平均 50 美元，50×26×20＝26000 美元

人员其他费用集体签证费，包括劳动局、移民局申请费用，每人 38 美元，38×26＝988 美元；入境手续费，包括体检、劳动合同、劳工卡、居住证等，每人 72 美元，72×26＝1872 美元；离境手续费，包括有关手续费每人 27.4 美元，27.4×26＝712 美元；出国前办理护照费用，每人 4 美元，4×26＝104 美元，管理人员和后勤人员费用共计 248705 美元。

② 办公费，包括各种办公用品、日常用文具、信封、纸张等，共计 8240 美元。

③ 通信水电费，包括通信费 23240 美元、水电费 17786 美元。

④ 差旅交通费，共计 130000 美元。

⑤ 医疗费，每人按 110 美元计，110×26＝2860 美元。

⑥ 劳动保护，包括：高温补贴，每人每月 14.7 美元，14.7×26×20＝7644 美元；劳动工作服、鞋，每人按 30 美元计，30×26＝780 美元。

⑦ 生活用品购置费，包括炊具、卧具、冰箱、卫生间用品等共计 20320 美元。

⑧ 固定资产使用费，统一折旧取 50%，维修费率为 20%。

a. 车辆 5 部，每部原值 10000 美元，使用费 5×10000×0.7＝35000 美元

b. 生活和管理设施，包括复印机、计算机、空调、办公桌椅、电视、录像机等共计 30900 美元。

⑨ 交际费，取合同总价的 2%，18000000×2%＝360000 美元。

合计：施工管理费为 885475 美元。

综合以上，计算出直接费 A＝自营直接费＋分包费＝13015270.9 美元。

间接费 B＝2641318 美元。得出间接费率 b＝B/A＝2641318/13015270＝20.29%

（11）上级管理费，按公司规定上缴 4%，即 688204 美元。

（12）盈余 盈余是考虑风险费（不可预见费）和预计利润。由于公司的发展经营策略是要力争拿下此项目。其原因是利用临近项目已完成的工程剩余下来的机械设备和管理人

员，以及考虑继续占领市场。并考虑到由于市场竞争非常激烈，施工风险又不是很大，因此决定此费率只取 5%（一般 7%～15%）。

（13）单价分析　对招标文件工程量表中每一个子项逐项作单价分析表，算出每一分项工程的价格，然后进行单价分析研究，主要是看采用的定额是否合理，每个分项工程算出的单价是否符合当地情况，是否具有竞争力进行分析研究。

（14）汇总投标价　将上述所有单价分析表中的价格汇总，即可得出首轮的总投标价，用这个总价再复算各项间接费的待摊费用。特别是对那些与总价关系较大的待摊费用要进行复算，例如保险费率、佣金、税收、贷款利息以及不可预见费和预计利润等。制作总投标书前再根据各方面得到的具体情况，对待摊比例进行调整。

（15）投标价分析　为使公司的决策者拍板确定最终投标价格，报价小组要整理出供领导决策使用的工程投标价格构成表。向公司领导决策者汇报时，还要对材料取费、机械设备取费、竞争对手情况进行分析，以便把投标价最后确认下来。

工程投标价构成一览表见表 7-4。

表 7-4　工程投标价构成一览表

序号	工程投标价构成		金额/美元	比重/%
1	人工费		1932000	11.23
2	材料费		8774705	51.00
3	施工机械费		799475	4.65
	其中	自有机械费	666268	3.87
		当地租赁费	133207	0.77
4	分包费		1509090.9	8.77
	其中	打桩工程	330136	1.92
		仓库装修	59726	0.35
		无线电工程	61917	0.36
		临时道路	4274	0.02
		市政工程	1053037.9	6.12
	直接费用小计		13015270.9	75.65
	间接费用		2641318	15.35
5	其中	投标开支费	13200	0.08
		保函手续费	12710	0.07
		保险费	45600	0.27
		税金	594000	3.45
		经营业务费	520333	3.02
		临时设施	70000	0.41
		贷款利息	500000	2.91
		施工管理	885475	5.15
6	上级管理费及代理费		688204	4.00
7	风险和利润		860255	5.00
	工程总报价		17205048	100.00

思考题

1. 国际招投标与国内招投标的区别有哪些？
2. 国际工程招标的方式有哪些？
3. 影响国际工程招标的因素有哪些？
4. 影响国际工程投标决策的影响因素有哪些？
5. 国际工程投标有哪些策略和技巧？

第 8 章

环境工程项目结算和竣工决算

环境工程项目一般建设周期较长，土建工程需要大量的施工材料和人工。为保证工程的顺利进行，建设单位会交付承包单位工程预付款和工程进度款。另外环境工程项目投资总额大，而且大部分是使用国有资金、国家融资、国际组织和外国政府资金投资，因此做好环境工程项目价款结算和竣工决算非常重要。本章围绕如何做好项目结算及竣工决算展开讨论。

8.1 工程预付款

8.1.1 概述

8.1.1.1 工程预付款的概念

工程预付款又称材料备料款或材料预付款。它是发包人为了帮助承包人解决工程施工前期资金紧张的困难而提前给付的一笔款项。它是施工准备和所需材料、结构件等流动资金的主要来源，国内习惯上又称为预付备料款。预付款相当于建设单位给施工企业的无息贷款。

工程是否实行预付款，取决于工程性质、承包工程量的大小以及发包人在招标文件中的规定。工程实行预付款的，合同双方应根据合同通用条款及价款结算办法的有关规定，在合同专用条款中约定并履行。

预付款与材料供应方式相关联。

① 包工包全部材料工程：预付备料款数额确定后，建设单位把备料款一次或分次付给施工企业。

② 包工包地方材料工程：需要确定供料范围和备料比重，拨付适量备料款，双方及时结算。

③ 包工不包料的工程：建设单位不需预付备料款。

预付款的有关事项，如数量、支付时间和方式、支付条件、偿还（扣还）方式等，应在施工合同条款中具体明确规定。承包企业从建设单位取得工程预付款属于企业筹资中的商业信用筹资。

8.1.1.2 工程预付款的特点

预付款是一种支付手段，其目的是解决合同一方周转资金短缺。预付款不具有担保债的履行的作用，也不能证明合同的成立。收受预付款一方违约，只需返还所收款项，而无须双倍返还。此外，法律对预付款的使用有严格规定，当事人不得任意在合同往来中设置预付款项。

① 预付款的数额没有任何限制。

② 预付款为主合同给付的一部分，当事人关于预付款的约定，具有诺成性，不以实际

交付为生效要件。

③ 预付款为价款一部分先付，在性质上仍属清偿。

④ 预付款无双向或单向担保的效力，当事人不履行合同而致合同解除时，预付款应当返还。各方的违约责任通过合同约定的其他条款来定，如果没有约定违约责任的，一般不承担违约责任。

8.1.1.3　工程预付款的目的

预付款是一种支付手段，其目的：

① 解决合同一方周转资金短缺。

② 作为合同履行的诚意。

8.1.1.4　工程预付款与定金的区别

预付款与定金是两个不同的概念，不能混淆。定金是指合同当事人约定一方在合同订立时或在合同履行前预先给付对方一定数量的金钱，以保障合同债权实现的一种担保方式。预付款与定金具有某些相同之处，但两者的性质根本不同，其区别表现在以下几个方面。

（1）性质不同　定金是定金合同的主要内容，交付或接受定金，本身不是履行主债的义务，而是债的担保方式，是履行定金合同的行为，而预付款则是主合同的内容之一，给付预付款是履行主债的行为。

（2）作用不同　预付款的作用在于帮助对方解决资金上的困难，使之更有条件适当履行合同，具有支援性；定金虽然也有这一作用，但是主要作用还在于担保合同的履行。此外，定金在合同是否成立发生争议时，还可以起到证明合同成立的作用；而预付款则没有担保和证约的作用。

（3）效力不同　预付款在合同正常履行的情况下，成为价款的一部分，在合同没有得到履行的情况下，不管是给付一方当事人违约，还是接受方违约，预付款都要原数返回。

定金则不同，在合同得到履行时，定金是收回还是抵作价款，要根据双方当事人的约定来确定，并非一定抵作价款。在不履行合同的情况下，给付定金的一方不履行债务时，无权要求返还定金；接受定金的一方不履行债务的，应当双倍返还定金，定金具有违约惩罚性，而预付款则没有。

（4）支付方式不同　定金一般是一次性支付，交付定金后，定金合同方可成立。预付款可以一次性支付，也可以是分期支付。

（5）适用范围不同　定金在合同中运用广泛，不仅适用于以金钱履行义务的合同，也可以适用于其他有偿合同。而预付款一般只能适用于以金钱履行义务的合同。

8.1.2　工程预付款结算规定

工程预付款结算应符合下列规定。

① 包工包料工程的预付款按合同约定拨付，原则上预付比例不低于合同金额的10%，不高于合同金额的30%，对重大工程项目，按年度工程计划逐年预付。计价执行《建设工程工程量清单计价规范》（GB 50500—2003）的工程，实体性消耗和非实体性消耗部分应在合同中分别约定预付款比例。

② 在具备施工条件的前提下，发包人应在双方签订合同后的一个月内或不迟于约定的开工日期前的 7 天内预付工程款，发包人不按约定预付，承包人应在预付时间到期后 10 天内向发包人发出要求预付的通知，发包人收到通知后仍不按要求预付，承包人可在发出通知 14 天后停止施工，发包人应从约定应付之日起向承包人支付应付款的利息（利率按同期银行贷款利率计），并承担违约责任。

③ 预付的工程款必须在合同中约定抵扣方式，并在工程进度款中进行抵扣。

④ 凡是没有签订合同或不具备施工条件的工程，发包人不得预付工程款，不得以预付款为名转移资金。

8.1.3 工程预付款的拨付

预付款的额度，由合同双方商定，但工程预付款的最高额度不超过合同金额（扣除暂列金额）的 30%。在合同中明确预付备料款计算的理论公式：

$$预付备料款＝合同价款×预付备料款额度$$

$$备料款数额＝全年施工工作量×主材所占比重÷年施工日历天×材料储备天数$$

备料款的数额，要根据工程类型、合同工期、承包方式和供应方式等不同条件而定，一般环境工程不应超过工作量（包括水、电、暖）的 30%，安装工程不应超过工作量的 10%。

8.1.4 工程预付款的扣还

备料款属于预付性质，施工的后期所需材料储备逐步减少，需要以抵充工程价款的方式陆续扣还。施工合同中应约定起扣时间和比例。

(1) 按公式计算起扣点和抵扣额　原则：当未完工程和未施工工程所需材料的价值相当于备料款数额时起扣。每次结算工程价款时，按材料比重扣抵工程价款，竣工前全部扣清。

$$起扣点＝承包合同总合同额－工程预付款数额÷主要材料和构件所占总价款的比重$$

$$未完工程需主材总值＝未完工程价值×主要材料比重＝预付备料款$$

$$未完工程价值＝预付备料款÷主要材料比重$$

$$起扣时已完工程价值＝合同总值－未完工程价值$$

应扣还的预付备料款，按下列公式计算：

$$第一次扣抵额＝(累计已完工程价值－起扣时已完工程价值)×主材比重$$

$$以后每次扣抵额＝每次完成工程价值×主材比重$$

例：某工程合同价款为 300 万元，主要材料和结构件费用为合同价款的 62.5%。合同规定预付备料款为合同价款的 25%。则：

$$预付备料款＝300×25\%＝75 万元$$

$$起扣点＝300－75÷62.5\%＝180 万元$$

即：当累计结算工程价款为 180 万元时，应开始抵扣备料款。此时，未完工程价值为 120 万元。所需主要材料费为 $120×62.5\%＝75$ 万元，与预付备料款相等。

(2) 按合同规定办法扣还备料款　例如：规定工程进度达到 60%，开始抵扣备料款，扣回的比例是按每完成 10% 进度，扣预付备料款总额的 25%。

(3) 工程最后一次抵扣备料款　适合于造价低、工期短的简单工程。

备料款在施工前一次拨付，施工过程中不分次抵扣。当备料款加已付工程款达到 95% 合同价款（即留 5% 尾款）之时，停止支付工程款。

8.2　工程进度款

8.2.1 工程进度款的概念

工程进度款是指在工程项目开工后，施工企业按照施工进度和施工合同的规定，按逐月

（或形象进度、或控制界面等）完成的工程量为依据计算各项费用，向建设单位办理结算的工程价款。一般在月初结算上月完成的工程进度款。

工程预付款与进度款是有区别的。预付款是承包人在没有施工产值的情况下，支付给承包人用于本工程施工准备的启动款项。工程进度款是承包人已经完成的施工产值，根据合同约定的付款比例，支付给承包人用于保证后续正常施工的款项工程进度款是承包人已经完成的施工产值，根据合同约定的付款比例，支付给承包人用于保证后续正常施工的款项。

8.2.2 工程进度款的计算

工程进度款的计算，主要涉及两个方面：一是工程量的计量 [参见《建设工程工程量清单计价规范》（GB 50500—2008）]；二是单价的计算方法。

单价的计算方法，主要根据由发包人和承包人事先约定的工程价格的计价方法决定。目前我国工程价格的计价方法可以分为工料单价和综合单价两种方法。二者在选择时，既可采取可调价格的方式，即工程价格在实施期间可随价格变化而调整，也可采取固定价格的方式，即工程价格在实施期间不因价格变化而调整，在工程价格中已考虑价格风险因素并在合同中明确了固定价格所包括的内容和范围。

可调工料单价法将人工、材料、机械再配上预算价作为直接成本单价，其他直接成本、间接成本、利润、税金分别计算。因为价格是可调的，其人工、材料等费用在竣工结算时按工程造价管理机构公布的竣工调价系数或按主材计算差价，或主材用抽料法计算，次要材料按系数计算差价而进行调整；固定综合单价法是包含了风险费用在内的全费用单价，故不受时间价值的影响。由于两种计价方法的不同，因此工程进度款的计算方法也不同。

工程进度款的计算当采用可调工料单价法计算工程进度款时，在确定已完工程量后，可按以下步骤计算工程进度款：

① 根据已完工程量的项目名称、分项编号、单价得出合价。

② 将本月所完全部项目合价相加，得出直接工程费小计。

③ 按规定计算措施费、间接费、利润。

④ 按规定计算主材差价或差价系数。

⑤ 按规定计算税金。

⑥ 累计本月应收工程进度款。

用固定综合单价法计算工程进度款比用可调工料单价法更方便、省事，工程量得到确认后，只要将工程量与综合单价相乘得出合价，再累加即可完成本月工程进度款的计算工作。

8.2.3 工程进度款结算与支付规定

工程进度款结算与支付应当符合下列规定。

（1）工程进度款结算方式

① 按月结算与支付。即实行按月支付进度款，竣工后清算的办法。合同工期在两个年度以上的工程，在年终进行工程盘点，办理年度结算。

② 分段结算与支付。即当年开工、当年不能竣工的工程按照工程进度划分不同阶段支付工程进度款，具体划分在合同中明确。

（2）工程量计算

① 承包人应当按照合同约定的方法和时间，向发包人提交已完工程量的报告。发包人接到报告后14天内核实已完工程量，并在核实前1天通知承包人，承包人应提供条件并派人参加核实，承包人收到通知后不参加核实，以发包人核实的工程量作为工程价款支付的依

据。发包人不按约定时间通知承包人，致使承包人未能参加核实，核实结果无效。

② 发包人收到承包人报告后 14 天内未核实完工程量，从第 15 天起，承包人报告的工程量即视为被确认，作为工程价款支付的依据，双方合同另有约定的，按合同执行。

③ 对承包人超出设计图纸（含设计变更）范围和因承包人原因造成返工的工程量，发包人不予计量。

（3）工程进度款支付

① 根据确定的工程计量结果，承包人向发包人提出支付工程进度款申请，14 天内，发包人应按不低于工程价款的 60%，不高于工程价款的 90% 向承包人支付工程进度款。按约定时间发包人应扣回的预付款，与工程进度款同期结算抵扣。

② 发包人超过约定的支付时间不支付工程进度款，承包人应及时向发包人发出要求付款的通知，发包人收到承包人通知后仍不能按要求付款，可与承包人协商签订延期付款协议，经承包人同意后可延期支付，协议应明确延期支付的时间和从工程计量结果确认后第 15 天起计算应付款的利息（利率按同期银行贷款利率计）

③ 发包人不按合同约定支付工程进度款，双方又未达成延期付款协议，导致施工无法进行，承包人可停止施工，由发包人承担违约责任。

8.3 工程竣工结算

8.3.1 工程竣工结算的概述

工程竣工结算是指承包企业按照合同规定的内容全部完成所承包的工程，经验收质量合格，并符合合同要求之后，按照规定程序向建设单位办理最终工程款结算的一项经济活动。竣工结算是一种动态的计算，是按照工程实际发生的量与金额来计算的。竣工结算工程价款 = 预算或合同价款 + 调整数额 − 预付款 − 已结算工程价款 − 保修金。工程竣工结算分为单位工程竣工结算、单项工程竣工结算和建设项目竣工总结算。

竣工结算的作用：竣工结算是承包企业与建设单位结清工程费用的依据；经审查的工程竣工结算是核定建设工程造价的依据，也是建设项目竣工验收后编制竣工决算和核定新增固定资产价值的依据。

8.3.2 工程竣工结算的原则

建设工程竣工结算不仅是核定工程造价的依据，也是核定新增固定资产的依据，更是承包商最终利益的体现。因此，竣工结算涉及了业主、承包商双方的经济利益。承发包人之间进行工程项目竣工结算，必须遵循以下基本原则。

（1）先验收后结算　任何工程项目的竣工结算，必须在该工程项目按规定的程序和要求，经正式竣工验收通过后才能进行竣工结算。任何未经正式竣工验收通过或工程质量验收不合格的，一律不得办理竣工结算。对于竣工验收过程中提出的问题，未经整改达到设计或合同要求，或整改后验收仍不合格的，也不能办理竣工结算。

（2）守法纪负责任　工程项目竣工结算的各方，应共同遵守国家有关法律、法规、政策方针和各项规定，要依法办事。要坚持实事求是的原则，对工程项目负责，对投资主体的利益负责。

（3）重合同讲信用　合同是工程竣工结算最直接、最主要的依据，应全面履行工程合同条款，包括双方根据工程实际情况共同确认的补充条款，强调合同的严肃性。

（4）先支付后移交　在工程项目竣工验收通过的基础上办理竣工结算，经过竣工结算并按规定支付最终结算工程款后进行工程点交，并保证交付的实物固定资产及相关的竣工资料文件必须符合规定要求。

8.3.3　工程竣工结算的程序

办理工程项目竣工结算，应按一定的程序进行。由于工程项目的施工周期大多比较紧张，跨年度的工程又多，且多数情况下作为一个项目的整体可能包括很多单位工程，涉及面广。因此在实际工作中，竣工结算一般以单位工程为基础，特殊的项目也可以分部工程为基础完成一项，结算一项，直至项目全部完成为止。竣工结算的一般程序如下。

① 对竣工结算的对象工程进行全面认真的清点，备齐结算依据和资料。

② 对原招标文件、投标报价的工程量、单价及其计算数据进行检查核对，避免竣工结算漏项和计算错误的产生。

③ 对发包人要求扩大的施工范围和由于设计修改、工程变更、现场签证等引起的增减账应进行检查核对无误后，分别归入相应的单位工程结算书。

④ 将各个专业的单位工程结算，分别按所属单项工程进行汇总，编制单项工程综合结算书。

⑤ 将各个单项工程汇总成整个竣工项目的竣工结算书。

⑥ 编写竣工结算书编制说明，内容主要为结算的工程范围，结算内容，存在的问题以及其他必须说明的事宜。

⑦ 复写、打印或复印竣工结算书，经承包企业相关部门批准后，送建设单位审查签认。

8.3.4　工程竣工结算编制

单位工程竣工结算由承包人编制；实行总承包的工程，由具体承包人编制；单项工程竣工结算或建设项目竣工总结算由总承包人编制。

承包人应在合同约定期限内完成项目竣工结算编制工作，未在规定期限内完成的并且无法提出正当理由延期的，责任自负。

8.3.4.1　工程竣工结算的编制依据

工程承包合同与已经核查的原施工图预算；工程竣工报告和工程验收单；设计变更图、通知书、技术洽谈与现场施工记录；现行预算定额、地区人工工资标准、材料预算价格、材料调价凭证及费用标准等有关文件；工程签证凭证、工程价款结算凭证及其他有关资料等。

8.3.4.2　工程竣工结算的方式

工程竣工结算方式可分为以下三种。

① 以合同价或投标报价为基础编制竣工结算。这种方式是以合同价或投标报价为基础，以施工中实际发生而原投标报价中并未包含的增减工程项目和工程量变化签证为依据，在竣工结算中一并进行调整而成。

② 以平方米造价指标为基础编制竣工结算。这是承发包双方根据预定的环境工程土建工程图纸及有关资料，确定了固定的平方米造价。工程竣工结算时，按已完成的平方米数量进行结算。

③ 以包干造价为基础编制竣工结算。此种方式是指按投标报价加包干系数为基础编制竣工结算。根据施工承包合同规定，如果不发生包干范围以外的工程增减项目，包干造价就是最终竣工结算造价，因而也无须编制竣工结算书，只需根据设计部门的"设计变更通知书"编制"设计变更增（减）项目预算表"，纳入工程竣工结算即可。

8.3.4.3　工程竣工结算的编制内容

（1）工程量增减调整　这是编制工程竣工结算的主要部分，即所谓量差，就是说所完成的实际工程量与施工图预算工程量之间的差额。量差主要表现为：

① 设计变更和漏项。因实际图纸修改和漏项等而产生的工程量增减，该部分可依据设计变更通知书进行调整。

② 现场工程更改。实际工程中施工方法出现不符、基础超深等均可根据双方签证的现场记录，按照合同或协议的规定进行调整。

③ 施工图预算错误。在编制竣工结算前，应结合工程的验收和实际完成工程量情况，对施工图预算中存在的错误予以纠正。

（2）价差调整　工程竣工结算可按照地方预算定额或基价表的单价编制，因当地造价部门文件调整发生的人工、计价材料和机械费用的价差均可以在竣工结算时加以调整。未计价材料则可根据合同或协议的规定，按实调整价差。

（3）费用调整　由于工程量的增减会影响直接费用的变化，其间接费用、计划利润（或法定利润）和税金也应作相应调整。属于工程数量的增减变化，需要相应调整建安工程费的计算；各种材料价差不能列入直接费用和作为间接费用的调整基数，但可作为工程预算成本，也可作为调整利润和税金的基数费用；其他费用，例如因建设单位的原因发生的窝工费用、机械进出场费用等，应一次结清，分摊到结算的工程项目之中；施工现场使用建设单位的水电费用，应在竣工结算时按有关规定付给建设单位。

8.3.5　工程竣工结算的审查

竣工结算编制后，要按照一定的程序，进行审查确认才能生效。发包人在收到承包人提出的竣工结算书后，由发包人或委托具有相应资质的工程咨询代理单位审查（政府投资项目，由同级财政部门审查），并按合同约定的时间提出审查意见，作为办理竣工结算的依据。

工程竣工结算审查有时限要求，发包人应按表 8-1 规定的时限进行核对，并提出审查意见。

表 8-1　工程竣工结算审查时限

工程竣工结算报告金额	审查时间
500 万元以下	从接到竣工结算报告和完整的竣工结算资料之日起 20 天
500 万～2000 万元	从接到竣工结算报告和完整的竣工结算资料之日起 30 天
2000 万～5000 万元	从接到竣工结算报告和完整的竣工结算资料之日起 45 天
5000 万元以上	从接到竣工结算报告和完整的竣工结算资料之日起 60 天

建设项目竣工总结算在最后一个单项工程竣工结算审查确认后 15 天内汇总，送发包人后 30 天内审查完成。

竣工结算审查的目的在于保证结算的合法性和合理性，正确反映工程所需的费用。特别是政府、国有企业、事业单位的投资项目只有经审查的竣工结算通过后才具有合法性并趋向合理，才能得到正式的确认，从而成为发包人支付款项的有效凭证。

8.3.5.1　工程竣工结算的审查方法

竣工结算审查有全面审查法、重点审查法、经验审查法、对比审查法、现场审查法、统筹审查法、快速审查法、分组计算审查法、利用手册审查法等。其中主要的审查方法有以下三种：

① 重点审查法：选择建设项目中工程量大、单价高，对工程造价影响大的单位工程、

分部工程进行重点审查的方法，主要审查材料用量、单价是否正确，人工单价、机械台班是否合理。

② 现场审查法：对施工现场直接考察的方法，以观察现场工作人员及管理活动，检查工程进度、所用的材料质量是否符合设计要求。

③ 对比审查法：用已建成的结算或未建成但已经审查修正的工程计算对比审查拟建的类似工程计算的方法。

8.3.5.2 工程竣工结算的审查内容

工程竣工结算审查是竣工结算阶段的一项重要工作。审查工作通常由发包人、监理公司或审计部门把关进行。审查内容主要有以下几方面。

① 核对合同条款。主要针对工程竣工是否验收合格，竣工内容是否符合合同要求，结算方式是否按合同规定进行，套用定额、计费标准、主要材料调差等是否按约定实施等进行审查。

② 审查隐蔽资料和有关签证等是否符合规定要求。

③ 审查设计变更通知是否符合手续程序，加盖公章。

④ 根据施工图核实工程量。

⑤ 审核各项费用计算是否准确。主要从费率、计算基础、价差调整、系数计算、计费程序等方面着手进行。

审查的关键点如下。

① 工程承包合同工作内容完善：特别是直接与工程造价相关联的项目，据此审查，计算费用。

② 审查工程量计算是否正确：必须依据竣工图的内容和结算编制程序重新编制计算，并与预算（合同工程量）比较，找出差异，摸清问题，从而达到控制造价的目的。

③ 材料价格和设备调整：参照合同调价文件，对大宗材料审核进行分析。

④ 审核定额的选用和费用计算：特别是审核在清单计价下选用定额子目的正确性，正确取费，独立费用计算。

8.3.6 工程竣工结算款的支付

建设工程施工合同（示范文本）对工程竣工结算款的支付，有如下规定：

① 工程竣工验收报告经发包人认可后 28 天内，承包人向发包人递交竣工结算报告及完整的结算资料，双方按照协议书约定的合同价款及专用条款约定的合同价款调整内容，进行工程竣工结算。

② 发包人收到承包人递交的竣工结算报告和结算资料后 28 天内进行核实，给予确认或提出修改意见。发包人确认竣工结算报告后通知经办银行向承包人支付竣工结算价款。承包人收到竣工结算价款后 14 天内将竣工工程交付发包人。

③ 发包人收到承包人递交的竣工结算报告和结算资料后 28 天内，无正当理由不支付工程竣工结算价款，从第 29 天起按承包人同期向银行贷款利率支付拖欠工程价款的利息，并承担违约责任。

④ 发包人收到竣工结算报告及结算资料后 28 天内不支付工程竣工结算价款，承包人可以催告发包人支付结算价款。发包人在收到竣工结算报告及结算资料后 56 天内仍不支付的，承包人可以与发包人协议将该工程折价，也可以由承包人申请人民法院将该工程依法拍卖，承包人就该工程折价或者拍卖的价款优先受偿。

⑤ 工程竣工验收报告经发包人认可后 28 天内，承包人未能向发包人递交竣工结算报告

及完整的结算资料,影响竣工结算与价款支付的正常进行,发包人要求交付工程的,承包人应当交付。发包人不要求交付工程的,由承包人承担保管责任。

⑥ 发包人承包人对工程竣工结算价款发生争议时,按关于争议的约定处理。

在办理工程竣工结算的实际工作中,当年开工,当年竣工的项目,一般实行全部工程竣工后一次结算。跨年施工项目,应按合同约定,根据工程形象进度实行分段结算。工程实行总承包的;总包人将工程部分或专业分包给其他分包人,其工程价款的结算由总包人统一向发包按规定办理。

8.4 工程竣工决算

8.4.1 竣工决算概述

8.4.1.1 竣工决算的概念

竣工决算是建设工程从筹建到竣工投产全过程中发生的所有实际支出,包括设备工器具购置费、建筑安装工程费和其他费用等。竣工决算是建设工程经济效益的全面反映,是项目法人核定各类新增资产价值、办理其交付使用的依据。通过竣工决算,一方面能够正确反映建设工程的实际造价和投资结果;另一方面可以通过竣工决策与概算、预算的对比分析,考核投资控制的工作成效,总结经验教训,积累技术经济方面的基础资料,提高未来建设工程的投资效益。

8.4.1.2 竣工决算的作用

(1) 为加强建设工程的投资管理提供依据 建设单位项目竣工决算全面反映出建设项目从筹建到竣工交付使用的全过程中各项费用实际发生数额和投资计划执行情况,通过把竣工决算的各项费用与设计概算中的相应费用指标对比,得出节约或超支情况,分析原因,总结经验和教训,加强管理,提高投资效益。

通过竣工验收和竣工决算,检查落实是否以达到设计要求,有没有提高技术标准或扩大建设规模的情况;通过各项实际完成货币工作量的分析来检查有无不合理的开支或违背财经纪律和投资计划的情况;竣工决算还应对其他费用的开支分析有没有超出标准规定,对于临时设施、占地、拆迁以及新增工程都应认真地进行核对。

(2) 为设计概算、施工图预算和竣工决算提供依据 设计概算和施工图预算是在施工前,在不同的建设阶段根据有关资料进行计算,确定拟建工程所需的费用。而建设单位所确定的建设费用,是建设工程实际支出的费用。通过对比,能够直接反映出固定资产投资计划完成情况和投资效果。

(3) 为竣工验收提供依据 在竣工验收之前,建设单位向主管部门提出验收报告,其中主要组成部分是建设单位编制的竣工决算文件。审查竣工决算文件中的有关内容和指标,为建设项目验收提供依据。

(4) 为确定建设单位新增固定资产价值提供依据 在竣工决算中,详细地计算了建设项目所有的建安费、设备购置费、其他工程建设费等新增固定资产总额及流动资金,可作为建设主管部门向企业使用单位移交财产的依据。

(5) 竣工决算为环境工程基本建设技术经济档案,为环境工程定额修订提供资料和依据。

竣工决算要反映主要工程全部数量和实际成本、工程总造价,以及从开始筹建至竣工为止全部资金的运用情况和工程建成后新增固定资产和流动资产价值。在工程决算中对已完工程的人工、材料、机械台班消耗都要作必要的计算和分析；对其他费用的开支也应分析测算；人工、材料、机械台班的消耗水平和其他费用的开支额度除了能够反映本工程的情况外，还可以作为以后定额修订和各项费用开支标准的编制做参考。

某些工程项目由于改进了施工方法，采用了新技术、新工艺、新设备、新结构，降低了材料消耗，提高了劳动生产率，降低成本。通过决算资料的分析和积累，就可为以后编制新定额或补充定额提供必要的数据。

8.4.1.3 竣工决算与竣工结算的区别

竣工决算与竣工结算的区别见表 8-2。

表 8-2　竣工决算与竣工结算的区别

区别项目	工程竣工结算	工程竣工决算
编制单位及其部门	承包方的预算部门	项目业主的财务部门
内容	承包方承包施工的建筑安装工程的全部费用。它最终反映承包方完成的施工产值	建设工程从筹建开始到竣工交付使用为止的全部建设费用，它反映建设工程的投资效益
性质和作用	1. 承包方和业主办理工程价款最终结算的依据 2. 双方签订的建筑安装工程承包合同终结的凭证 3. 业主编制竣工决算的主要资料	1. 业主办理交付、验收、动用新增各类资产的依据 2. 竣工验收报告的重要组成部分

8.4.2 竣工决算的编制依据

竣工决算的编制依据竣工决算的编制依据主要有：

① 经批准的可行性研究报告及其投资估算书。

② 经批准的初步设计或扩大初步设计及其概算书或修正概算书。

③ 经批准的施工图设计及其施工图预算书。

④ 设计交底或图纸会审会议纪要。

⑤ 招投标的标底、承包合同、工程结算资料。

⑥ 施工记录或施工签证单及其他施工发生的费用记录。

⑦ 竣工图及各种竣工验收资料。

⑧ 历年基建资料、财务决算及批复文件。

⑨ 设备、材料等调价文件和调价记录。

⑩ 有关财务核算制度、办法和其他有关资料、文件等。

8.4.3 竣工决算的内容

竣工决算是建设工程从筹建到竣工投产全过程中发生的所有实际支出，包括设备工器具购置费、建筑安装工程费和其他费用等。竣工决算由竣工财务决算报表、竣工财务决算说明书、竣工工程平面示意图、工程造价比较分析四部分组成。

8.4.4 竣工决算的审计

竣工决算审计，是基本建设项目审计的重要环节，加强对竣工决算的审计监督，对提高竣工决算的质量，正确评价投资效益，总结建设经验，改善基本建设项目管理有着十分重要的意义。

8.4.4.1 竣工决算的审计范围

① 建设项目的立项审计：如项目建议书、可行性研究报告、初步设计、施工图设计等

批复情况。

②建设项目的项目管理审计：如工程质量管理、工程进度管理、工程投资管理（包括招投标、合同、监理、施工等工作）。

③建设项目的财务审计：如建设资金使用、建设工程成本、建设项目决算编制等审计（包括借款、预结算、结余资金等管理）。

8.4.4.2 竣工决算的审计依据

①国家、工程所在地有关法律、法规、政策、规定。

②主管领导部门有关规定。

③工程项目立项文件、初步设计、施工图设计、（包括设计变更及现场签证等资料）概算（预算）及招标投标有关文件、工程承包及设备器材采购合同、协议、工程项目财务管理和会计核算等资料。

8.4.4.3 竣工决算的审计内容

（1）建设项目的立项审计

①检查项目是否具备经批准的项目建议书，项目调查报告是否经过充分论证。

②对可行性研究报告的技术可行性、经济合理性及批准文件的审查，检查可行性研究报告的投资估算是否控制在批准的项目建议书的投资估算范围之内。

③检查初步设计、施工图设计批复文件，审查初步设计概算和施工图预算是否控制在可行性研究报告投资估算范围之内（包括设计规模、占地面积、建筑面积和主要工程量）。

④审查建设项目是否纳入国家、地区、部门投资计划和年度投资计划。

（2）建设项目的项目管理审计

①是否履行了开工前的审计，有无开工报告和竣工报告。

②是否建立了有效的建设项目管理机构、人员配置和项目管理大纲。

③是否认真执行并实施了设计、施工、采购和工程监理的招投标。

④是否建立了有效的工程质量、工程进度和工程投资控制制度及相应的管理办法。

（3）竣工决算财务报表编制情况的审计

①"竣工工程概况表"、"竣工财务决算表"、"交付使用资产总表"、"交付使用财产明细表"是否按规定编制，填列的数据是否真实、合法，账表是否一致。

②跨年数据是否与历年批准的报表数据相符，概预算、计划数据是否与批准的设计文件和计划文件相符。

③竣工决算说明书的内容是否合法、完整、真实。

（4）工程建设项目投资及概预算执行情况的审计

①各类资金投入渠道是否合规，建设资金到位及使用情况。

②实际投资核算，包括建安工程投资、设备投资、待摊投资核算的真实和准确，待摊投资支出的合法、合规性以及分摊方法的合理性。

③对比与分析工程建设项目投资予批准的概算的增减变化情况，查清超支与节约的原因。如建设规模、工程项目、标准是否与批准的设计相一致。

④审查重大设计变更、废止工程、施工事故、非常损失等原因造成的重大浪费。

（5）工程建设项目建设成本审计

①总成本构成分析。对总成本核算的真实、合法、合规，进行审查。

②审查贷款利息核算是否符合会计准则的有关要求。

③待摊投资的支出。包括：建设单位管理费、勘察设计费、土地征用费等前期费用的核算、分摊是否合法、合规，是否严格按批准的概算控制支出。

④ 建安工程成本。包括设计变更、现场签证、材料价差等工程结算是否合法、合规。工程结算是否经过审计。

⑤ 设备投资核算。是否严格执行了合同与招投标的标价，并分析增减变化原因。

⑥ 坏账损失、报废工程等损失是否履行了必要的审批手续。

⑦ 生产费用与建设成本以及不同建设项目之间的费用核算有无错乱与混淆。

（6）工程建设项目交付使用财产审计

① 交付使用财产是否属于批准的设计内建设项目，是否符合交付条件，交付、移交手续是否完整、成本费用是否正确。

② 交付的备品配件、工器具、办公及生活家具等交付移交手续是否完整、成本费用是否正确。

③ 交付的无形资产、流动资产、铺底流动资金是否真实、正确。

（7）工程建设项目尾工工程审计

① 尾工工程量及投资是否属实，是否经有关部门核实与审批。

② 尾工工程与预留尾工资金是否相匹配。

③ 有无计划外工程或新增的工程列入尾工。

（8）工程建设项目结余资金的审计

① 工程项目结余资金，包括储备资金、货币资金和结算资金是否真实、合法，是否控制在总投资之内，未使用的工程物资的账务处理是否得当。

② 库存物资，包括材料、设备等账物是否相符，有无积压、变质、毁损、隐瞒和转移。

③ 银行存款余额是否与银行对账单相符，库存现金余额是否与现金日记账账面余额相符。

④ 应收、应付账款是否真实，可靠，债权债务是否及时进行了清理，有无虚列往来账项以及无法收回和付出的款项，有无隐瞒、转移结余资金的行为。

⑤ 结余资金的处理手否符合规定。

（9）工程建设项目收入的审计

① 工程建设项目收入，包括各项工程建设副产品的变价收入、试生产收入，以及各项索赔和违约金等其他收入来源是否合法，收入是否全部入账，有无隐瞒、转移资金问题。

② 工程建设项目收入的账务处理是否符合有关规定。

③ 有无将不应列入工程建设项目的收入列入工程建设项目收入。例如：经考核后的负荷试车生产的合格产品取得的收入、分期分批组织验收交付使用后的产品收入、边建设边生产的单位，先期投产项目的产品收入。

（10）工程建设项目经济效益评价

① 实际工期于计划工期对比，分析提前与拖后的原因及影响。

② 根据设计要求考核现有生产能力，测算单位生产能力投资，进行工程造价分析。

③ 测算投资回收期（静态和动态）、财务净现值、内部收益率等技术经济指标，并与设计指标进行比较。

④ 评价工程建设项目的经济效益。

思考题

1. 什么是工程预付款？它有何特点？

2. 什么是工程进度款？它与工程预付款有区别吗？

3. 简述工程竣工结算和工程竣工决算的区别。

4. 为什么对竣工结算要进行审查？审查的关键点是哪些？

参 考 文 献

[1] 朱永恒．环境工程量清单与投标报价．北京：机械工业出版社，2006．
[2] 张秀德主编．安装工程施工技术及组织管理．北京：中国电力出版社，2004.
[3] 李翠梅等编著．市政与环境工程工程量清单计价．北京：化学工业出版社，2006.
[4] 郭正．环境工程施工与核算．北京：环境科学出版社，2009.
[5] 刘匀，金瑞珺．工程概预算与招投标．上海：同济大学出版社，2007.
[6] 何立红．工程招标投标与合同管理．北京：石油工业出版社，2008.
[7] 叶锦韶，尹华，屈艳芬．环境工程招标投标．北京：化学工业出版社，2008.
[8] 张国珍．建筑安装工程概预算．北京：化学工业出版社，2003.
[9] 徐伟，徐荣主编．土木工程概预算与招投标．上海：同济大学出版社，2003.
[10] 张大群．污水处理设备招投标技术文件编制与范例．北京：机械工业出版社，2005.
[11] 刘凤海，刘宏主编．国际招投标实务．北京：兵器工业出版社，2006.
[12] 陈志华，邹露萍．工程量清单及计价．北京：水利水电出版社，2008.
[13] 刘庆山，刘屹立，刘翠杰．建筑安装工程工程量清单计价手册．北京：中国电力出版社，2009.
[14] 工程造价员网校编．市政工程工程量清单分部分项计价与预算定额计价对照实例详解．北京：中国建筑工业出版社，2009.
[15] 王华，李勇，郝建新．工程招投标与投标报价实战指南．北京：中国电力出版社，2010.
[16] 胡文发．工程招投标与案例．北京：化学工业出版社，2008.
[17] 祁慧增．工程量清单计价与招投标案例．郑州：黄河水利出版社，2007.